中国沙漠变迁的地质记录和人类活动遗址调查成果丛书
杨小平 主编

历史时期中国沙漠地区环境演变与人地关系研究

张晓虹 等 著

科 学 出 版 社
北 京

内 容 简 介

本书以作者团队五年多文献整理与野外考察为主，结合前人研究成果，从古城、水系和交通三个方面对中国北方主要沙漠地区的历史演变与环境变迁进行了系统研究，总结了我国沙漠历史地理研究的基本方法和研究路径，是近年来最系统、全面的中国北方沙漠地区历史地理研究成果。

本书主要面对专业历史地理学者和相关研究专业的大学本科生及研究生，对他们了解沙漠地区环境变迁有重要的学术价值。

图书在版编目（CIP）数据

历史时期中国沙漠地区环境演变与人地关系研究 / 张晓虹等著 . —北京：科学出版社，2023.5
（中国沙漠变迁的地质记录和人类活动遗址调查成果丛书 / 杨小平主编）
ISBN 978-7-03-073435-8

Ⅰ . ①历… Ⅱ . ①张… Ⅲ . ①沙漠带-环境演化-研究-中国②沙漠带-人地关系-研究-中国 Ⅳ . ① P942.73

中国版本图书馆 CIP 数据核字（2022）第 191298 号

责任编辑：任晓刚 / 责任校对：贾伟娟
责任印制：师艳茹 / 封面设计：楠竹文化

科学出版社 出版
北京东黄城根北街 16 号
邮政编码：100717
http://www.sciencep.com
北京九天鸿程印刷有限责任公司 印刷
科学出版社发行 各地新华书店经销
*
2023 年 5 月第 一 版 开本：787×1092 1/16
2023 年 5 月第一次印刷 印张：26 1/2
字数：540 000
定价：268.00 元
（如有印装质量问题，我社负责调换）

"中国沙漠变迁的地质记录和人类活动遗址调查成果丛书"

编辑委员会

丛 书 序

我国地理位置独特，自然环境多样，但从气候格局来讲，可以划分为东亚夏季风环流主导的东部湿润季风区和以西风环流主导及处于西风—季风过渡区的我国干旱半干旱区，后者约占陆地国土面积的1/3，其中干旱半干旱区最引人关注的是沙漠景观。在中文语境中，沙漠包括了以流动沙丘为主的沙漠景观和半固定的沙地景观，面积约60万平方千米，是生物生存最严酷的自然环境，也是我们人类面对的最严酷生存环境。正确认识国情、建设生态文明，都离不开对沙漠的科学认识。尤其是要以发展的眼光，把中国的沙漠放在历史的长河中，理解生态环境对人类活动的约束和促进、人类对自然环境的改造和影响。人类文明从何而来？中华文明因何而兴？沙漠区域在中华文明多源一体形成过程中有何作用？史前的跨大陆文化、技术和人群交流，历史时期的丝绸之路，以及新形势下"一带一路"倡议打通欧亚大陆实现一体化发展等都需要经过我国和中亚的干旱半干旱的沙漠地区，其对中华文明发展起到了什么作用？在新的国际竞争形势下，如何建设不同自然环境区域的生态文明？这些关键的科学问题，都是沙漠科学可以发力之处。

纵观人类文明的演化历史，人类社会的每一次进步，都和科学技术的发展相关。当前我国的科学事业正在蓬勃发展、方兴未艾，与沙漠相关的诸多学科，正在迎来最好的发展时期。习近平总书记多次强调，要努力建设中国特色、中国风格、中国气派的学科体系，更好认识源远流长、博大精深的中华文明，为弘扬中华优秀传统文化、增强文化自信提供坚强支撑。他还指出，要从历史长河、时代大潮、全球风云中分析演变机理、探究历史规律。值此民族复兴的伟大时刻，与沙漠相关的诸多学科，是大有可为的。

纵观数千年的灿烂历程，我们中华文明大多数时候都是开放、包容的，不仅向过去开放、向中华文化圈开放，也向未来开放、向世界开放。在航海时代到来之前，中华文明对外开放交流的主要通道是经过干旱半干旱的沙漠地区，其典型代表就是丝绸之路。说到丝绸之路，首先浮现在我们脑海中的场景是大漠驼铃、黄沙古道。其实，沙漠对世界文明和中华文明的贡献远远超出了这一范畴。目前已知的人类最早的文明都和沙漠环境关系密切，比如古埃及文明（周边沙漠和尼罗河冲积平原）、古巴比伦文明（沙漠、沼泽和草原）、古印度河谷文明（高原山地和塔尔沙漠）以及中华文明（高原、平原、西部浩瀚的干旱半干旱环境和沙漠）。

世界上的多数大沙漠和干旱区都是地带性的，与副热带高压的影响密切相关，比如撒哈拉沙漠，就是纬度地带性规律的体现。亚洲中部形成了世界上最大的中纬度内陆干旱和沙漠地带，横亘在欧亚之间，形成了世界上既是经向地带性也可以讲是最大的非地带性干旱区和沙漠景观，而且长期以来是绿洲农业和游牧经济的活动战场，存在历史悠久的强烈人类活动。它们的存在，是地球历史环境演化的结果，需要干旱的气候条件、强烈的风力作用、丰富的沙源供应和能够保持沙子积累的特殊地形，这四者缺一不可，否则就会形成荒漠的其他景观，如戈壁、岩漠、盐漠、泥漠等。沙漠是适应特殊气候条件下的一种自然景观，是生态环境多样性的体现，本身也是优美的，非人力可以强行改变，也不需要人类强行改变，"不为尧存，不为桀亡"。但有的沙漠的发生发展和人类活动密切相关，尤其是汉语语境中的沙地景观。沙漠并不全是黄沙漫天的单调景象，仅从色彩来说，就有红色的、金色的、白色的；沙漠的面貌是多样的，在风和日丽的时候，连绵的沙丘仿佛凝固的浪涛；而在暴风肆虐的时候，狂风卷携着黄沙，把一切都吞噬在直冲天际的滚滚沙尘之中。沙漠环境虽然艰苦，却不是不毛之地，我国的大沙漠如巴丹吉林沙漠内有上百个湖泊，湖泊被高大沙山环绕，湖边有草地、湖滨有胡杨，湖内有水草、有的有卤盐虫、有的有多种鱼类，湖上有候鸟及本地鸟，湖边有黄羊、有骆驼，跨越大沙漠边缘的高大沙山，沙漠内部绝对是另一番景象，已经成为人们欣赏自然风景的探险旅游之地。当然，在这严酷环境，生命一旦孕育，便都会奋力生长，因为艰苦的环境，往往可以磨砺伟大而顽强的生命。

沙漠里的河流和绿洲为人类的生产生活提供了基本的环境保障。但和农耕区、草原区相比，这里的环境更加脆弱，也更加易变。西域古代三十六国不少位于塔里木大沙海区域，且许多早已废弃。很多人听说过尼雅遗址的传说，它确实是深入塔克拉玛干沙漠之中的一个古城，尼雅遗址出土的汉代织锦护臂上"五星出东方利中国"八个汉字清晰可见。但因为尼雅河的变迁，当然更多的是向上游不断扩大的农业绿洲发展，导致径流减少，这里早已没有了富饶祥和的绿洲景象。这只是诸多沙漠演变以及人类活动遗址现状的一个缩影。

中国的沙漠地区自古以来也是多民族交错分布的区域，其绿洲、城镇和交通路线的变化往往与民族的迁徙、繁衍密切相关，长期以来也是影响社会稳定的重要因素。此外，沙漠地区自然环境恶劣、风沙活动频繁、环境变化剧烈，加之长期以来大量开发建设工程的实施，许多自然遗迹和人类遗迹面临着被损毁、侵蚀、埋压甚至永久消失的风险，在全球气候变化背景下生态环境恶化的问题愈加突出。

从科学研究的角度来看，对沙漠自然景观的形成与演变、历史环境变迁、干旱区人地关系的深入研究，都需要深入沙漠看沙漠并准确掌握沙漠的基本特征和人类活动的详细数据。对这一关键区域的研究必将对诸多国际学术界关注的重要科学问题，如全球气候变化的区域响应、农业和驯化家畜的跨大陆扩散、中西方文明和技术交流、人群迁徙等的深入研究起到重要的推动作用。从社会需求的角度来看，充分认识沙漠地区自然状况和人类活动的空间分布和存留现状，一方面可以为总结过去水土资源利用、绿洲开发、聚落城镇发展及其演变规律以及当下国家"山水林田湖草沙冰"一体化治理提供基础数据，另一方面可以对区域可持续发展、生态保护和国防建设起到警示和借鉴作用，同时也对揭示文物古迹的背景和内涵、提升旅游资源品位以及发展旅游经济起到促进作用。

杨小平、张晓虹、安成邦、张峰、郑江华等撰写的这套丛书是国家科技基础资源调查专项调查研究的结果，也是他们在中国沙漠及其毗邻地区过去多年来工作的一个阶段性总结。该丛书从我国八大沙漠、四大沙地的沉积地层记录和人类活动遗迹入手，运用地质、地貌、历史地理、环境考古、遥感等多学科研究方法，勾勒了气候变化背景下我国沙漠和绿洲的环境演化与变迁历史，总结了生态脆弱地区人类适应自然、利用自然、改造自然的宝贵经验与深刻教训。其对中国沙漠的环境演变、现状和特征，以及中国沙漠及其毗邻地区人地关系变迁、中西方文明交流等重大科学问题都有涉及。我很高兴看到这样一套丛书出版，期待以此为契机，给中国沙漠地区的科学研究、学科发展和人才培养注入新的活力，为实施科教兴国的战略做出新的贡献。

中国科学院院士
第三世界科学院院士
中国地理学会理事长

丛书前言

　　本套丛书是国家科技基础资源调查专项"中国沙漠变迁的地质记录和人类活动遗址调查"（2017FY101000）项目成果的系统梳理和全面总结。时光流转、四时更替，项目立项已五年有余。荏苒岁月中，来自九家项目联合申报单位的三十余位科研工作者紧密围绕项目目标团结协作，多位研究生积极参与科研实践并顺利完成学业，一起为推动祖国沙漠科学研究事业的发展做出了应有贡献。我们的目标简单来讲就是努力提升对我国沙漠环境演变与人类适应的认知水平。这种认知提升一方面源于借助新的技术手段和工具对沙漠地区地质、地貌和人类活动遗迹的广泛野外考察及室内样品分析，另一方面源于对历史文献记录和现代各种观测数据的准确解读。

　　本套丛书由5部各成体系又相互关联的专著组成，它们是《中国沙漠与环境演变》《历史时期中国沙漠地区环境演变与人地关系研究》《万里古道瀚海沙——环境考古视角下的中国沙漠及其毗邻地区的人类活动》《中国北方沙漠/沙地沙丘表沙的粒度与可溶盐地球化学特征》及《中国北方沙漠/沙地调查数据库标准研制、应用与典型沙丘类型遥感识别》。回想起来，2016年盛夏时节，当看到科技部科技基础资源调查专项申请指南中有一个方向为"中国沙漠变迁的地质记录与人类活动遗迹调查"时，大家难掩激动与兴奋。犹记得当时一起深入讨论，并通力合作起草申请书的场景。五年多来，项目组成员的考察足迹遍布我国八大沙漠、四大沙地及毗邻地区，在艰苦的野外环境中挥汗如雨，寻找沙漠环境变迁与人类活动的印记。野外考察期间，虽偶有沙漠陷车、酷暑、疫情之扰，所幸——克服；至今想来，颇为欣慰。团队成员虽成长于不同年代，学科领域也不尽相同，却凭借着对科研工作的诚挚热爱凝心聚力。作为此项目的阶段性研究成果，本丛书是团队集体讨论与合作的结晶。自项目构思伊始，团队每一位参与者都付出了大量的时间和精力，我们殷切希望这种合作精神能够不断发扬光大。

　　在项目实施过程中，相关领导部门给予了我们莫大的关怀与指导，让我们能够满怀激情地工作。我们特别感谢科技部基础研究司、国家科技基础条件平台中心和教育部科学技术与信息化司的领导及有关负责同志对我们工作的领导与指导；感谢浙江大学地球科学学院、浙江大学科研院、复旦大学科研处、兰州大学科研处、新疆大学科研处等部门对项目的管理、监督和支持。

　　项目专家组为本项目的顺利实施提供了极大的指导与帮助，值此丛书出版之际，谨向专家组组长陈发虎院士，专家组成员郑度院士、杨树锋院士、周成虎院士、陈汉林教授、董治宝教授、鹿化煜教授、吕厚远研究员等表示诚挚的谢意。在整个项目的实施过程中，我们也有幸得到了多位前辈、专家的热情帮助和广泛支持。囿于篇幅，我们难以将成书的全部过程展现在前言里，也难以将为本项目的顺利实施和本丛书的撰写工作提供无私帮助的全体专家学者一一提及。但我们仍想借此机会，对叶大年院士、杨文采院士、傅伯杰院士、葛剑雄教授、黄鼎成研究员、黄铁青研究员、郊秀书研究员、周少平研究员、雷加强研究员等的悉心指导和鼎力支持表示衷心感谢。值得一提的是，陈发虎院士自始至终都对本项目的具体内容提出了诸多建设性意见，并在百忙中挤出时间为本丛书作序。我们也由衷感谢科学出版社韩鹏编审对本套丛书的详细审阅、编辑和修改。

"不积跬步，无以至千里；不积小流，无以成江海。"希望本套丛书的出版能形成良好的开端，引导更多的有志之士尤其是青年学者投身于沙漠研究之中，引起社会各界的关注与支持，为国际舞台中发出中国沙漠科研之声作出应有的贡献。

在成书过程中，虽然我们得到了多位前辈、学者的指导与指点，但因水平所限，丛书中难免还有诸多不足之处，我们热忱欢迎广大读者不吝指正。

杨小平　张晓虹　安成邦　张　峰　郑江华

前　言

　　我国的沙漠主要分布在东经 75—125 度，北纬 35—50 度的西北地区、华北地区北部和东北地区西部，年降水量为 400 毫米以下的干旱、半干旱地区。具体而言，主要位于我国的新疆、青海、甘肃、宁夏、陕西、内蒙古、辽宁、吉林等省区内，面积广大。在 20世纪中期的调查中，我国有沙漠、戈壁和沙漠化土地约 149 万平方千米，占我国国土面积的 15.5%。更为严重的是，我国沙漠还以每年 1000 多平方公里的面积继续扩大，直接影响了当地的经济发展，危害到当地的人类生存。面对这一严峻状况，1958 年 10 月，国务院在内蒙古呼和浩特市召开了内蒙古、宁夏、陕西、甘肃和新疆五省区治理沙漠的规划会议。时任北京大学地质地理学系主任的著名历史地理学家侯仁之教授作为会议代表出席了这次会议。随后，为配合国家对沙漠地区环境的治理，中国科学院和部分高校的相关学科展开了对沙漠地区的科学考察与研究。侯仁之教授在其中担任了重要的组织工作。他组织北京大学自然地理学、考古学等相关学科首先对毛乌素沙地、乌兰布和沙漠等进行实地考察。正是在这次多学科的综合野外考察中，侯仁之先生发现在沙漠地区，尤其是沙漠边缘地区古代人类活动遗留下来的遗迹与遗物，包括城址、墓葬等，可以揭示早期人类活动与环境变迁之间的关系。因此，他通过具体的个案研究，为沙漠历史地理学建立了研究范式，即历史文献与野外考察相互印证的方法。这一研究范式不仅揭开了中国沙漠历史地理研究的序幕，而且为后来沙漠地区环境改造提供了学术支撑[①]。

　　近年来，随着气候变暖等全球变化问题进入公共领域，学术界对人类活动与沙漠变迁之间的关系更加关注。这首先表现为 1986 年国际科学联盟理事会实施了以全球变化为核心的国际地圈生物圈计划，力求预测未来数十年乃至上百年的全球变化，为全球和地区的资源管理和环境战略服务[②]。随后，在 20 世纪 90 年代国际社会广泛地认识到环境变化是人类正面临的重大问题之一的背景下，学术界对全球变化的研究也逐渐深入[③]。其中，一项意义重大的举措是国际全球环境变化人文因素计划的实施，这标志着自然科学家与人文社会科学家开始携手进行全球环境变化研究。而与之联合进行的土地利用 / 土地覆盖变化研究、生物多样性研究计划等项目也意味着科学家们已认识到现代环境的特征及其发展趋

---

　　① 侯仁之：《历史地理学在沙漠考察中的任务》，《地理》1965 年第 1 期，第 18—21 页。
　　② 陈宜瑜：《中国全球变化的研究方向》，《地球科学进展》1999 年第 4 期，第 319—323 页。
　　③ 赵松乔：《内蒙古东、中部半干旱区——一个危急带的环境变迁》，《干旱区资源与环境》1991年第 2 期，第 1—9 页。

势只有置于全球环境演变的历史过程中才能够被准确地把握[①]。事实上，"过去的全球变化"作为 20 世纪 90 年代国际地圈生物圈计划制定的六大核心研究计划之一，正是基于这样的考量。

全球变化的历史过程包括地质时期和人类历史时期两个部分。其中，与地质时期的环境演变过程相衔接的人类历史时期的环境演变过程，由于人类活动的深度参与，呈现出与地质时期环境演变并不完全相同的特点，并且随着时间的推进，人类活动对自然环境的干预越来越强。人类历史时期环境演化的这一特点，不仅直接关系到当今生态环境格局的形成及其特点，同时也会对全球变化的未来走向产生深刻的影响。因此，对人类历史时期环境演变的研究是全球变化研究中必不可少的环节，只有在准确地认识人类社会对自然环境曾经的干预方式及其引发的结果的情况下，我们才能及时调整发展策略，以减少人类活动在环境演化中的消极作用，为人类可持续生存与发展总目标提供科学依据[②]。

然而，至今在人类活动与环境变化之间的关系上，科学界流行着两种几乎截然对立的观点：一种观点认为人类活动的展开必然导致自然环境的恶化，也就是说，在人类活动干预下环境演化会呈现逆向演替过程[③]；另一种观点则认为历史时期环境演化的主要成因是气候波动，不合理的人类活动只是次要因素[④]。细究这两种迥异观点背后的实证研究，我们会发现其结论的得出除了采用的研究资料与研究手段不同外，与所考察的环境演化过程的时间尺度有较大关系，并且与对人类活动的认定较为笼统直接相关。显然，在研究环境变迁时，我们目前需要一些较为细致的研究，既要实地考察不同地区自然环境的基本特点，同时要结合历史文献与考古遗迹分析在不同区域沙漠环境演化过程中人类活动的影响。故此，本书拟以野外考察为经，以我国北方八大沙漠为纬，在充分利用历史文献和考古遗址中所透露出来的信息基础上，分析我国北方沙漠地区人类活动方式与当地生态环境演化的关系。

我国北方沙漠地区在历史时期是受人类活动影响最为深刻的地带，这些地区或地处我国半湿润地区向半干旱/干旱地区的过渡带，或是在内陆干旱地区河流经过的区域。前者由于是旱作农业发展的北界，在长期的历史发展中一直处于农耕民族和游牧民族相互争夺的区域，其自然生态过程深受人类活动的频度与强度的影响，是东部沙漠或沙地形成的重要区域；而后者则因气候干旱、生态环境极为脆弱，一旦在气候变化基础上叠加不合理的

---

① 叶笃正、符淙斌、董文杰：《全球变化科学进展与未来趋势》，《地球科学进展》2002 年第 4 期，第 467—469 页。
② 侯仁之、邓辉主编：《中国北方干旱半干旱地区历史时期环境变迁研究文集》，北京：商务印书馆，2006 年；倪绍祥：《论全球变化背景下的自然地理学研究》，《地学前缘》2002 年第 1 期，第 35—39 页；史培军、哈斯：《中国北方农牧交错带与非洲萨哈尔地带全新世环境变迁的比较研究》，《地学前缘》2002 年第 1 期，第 121—128 页。
③ 侯仁之：《乌兰布和沙漠北部的汉代垦区》，《历史地理学的理论与实践》，上海：上海人民出版社，1979 年，第 69—94 页；马正林：《人类活动与中国沙漠地区的扩大》，《陕西师大学报》（哲学社会科学版）1984 年第 3 期，第 38—47 页。
④ 何彤慧、王乃昂：《毛乌素沙地历史时期环境变迁研究》，北京：人民出版社，2010 年。

人类活动，必然导致区域土地退化，加剧沙漠化过程。至于我国各大沙漠内部地区，由于人类活动较少，用于沙漠变迁历史地理研究的历史文献资料与人类活动遗迹都极为罕见，故无法展开研究。故此，本书主要集中在人类活动比较集中的沙漠周边地区进行考察、研究与分析。

此外，中国沙漠历史变迁研究虽然是历史地理学传统研究专题，前人在系统梳理文献的基础上，也做了大量的野外考察工作，但之前受到多种条件的限制，并没有展开系统而全面的野外考察工作，大多是对某一沙漠展开虽深入、但有限的野外调查工作，得到的结论往往有一定的局限性。而本项目在科技部基础调查项目的资助下，自 2016 年 7 月到 2022 年 8 月止，在 6 年多的时间里先后组织了 13 次、总计 300 余天的野外考察，对中国北方四大沙地和四大沙漠地区的人类活动遗址及其环境变迁遗迹进行了系统调查。与此同时，近年来大量考古遗址的发现和环境考古学的进步，也为判定人类活动的历史年代提供了相对充分的地下证据。因此，我们在采用统一方式、统一格式对沙漠地区的聚落、水系和交通线路遗址分项编写考察日志的基础上，结合历史文献中对考察区域人类活动的记载，组织撰写了本书，以期既科学又生动地反映我国北方沙漠地区历史时期人类活动与环境变迁之间的关系及其特征，为治理沙漠、改善环境提供学术支撑。

按照这一思路，本书共设计九章内容展开。

第一章"中国北方沙漠历史地理研究概况"，目的是让读者了解中华人民共和国成立以来，在科学治理沙漠背景下，所开展的沙漠考古、遗迹调查与沙漠历史地理研究的发展脉络与研究进展。在此基础上，分析目前对历史时期沙漠地区环境变迁研究的主要方法。在这一部分，作者强调与历史地理学的区域研究或其他分支研究不同，野外考察在研究沙漠地区历史地理中发挥着十分重要的作用，可以极大地补充历史文献较为缺乏的不足。而野外考察与历史文献记载相结合的研究方法，正是中国沙漠历史环境变迁研究的一大特色，在揭示历史文献相对较少的干旱/半干旱地区人地关系时有着突出贡献。这一部分由复旦大学的张晓虹撰写。

第二章"毛乌素沙地及周边古城聚落遗址考察"由陕西师范大学崔建新完成。重点分析了毛乌素沙地古城聚落遗址在沙漠环境变迁中的指示作用。毛乌素沙地地处 400 毫米等降水量线附近，历史上一直是中原王朝与北方游牧民族交流、融合的重要区域，加之其毗邻长期作为中原王朝政治中心的关中地区，因此受到中央政府的高度重视，历史文献记载丰富，考古遗存较多，是研究沙漠地区人地关系的重要区域。

第三章"历史时期毛乌素沙地水系变迁"由复旦大学白壮壮、陕西师范大学卢卓瑜主笔。这一部分主要是在实地考察的基础上，对黄河主要支流无定河、窟野河和秃尾河等河流变迁与毛乌素沙地环境演变之间关系进行分析论证，尤其是历史时期对这一地区湖泊水系认知的研究，颇有新意。

第四章"巴丹吉林、柴达木、库木塔格沙漠考察"由复旦大学杨伟兵、董嘉瑜、徐安宁、李子豪、沈卡祥、马楚婕完成。这一章考察了河西走廊地区主要城址的历史演变，重点分析了丝绸之路的贯通等重大历史事件对这一地区环境变迁的影响。由于这一地区的城址受环境变迁影响较大，许多重要的交通路线关隘至今难以确定，而本书则通过历史文献考证、考古资料验证，对玉门、黑水城等重要地点的地理位置提出了新的看法。

第五章"古尔班通古特沙漠考察"，在实地考察的基础上，通过对古尔班通古特沙漠周边古城遗址、水系变迁和古人类文化遗址展开系统研究，试图将沙漠变迁与古代人类活动的面貌复原出来，尤其是不同生计方式对自然环境的影响不同是这一区域人地关系的特点。该章由复旦大学刘倩倩、王荣煜、白壮壮、王叶蒙和刘妍共同完成。

第六章"塔克拉玛干沙漠考察"由上海音乐学院王翮和陕西师范大学崔建新共同完成。由于塔克拉玛干沙漠在历史上是丝绸之路的重要组成部分，历史文献记载较多，兼及气候等因素的影响，保存的人类活动遗迹较多，故这一地区是研究干旱地区环境变迁与人类活动相互关系的重要区域。作者也正是通过对古城址、水系和交通的系统考察和重点案例的剖析以反映该区域人地关系的特点。

第七章"科尔沁沙地与呼伦贝尔沙地考察"由复旦大学的徐建平、刘倩倩、白壮壮和董嘉瑜共同完成。这一区域从自然气候上属于半干旱地区，降水量在 400 毫米左右，之所以形成沙地是因为人类活动的不合理利用。而这一区域与毛乌素沙地的历史过程有相近之处，都是游牧民族与农耕民族交融的重要区域，历史文献资料相对丰富。该章结合野外考察和环境考古，主要分析该区域的人类活动对环境演变的影响。

第八章"浑善达克沙地与乌兰布和沙漠考察"由复旦大学徐建平和于昊完成。这两个沙漠由于面积较小，故合并为一章完成。其中，浑善达克沙地因地近长城沿线，兼之元上都所在，考察时主要围绕元上都及其周围的城址展开。而乌兰布和沙漠因受黄河从其东缘流过的影响，汉代垦殖后很快废弃，引发了严重的沙漠化。晚清再次垦殖，因技术的进步和社会组织的改变，沿黄河地带绿洲化，因此是研究小区域尺度干旱、半干旱地区人地关系的典型区域。

第九章"历史时期中国沙漠地区人地关系特征"由复旦大学张晓虹完成。这一部分是在前几章的基础上，对沙漠历史地理研究进行系统总结。该章首先归纳总结了我国北方沙漠地区历史文献的基本特点，指出由于我国北方沙漠地区在历史时期一直处于中原王朝的边缘，汉文记载较为缺乏，而少数民族语文资料有限，故仅采用传世文献进行这一区域环境变迁研究显然力所不逮，这就为野外考察留下了极大的空间。其次分析我国沙漠地区考古遗址的特点及其分布规律，指出通过野外考察，对考古遗址、遗物中所蕴含的环境信息进行分析，是复原历史时期沙漠地区环境变迁与人类活动的重要方式。显然，野外考察在认识我国北方沙漠地区人地关系及其历史演变中有着极其重要的学术价值。

全书的图表与绘图由复旦大学的孙涛和党荧完成，李若虹、薛龙楷整理了所有的参考文献。此外，复旦大学的宗晓垠、赵婷婷、来亚文和陕西师范大学的任鑫帅等同学参加了部分野外考察工作，并对本书的完成做出了贡献。

目 录

第一章　中国北方沙漠历史地理研究概况 ·· 1

　　第一节　中国北方沙漠研究的缘起 ··· 1

　　第二节　中国北方沙漠研究概述 ·· 4

　　第三节　野外考察与历史文献互证的研究方法 ·· 10

第二章　毛乌素沙地及周边古城聚落遗址考察 ··· 14

　　第一节　新石器至商周古城聚落遗址 ·· 15

　　第二节　秦汉时期至十六国时期古城 ·· 27

　　第三节　唐宋时期古城 ··· 37

　　第四节　元明清时期古城 ·· 58

第三章　历史时期毛乌素沙地水系变迁 ·· 71

　　第一节　窟野河水系、秃尾河水系 ··· 72

　　第二节　清代以来无定河水系的环境演变过程 ·· 81

第四章　巴丹吉林、柴达木、库木塔格沙漠考察 ··· 101

　　第一节　甘青地区古代城址变迁考察 ··· 102

　　第二节　河西走廊水系湖泊变迁考察 ··· 135

　　第三节　河西走廊交通遗址考察 ··· 152

第五章　古尔班通古特沙漠考察 ·· 169

　　第一节　古尔班通古特沙漠周边古城及交通遗址 ····································· 169

　　第二节　古尔班通古特沙漠水系 ··· 183

　　第三节　阿尔泰地区古人类文化遗址考察 ·· 195

第六章　塔克拉玛干沙漠考察 ··· 209

　　第一节　塔克拉玛干沙漠东缘古城遗址 ··· 210

　　第二节　罗布泊水系变迁考察 ·· 236

　　第三节　丝绸之路中道、南道交通考察 ··· 241

第七章　科尔沁沙地与呼伦贝尔沙地考察 ·· 251

　　第一节　西辽河水系变迁考察与研究 ·· 251

　　第二节　呼伦贝尔沙地水系变迁考察 ·· 262

　　第三节　历史时期人类遗址调查 ·· 280

第八章　浑善达克沙地与乌兰布和沙漠考察 ···································· 336

　　第一节　浑善达克沙地城址考察 ·· 336

　　第二节　乌兰布和沙漠考察 ··· 353

第九章　历史时期中国沙漠地区人地关系特征 ································· 364

　　第一节　历史时期中国沙漠地区环境变迁的基本特征 ············· 365

　　第二节　人类活动对沙漠历史环境变迁的影响 ······················· 368

参考文献 ··· 375

后记 ·· 393

图　目　录

图 1-1　沙漠文献地理要素分布与实地考察路线示意图 ············· 3

图 2-1　五庄果梁遗址 ···················· 16

图 2-2　神圪垯梁遗址 ···················· 17

图 2-3　朱开沟遗址 ···················· 18

图 2-4　石峁遗址周边环境与皇城台区域 ············· 19

图 2-5　方滩、滴哨沟、锦界及巴汗淖剖面环境指标 ········ 23

图 2-6　桃柳沟遗址 ···················· 24

图 2-7　杨桥畔古城城墙和遗物 ··············· 28

图 2-8　纳林古城 ···················· 32

图 2-9　榆树壕古城遗迹遗物 ················· 33

图 2-10　统万城遗址 ···················· 36

图 2-11　城川古城遗迹遗物 ················· 38

图 2-12　巴彦呼日呼古城 ················· 40

图 2-13　苏力迪古城 ···················· 41

图 2-14　银州古城 ···················· 42

图 2-15　河滨县故城环境及遗迹遗物 ············· 44

图 2-16　北大池古城遗物 ················· 46

图 2-17　麟州城地表景观 ················· 49

图 2-18　府州城景观 ···················· 50

图 2-19　托克托城现状 ················· 54

图 2-20　佳县古城现状 ················· 54

图 2-21　吴堡古城 ···················· 57

图 2-22　三岔河古城 ···················· 59

图 2-23　燕家梁古城遗址 ················· 61

图 2-24　镇北台远景 ···················· 64

图 2-25　清平堡灰坑遗址 ················· 66

图 2-26　常乐旧堡 ···················· 67

图 2-27　常乐堡 ···················· 68

图 2-28　兴武营古城 ·· 68

图 2-29　长城花马池段 ·· 69

图 3-1　窟野河 KY3 考察点 ·· 72

图 3-2　鄂尔多斯市东胜区乌兰木伦河 ·································· 73

图 3-3　乌兰木伦河植被 ·· 74

图 3-4　窟野河河漫滩与河堤 ··· 76

图 3-5　窟野河 ··· 76

图 3-6　高家堡镇秃尾河段 ··· 77

图 3-7　秃尾河采兔沟 ··· 80

图 3-8　窟野河、秃尾河与黄河交汇处 ·································· 81

图 3-9　无定河上游、下游 ··· 82

图 3-10　榆溪河河源刀兔海子 ··· 89

图 3-11　纳林河河源段 ·· 91

图 3-12　海流图河 HLT1 考察点 ·· 93

图 3-13　暴雨后的八里河河道 ··· 96

图 3-14　清代以来毛乌素沙地年平均气温与年降水量重建曲线 ········· 97

图 3-15　清代以来毛乌素沙地乡村人口数量重建图 ·················· 98

图 4-1　黑水国南城东北角土台（一）································· 103

图 4-2　黑水国南城东北角土台（二）································· 103

图 4-3　明南城城墙残壁 ·· 103

图 4-4　汉黑水城北城遗址 ·· 104

图 4-5　南北城之间的重要考古发掘现场 ······························ 105

图 4-6　骆驼城遗址 ·· 106

图 4-7　南城门及"皇城"城门 ·· 107

图 4-8　北城南侧瓮城 ·· 107

图 4-9　南城门瓮城 ·· 108

图 4-10　毛目城残存墙体 ··· 109

图 4-11　东大湾城航拍 ·· 109

图 4-12　西大湾城航拍 ·· 110

图 4-13　地湾城故址 ·· 111

图 4-14　甲渠候官城周边烽燧 ··· 113

图 4-15　黑水城航拍 ·· 114

图 4-16　绿城城垣遗址 ·· 121

图 4-17　绿城遗址西区 ·· 122

图 4-18　K710 城文物保护碑 ·· 122

图 4-19　城址 K710 平面（一）·· 123

图 4-20　城址 K710 平面（二）·································· 123

图 4-21　K688 城文物保护碑 ································· 124

图 4-22　城址 K688 平面 ····································· 125

图 4-23　居延诸城遗址直线距离图 ························· 126

图 4-24　伏俟城周边环境 ····································· 128

图 4-25　西海郡故城遗址 ····································· 129

图 4-26　南古城遗址 ·· 130

图 4-27　旧文保碑及西墙剖面 ······························ 132

图 4-28　东墙及东北角 ······································· 132

图 4-29　北墙残高示意图及北墙剖面 ······················ 133

图 4-30　鱼卡石砌烽火台遗址周边环境 ···················· 133

图 4-31　冷湖石油基地遗址平面 ···························· 134

图 4-32　沙子入侵到房屋中 ·································· 134

图 4-33　鸳鸯池水库边 ······································· 138

图 4-34　正义峡及下流出口台地宽谷段 ···················· 140

图 4-35　阿拉善台地 ·· 141

图 4-36　狼心山水利枢纽航拍 ······························ 143

图 4-37　东居延泽（天鹅湖）航拍 ························· 144

图 4-38　DEM 图像居延泽范围 ······························ 144

图 4-39　黑河东支流古河道 ·································· 145

图 4-40　敦煌市西北的哈拉奇湖 ···························· 147

图 4-41　疏勒河小河沟 ······································· 150

图 4-42　党河考察照片 ······································· 151

图 4-43　榆林河河道 ·· 152

图 4-44　悬泉置遗址航拍 ····································· 155

图 4-45　小方盘城 ·· 156

图 4-46　海子湾烽燧、障城分布图 ························· 163

图 5-1　北庭故城两套四重城示意图 ······················· 171

图 5-2　北庭故城航拍 ··· 171

图 5-3　西大寺 ··· 173

图 5-4　西大寺交脚菩萨像 ···································· 173

图 5-5　西大寺壁画 ··· 174

图 5-6　乌拉泊古城俯视图 ···································· 175

图 5-7　乌拉泊古城南墙 ······································ 175

图 5-8　唐朝墩古城航拍图 ···································· 177

图 5-9　唐朝墩古城景教寺院遗址 ·························· 178

图 5-10 伊犁将军府署墙遗址 ··· 181

图 5-11 WLGH1 考察点航拍图 ··· 184

图 5-12 瑙干沟段考察点上游（左）、下游（右） ··························· 185

图 5-13 查干郭勒水库考察点全景图 ··· 185

图 5-14 WLGH2 考察点水库下游图 ·· 186

图 5-15 青河段考察点乌伦古湖国家湿地公园 ································ 187

图 5-16 乌伦古河 WLGH4 考察点俯视图 ······································ 187

图 5-17 萨尔托海二台大桥考察点河道及防洪堤 ···························· 188

图 5-18 萨木特石人（青铜时代） ·· 198

图 5-19 扎马特石人（青铜时代） ·· 198

图 5-20 西大寺博物馆外所见阿勒泰石人 ······································ 199

图 5-21 达巴特石人（隋唐时期） ·· 199

图 5-22 什巴尔库勒 2 号墓地 1 号墓鹿石中的 AQS2-4 号鹿石 ·········· 201

图 5-23 托也勒萨依鹿石 A 面 ·· 202

图 5-24 托也勒萨依鹿石 B 面 ·· 202

图 5-25 喀让格托海石堆群 3 号鹿石 ··· 203

图 5-26 查干郭勒水库岩画保护碑 ··· 205

图 5-27 岩画上的骆驼、羊类图案 ··· 205

图 5-28 岩画上的鹿形图案 ·· 206

图 5-29 岩画上的人类持弓图案 ··· 206

图 5-30 瑙干彩绘岩画观景台 ··· 207

图 5-31 瑙干彩绘岩画中的执杖坐佛 ··· 207

图 5-32 藏文六字真言及鹿形图案 ··· 208

图 6-1 楼兰 LA 古城"三间房" ·· 213

图 6-2 米兰遗址航拍图 ··· 216

图 6-3 米兰古城遗迹 ·· 216

图 6-4 罗布泊主要考古遗址 ^{14}C 年龄与历史年代分布图 ··············· 219

图 6-5 柯尤克沁古城 ·· 222

图 6-6 阔纳协海尔古城 ··· 223

图 6-7 1980 年立卓尔库提城文保碑 ··· 223

图 6-8 古城周边环境 ·· 224

图 6-9 苏巴什佛寺西寺大殿 ··· 225

图 6-10 苏巴什佛寺西寺中部佛塔简图 ·· 226

图 6-11 苏巴什佛寺中部佛塔 ··· 226

图 6-12 克孜尔尕哈烽燧 ··· 230

图 6-13 克孜尔尕哈烽燧西侧之盐水沟 ·· 231

图 6-14 小河墓地航拍（左）与近景（右） ············· 232

图 6-15 营盘古城（左）与营盘墓地（右） ············· 233

图 6-16 扎滚鲁克古墓群 ···································· 234

图 6-17 米兰古城南侧灌溉遗址 ························ 234

图 6-18 古河道剖面 ·· 235

图 6-19 古河道中胡杨树 ·································· 236

图 6-20 来利勒克遗址航拍图 ··························· 236

图 6-21 罗布泊及周边地区湖面波动历史 ············ 238

图 6-22 全新世尺度上楼兰衰亡期的干旱气候记录 ··· 239

图 6-23 博斯腾湖 2000 年来蒿属 / 藜科花粉率比值 ··· 240

图 7-1 西拉木伦河峡谷航拍图 ·························· 257

图 7-2 西拉木伦河上游河道及两岸植被覆盖对比 ···· 257

图 7-3 西拉木伦河中游干涸的支流故道 ··············· 258

图 7-4 海拉苏水利枢纽工程航拍图 ····················· 258

图 7-5 西拉木伦河中游河道 ····························· 259

图 7-6 西拉木伦河与老哈河汇流处航拍图 ············ 259

图 7-7 呼伦湖东北岸 ······································ 265

图 7-8 大兴安岭北部春季降水量树轮重建序列 ······· 266

图 7-9 海拉尔河（哈克段） ······························ 268

图 7-10 海拉尔河（牙克石段） ························· 268

图 7-11 海拉尔河（海拉尔区段） ······················ 269

图 7-12 伊尔施大桥段的哈拉哈河 ······················ 269

图 7-13 哈拉哈河林场段 ·································· 270

图 7-14 哈拉哈河（阿尔山口岸大桥段）航拍 ········· 270

图 7-15 哈拉哈河（阿尔山口岸段） ··················· 271

图 7-16 辉河（辉河林场段）航拍 ······················ 271

图 7-17 辉河（辉河林场段） ···························· 272

图 7-18 辉河（辉河大坝段） ···························· 272

图 7-19 辉河（辉河大坝段）航拍 ······················ 273

图 7-20 辉河（草原段） ·································· 273

图 7-21 辉河主河道 ·· 274

图 7-22 伊敏河（伊敏苏木段） ························· 274

图 7-23 伊敏河（伊敏河大桥段） ······················ 275

图 7-24 伊敏河（海拉尔区段） ························· 275

图 7-25 伊敏河（河口段） ······························· 276

图 7-26 根河（额尔古纳段） ···························· 277

图 7-27　根河（黑山头段）　·· 277

图 7-28　呼伦湖北岸　··· 278

图 7-29　草场沙化　··· 279

图 7-30　呼伦湖东北岸　·· 279

图 7-31　山庄外八庙　··· 282

图 7-32　平冈古城遗址复原图　·· 283

图 7-33　平冈古城（黑城古城）文物保护牌　··· 283

图 7-34　平冈古城城墙　·· 284

图 7-35　平冈古城瓮城　·· 284

图 7-36　平冈古城城内农田　··· 285

图 7-37　辽中京遗址复原图　··· 285

图 7-38　辽中京城墙夯土层　··· 286

图 7-39　辽中京朱夏门　·· 287

图 7-40　辽中京阳德门　·· 287

图 7-41　辽中京遗址砖塔　·· 288

图 7-42　牛河梁遗址分布示意图　··· 289

图 7-43　牛河梁女神头像　·· 289

图 7-44　牛河梁遗址女神庙考古工地　··· 290

图 7-45　牛河梁遗址积石冢考察现场　··· 291

图 7-46　西土城子古城　·· 291

图 7-47　西土城子古城全景　··· 292

图 7-48　西土城子古城城墙遗迹　··· 292

图 7-49　西土城子内的放马圈　·· 293

图 7-50　善宝营子古城全景　··· 293

图 7-51　善宝营子古城内现状　·· 294

图 7-52　善宝营子古城城墙　··· 295

图 7-53　黑城子古城位置及平面复原图　··· 295

图 7-54　黑城子古城全景　·· 296

图 7-55　黑城子古城西墙　·· 296

图 7-56　库伦三大寺位置示意图　··· 297

图 7-57　库伦兴源寺　··· 298

图 7-58　库伦福缘寺　··· 298

图 7-59　下扣河子古城全景　··· 299

图 7-60　下扣河子古城城墙遗迹　··· 299

图 7-61　下扣河子古城内的沟渠　··· 300

图 7-62　哈民忙哈遗址中出土的陶猪　··· 300

图 7-63　哈民忙哈遗址中出土的麻点纹陶罐 ·············· 301

图 7-64　哈民忙哈遗址中房址人骨遗存 ·············· 301

图 7-65　福巨古城内部 ·············· 303

图 7-66　福巨古城平面勘探复原图 ·············· 303

图 7-67　辽上京遗址位置示意图 ·············· 304

图 7-68　辽上京遗址平面复原图 ·············· 306

图 7-69　辽上京"日月宫"遗址 ·············· 307

图 7-70　辽上京城墙夯土层 ·············· 307

图 7-71　辽祖陵、祖州古城位置示意图 ·············· 308

图 7-72　祖州古城考察现场 ·············· 309

图 7-73　饶州遗址示意图 ·············· 310

图 7-74　饶州古城东城西墙 ·············· 311

图 7-75　饶州古城耕地 ·············· 312

图 7-76　饶州古城城内放牧 ·············· 312

图 7-77　饶州古城东城南墙 ·············· 312

图 7-78　二道井子遗址位置示意图 ·············· 313

图 7-79　二道井子遗址博物馆 ·············· 314

图 7-80　二道井子遗址房址 ·············· 314

图 7-81　二道井子遗址 T1707、T1708 北壁剖面图 ·············· 315

图 7-82　兴隆沟遗址与"中华祖神"考察现场 ·············· 316

图 7-83　1992 年兴隆洼遗址发掘现场 ·············· 317

图 7-84　兴隆洼遗址考察现场 ·············· 317

图 7-85　吐列毛都遗址今景（自西北角台向城内拍摄） ·············· 319

图 7-86　腰伯吐城遗址 2012 年古城调查时的房址示意图 ·············· 319

图 7-87　腰伯吐城址 ·············· 320

图 7-88　2018 年 10 月金界壕考察现场 ·············· 321

图 7-89　2019 年 6 月金界壕考察点（自西北角台向城内拍摄） ·············· 321

图 7-90　哈克遗址俯瞰图 ·············· 323

图 7-91　浩特陶海古城（照片上东下西） ·············· 324

图 7-92　黑山头古城遗址 ·············· 325

图 7-93　蘑菇山北遗址 ·············· 325

图 7-94　扎赉诺尔墓葬群 ·············· 326

图 7-95　巨母古城 ·············· 328

图 7-96　甘珠尔花遗址 ·············· 328

图 7-97　赫热木图古城遗址 ·············· 329

图 7-98　巴彦乌拉古城全景 ·············· 330

图 8-1　多伦县汇宗寺 ……………………………………………………… 337

图 8-2　汇宗寺及章嘉仓总平面示意图 …………………………………… 338

图 8-3　多伦善因寺 ………………………………………………………… 341

图 8-4　善因寺总平面示意图 ……………………………………………… 342

图 8-5　善因寺现状总体布局示意图 ……………………………………… 342

图 8-6　多伦县山西会馆 …………………………………………………… 344

图 8-7　关帝庙前东厢房内清代壁画局部图 ……………………………… 345

图 8-8　元上都 ……………………………………………………………… 347

图 8-9　元上都城址总平面示意图 ………………………………………… 348

图 8-10　元上都宫城平面示意图 ………………………………………… 349

图 8-11　巴彦锡勒古城城墙 ……………………………………………… 351

图 8-12　金界壕实地照片 ………………………………………………… 352

图 8-13　应昌路故城城墙遗址 …………………………………………… 353

图 8-14　临戎城遗址保护碑 ……………………………………………… 354

图 8-15　临戎城遗址周边环境 …………………………………………… 355

图 8-16　保尔浩特古城遗址（汉窳浑城故址）示意图 ………………… 356

图 8-17　保尔浩特古城遗址航拍图 ……………………………………… 356

图 8-18　陶升井古城遗址保护碑 ………………………………………… 357

图 8-19　陶升井古城（汉三封城故址）内城及外城墙残存部分平面图 …… 357

图 8-20　夏季三盛公水利枢纽 …………………………………………… 359

图 8-21　冬季三盛公水利枢纽 …………………………………………… 360

图 8-22　黄河与乌兰布和沙漠 …………………………………………… 362

图 8-23　三盛公水利枢纽 ………………………………………………… 363

表 目 录

表 2-1　统万城环境记录 ··· 34

表 2-2　清平堡历史文献摘录表 ··· 65

表 3-1　文献所载里程与实际距离对比 ····································· 85

表 3-2　康熙《皇舆全览图》地理坐标差值及其偏移距离 ····················· 86

表 3-3　《雍正十排图》地理坐标差值及其偏移距离 ························· 87

表 3-4　《乾隆内府舆图》地理坐标差值及其偏移距离 ······················ 87

表 3-5　清代以来毛乌素沙地土地开垦统计表 ······························ 99

表 4-1　居延诸城遗址经纬度 ··· 126

表 5-1　"伊犁九城"方位规模表 ·· 182

表 6-1　清代吐鲁番—阿克苏军台变化一览表 ······························ 246

表 6-2　清代叶尔羌—温宿军台道路、编号与名称变化一览表 ················· 248

表 7-1　以呼伦湖正源说的清代官方文献记载 ······························ 263

表 7-2　持呼伦湖正源说的清代私人著述记载 ······························ 263

表 7-3　持海拉尔正源说的清代文献记载 ··································· 264

表 7-4　巴彦乌拉古城 GPS 数据表 ··· 330

第一章

中国北方沙漠历史地理研究概况

　　中国沙漠面积广大，自然条件多样，从东部的温带季风气候到西部暖温带大陆性气候，气候类型丰富、地貌条件不一，形成沙漠的自然地理因素和人类活动特点差异较大。在历史时期这一地区大多处于我国中央王朝与北方游牧民族交替控制的区域，人类活动复杂且变动不居，对区域环境演化产生了深刻的影响。因此，对我国北方沙漠地区进行历史地理研究，正如著名历史地理学家侯仁之院士指出的那样："首先从沙漠的实际情况出发，进行全面深入的调查研究，既要研究它的'今天'，也要研究它的'昨天'和'前天'；既要研究它本身的变化，也要研究它的周围事变的内在联系，只有这样才能得出科学的认识，找出其固有的规律作为实际行动的向导。"[①] 而对我国北方沙漠地区展开系统的历史地理研究至今已有六十余年的时间，取得了丰硕的研究成果，对我国治理沙漠、改善沙漠地区的生态环境产生了积极的影响。

第一节　中国北方沙漠研究的缘起

　　对中国北方沙漠地区的人类活动与生态环境变化之间的关系展开研究，可以追溯到20世纪20年代。当时在中国的法国人德日进（T.de Chardin）和桑志华（Emile Licent）在1924年曾对毛乌素沙地南缘地区的环境变迁进行调查，不仅发现水洞沟遗址的人类活动，而且还提出这一区域马兰黄土与萨拉乌苏组沉积之间的关系。此后，也有中国学者对浑善达克地区的环境变迁进行过调查，但总体上水平不高[②]。

　　中华人民共和国成立后，致力于为生产建设服务，科学界提出了向"沙漠进军"的口号。在这样的背景下，1960年夏，北京大学地质地理系的部分师生，对位于毛乌素沙地边缘的

---

① 侯仁之：《历史地理学在沙漠考察中的任务》，《地理》1965年第1期，第18—21页。

② 贾铁飞、何雨：《90年代内蒙古高原第四纪环境演变研究的新进展》，《内蒙古师范大学学报》（自然科学汉文版）1999年第4期，第305—312页。

宁夏盐池、灵武一带的沙漠化状况展开系统研究，主要采取历史文献与考古学相印证的研究方法，对历史时期该区域沙漠化过程进行了复原，最终由时任地质地理系主任的著名历史地理学家侯仁之先生执笔撰写了《从人类活动的遗迹探索宁夏河东沙区的变迁》[①]。这是第一次从历史地理学的角度，对历史时期沙漠地区的人地关系展开研究。随后，对东部沙漠地区的历史地理研究，就成为北京大学历史地理专业的学术特色。1965 年，侯仁之先生与李宝田及北京大学考古专业的俞伟超先生一起，对位于乌兰布和沙漠北部的汉代城址进行系统考察，完成了《乌兰布和沙漠北部的汉代垦区》一文。该文不仅揭示了乌兰布和沙漠地区的环境变迁过程及其形成机制，更重要的是初步形成了沙漠历史地理研究的基本方法[②]。

此后，侯仁之先生在带领学生多次考察毛乌素沙地南部一带的基础上，采用初步形成的沙漠历史地理研究方法对秦汉以来就成为中原农耕民族与草原游牧民族相互碰撞、交融的毛乌素沙地南部边缘地区的沙漠化问题进行了系统研究。结合历史文献与实地考察，侯仁之指出以古城兴废作为环境演变的指标，位于农牧交错带上的毛乌素沙地在历史时期曾是环境条件较好的草原地区，其沙化过程是人类不合理活动引起的[③]。这些工作从方法论的角度论证了沙漠历史地理研究的任务，尤其是所开创的利用考古资料，结合历史文献和野外考察进行历史时期沙漠地区环境变迁与人类活动关系的探讨，成为沙漠历史地理的研究范式，标志着我国沙漠历史地理的正式形成。与此同时，侯仁之先生在这一时期对沙漠地区的历史地理研究中，提出了历史地理学研究时限应上推及全新世早期，即原始农业萌芽的时期，这不仅对理解我国沙漠地区的人类活动与环境演变有着重要的意义，同时也成为整个历史地理学研究的时间断限。

综上所述，对沙漠地区进行历史时期环境变迁与人地关系的研究，是基于 20 世纪中期国家经济建设需要以及中国特有的历史地理条件而开展的。从地理条件来看，我国北方和西北地区有面积广大的温带沙漠，毗邻我国北方主要的农业区。自清中叶以来，随着我国人口的持续增长，农业区的人地关系日趋紧张，因此农业人口有规模地向人口相对稀少的干旱、半干旱地区梯度推移，利用他们带来的较先进的农田水利技术和耕作经验，逐渐把大片土地开辟为可耕作的农田，从而使我国北方农牧分界线不断地向北、向西推移，使原本并不适宜农耕的农牧交错带以北地区承担了来自农耕区的生产—生态的承接和缓冲功能。在这一历史过程中，已面临较大生态压力的北方干旱半干旱地区，由于土地利用类型从利用强度较小的游牧生态系统，或者是半农半牧生态系统转变为更高效的农田生态系统，在荒漠草原局部绿洲化的同时，不适当开垦引发的土地盐碱化与沙漠化趋势也渐次滋生蔓延，干旱半干旱地区脆弱的生态平衡逐渐被打破。中华人民共和国成立之初，中国社会尚未解决温饱问题，粮食问题成为急需解决的关键问题。而从农耕民族角度来看，有着丰富土地资源的北方与西北干旱地区，无疑成为中央政府着意打造的新兴农业生产基地。但是随着大面积

[①] 侯仁之：《从人类活动的遗迹探索宁夏河东沙区的变迁》，《科学通报》1964 年第 3 期，第 226—231 页。

[②] 侯仁之：《历史地理学在沙漠考察中的任务》，《地理》1965 年第 1 期，第 18—21 页。

[③] 侯仁之：《从红柳河上的古城废墟看毛乌素沙漠的变迁》，《文物》1973 年第 1 期，第 35—41 页。

草原垦殖为农田，以及粗放的旱作农业被改造为集约程度更高的精耕细作农业方式，农牧交错地区农业生产过程很快就受到了土地退化的影响。因此，了解干旱半干旱地区的环境演变规律就成为当时包括历史地理学界在内的科学界需要处理的现实问题。到了 1978 年以后，经济建设成为我国的主要任务，同时面对 20 世纪 60—70 年代在干旱、半干旱地区极度扩张耕地所带来的严重土地沙化问题，历史地理学界再次将研究的重点放在历史时期该地区的人类活动与环境演变方面，引发了第二次中国历史地理学界对沙漠地理环境变迁研究的热潮。

与此同时，随着气候变暖等全球变化问题进入公共领域，国外学术界也注意到环境变迁问题仅凭单一学科和方法难以解决，全球变化科学（Global Change Science）因之兴起，特点即在于整合各个相关学科，研究全球变化的诸多面相，以应对人类社会在全球变化中已经面临的困境。如前所述，1986 年国际地圈生物圈计划和 20 世纪 90 年代国际全球环境变化人文因素计划的实施，以及土地利用 / 土地覆盖变化研究、生物多样性研究计划等项目的开展，意味着对全球环境演变的研究已全面开展，尤其是对人类历史时期干旱半干旱地区的环境变迁及其人类因素的作用成为国内外研究的热点问题。

中国是有着悠久历史的文明古国，保存下来的大量的时间和空间序列相对连续的历史文献资料，成为今天研究我国北方沙漠地区土地覆盖与环境变迁不可替代的宝贵资料。而干旱半干旱地区的气候条件也有利于保存历史时期人类活动的遗址与遗迹，这就使得我们可以利用历史文献资料与考古资料复原历史时期的土地覆盖变化与环境演变。与此同时，地球科学的整体进步，也为我们分析历史时期人类活动对地球表层系统演变的影响，客观地观察沙漠地区人地关系提供了强大的学术支撑。

正是基于上述思考，本书是在科技部重大基础调查项目"中国沙漠变迁的地质记录和人类活动遗址调查"资助下，经过近五年对中国北方沙漠地区进行系统历史资料收集与野外考察，在对考古遗址与遗迹考察的基础上（图 1-1），结合历史文献资料，对其中保留的历史时期环境信息进行分析，揭示历史时期我国北方沙漠地区环境变迁与人类活动之间的相互关系，为进一步研究与总结干旱、半干旱地区环境演变的规律与机制环境提供基础资料。

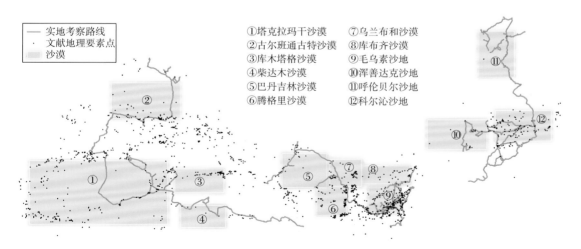

图 1-1　沙漠文献地理要素分布与实地考察路线示意图

第二节　中国北方沙漠研究概述

　　土地荒漠化是当今世界面临的最大环境—社会经济问题之一[①]。荒漠化土地面积的扩展，造成区域土地退化和经济损失，往往引发局部地区的社会安全问题。因此，对荒漠化的类型之一——沙漠的研究就成为全世界试图解决这一环境—社会经济问题的必要途径。

　　最早对沙漠化问题展开研究大约是在20世纪30年代。当时因为美国中西部地区土地垦殖，大面积的沙漠化和沙尘暴频繁爆发，引起了人们对土地垦殖与土地沙化之间关系的注意。几乎同时，苏联也因为对西伯利亚地区的过度垦殖造成大幅度的农业减产，而开始对土地退化问题展开研究。欧洲学者则集中考察非洲撒哈拉沙漠周边地区的草原退化与沙漠化问题。显然，学者们对人类活动与土地沙漠化之间关系的研究，源自对现实问题的处理。不过，直到1949年，法国学者Aubreville才正式提出"沙漠化"的概念。

　　随着沙漠化研究的展开，人们逐渐认识到历史时期的人类活动与沙漠地区的环境变迁有着复杂的关系。特别是世界上主要的古老文明都与沙漠有着密切的关系，如古埃及文明与撒哈拉沙漠，古印度文明与塔尔沙漠，犹太—基督教文明与内盖夫沙漠，伊斯兰教文明与鲁卜哈利沙漠，甚至中华文明也形成于我国北方沙漠的南侧边缘区域，这就使得人们不得不关注沙漠与人类活动的关系，特别是人类活动与沙漠边缘地区环境演变之间的相互作用。事实上，科学家们在多年的研究之后，基本形成了一致的认识：沙漠化是人类活动作用于脆弱的生态环境所产生的土地退化，所以沙漠化的研究，应主要侧重人地关系及其相互作用方面[②]。

　　我国学术界对沙漠地区环境变迁展开系统研究，同样是基于农业生产的现实需要。从1950年起，我国开始对北方沙漠地区展开全面的科学考察，并逐渐形成了对我国北方沙漠形成原因和沙漠防治的认识与观点，特别是辨别了沙漠与沙漠化的成因问题。科学家们认为我国北方沙漠是自然因素形成的，但沙漠化却是在自然因素的基础上以人为因素为主所形成和发展的[③]。这一观点将沙漠与沙漠化之间的关系分别开来，也使得对沙漠化的研究主要集中在人类历史时期，因此对干旱半干旱地区历史时期人类活动的考察，成为研究沙漠化的主要途径。

　　基于上述原因，从历史地理学角度研究沙漠化问题，就成为我国沙漠研究的重要组成[④]。侯仁之先生利用历史文献和考古资料对乌兰布和沙漠和毛乌素沙地形成和发展历史

[①] 王涛、朱震达：《我国沙漠化研究的若干问题——1.沙漠化的概念及其内涵》，《中国沙漠》2003年第3期，第209—214页。

[②] 王涛、赵哈林、肖洪浪：《中国沙漠化研究的进展》，《中国沙漠》1999年第4期，第299—311页。

[③] 竺可桢：《改造沙漠是我们的历史任务》，《人民日报》1959年3月2日，第7版。

[④] 王涛、朱震达：《我国沙漠化研究的若干问题——1.沙漠化的概念及其内涵》，《中国沙漠》2003年第3期，第209—214页。

的长时段研究，不仅开创了沙漠历史地理学研究，也为总结我国北方沙漠形成与环境变迁规律提供了扎实的研究案例，使学术界认识到沙漠化与人类不合理的土地利用之间存在着密切关系。不过，正当这一研究方兴未艾之际，"文革"的爆发中断了这项具有现实意义的学术研究工作。虽然 20 世纪 70 年代初期还有一些关于沙漠历史地理研究的学术成果，但都是对前一时期工作的总结。

　　1978 年起，沙漠历史地理研究才又重新开展，在继续之前的工作思路，即以揭示东部沙地的形成、流沙的移动、沙漠地区河湖水系的演变为主要目标的同时[①]，将研究区域扩展到其他沙漠地区：洪建新、王北辰先生等人重点讨论塔克拉玛干沙漠地区的环境变迁[②]，李并成等学者则以河西走廊为其研究区域[③]。到 20 世纪 90 年代之后，受到历史地理学整体研究水平提高的推动，沙漠历史地理研究旨趣也有了明显的变化，主要表现在以下两个方面：一是对历史文献所保留的环境信息展开深入、细致的分析与解读；二是注重对自然地理学研究成果的利用。

　　随着历史地理学界对我国北方沙漠地区研究的不断深入，人们对历史时期沙漠地区环境变迁与人类活动的关系认识产生了较明显的分歧：一种观点认为历史时期沙漠化主要是人类活动对干旱半干旱地区长时期反复扰动的结果；另一种观点则认为不合理的人类活动虽然对历史时期沙漠化产生了重要的影响，但自然因素，尤其是气候波动是沙漠化的主导因素。

　　在系统整理与分析大量历史文献中的区域环境信息之后，不少历史地理学者认为沙漠地区长时期环境变迁基本上经历了土地垦殖—土地覆盖破坏—土地沙化的土地退化过程。如毛乌素沙地在 2000 年来经历了秦汉、隋唐、清至民国时期三次大规模的农业开垦，原生森林被大量砍伐，草原逐步垦辟为耕地，森林草原景观被农牧业交错景观所替代，导致该区域土地退化[④]。反之，当该区域土地利用方式改变后，自然植被逐步恢复，生态环境演化的方向发生改变。如南北朝、宋元明时期因北方民族进入，致使北方农牧分界线南移，毛乌素地区的自然生态景观恢复为以草原为主，土地沙化减弱，甚至停止[⑤]。不仅毛乌素地区如此，对科尔沁沙地历史时期环境变迁的研究结论也大致相仿：2000 年前科尔沁地区呈现或保持着草甸草原、疏林草原和森林草原相间分布的景观，直到魏晋时期由于人口增多，加之战争频繁导致这一区域开始出现沙漠化。辽金时期和清代民国该地区再次被垦

　　① 赵永复：《历史上毛乌素沙地的变迁问题》，中国地理学会历史地理专业委员会《历史地理》编辑委员会：《历史地理》第 1 辑，上海：上海人民出版社，1981 年，第 34—47 页。

　　② 洪建新：《罗布泊释名》，《华东师范大学学报》（自然科学版）1981 年第 3 期，第 114—120 页；王北辰：《王北辰西北历史地理论文集》，北京：学苑出版社，2000 年。

　　③ 李并成：《河西走廊西部汉长城遗迹及其相关问题考》，《敦煌研究》1995 年第 2 期，第 135—145 页。

　　④ 朱士光：《内蒙城川地区湖泊的古今变迁及其与农垦之关系》，《农业考古》1982 年第 1 期，第 14—18 页；陈育宁：《鄂尔多斯地区沙漠化的形成和发展述论》，《中国社会科学》1986 年第 2 期，第 69—82 页。

　　⑤ 史念海：《河山集（三集）》，北京：人民出版社，1988 年；马雪芹：《历史时期黄河中游地区森林与草原的变迁》，《宁夏社会科学》1999 年第 6 期，第 80—85 页。

殖,因此也成为土地沙漠化最严重的时期[1]。因此,在对近 2000 年我国北方农牧交错带地区的自然生态演化过程研究中,学者得出了随着农耕民族与游牧民族势力的此消彼长,农耕民族的土地垦殖使当地的天然植被一再受到破坏,浅表土层被人为扰动后,下伏沙层暴露,直接导致土地沙漠化的形成这一带有规律性特点的认识[2]。这一观点也大致为西部干旱地区的沙漠化研究所证实:虽然对于西部塔克拉玛干地区沙漠化的历史地理研究主要集中在沙漠边缘的绿洲地区,并且人类活动方式在历史时期并没有发生较大的变迁,但研究结论同样指向人类对水资源的不合理利用[3],导致河道变迁、土地退化,进而不断形成沙漠。

但人类活动,尤其是农业垦殖活动对干旱半干旱地区生态环境的破坏这一观点,一直受到挑战。先是前现代形成的历史文献中有关环境变迁信息的可信度受到质疑。如位于毛乌素沙地中的统万城修建时具有相对优越的自然环境条件的记载,与地层沉积剖面等技术手段显示的环境信息存在着明显的不一致性。因此,不少学者认为毛乌素沙地主要为自然因素的产物:第四纪河湖相沙质地表上形成的沙性土壤为该地区沙漠化提供了丰富的物质条件,人类活动不过是叠加在自然物质基础上,对地表土层的扰动只是加剧了这一地区的沙漠化[4]。随着孢粉、粒度和地层沉积物分析等方法应用到沙漠地区环境演变研究中,人类主导观点受到更大的挑战。大量的研究证明位于北方农牧交替带上的毛乌素沙地、浑善达克沙地、科尔沁沙地早在地质时期便已存在,历史时期不过是沙地演化的最近阶段,自然因素对沙漠化的作用是首位的[5],而历史时期所谓的"沙漠化"不过是特定自然条件下人类不合理活动导致"古沙翻新"的结果[6]。

---

[1] 景爱:《平地松林的变迁与西拉木伦河上游的沙漠化》,《中国历史地理论丛》1988 年第 4 辑,第 25—38 页;张柏忠:《科尔沁沙地历史变迁及其原因的初步研究》,内蒙古文物考古研究所:《内蒙古东部区考古学文化研究文集》,北京:海洋出版社,1991 年,第 144—171 页;冯季昌、姜杰:《论科尔沁沙地的历史变迁》,《中国历史地理论丛》1996 年第 4 辑,第 105—120 页。

[2] 侯仁之:《从人类活动的遗迹探索宁夏河东沙区的变迁》,《科学通报》1964 年第 3 期,第 226—231 页;颜廷真、陈喜波、韩光辉:《清代热河地区盟旗和府厅州县交错格局的形成》,《北京大学学报》(哲学社会科学版)2002 年第 6 期,第 108—115 页;黄健英、薛晓辉:《北方农牧交错带变迁对蒙古族社会经济发展的影响初探》,《中央民族大学学报》(哲学社会科学版)2008 年第 2 期,第 68—76 页。

[3] 樊自立、马英杰、王让会:《历史时期西北干旱区生态环境演变过程和演变阶段》,《干旱区地理》2005 年第 1 期,第 10—15 页;何彤慧、王乃昂:《毛乌素沙地历史时期环境变化研究》,北京:人民出版社,2010 年。

[4] 齐矗华、甘枝茂、惠振德:《陕北黄土高原晚更新世以来环境变迁的初步探讨》,《山西师大学报》(自然科学版)1987 年第 1 期,第 76—79 页。

[5] 董光荣、李保生、高尚玉:《由萨拉乌苏河地层看晚更新世以来毛乌素沙漠的变迁》,《中国沙漠》1983 年第 2 期,第 9—14 页;胡孟春:《全新世科尔沁沙地环境演变的初步研究》,《干旱区资源与环境》1989 年第 3 期,第 51—57 页;董玉祥、刘毅华:《内蒙古浑善达克沙地近五千年内沙漠化过程的研究》,《干旱区地理》1993 年第 2 期,第 45—51 页;陈渭南、高尚玉、邵亚军,等:《毛乌素沙地全新世孢粉组合与气候变迁》,《中国历史地理论丛》1993 年第 1 辑,第 39—54 页;任国玉:《全新世东北平原森林——草原生态过渡带的迁移》,《生态学报》1998 年第 1 期,第 33—37 页。

[6] 孙继敏、丁仲礼、袁宝印:《2000a B.P. 来毛乌素地区的沙漠化问题》,《干旱区地理》1995 年第 1 期,第 36—42 页。

显然，学术界对人类活动与沙漠化之间的关系各执一词、难以统一。但如果我们转换思路，认为学者们通过研究所得到的观点并非针锋相对，不可调和，而是需要结合时空尺度考量人类活动在沙漠化过程中的贡献，即气候变化和人类活动这两个主导因子在不同时空尺度下的沙漠化过程中贡献有明显的差异：在千年和百年的时间尺度下，沙漠化受人类活动的影响虽然越来越大，但仍为气候变化所主宰；然而在近百年的时间尺度中，以十年为周期的沙漠化虽然也受到气候变化的影响，但人类经济活动是沙漠地区环境变迁的主导因素。由此，上述学术观点的分歧也就迎刃而解了。

事实上，学者们利用不同研究方法和环境指标对沙漠地区环境演变与人类活动的历史过程进行考察后，都肯定了上述时空差异导致沙漠地区人地关系表现不同的观点：在对历史文献分析的基础上，一些历史地理学者指出自然因素尤其是气候变化是影响历史时期北方地区沙漠化的主要原因[1]。虽然也有学者指出历史文献中关于自然环境和人类活动的信息具有模糊性[2]，但在对具体环境事件进行细致分析后，学者们指出沙漠地区人类活动无论是强度还是地域范围都十分有限，因此人类活动在长时段沙漠地区环境演化中确实处于次要地位[3]。同时，学者们采用历史文献记载与遥感影像证据相对比的方法，也认为人类活动在沙漠环境长时期演化中的作用局限的结论[4]。但对近百年沙漠地区环境演变进行深入研究后，学者们确实发现过度开垦、过度放牧以及过度樵采等人类不合理活动往往导致严重的沙漠化[5]。

在对沙漠地区人地关系进行系统研究的同时，近年来有关历史时期沙漠地区环境变迁的研究有进一步精细化的趋势：围绕干旱半干旱区自然环境演变过程，学者们分别从气候变迁、水系湖泊、土壤与土地利用、生物系统等要素展开深入研究，以期获取干旱半干旱区主要陆地表层系统演变规律及其相互作用机制的认识[6]。其中，干旱半干旱地区的水系对气候变化与人类活动具有高度敏感性，是影响这一区域生态环境演变和区域可持续发展

① 赵永复：《历史上毛乌素沙地的变迁问题》，中国地理学会历史地理专业委员会《历史地理》编辑委员会：《历史地理》第 1 辑，上海：上海人民出版社，1981 年，第 34—47 页。

② Guo L. C., Xiong S. F., Wu J. B., et al, Human Activity Induced Asynchronous Dune Mobilization in the Deserts of NE China during the Late Holocene, *Aeolian Research*, 2018, 34: 49-55.

③ 候甬坚：《中国北方沙漠—黄土边界带陆地环境演化的复原研究》，中国科学院地球环境研究所 2001 年博士学位论文；韩昭庆：《明代毛乌素沙地变迁及其与周边地区垦殖的关系》，《中国社会科学》2003 年第 5 期，第 191—204 页。

④ 邓辉、舒时光、宋豫秦，等：《明代以来毛乌素沙地流沙分布南界的变化》，《科学通报》2007 年第 21 期，第 2556—2563 页。

⑤ 朱震达、刘恕、邸醒民：《中国的沙漠化及其治理》，北京：科学出版社，1989 年；张晓虹：《社会·技术·环境：近代内蒙古磴口地区生态环境演化研究》，《地理学核心问题与主线——中国地理学会 2011 年学术年会暨中国科学院新疆生态与地理研究所建所五十年庆典论文摘要集》，内部资料，2011 年，第 174 页；王翩：《晚清塔里木河中下游城市地理研究》，复旦大学 2021 年博士学位论文。

⑥ 王涛：《干旱区主要陆表过程与人类活动和气候变化研究进展》，《中国沙漠》2007 年第 5 期，第 711—718 页；安成邦、陈发虎：《中东亚干旱区全新世气候变化的西风模式——以湖泊研究为例》，《湖泊科学》2009 年第 3 期，第 329—334 页。

的重要因素，因此研究成果较为集中。

早在 20 世纪 50 年代，侯仁之先生在对毛乌素沙地进行考察时，就注意到该地区水系的历史变迁[1]。此后，朱士光先生、赵永复先生对无定河上游水系变迁进行了深入分析，成为沙漠地区水系研究奠基之作[2]。近年来，对沙漠地区水系的历史演变研究十分兴盛，既有对水系的空间分布与历史变迁进行考证与复原的成果[3]，也有基于野外考察，结合历史文献和已有研究成果分析水环境变迁的论著[4]，更有以地层剖面为基础材料，结合遥感影像对沙漠水系进行全面研究的成果[5]。

由于干旱半干旱地区生态环境十分脆弱，区域社会受环境变迁影响深刻，呈现出极不稳定的状况，故历史时期沙漠地区的人类活动，往往以人口集中分布的城市和聚落作为其指征。根据历史时期城市／聚落等人类活动遗存的空间分布，可以探究人类活动与环境演变的关系，进而揭示当地沙漠化的时空进程。侯仁之先生曾对毛乌素沙地、乌兰布和沙漠和浑善达克沙地等区域的城市与聚落展开研究，奠定了用城市遗址探究历史时期沙漠化的学理基础[6]。这一研究传统为后来的学者所继承：或综合利用航空遥感影像、历史文献和实地考察等方式，复原统万城的城市形态及建城初期生态环境，探讨统万城兴衰与环境变迁背后的人类因素[7]；或利用废弃古城与堡塞的分布作为反映沙漠地区环境变迁的指

---

① 侯仁之：《从红柳河上的古城废墟看毛乌素沙漠的变迁》，《文物》1973 年第 1 期，第 35—41 页。

② 朱士光：《内蒙城川地区湖泊的古今变迁及其与农垦之关系》，《农业考古》1982 年第 1 期，第 14—18 页；朱士光：《评毛乌素沙地形成与变迁问题的学术讨论》，《西北史地》1986 年第 4 期，第 17—27 页；赵永复：《历史上毛乌素沙地的变迁问题》，中国地理学会历史地理专业委员会《历史地理》编辑委员会：《历史地理》第 1 辑，上海：上海人民出版社，1981 年，第 34—47 页；赵永复：《再论历史上毛乌素沙地的变迁问题》，中国地理学会历史地理专业委员会《历史地理》编辑委员会：《历史地理》第 7 辑，上海：上海人民出版社，1990 年，第 171—180 页。

③ 高嘉诚：《清代鄂尔多斯高原水环境的历史考察》，陕西师范大学 2005 年硕士学位论文；罗凯、安介生：《清代鄂尔多斯水文系统初探》，侯甬坚主编：《鄂尔多斯高原及其邻区历史地理研究》，西安：三秦出版社，2008 年，第 274—297 页；卢卓瑜：《清至民国毛乌素沙地水环境研究》，陕西师范大学 2021 年硕士学位论文。

④ 何彤慧、王乃昂：《毛乌素沙地历史时期环境变迁研究》，北京：人民出版社，2010 年；黄银洲、王乃昂、程弘毅，等：《毛乌素沙地历史时期沙漠化——基于北大池湖泊周边沉积剖面粒度的研究》，《中国沙漠》2013 年第 2 期，第 426—432 页。

⑤ 董光荣、李保生、高尚玉：《由萨拉乌苏地层看晚更新世以来毛乌素沙漠的变迁》，《中国沙漠》1983 年第 2 期，第 9—14 页；李保生、靳鹤龄、吕海燕，等：《150ka 以来毛乌素沙漠的堆积与变迁过程》，《中国科学（D 辑：地球科学）》1998 年第 1 期，第 85—90 页。

⑥ 侯仁之：《从人类活动的遗迹探索宁夏河东沙区的变迁》，《科学通报》1964 年第 3 期，第 226—231 页；侯仁之：《敦煌县南湖绿洲沙漠化蠡测——河西走廊祁连山北麓绿洲的个案调查之一》，《中国沙漠》1981 年第 1 期，第 13—20 页；侯仁之、俞伟超：《乌兰布和沙漠的考古发现和地理环境的变迁》，《考古》1973 年第 2 期，第 92—107 页。

⑦ 邓辉、夏正楷、王瑞瑜：《从统万城的兴废看人类活动对生态环境脆弱地区的影响》，《中国历史地理论丛》2001 年第 2 辑，第 104—113 页。

征①。还有学者考证沙漠地区水系变迁与城址迁移的关系，以揭示古绿洲废弃及沙漠化的原因②。

　　除此之外，还有学者致力于采用气候指标、地层沉积等环境变迁数据展开沙漠历史地理研究③；或从人口数量、耕地面积不同的主题切入，研究沙漠地区环境变迁及其人地关系④。近年来，丝绸之路及其与气候环境变化关系的研究，也推动了对干旱区城市发展与人地关系开展不同时空尺度的讨论，尤其是强调重视人类活动与环境关系的多尺度研究⑤。这些研究推动了对沙漠地区环境变迁过程的复原工作，同时还对不同时期沙漠化驱动机制进行了探讨⑥。

　　综上所述，目前沙漠地区环境演变与人类活动研究时段集中于明清以来的 600 余年，空间上以中微观尺度的地貌单元为主，长时段、大尺度研究较为缺乏。而随着全球变化研

① 韩茂莉：《辽代西辽河流域气候变化及其环境特征》，《地理科学》2004 年第 5 期，第 550—556 页；李严：《榆林地区明长城军事堡寨聚落研究》，天津大学 2004 年硕士学位论文；杜林渊、张小兵：《陕北宋代堡寨分布的特点》，《延安大学学报》（社会科学版）2008 年第 3 期，第 85—89 页；何彤慧、王乃昂、黄银洲，等：《毛乌素沙地古城反演的地表水环境变化》，《中国沙漠》2010 年第 3 期，第 471—476 页；张萍：《历史商业地理学的理论与方法及其研究意义》，《陕西师范大学学报》（哲学社会科学版）2012 年第 4 期，第 28—34；苏都尔、那顺达来、东方杰，等：《1635—2019 年通辽地区聚落变迁研究》，《地理科学》2021 年第 11 期，第 2011—2020 页。

② 李并成：《甘肃玉门花海毕家滩古绿洲沙漠化的调查研究》，《中国边疆史地研究》2003 年第 2 期，第 109—113 页；李并成：《新疆渭干河下游古绿洲沙漠化考》，《西域研究》2012 年第 2 期，第 46—53页；李并成：《塔里木盆地克里雅河下游古绿洲沙漠化考》，《中国边疆史地研究》2020 年第 4 期，第 106—118 页；王翮：《晚清塔里木河中下游城市地理研究》，复旦大学 2021 年博士学位论文。

③ Liu Y., Sun J., Yang Y., et al, Tree-Ring-Derived Precipitation Records from Inner Mongolia, China, Since A.D. 1627, *Tree-Ring Research*, 2007, 63(1):3-14；萧凌波、方修琦、叶瑜：《清代东蒙农业开发的消长及其气候变化背景》，《地理研究》2011 年第 10 期，第 1775—1782 页；奚秀梅、赵景波：《鄂尔多斯高原地区清代旱灾与气候特征》，《地理科学进展》2012 年第 9 期，第 1180—1185 页；Li J. C., Han L. Y., Liu Y., et al, Insights on Historical Expansions of Desertification in the Hunlun Buir and Horqin Deserts of Northeast China, *Ecological Indicators*, 2018, 85:944-950；白壮壮、崔建新：《近 2000a 毛乌素沙地沙漠化及成因》，《中国沙漠》2019 年第 2 期，第 177—185 页。

④ 薛平拴：《陕西历史人口地理》，北京：人民出版社，2001 年；韩昭庆：《清末西垦对毛乌素沙地的影响》，《地理科学》2006 年第 6 期，第 728—734 页；杨蕤：《宋夏沿边人口考论》，《延安大学学报》（社会科学版）2007 年第 4 期，第 82—86 页；樊星、叶瑜、罗玉洪：《从〈清实录〉看清代 1644—1795 年中国北方农牧交错带东段的农业开发》，《干旱区地理》2012 年第 6 期，第 996—1003 页；张晓虹、庄宏忠：《天主教传播与鄂尔多斯南部地区农牧界线的移动——以圣母圣心会所绘传教地图为中心》，《苏州大学学报》（哲学社会科学版）2018 年第 2 期，第 167—181 页；王晗：《生存之道：毛乌素沙地南缘伙盘地研究》，北京：中国社会科学出版社，2021 年。

⑤ 安成邦、王伟、段阜涛，等：《亚洲中部干旱区丝绸之路沿线环境演化与东西方文化交流》，《地理学报》2017 年第 5 期，第 875—891 页；陈发虎、董广辉、陈建徽，等：《亚洲中部干旱区气候变化与丝路文明变迁研究：进展与问题》，《地球科学进展》2019 年第 6 期，第 561—572 页。

⑥ 胡珂、莫多闻、王辉，等：《萨拉乌苏河两岸宋（西夏）元前后的环境变化与人类活动》，《北京大学学报》（自然科学版）2011 年第 3 期，第 466—474 页；Cui J. X., Chang H., Cheng K. Y., et al, Climate Change, Desertification, and Societal Responses along the Mu Us Desert Margin during the Ming Dynasty, *Weather, Climate, and Society*, 2017, 9(1):81-94；白壮壮、崔建新：《清代以来鄂尔多斯高原的沙漠化及其驱动机制》，《中国历史地理论丛》2022 年第 2 辑，第 15—22 页。

究的不断深入，我国北方沙漠地区生态环境脆弱，对环境变化十分敏感，我们有必要对这一区域人地关系的具体过程进行更为细致的研究与考察，如此才能为区域发展与环境政策的制定提供更为准确的历史借鉴①。与此同时，加强长时段大空间尺度的综合性研究，有助于进一步了解我国北方沙漠形成与发展过程及其驱动机制，也能为历史时期环境演变机制争议提供不同时空尺度的例证。

第三节　野外考察与历史文献互证的研究方法

我国沙漠地区历史时期环境演变的系统研究，肇始于 20 世纪 60 年代，是根据当时国家的生产建设需要，在实际工作中不断探索，逐渐发展起来的。在这一过程中，由于沙漠地区历史文献记载远较东部地区稀缺，因此主要是通过实地考察，借助于大量湮没于流沙中的历史时期人类活动遗迹所透露出的自然环境变迁的信息，复原历史时期沙漠地区环境变迁的过程。正是基于这一原因，一些历史地理学者从一开始就认识到，开展沙漠地区历史地理研究，必须采取野外考察与历史文献互证的研究方法。

自 20 世纪 60 年代起，历史地理学界开始对我国北方沙漠地区的环境演变展开研究之后，利用历史文献资料复原我国沙漠地区环境变迁特点成为历史沙漠地理学研究的主要工作方法。受限于资金和其他原因，野外考察在 20 世纪并没有大规模展开。然而由于我国沙漠地区主要位于 400 毫米等降水量线以北地区，这里在历史时期基本上位于我国北方农牧交错带以北，主要为游牧民族所居，故以中文为主的历史文献资料相对匮乏，这就为复原历史时期沙漠地区的环境变迁带来了不少的困难。因此，如前文所述，对沙漠地区的环境变迁的复原工作就不能只依赖历史文献记载，而需要搜集与环境变迁相关的其他证据。如在 2017 年夏的野外考察过程中，我们注意到在明代胜州遗存的十二连城城墙中，夯土层的黏土夹有多层沙土层。这一现象引起了我们的疑问，一般古城墙夯筑时都以粒度较小、黏度较高的黏土为材料，采用沙土筑城，会导致夯土层的强度降低。在与现场一同考察的杨小平、安成邦等多位沙漠学研究专家进行交流后，我们认为这是因为十二连城在修筑时，四周已有流沙，因而获取黏度较高的土不易，故筑城工人就地取材，利用沙土作为筑城材料。这一现象反映了库布齐沙漠在明代时已达到现在的范围。仅凭历史文献资料，我们无法获取这些历史时期的环境信息，自然不能对历史时期的环境变迁有精深的认识。可见，20 世纪 60 年代侯仁之先生创立的以历史文献记载和考古遗址相结合的方法，之所以成为我国沙漠历史地理的研究范式，正是基于沙漠地区历史文献记载不足提出的解决方案。

在沙漠历史地理研究开展之前，对我国北方沙漠地区进行野外考察就已开始。早在

---

① 朱士光:《遵循"人地关系"理念，深入开展生态环境史研究》,《历史研究》2010 年第 1 期，第 4—10 页。

19 世纪下半叶，西方探险家就开始对我国西部沙漠地区展开考古调查，虽然其目的不是研究沙漠地区环境演变，但他们受过系统的考古学和历史学训练，因此其工作为后来进行沙漠历史地理野外考察提供了丰富的经验。

最早对我国西北沙漠地区进行科学考察的是瑞典著名地理学家斯文·赫定（Sven Anders Hedin）。他在 1890—1935 年先后对我国西部干旱地区进行了 8 次考察，考察区域包括塔克拉玛干沙漠、准噶尔沙漠、库木塔格沙漠、巴丹吉林沙漠等，尤其是在对黑河下游地区汉代烽燧、城障以及黑城、居延城等遗址的考察中获得了大量的资料，发掘汉简万余枚。这些汉简中记录了大量西北地区历史时期环境信息，而他所著的《中亚考察报告》《戈壁沙漠横渡记》《中瑞科学考察报告》至今仍是研究晚清以来西北沙漠地区环境变迁的重要文献。比斯文·赫定稍晚，俄国探险家科兹洛夫（Пётр Кузьмич Козлов）在 1907—1909 年第五次考察我国西北时，从位于黑河—额济纳河下游的黑城遗址中，发现大量西夏文刊本、写本及各类文物，他的《蒙古、安多和死城哈喇浩特》一书中，也有大量环境考察的记载。但这一时期最重要的西方探险家则是英籍匈牙利人斯坦因（Mark Aurel Stein）。斯坦因受过良好的历史学和考古学训练，这使得他在 1900—1930 年先后 4 次在我国西北地区的考察中，通过大量文物与历史文献互证的研究方法，对历史时期罗布泊的变迁、从罗布泊穿越库木塔格沙漠到敦煌路线的历史变迁等现在属于沙漠历史地理研究的问题都做了系统的研究工作，也成为后世研究这些问题的奠基之作。此外，这一时期还有伯希和（Paul Pelliot）、鄂登堡（С.Ф. Ольденбург）、大谷光瑞等人进行考察。在他们的影响下，我国一些学者也开展了对沙漠地区的野外考察活动。如 1942 年我国学者徐炳旭、袁复礼、丁道衡、黄文弼、陈宗器等，组织西北科学考察团，对甘新地区的沙漠地区进行了科学考察，获取了大量的环境变迁资料，并结合历史文献对历史时期塔里木河下游河道变迁进行了系统研究，撰写了《罗布淖尔考古记》《塔里木河考古记》《罗布淖尔与罗布荒原》《中国西北之交替湖》，对罗布泊的形成与变迁进行了科学研究。

我国著名历史地理学家侯仁之先生早在 20 世纪 60 年代就开展了毛乌素沙地环境变迁的调查与研究工作。从 1960 年 5 月起，侯先生利用假期带领部分师生赴宁夏河东沙区的盐池、灵武一带进行考察。后来撰写专题研究论文《从人类活动的遗迹探索宁夏河东沙区的变迁》。1961—1964 年侯仁之先生考察了乌兰布和沙漠以及毛乌素沙地，撰写了《乌兰布和沙漠北部的汉代垦区》《乌兰布和沙漠的考古发现和地理环境的变迁》《从红柳河上的古城废墟看毛乌素沙漠的变迁》等文。20 世纪 70 年代侯先生又赴居延地区和古阳关一带考察，写成《居延和阳关地区沙漠化的初步考察》《敦煌县南湖绿洲沙漠化蠡测——河西走廊祁连山北麓绿洲的个案调查之一》等研究报告和学术论文[1]。

在侯仁之带领研究团队对毛乌素沙地、乌兰布和沙漠进行野外调查的同时，周廷儒、赵济等地理学家展开了对新疆地区主要沙漠的科学考察活动。尽管他们的研究旨趣是对现

[1] 李并成、贾富强：《侯仁之先生与沙漠历史地理研究》，《地理学报》2014 年第 11 期，第 1718—1724 页。

代塔克拉玛干沙漠和准噶尔沙漠进行系统调查，但也对历史时期的环境变迁进行了考察[①]。

此后侯仁之先生的弟子李并成及兰州大学程弘毅、颉耀文等对河西走廊沙漠绿洲进行了系统研究，景爱对科尔沁沙地进行了研究，王守春对塔里木盆地进行了研究，后来又有大量学者对楼兰古城衰亡进行了考察与研究，这些研究均提供了很好的案例分析。继侯仁之先生之后，学者们对毛乌素沙地的考察与研究更是从未间断。王乃昂团队对毛乌素沙地古城及相关自然沉积剖面进行了系统考察，对气候变化、沙漠化与人类活动之间关系进行深入探讨。也有学者对有重大影响的单个古城如统万城、石峁等进行了考察与研究。

显然，受到自然地理学和考古学对我国北方沙漠地区研究的启发，历史地理学界重新审视了以历史文献进行研究的局限性，在结合多种研究方法的基础上，沙漠历史地理研究最终确立了野外考察和历史文献互证的研究方法：正史、地方志、古旧地图、游记、历代公私档案、外国探险考察报告等历史文献中所记载的沙漠地区环境信息和人类活动，虽然精度较高，但科学性较差；而采用地层学、类型学、遥感、地理信息系统（geographic information system，GIS）、生物考古、分子考古、同位素考古、^{14}C、热释光、光释光测年等现代科学方法对沙漠地区的考古遗迹、遗物进行野外调查，采集考古遗址所保留的环境信息以及人类活动的特点，这样获得的数据科学性强，但时空精度不足。故将两方面的环境信息数据相互比勘印证，方可对我国北方沙漠地区的环境变迁与人类活动之间的关系得出准确的认识，这也是沙漠历史地理研究与历史地理学其他分支学科研究有所差异的地方。

此外，需要注意的是，由于沙漠地区横贯我国北部地区，东西部不仅气候条件有较大的差异，而且其区域历史发展过程也有不同。我国东部沙地的形成与这一区域正处于我国北方农牧交错带有密切的关系。由于历史时期这里一直是我国农耕民族和游牧民族发生冲突、交流与融合的区域，反复的人类活动，尤其是农业民族的土地垦殖活动，使得这一区域本来就脆弱的生态环境受到破坏，进而影响到该地区的土地退化甚至沙漠化过程。与此同时，由于这一区域地近我国主要农耕区，自然条件相对优越，有发展大规模农耕业的自然地理基础，因此，这一区域一直是中央王朝较为关注的区域，历史文献中的记载稍详。而西部地区深处内陆，远离中央政权。历代王朝对其控制主要采用羁縻方式，故文献记载较为疏略。但因为气候干燥，历史遗址可存续更长的时间，得以保存千年尺度的人类活动遗迹。因此，对西部地区沙漠环境演变的历史地理研究，则侧重于利用野外考察，获取历史遗迹中丰富的环境信息以重建这一地区人类活动历史与自然因素波动。注意到我国沙漠历史地理研究的区域差异，有助于把握我国沙漠形成的机制，以便从更深层次上理解人类活动与环境变迁之间的互动关系。

近年来，随着地球科学的不断发展，沙漠地区考察工具更为完善，有高精度的全球定位系统（global positioning system，GPS）、无人机、激光测距仪等；研究方法上也更趋于综合。考古资料、历史文献资料、地层数据以及遥感影像数据的综合分析应用，进一步推

[①] 周廷儒：《西昆仑北坡及其山前平原修建水库的地貌条件》，《北京师范大学学报》（自然科学版）1959 年第 6 期，第 91—96 页。

动研究向纵深发展。因此，我们在承担本项目后，将历史文献考证与野外考察置于同样重要的地位。并在认真收集历史文献资料的同时，共组织十余次野外历史地理综合考察，考察中选取的古遗址主要基于以下的标准：首先，是对人类文明发展产生重要影响的大遗址及部分同时期遗址进行过系统考察和研究。其次，选取能反映沙漠化的重要古城址，如已经在沙漠深处或者被沙覆盖的城址。尤其重点关注历史文献资料丰富的古城。最后，为了更加系统了解长时段人类活动过程，选取的遗址涵盖各个时间段，组成一个长时间序列。本书主要对一些重点遗址及其当前研究现状进行介绍，不仅包括对研究区域内的自然环境特点、考古遗址分布、遗址内文物特征进行考察，同时还结合历史文献记载，对其中所反映出的环境变迁过程及其特点进行分析，试图揭示历史时期我国北方沙漠环境演变的规律及机制。

第二章

毛乌素沙地及周边古城聚落遗址考察

　　毛乌素沙地位于鄂尔多斯高原的南部和黄土高原的北部区域，地处北纬 37°27.5′—39°22.5′，东经 107°20′—111°30′，包括内蒙古自治区鄂尔多斯市的南部、陕西省榆林市北部以及宁夏回族自治区盐池县的东北部，总面积为 4.22 万平方千米[①]，约占我国沙漠总面积的 3.8%。毛乌素沙地大部分属鄂尔多斯高平原向陕北黄土高原过渡区，自西北向东南倾斜，海拔 1200—1600 米。

　　毛乌素沙地大部分属温带半干旱区，年均温度 6.0—8.5℃，400 毫米等降水量线从东北向西南斜穿过该区，东南部可达 440 毫米，向西北递减至 250 毫米。降水量集中于 7—9 月，占全年降水量的 60%—70%，多以暴雨形式出现。全年蒸发量达 1800—2500 毫米。气候干燥、大风频繁、日照强烈是该地区气候的主要特征。毛乌素沙地的地表水系可分为内流区和外流区，其中外流区主要分布于东部及东南部，约占区域总面积的 40%，有无定河、秃尾河及窟野河等黄河一级支流。毛乌素沙地的植被由东部的草甸草原和灌丛植被逐渐向西部的荒漠草原植被过渡。在南北方向北部具有荒漠化草原向草原化荒漠过渡的特征，而中部和东部的大部分地区则属典型草原地带，其东南部边缘则具有典型草原向森林草原过渡的特征。毛乌素沙地以固定、半固定沙丘为主，沙丘的形态主要是梁窝状沙丘和抛物线形沙丘。流动沙丘主要分布在沙地的东南部，与固定、半固定沙丘往往交错分布，大多是新月形沙丘链，高度 5—10 米，也有高 10—20 米的。

　　由于毛乌素沙地的自然地理条件，历史时期这里一直是我国北方游牧民族和农耕民族交错分布的地带，加之该区域长期处于我国政治中心关中地区的北部，是中央王朝经营的重点区域，历史文献资料和人类活动遗址较为丰富，为我们研究这一地区环境变迁与人类活动提供了相对充足的数据支撑，因而成为研究沙漠地区自然环境演变与人类活动关系最为典型的区域。

　　为了配合科技部基础资源调查专项野外数据采集，项目组先后于 2017 年 7 月、2019 年 8 月、2021 年 10 月和 2022 年 8 月多次赴毛乌素沙地地区进行考察，并结合环境考古、历史文献资料，对毛乌素沙地的环境演化与人类活动之间的关系进行了重新梳理，获得了

[①] 龚仕建：《"毛乌素绿洲"的生态奇迹》，《人民日报》2020 年 5 月 14 日，第 5 版。

一些新的认识。

第一节　新石器至商周古城聚落遗址

有学者曾将毛乌素地区从仰韶到商周的文化序列分为八段。第一段相当于仰韶文化半坡类型期，第二段相当于仰韶文化庙底沟类型期，第三至第五段，相当于仰韶文化西王村类型期，第六段相当于龙山时代，第七段相当于夏至早商，第八段相当于晚商至商周之际①。仰韶文化之前的遗址目前尚没有发现。这些文化在小区域内又有一些地方类型。如仰韶晚期的庙子沟文化发展了三种地方类型：即庙子沟类型、阿善二期类型和海生不浪类型。而在浑河下游进行的考古遗址调查工作则将这个小区域文化序列排列如下：官地一期、鲁家坡、庙子沟、阿善三期、永兴店文化以及朱开沟文化。该地区的遗址又可以分为普通的聚落遗址和石城址。龙山时代在中国普遍兴起了筑城的传统。而这一传统在毛乌素所在地区表现也非常突出，从黄河沿岸到秃尾河流域石城普遍存在。接下来课题组对以上两种遗址类型分别进行论述。

一、普通聚落

从内蒙古中南部到陕西北部存在着仰韶晚期到龙山时期多个石城，以龙山时期为主。这些石城往往建在山麓或者山塬之上，地形相对周围较高，具有很强的防御功能。这种现象可能与龙山时期气候开始变得干冷而导致的资源减少，人口压力增大，从而对资源的竞争加强有关。为反映自然环境变迁与人类活动关系，我们在系统收集、整理相关研究的基础上，对上述聚落遗址进行了实地考察，获得了一些新的认识。

1. 五庄果梁遗址

五庄果梁遗址位于今陕西省靖边县黄蒿界镇大界村，距离靖边县城约 30 千米。遗址面积约 30 万平方米以上，现为省级文物保护单位。2001 年 6 月至 8 月，为了配合榆（林）靖（边）高速公路的建设，陕西省考古研究所对榆靖高速公路穿越遗址区域进行了大面积考古发掘。发掘面积约 1740 平方米，揭露房址 20 座、灰坑 91 个、陶窑 3 座、墓葬 3 座、乱葬坑 1 座，获得陶器、石器、骨器、玉器等各类文物共计千余件。陶器以夹砂陶居多，泥质陶略少。此外，在遗址中还发现了较丰富的磨制石器，有石刀、磨石、石斧、石铲、石锛、石锤等，以及一定数量的打制石器和细石器，显示了遗址处于农牧交错地带的经济特征。

根据出土文物，五庄果梁遗址主要文化内涵接近于"海生不浪类型"。与中原同期遗存比较，它大致相当于西王村、半坡四期发展阶段，个别遗迹已处于庙底沟二期文化时期，

---

① 崔璇：《"海生不浪文化"述论》，《内蒙古社会科学》（文史哲版）1990 年第 5 期，第 60—64 页。

也就是相当于仰韶晚期到龙山早期的文化遗存。在陕北地区，与五庄果梁遗址新石器时代遗存大致处于同一时期的遗址还有杨界沙、小官道、后寨子峁、寨峁及郑则峁等[①]。

五庄果梁遗址动物考古研究结果：大量草兔、黄羊遗骨表明当时该遗址周围的自然环境以草原为主，而豺、猫等食肉动物则反映附近有一定面积的森林，鱼、鳖等水生动物的发现说明草原、森林间分布着一定面积的水域。显然，整个地区的气候条件应该适宜农作物的生长，当地是以农为主，狩猎、捕鱼为辅的生计方式。研究者对该遗址29具人骨的病理观察结果显示，该人群龋齿、贫血、骨膜炎以及牙釉质发育不全的发病率普遍偏高，可能反映了粟作农业的饮食特征，即食物中含糖量增高，铁元素减少，不利于营养吸收的特点[②]。

五庄果梁遗址（图2-1）地处明长城外缘，我们考察时注意到其中心位于五个连绵的山峁上，地表支离破碎、沟壑纵横，毛乌素沙地南侵带来的风沙覆盖了遗址大部分面积。遗址所在山峁现地表种植有低矮的沙蒿、沙柳等植被，遗址南面和西面为大片平坦的农田和现代村落，东面和北面为沙漠所覆盖。遗址向东2—3千米为无定河的一条支流，由南向北而流。河流东侧为现代农田。从我们考察所见，五庄果梁遗址的废弃可能与这一地区的沙漠化事件有关，因为其地势较低，更容易受到风沙的侵袭。

图 2-1　五庄果梁遗址
崔建新摄

2. 神圪垯梁遗址

神圪垯梁遗址（图2-2）位于陕西省神木市大保当镇野鸡河村六组的神圪垯梁南部缓坡上，遗址南100米为野鸡河，周围环境已经沙化。2013年，陕西省考古研究院对该遗址进行了考古发掘。这次发掘，共发现各类遗迹163个，其中灰坑101个、房址20座、墓葬28座、陶窑5座、灶1个、沟5条、探沟2个、夯土遗迹1个。该遗址地层堆积简单，

① 陕西省考古研究院：《陕西靖边五庄果墚遗址发掘简报》，《考古与文物》2011年第6期，第53—63页。
② 陈靓、张旭慧、孙周勇，等：《中国北方早期农业生产模式下的人群营养与健康——以陕西靖边五庄果墚遗址的生物考古为例》，《第四纪研究》2020年第2期，第380—390页。

共分为 3 层，上面 2 层为沙层，第一层为黄沙，第二层是含有晚期文化层的沙漠，第三层才是龙山文化的堆积。出土陶器以及刮削石器等，其器物类型与新华遗址、石峁遗址以及木柱柱梁遗址相似，均有双鋬鬲、折肩罐、斝、三足瓮等，年代上处于龙山晚期至夏时期。该遗址发掘的 28 座墓葬中，多为竖穴土坑墓，仅有一个墓穴有随葬品[①]。

图 2-2　神圪垯梁遗址
崔建新摄

学者对该遗址的墓葬中出土的 28 例人骨和 24 例动物骨骼进行了食谱分析工作，结果表明：大多数居民基本以 C_4 类食物为食，少数个体以 C_3 类植物为主，肉食消费程度个体间有差异。家畜中，家猪主要以粟类食物为食，部分黄牛食用了较多的粟类食物，而其余个体则与羊一样主要以采食野生 C_3 植物为生。显然，4000a BP 前后粟作农业生产是陕北生业经济的主要内容，草原畜牧经济（黄牛和羊的牧养）在本地多元化生业经济结构中的重要程度虽然较低，但也是一种必要的补充[②]。

综合多个遗址的情况来看，龙山时代陕北地区以饲养黄牛为主，而羊则是以放牧为主。以往遗址时空分布结果也表明，与仰韶时期相比，龙山时期的部分遗址分布在海拔更高的地方。这也许意味着，随着人口数量的增加，人类不得不向海拔更高并不适宜农耕的地方发展。而放牧经济在海拔更高的地方是一种可行的生业方式[③]。

3. 朱开沟遗址

朱开沟遗址（图 2-3）位于鄂尔多斯市伊金霍洛旗纳林陶亥镇朱日根沟村。遗址分布在沟壑纵横的朱开沟沟掌处。遗址西侧为束会川，南侧为朱开沟。朱开沟水自北向南流，至纳林塔入束会川，再南流进牸牛川、窟野河，后汇入黄河。在东西长 2 千米，南北宽约 1 千米的范围内，断断续续均有遗迹分布。朱开沟遗址处于一个相对平坦的山塬之上，

---

① 陕西省考古研究院、榆林市文物考古勘探工作队、神木县文管办：《陕西神木县神圪垯梁遗址发掘简报》，《考古与文物》2016 年第 4 期，第 33—34 页。

② 陈相龙、郭小宁、王炜林，等：《陕北神圪垯墚遗址 4000a BP 前后生业经济的稳定同位素记录》，《中国科学：地球科学》2017 年第 1 期，第 95—103 页。

③ 冯小慧：《河套地区仰韶至龙山时期的聚落、生业与环境》，陕西师范大学 2019 年硕士学位论文。

但城内地表已经严重侵蚀,沟壑纵横,一条土路穿城而过。城内地面也发生了轻微沙化,地面上随处可见各种陶片。在 2017 年 8 月的调查中在遗址内采集到泥质素面灰色陶片若干和云纹泥质灰陶 1 片。目前,城内大部分地区生长着牧草,少部分地块种植有柠条。

图 2-3　朱开沟遗址
崔建新摄

该遗址于 1974 年发现,后来经过 1977 年、1980 年、1983 年和 1984 年等多次发掘。除了少部分为仰韶晚期遗存外,该遗址主要为龙山晚期到青铜时代早期的遗存,距今4000—3500 年。四次发掘先后揭露面积约 4000 平方米,共发现居住房址 87 座、灰坑 207个、墓葬 329 座、瓮棺葬 19 座,出土可复原陶器 500 余件,石器、骨器和铜器约 800 余件。根据出土遗物和地层关系,发掘者将这里的文化分为 5 个阶段。

第一阶段为龙山晚期,该期遗存的主要特征为:圆角方形白灰面房址与老虎山二期接近,器物有漏斗状三足瓮、肩部外凸的大口尊、单把鬲等。

第二阶段相当于夏代早期,其主要特征为:房址建造及陶器风格仍然沿袭龙山晚期的特点,但是,这个阶段出现的单把鬲、绳纹花边鬲和高领绳纹鬲要晚于龙山晚期。

第三阶段相当于夏代中期。该期遗存的主要特征为:长方形房址,但不见白灰面建筑,门道方向亦有较大的变化,以小型房址居多。这个阶段的陶器群,除该遗址固有的器物外,其他如单耳罐、双耳罐、高领罐和双大耳罐等,均可在齐家文化中找到相似的器形。

第四阶段相当于夏代晚期,其遗存特征为:陶鬲的种类减少,除花边鬲和蛇纹鬲外,新出现卷沿高足尖鬲。第四阶段的灰坑测年数据树轮校正年龄为距今 3685±103 年、3515±103 年和 3550±103 年。

第五阶段相当于商代早期。该段遗存主要特征为:房址与第四阶段造型一样,但大型房址四周均有垫土墙基,居住面用黄黏土铺垫。这个阶段的陶器群除三足瓮、花边鬲、蛇纹鬲、带纽罐、盆形甑有承上启下的作用外,二里岗器物类型占一定比例[①]。

该遗址出土文物与现今自然环境特点,反映这一地区自然环境在近 4000 年逐渐变干,

---

① 内蒙古文物考古研究所:《内蒙古朱开沟遗址》,《考古学报》1988 年第 3 期,第 301—332 页。

有沙漠化的趋向，地表侵蚀也较为严重。

二、石城址

1. 石峁遗址

石峁遗址位于陕西省榆林市神木市高家堡镇洞川沟附近的山梁上。从地理位置上来看，该地处于陕西、山西和内蒙古三省区交界地带，西北与内蒙古鄂尔多斯接壤，东隔黄河与山西吕梁山区相望，地貌上处于黄土高原与毛乌素沙地过渡地带。

石峁遗址（图2-4）处于黄河一级支流秃尾河及其支流洞川沟的交汇处，由于土壤侵蚀下切作用，遗址目前已处于较高的山体上。秃尾河东西两岸环境差异明显，西侧地势较为平坦，并且有大量沙漠滩地分布；东侧主要为黄土丘陵沟壑区，石峁遗址就位于秃尾河东岸的梁峁山地之上。遗址城内地面沟壑纵横，海拔在1100—1300米，因坡度相对较小，周围有大量坡耕地，特别是石峁内城和皇城台耕地较多。而洞川沟与秃尾河的交汇处形成一块面积较大的三角形的河谷平地，谷地中有大量农田，高家堡镇就位于此处。

图 2-4　石峁遗址周边环境与皇城台区域
崔建新摄

20世纪初石峁遗址中的大量玉器流散海外。1929年，时任科隆远东美术馆代表的美籍德国人萨尔蒙尼在北京征集榆林府农民出售的牙璋等玉器42件，据称这批玉器为石峁遗址出土。1976年，陕西省考古研究所的戴应新先生对石峁遗址进行了调查，征集到一批极具特色的陶器和百余件精美的玉器。1988年，他公布了这批玉器资料，认为石峁遗址是一处规模宏大、遗存丰富的龙山文化遗址。此外，1981年西安半坡博物馆对石峁遗址进行了考古小规模发掘，后来1986年和2009年先后有吕智荣和罗宏才对这里进行了踏查和研究。而正式的大规模发掘开始于2012年，由陕西省考古研究院、榆林市文物考古勘探工作队以及神木县文体局组成的联合考古队开始挖掘石峁遗址外城东门和城内部分遗迹。随后，又开始对内城皇城台遗址进行发掘。该城的发掘在考古学界引起了极大的轰动，被评为 2012 年度中国考古十大发现之一，2013 年入选世界考古重大发现。其超大的面积、复杂的城垣结构、数量众多的出土遗物、特殊的地理位置和时段刷新了人们对新石器晚期史前社会的诸多认识。

作为石峁遗址的主要组成部分，石峁城址的结构目前已经比较清晰。其由皇城台、内城、外城 3 部分构成。其中皇城台是四周砌筑呈阶梯状护坡的台城；内城以皇城台为中心，沿山势砌筑石墙，形成一个封闭的空间；外城则依托内城东南部的墙体修筑一道不规则的弧形石墙，与内城东南墙结合构成相对独立的外城区域。石峁遗址总面积 400 万平方米。皇城台和内、外两城城墙上均发现城门，内、外城城墙上发现了方形石砌的墩台，外城城墙上还有马面、角楼等设施。外城东门在发掘中还有壁画、玉铲、人头骨等重大发现。而进行的皇城台发掘也有大量重要发现：顶部大型包石夯土台基、"池苑"、四周护坡石墙、疑似道路与路堤、大型白灰面石墙房址等重要遗迹和菱形"石眼"、柱础石、纴木、壁画残片等重要遗物。2018—2019 年陕西省考古研究院重点对皇城台的大台基进行了发掘。台基形制规整，体量庞大，暗示着作为核心区域的皇城台当已具备了早期"宫城"性质，或可称为"王的居所"[①]。

石峁遗址在挖掘的同时，也吸引了众多相关学科的学者对这里进行研究。有动物考古、植物考古（浮选和淀粉粒方法）、环境考古、年代学测定等诸多学科参与。相关成果已经陆续出版。动物考古方面，有学者曾经对石峁遗址出土动物骨骼进行了分析，共发现了包括家猪、山羊、绵羊、黄牛、草兔、狗、马等家养及野生动物。这说明当时环境是以草原为主，不远处有沙漠存在。并且人类食谱是以家养动物为主，辅有野生动物。遗址中发现的羊和牛的个体数目分别为 57 和 19，占发现动物骨骼总数的 39.31% 和 13.1%。如此高的比例，说明畜牧业已经是农业经济的有力补充，开始有农牧兼营的雏形。遗址中家猪最小个体数为 52 个，也从侧面说明农业依旧较为发达，人类有过剩农产品以饲养家猪[②]。而石峁后阳湾地点猪、黄牛、绵羊锶同位素测试结果表明，仅仅有一只绵羊的锶同位素值在当地数值范围之外，说明这些动物大部分为当地饲养[③]。

此外，学者对石峁遗址的祭祀坑出土的头骨和后阳湾地点出土的人骨进行了分析。结果表明：东门外发现的头骨女性占了大多数，并且与内蒙古长城沿线先秦时期居民具有高度一致性。头骨有明显火烧痕迹，可能与祭祀仪式或者卸取头骨有关。头骨上的创伤表明当时战争频繁[④]。而后阳湾地点的人骨包括 4 具男性、2 具女性、1 个婴儿。形态学分析认

① 陕西省考古研究院、榆林市文物考古勘探工作队、神木县文体局：《陕西神木县石峁遗址》，《考古》2013 年第 7 期，第 15—24 页。

② 胡松梅、杨苗苗、孙周勇，等：《2012—2013 年度陕西神木石峁遗址出土动物遗存研究》，《考古与文物》2016 年第 4 期，第 109—121 页。

③ 赵春燕、胡松梅、孙周勇，等：《陕西石峁遗址后阳湾地点出土动物牙釉质的锶同位素比值分析》，《考古与文物》2016 年第 4 期，第 128—133 页。

④ 陈靓、熊建雪、邵晶，等：《陕西神木石峁城址祭祀坑出土头骨研究》，《考古与文物》2016 年第 4 期，第 134—142 页。

为他们属于蒙古人种，成年男女普遍有劳动强度较大的特征[①]。

石峁遗址浮选出土了大量碳化植物遗存，包括粟和黍两种谷物；冷蒿、草木樨、胡枝子、糙叶黄耆等可作为牧草的植物遗存以及藜、猪毛菜等可作为野菜的植物遗存。当时应该是以农业生产为主，畜牧业为辅的生业模式。与石峁时代接近的榆林火石梁遗址的植物考古研究表明：出土粟的体积百分比为 37%，黍的体积百分比为 63%，粟黍体积比为 0.59。石峁龙山晚期的植物遗存显示出与邻近小型聚落相同的较低粟黍体积比和黍较高的体积百分比。而夏代早期的植物遗存分析结果显示，粟黍体积比由 0.89 大幅度提升至 2.54，粟的体积百分比由 47% 增长至 72%，这表明到了后期，石峁先民与其他小型聚落的人群有着不同的作物选择，更倾向于种植粟[②]。出现这种差异的原因可能是随着石峁人口增长，在适宜的水分条件下先民选择了产量更高的粟作为主要种植作物，或者是与其他地区的贸易改变了这里人群的食物结构[③]。

随着研究区多个高分辨率古气候记录的发表，对该地区气候变化历史进行集成分析成为可能。孙周勇等[④] 在以往研究中主要利用了 4 个剖面的工作来探讨石峁文化存在的环境基础。

第一是方滩剖面（108°59′E，37°43′N），海拔 1234 米，为一湖沼相沉积剖面。在黄土高原区和西北干旱区，沉积物粒度经常用来指示季风强弱，对湖泊而言，沉积物粒度主要受湖泊物理能量控制，湖泊物理能量强，沉积物粒度小，湖泊物理能量弱，沉积物粒度大，因此粒度一定程度上能间接反映出湖泊水位，尤其是内陆封闭型湖泊水位的波动是由气候变化，特别是有效水分的变化所驱动的，具有连续的沉积记录，几乎不受人类活动的干扰，因而粒度能直接指示百年或者千年湖面变化情况[⑤]。湖相沉积剖面数据显示，剖面深度约 290 厘米以下，即在全新世早中期以后，气候逐渐变暖湿，平均粒径逐渐降低；6.24—5.5 ka BP，平均粒径数值平稳地维持在剖面的最低值，草本孢粉浓度也维持在较高的水平，反映这一时期气候温暖湿润，可能是全新世气候适宜期。5.5 ka BP 后，气温降低，平均粒径数值陡然升高，且在波动中，孢粉浓度和草本孢粉浓度几次波动。直到 4 ka BP，平均粒径与之前相比变化不明显，孢粉浓度陡然升高，草本孢粉浓度出现低值，反映 4 ka BP 左右气候温暖湿润，但湿润程度不及之前。4 ka BP 后，平均粒径多次波动，但数值较高，说明这一时期气候干凉。

① 陈靓、孙周勇、邵晶：《陕西神木石峁城址后阳湾地点出土人骨研究》，文化遗产研究与保护技术教育部重点实验室、西北大学丝绸之路文化遗产保护与考古学研究中心、边疆考古与中国文化认同协同创新中心，等：《西部考古》第 14 辑，北京：科学出版社，2017 年，第 263—273 页。

② 生膨菲、尚雪、张鹏程：《榆林地区龙山晚期至夏代早期先民的作物选择初探》，《考古与文物》2020 年第 2 期，第 114—121 页。

③ Sheng P., Shang X., Sun Z., et al, North-south Patterning of Millet Agriculture on the Loess Plateau: Late Neolithic Adaptations to Water Stress, NW China, *the Holocene*, 2018, 28(10):1554-1563.

④ Sun Z., Shao J., Liu L., et al, The First Neolithic Urban Center on China's North Loess Plateau: The Rise and Fall of Shimao, *Archaeological Research in Asia*, 2018, 14:33-45.

⑤ 崔建新：《气候与文化——基于多源数据分析方法的环境考古学探索》，北京：科学出版社，2012 年。

第二是萨拉乌苏河的滴哨沟湾剖面，显示在 7—5 ka BP，河套地区处于一个湿润的时期，5241—3766 cal a BP，平均粒径达到谷值，古土壤发育，反映这一时期气候温暖适宜[1]。

第三是锦界剖面（110°10′E，38°44′N），海拔 1159 米，位于陕北榆林神木市高新技术产业开发区，地处毛乌素沙地东南，附近植被以蒿属和沙柳属为主。粒度研究中，63μm 是粉砂和砂的界限，小于 2μm 的粒径属于黏土范围，2μm 至 63μm 的粒径属于砂的范围，大于 63μm 则归于粗砂的范围。锦界剖面指示，7.5 ka BP 后，粗砂的含量整体处于较低的水平，毛乌素古土壤发育，进入全新世大暖期，气候温暖湿润。到 4.6 ka BP 后，土壤中的粗砂含量突然升高，且始终维持 95% 以上的高数值，直到 4.1 ka BP，夏季风减弱，降水减少。4.1—3.7 ka BP，粗砂含量出现一个谷值，指示这一时期是干旱期中的一个短暂的湿润期。3.5—3.3 ka BP，夏季风逐渐增强，降水增加，粗砂含量逐渐下降，古土壤发育。3.3 ka BP 后，粗砂的含量整体维持较高的水平，显然，3.3 ka BP 后的研究区气候转向干凉[2]。

第四是巴汗淖（109°16′E，39°19′N）剖面，位于鄂尔多斯高原中部地区，是一处封闭型湖泊，海拔 1200 多米。湖泊沉积物中的碳酸盐成分主要受湖泊温度和盐度影响，湖泊碳酸盐的碳同位素和氧同位素减少，表明湖泊降水多且蒸发弱，湖泊碳同位素和氧同位素反相变化表明氧同位素受温度因素影响更强。图 2-5 显示 7650 cal a BP 之前，巴汗淖地层主要是砂层，沉积物的平均粒径逐渐增大，范围在 200—300 μm，碳酸盐的 $\delta^{18}O$ 值逐渐降低，表明湖区气温低且呈下降趋势，碳酸盐的 $\delta^{13}C$ 值整体较高，同时逐渐增大，表明湖泊盐度逐渐增强，沉积物的平均粒径、$\delta^{18}O_{car}$ 以及 $\delta^{13}C_{car}$ 反映此时期气候干冷。7650—6700 cal a BP，发育黏土层，沉积物的平均粒径迅速降低到了 30 μm 以下，平均粒径值低且较稳定，$\delta^{18}O_{car}$ 以及 $\delta^{13}C_{car}$ 含量逐渐减少，表明湖区降水多且蒸发弱，湖水盐度下降，反映湖区气候温暖湿润。6700—6200 cal a BP，发育粉砂黏土层，沉积物平均粒径有所上升但依然较稳定，范围在 30—50 μm，$\delta^{18}O_{car}$ 出现谷值，$\delta^{13}C_{car}$ 较低，反映湖区蒸发强，湖区暖干，湖泊水位下降。6200—5400 cal a BP，黏土层，为较低且稳定的平均粒径，较低的 $\delta^{13}C_{car}$，反映此时期气候温暖湿润。5400—3700 cal a BP，沉积物平均粒径多次发生较大波动，$\delta^{18}O_{car}$ 和 $\delta^{13}C_{car}$ 增加，反映湖区蒸发强，此时期气候干凉且不稳定，其中 4700—4600 cal a BP 和 4200—3700 cal a BP 相对温暖湿润，3700 cal a BP 以后气候干旱，湖泊干涸[3]。

① 胡珂、莫多闻、毛龙江，等：《无定河流域全新世中期人类聚落选址的空间分析及地貌环境意义》，《地理科学》2011 年第 4 期，第 415—420 页。

② Liu B., Jin H., Sun L., et al, Holocene Moisture Change Revealed by the Rb/Sr Ratio of Aeolian Deposits in the Southeastern Mu Us Desert, China, *Aeolian Research*, 2014, 13:109-119.

③ 郭兰兰、冯兆东、李心清，等：《鄂尔多斯高原巴汗淖湖泊记录的全新世气候变化》，《科学通报》2007 年第 5 期，第 584—590 页。

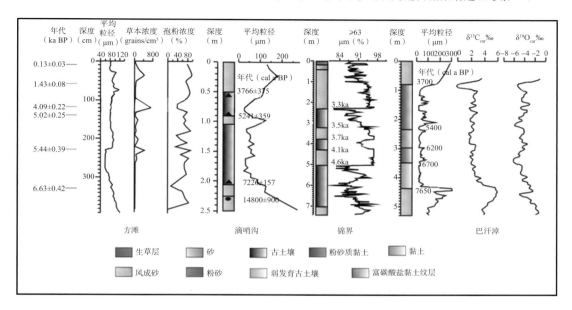

图 2-5　方滩、滴哨沟、锦界及巴汗淖剖面环境指标[①]

由上可知，方滩、锦界、滴哨沟以及巴汗淖四个剖面均指示了毛乌素一带在全新世早期气候干旱，全新世中期气候温暖湿润，全新世晚期气候趋向干冷。只是各个沉积剖面所指示的全新世中期气候转变成温暖湿润的开始和结束时间有所差异：方滩剖面指示 6.24—5.5 ka BP，锦界剖面指示 7.5—4.6 ka BP，滴哨沟剖面指示 7—3.7cal a BP，巴汗淖为 6.2—5.4 ka BP。值得注意的是 4 个剖面在 4 ka BP 左右，都出现了一个相对温暖湿润的时期：方滩剖面指示 5.5—4 ka 是湖区的亚温暖湿润期，锦界剖面显示 4.1—3.7 ka BP 是一个短暂的暖湿期，巴汗淖剖面为 4.1—3.7 ka BP，滴哨沟剖面为 5241—3766 cal a BP。反映了这一地区全新世时期气候的变化波动与特征，由此可知石峁地区的人类活动深受这一气候变化的影响。

2. 桃柳沟遗址

该遗址位于神木市高家堡镇桃柳沟村，为南北狭长的双城结构，城墙由石头垒砌而成。两城东西向排列，南北方向较长，东西方向短；西城较小，而东城较大。经过实测得知石城总面积为 12 万平方米，周长约为 1310 米，文化层厚 1.5—2 米，暴露灰坑数十个。在东城还发现了门道。采集陶片以泥质和夹砂红陶最多，纹饰主要有方格纹，器形可辨重唇口尖底瓶、罐等；地表散落有石斧、石刀、石饼等。还发现大量泥质蓝纹陶片、曲腹罐、蛇纹鬲等新石器时代晚期的陶器残片。因此时代上应该是仰韶晚期到龙山时期。遗址目前尚未进行科学发掘和研究，但根据遗存的陶器残片与周边的自然条件，我们可以看出这一地区的环境变迁特点。

---

① Sun Z., Shao J., Liu L., el al, *The First Neolithic Urban Center on China's North Loess Plateau: The Rise and Fall of Shimao*, *Archaeological Research in Asia*, 2018, 14:33-45.

桃柳沟遗址（图 2-6）应该是当时的一个小型聚落中心，周围还有多个同时期的非石城聚落。从地貌上来看，桃柳沟遗址处于一块相对平坦的三角形小塬面上。遗址处于典型的丘陵沟壑区，地形已经被切割得千沟万壑。靠近遗址北面是一条很深的主沟，南面是一条较窄的山间公路，公路以南是沿着东西方向流淌的小河。在遗址内部有一条沟谷刚好将两个城天然隔开。这一地区有着很高的下切速率，因此推测遗址使用时这个沟可能不存在。另外，因为遗址所在位置相对平坦，目前遗址内几乎全部为农田，种植玉米、绿豆等农作物。从遥感影像图上来看，这里虽然是农业开发潜力相对较高的地区，主要耕地类型为坡地，然而在该城以西大约 7 千米为窟野河主流，河谷地带有大量条件更为优越的土地资源，现代村镇密集分布在河谷两侧。可知，当时人类选择交通更为不便、地势更为高亢的遗址所在地方建城居住，可能主要是出于防御的需要。

图 2-6　桃柳沟遗址
崔建新摄

3. 府谷寨山遗址

该遗址位于陕西省府谷县田家寨镇寨山村，为一大型石城聚落，面积约 60 万平方米。处于黄河一级支流石马川中游南岸，西南距石峁遗址约 60 千米。从地貌部位来看，该遗址属于典型的黄土沟壑区，遗址内部土壤侵蚀严重，遗址区已经完全为农田覆盖，耕土层下为文化层，包含仰韶晚期和石峁时期的文化遗存。该遗址有较多墓葬发现，刚好可以弥补石峁文化墓葬较少的不足，为研究当时人丧葬仪式提供了考古学资料。据寨山考古人员介绍，他们根据随葬品丰富程度和是否有殉人等标准，将这里的墓葬分为四个等级。这反映了寨山遗址时期社会复杂化加剧，阶层开始出现分化。

陕西省考古研究院已经对寨山遗址内的庙墕地点进行了发掘。该地点应该为遗址最为核心的区域，类似于石峁遗址皇城台的地位。本次发掘清理了灰坑数十座，其中以石峁文化时期居多；仰韶时期房址 1 座，石峁文化时期 2 座。另外，还包括石峁文化的 24 座墓葬，墓葬打破居址。灰坑中出土陶器、石器及骨器。陶器类型有仰韶晚期尖底瓶、鼓腹罐、宽沿盆和器盖；还有石峁文化特征的鬲、斝、甗、盉、三足瓮、大口尊、甑、器盖、圈足盘和折肩瓶。石器为仰韶晚期的斧、凿和纺轮以及石峁文化时期的刀、斧、杵和镞。骨器分别为仰韶时期的锥、匕以及石峁文化时期的卜骨、锥、管和角器。

4. 李家崖遗址

李家崖遗址距清涧县高杰村镇约 7.5 千米，坐落在无定河东岸，东距黄河 4.5 千米。这一段的无定河曲流非常发育，河水较窄，下切深度大。该遗址位于河流的二三级台地上。台地下面为基岩，上覆黄土，遗址在黄土层上。遗址内已开垦为农田，随处可捡到陶片。

李家崖遗址是北方长城地带最早发现的商周时期古城遗址，陕西省考古研究院先后5 次对这里进行了考古研究。在古城 2.5 平方千米内发现龙山时期遗址 9 处，东周、秦代遗址 2 处，春秋至秦代墓地 4 座。4 次共发掘探方 31 个，墓葬 104 座，其中商周时期61 座，东周、秦代墓葬 43 座。遗址区域文化层存在时间很长，墓葬数量多。总之，人类在这里曾经长期定居，但是文化上存在间断，缺乏西周时期的文化。尽管发掘者认为有少量器物属于西周中期，但是也有学者认为这几件陶器零散地见于几个地层，并且跟李家崖文化的器物不存在继承关系，很可能是发掘中混入的晚期遗物。笔者更赞同后一种说法。

李家崖遗址中不同时期文化特征如下。

龙山时期发现有白灰面房址，陶器以泥质为主，含少量夹砂陶，大部分为灰色，少量红褐色。纹理以蓝纹为主，绳纹次之。器形有陶鬲、斝、罐、瓶、钵等。以泥条盘筑为主，个别经过慢轮修整。这一期龙山文化与庙底沟二期相似。该文化系列的主体"李家崖文化"主要分布在三级台地上，高出河床 110—129.2 米。东边为高低不平的坡地，西、南、北三面为悬崖峭壁，河水环绕。该古城破坏严重，城墙存留不多，东侧有很小一段残存的城墙。城墙以石料为主体，主要是泥岩和砂岩，夹有垫土。城内有院落、居址等。陶器有鬲、罐、瓮、甗、三足瓮等。三足瓮是李家崖文化的特征器物之一，其与陕北、鄂尔多斯龙山文化非常相似，二者存在前后联系。李家崖文化跟鄂尔多斯地区朱开沟文化中都有蛇纹鬲和三足瓮，说明二者文化上存在联系。陶色以灰陶为主，多为泥条盘筑，轮制和捏制较少，纹饰较龙山时期丰富了许多，有绳纹、云雷纹、乳钉纹、方格纹、弦纹等。另外，还发现有动物骨骼。发现灰坑 30 多座，灰坑内发现碳化农作物、骨锥、骨铲、陶器残片等。在此时期的 61 座墓葬中，有 3 座分别出土铜戈、铜钺、銎斧。葬式有仰身直肢葬、俯身屈肢葬、二次扰乱葬等。石器中除了常见的石锛、石铲、石镐、石纺轮等之外，还有石雕骷髅人像，为阴线雕刻手法。骨器为常见的骨针、骨锥、骨匕等。

遗址中东周、秦文化遗存主要存在于四个土丘上，居址和墓葬共存，遗存被后期农田和土壤侵蚀，影响较为剧烈。文化层堆积厚度为 0.10—1.50 米，发现的遗迹和遗物不多。遗址中发现石板遗迹，遗物主要为陶器，包括生活用具和建筑材料。陶器包括陶鬲、陶盆、陶罐、陶支钉等，建筑材料有板瓦和筒瓦，泥质灰陶，表面有绳纹，内部为布纹。制法均为泥条盘筑。此外，发现石臼一件，铁刀一件。李家崖共发现东周墓葬 33 座，秦代墓葬 6 座。

随葬品有陶罐、铜剑、铜环、铜带钩等[1]。关于遗址性质，有学者认为这里应该是鬼方部落从北部迁移而在这里定居。因此，他们在文化面貌上跟石峁遗址以及朱开沟遗址有一定相似性[2]。学者对黄河对岸的山西李家崖文化的分布情况进行调查和研究后发现：李家崖遗址规模小而分散，生计方式为粗放农业，定居度较高[3]。这些社会特征的形成跟当地的地理环境有关。因为这里主要为沟谷发育地区，地表破碎，几乎没有很大的黄土塬面，狭小的空间限制了大型聚落的产生，并且使得人口相对分散。这种情况下，没有大片适宜耕种的土地，只能因地制宜发展简单农业。在以往的文物普查资料里，研究人员重新识别了山陕地区的李家崖文化遗址有 303 个，其中山西境内有 107 个，陕西境内有 196 个[4]。可见，尽管李家崖文化遗址规模小，但是数量较多。

研究人员对李家崖文化时期的孢粉进行了分析，结果表明：蕨类植物松科比龙山文化时期有所减少，而以杉科代替；落叶植物以栎为主，灌草类以蒿、藜为主；孢粉总量比龙山时期少，表明气候条件逐步变干，但仍然比现代要湿润，为森林草原环境。李家崖遗址中出土有生产工具，并且发现有碳化粟颗粒，说明农业占据一定地位。出土动物中有较多家畜，猪、狗最多，也有野生动物，说明狩猎仍然占据一定地位。目前关于该地区商周时期气候相关研究结果并不多，黄春长等学者在先周到西周的三个都城找到三个自然剖面，并且对这些黄土剖面进行了粒度、磁化率等指标的分析，结果显示：距今 3100 年前，粒度呈现增大趋势，表明冬季风增强；而磁化率显著降低，表明成土作用减弱，夏季风减弱。此时气候开始变得干冷，自然资源减少，尤其是水资源短缺。持续干旱使得周人从高地持续向河谷低地转移。同时，他们研究发现，周人的都城也从先周时期的豳地到西周的岐邑、丰镐，最后在东周的时候迁徙到洛邑。他们推测气候变得干旱是西周时期黄土丘陵地带文化中断的主要原因（海拔相对较高），这一时期人口开始南迁[5]。更南部的关中盆地和汾河盆地气候条件和耕地条件肯定要优于北部黄土高原的山间沟壑丘陵地带，因此南部地区西周遗址依然较多。不过，西周时期的气候波动情况仍然需要更多古气候学证据。渭南地区 3.6 ka BP 以来高分辨率的气候重建结果表明，3.2—2.9 ka BP 为夏季风强、气候条件较好的时期。但同属于黄土高原地区的土壤剖面，重建结果却呈现了较大差异，在 3.1 米的剖面上所采集的 19 个光释光测年年代学样品，建立起高分辨率的年代序列，年代可靠性非常高[6]。当然，需要说明的是目前该地区高分辨率气候资料并不多，商周以来气候波动

---

① 陕西省考古研究院编著：《李家崖》，北京：文物出版社，2013 年。

② 吕智荣：《从石峁到李家崖》，《榆林学院学报》2018 年第 5 期，第 1—3 页。

③ 曹大志：《李家崖文化遗址的调查及相关问题》，《中国国家博物馆馆刊》2019 年第 7 期，第 42—75 页。

④ 曹大志：《李家崖文化遗址的调查及相关问题》，《中国国家博物馆馆刊》2019 年第 7 期，第 42—75 页。

⑤ Huang C. C., Zhao S. C., Pang J. L., et al, Climatic Aridity and the Relocations of the Zhou Culture in the Southern Loess Plateau of China, *Climatic Change*, 2003,61(3):361-378.

⑥ Kang S. G., Wang X. L., Roberts H. M., et al, Late Holocene Anti-phase Change in the East Asian Summer and Winter Monsoons, *Quaternary Science Reviews*, 2018, 188:28-36.

还需要更多证据。

第二节　秦汉时期至十六国时期古城

毛乌素沙地长期是中原农耕民族和少数民族之间冲突的前沿地带，频繁的人类活动留下了大量遗迹，包括城址、历代长城防御体系、聚落址、墓葬等。本项目主要对前两者进行了考察和研究，重点关注沙漠化过程与人类活动之间的关系。下面按照历史时段选择重点遗迹进行叙述。

一、秦汉时期

秦始皇统一六国后，北击胡虏，略取河南地。后蒙恬死，匈奴再次控制河南地。汉武帝继位后，出击楼烦、白羊，控制了河南地。汉武帝复取河南地后，在今后套平原设置朔方郡，随后又将九原郡更名为五原郡。从《中国历史地图集》[①]来看，当时的河南地主要属于当前库布齐沙漠的范围。在毛乌素地区则设置有上郡、北地郡，并且沿着黄河修建了四十四县，但是具体县的名称和管辖范围不详。因此，汉代鄂尔多斯高原地区的行政区包括上郡、北地郡、云中郡、西河郡部分地区及朔方、五原郡全境。属于毛乌素范围的是上郡、北地郡和西河郡。

秦汉时期，出于军事防御的目的，开始了大规模移民屯垦活动。秦始皇三十六年（前211年），秦强迫三万家迁往河南地屯垦。虽然秦亡后，这些戍卒大多逃亡，但汉武帝元朔二年（前127年），车骑将军卫青收复河南地后，继续在鄂尔多斯地区设置郡县，根据主父偃的建议，当年夏就"募民徙朔方十万口"。元符三年（1100年），又徙"山东贫民七十余万"到河套等地[②]。随着大批人口的到来，毛乌素地区也修建了多个古城。阮浩波等曾经对31处汉代古城址进行了空间分析，得出汉代古城遗址主要集中在4个集聚区，即秦长城—秦直道强影响区、秦长城—秦直道弱影响区、西南集聚区及西北集聚区。其中，秦长城—秦直道强影响区是最主要的遗址分布区，占古城址总量的48.4%[③]。尽管这些城的设立从表象上来看跟交通要道有关，但是这二者最本质的联系还是源于毛乌素沙地东部的自然地理因素。毛乌素东部地区处于黄土高原梁峁地带，同时这里黄河支流众多，可以更为方便地获取水资源。西南集聚区和西北集聚区尽管水系并不发达，但是地形相对平坦，

---

① 谭其骧主编：《中国历史地图集》第2册，北京：中国地图出版社，1982年。

② 陈育宁：《论秦汉时期鄂尔多斯地区的经济开发》，《内蒙古师范大学学报》（哲学社会科学版）1984年第4期，第29—33页。

③ 阮浩波、王乃昂、牛震敏，等：《毛乌素沙地汉代古城遗址空间格局及驱动力分析》，《地理学报》2016年第5期，第873—882页。

有耕地和湖泊资源可以开发利用。总之，国家边疆政策促进了这里的农业开发，从而人口增多，设置了相应郡县以管理民众，但是自然地理条件决定了这些古城的空间分布格局。

我们根据考察及相关研究，对这些古城特点分述如下。

1. 杨桥畔城址

杨桥畔古城位于今榆林市靖边县杨桥畔镇龙眼水库北岸的高墩山之南，城址为双城结构，部分为龙眼水库所淹。今尚存北墙三段，总残长约 1200 米，残高 4 米，宽 3.3—5.6 米，城墙为黑垆土夯筑，平夯，夯层厚 17—22 厘米。城址内散布有方形回纹铺地砖、云纹瓦当、绳纹瓦、网纹瓦、灰陶等器物残片，曾出土钱币、铜灯、铜镞、铜镜、铜博山炉、钱范残块等（图 2-7）。1982 年暴露铜币窖藏，出土铜币 5 万余枚，有西汉"半两""五铢""货泉"等。另外，在遗址区周围还发现了两处汉墓群。一处为城址东北约 5 千米处的老坟梁墓葬群，该墓群面积达 4 平方千米，曾发现汉代大型壁画墓一座。考古队曾进行过抢救性发掘，出土青铜器物以及陶羊、陶仓等，时代为西汉末至东汉早期。另一处墓群在西沙林地，榆林文物管理委员会办公室曾清理汉墓 3 座，时代定为新莽到东汉早期。考察组成员崔建新老师在 2011 年考察时，曾听城内砖窑峁村村民吕连城老人讲述，在农田平整前夯土层很厚，过去打井、挖菜窖挖下去 3 米，老夯土才见底；20 世纪 80 年代曾有人在打井时挖到一枚卧狮纽金印，篆文曰："寇朴和印"。多年来在田间捡到的古钱多为汉半两、五铢、莽泉、大泉五十等。城址西北角水渠对岸有一段高 5—7 米夯土墙，墙周围没有任何文化层遗物，吕连城老人认为那是另一座被水库淹没的城址北墙，即该城是双城。小组成员在城址东部偏东发现一长约 20 米宽约 10 米的大型灰坑，坑内有大量牛、羊等残骨，还有一些大型陶器残件，类似瓮、罐、釜之类，推测该处可能属于该城重要生活区，由灰坑再向西百余米的一片高地上曾发现不少回纹方砖，推测该处为宫殿衙署区遗址。

图 2-7　杨桥畔古城城墙和遗物
崔建新摄

在 2017 年的考察中，我们发现该处出露的遗址区域现在主要为现代耕地，种有玉米、土豆、绿豆等农作物。地头经常能够发现大量陶片和砖瓦堆积，为人们耕地的时候从田里集中取出堆积到地头。还在城内一处地面发现了一个完整柱础石，并有完备的排水系统。目前地表沙化较为严重，但据当地文保人员介绍，在遗址北岸的荒地中有古代耕地的遗迹。从地表遗存分布来看，东城发现遗物很多，并且时代更早。西城遗物较少，时代可能偏晚。目前，西城的大部分已经被水库淹没，仅留一段墙与水库相邻。墙体内可以发现明显的插过韧木的痕迹。龙眼水库由东向西穿城而过。其下覆地层为典型的红色砂岩，在砂岩之上堆积了较厚的沙层。

关于该城的地望目前主要有两种观点：张泊、王富春、何彤慧和王乃昂等认为这里是秦汉阳周城。他们的主要依据是这里为秦直道的必经之处，并且发现"阳周塞司马"的陶罐以及有大量汉代货币，因此应该为秦汉阳周城[①]。另外一种观点来自西北大学白茚骏，他认为这里应该为汉代的上郡肤施县城。主要理由是，面积较大，达到郡县级水平；周围墓葬等级较高；靠近秦直道，交通便利[②]。笔者倾向于第一种观点，确切的文字资料应该是最直接的证据。秦始皇统一六国后，在北部边疆修建了一批郡县，在陕北榆林地区设置了肤施和阳周，均属于上郡。这两个县应该为秦直道上的重要节点。关于这两个县确切的地理位置还有很大争议。随着杨桥畔古城的踏勘和考古人员的研究，这里为阳周城的证据越来越明显。

2. 麻池古城

麻池古城位于包头市九原区麻池镇政府西北约 800 米处。古城分为南、北两个城，二城呈相接的斜"吕"字形，方向 8 度。北城南北长 690 米，东西宽 720 米，南城南北长 660 米，东西宽 640 米。北城北墙中段和南城西墙、南墙中段各设宽 15 米的门[③]。麻池古城是目前在包头及周边地区发现的面积最大的古城。

2017 年考察时，我们发现该城城址的土筑城墙，除北城西南角平整土地被破坏外，其他部分都保存较好。北城城墙残高 2 米，宽约 3 米，夯层厚 9 厘米。北城南部近中，有3 个大的夯土台基，3 个台基呈"品"字形分布，北面两个东西相对，相距 72 米，位置与北城城门大体相对。南面的夯土台破坏严重，高约 1.5 米。3 个夯土台夯层厚 9—11 厘米，上均发现有筒瓦、板瓦残片。南城城墙宽约 4 米，残高 2—4 米，最高 7—8 米，夯层厚10—15 厘米。古城内地表散见有板瓦、筒瓦、瓦当等建筑材料和陶器残片，常有"五铢"钱、铁甲片和铜镞等出土。当地采集陶器有罐、盆、碗、豆等泥质灰陶，发现有战国时期的"安

① 张泊：《上郡阳周县初考》，《文博》2006 年第 1 期，第 56—60 页；王富春：《榆林境内秦直道调查》，《文博》2005 年第 3 期，第 64—67 页；何彤慧、王乃昂：《毛乌素沙地历史时期环境变化研究》，北京：人民出版社，2010 年。
② 白茚骏：《陕北榆林地区汉代城址研究》，西北大学 2010 年硕士学位论文。
③ 包头市文物管理处、达茂旗文物管理所：《包头境内的战国秦汉长城与古城》，《内蒙古文物考古》2000 年第 1 期，第 74—91 页。

阳"布范、布币、刀币以及战国时期墓葬。在古城东、西、北三面，清理汉墓100余座，包括"单于和亲""单于天降"文字瓦当等。

《水经注》载："（河水）又东，迳九原县故城南。秦始皇置九原郡，治此。汉武帝元朔二年更名五原也。王莽之获降郡成平县矣。西北接对一城，盖五原县之故城也，王莽之填河亭也。……又东过临沃县南，王莽之振武也。"[①] 即麻池古城应是汉九原故城和五原故城，北魏郦道元时已废弃。

西汉时河套地区行政区划较前时有较大调整。汉武帝元朔二年（前127年）改九原郡为朔方、五原二郡。《读史方舆纪要》载："五原：龙游原、乞地干原、青岭原、岢岚正原、横槽原也。"[②] 由此可知，朔方所辖当是九原所余另外四原。五原郡所辖十城中，尚有九原、五原二县。并且在前代基础上又新增大量县城设置。据考古学家调查，河套地区汉代古城遗址数量确实大为增加，分布范围有所扩大[③]。现在有学者认为麻池古城北城是战国、秦、汉九原城，也是汉五原郡郡治，麻池古城南城是汉五原郡五原县县治，亦即郦道元将这两个城的位置记反了[④]。但要推翻历史文献中的记载，还需要更多的考古证据来证实南城和北城的早晚关系。

麻池古城位于包头市西南角，周围已经被现代城市包围。城内地势平坦，全部为农田。从大的空间上来看，这里恰处于大青山和黄河之间的长条形平原地带，距离大青山直线距离约15千米，距离黄河直线距离不到8千米。地势平坦，水资源丰富。秦汉时期将城池修建在此，表明了当时中央政府要控制大青山（阴山）地区的军事布局策略。同时，麻池古城所在位置有两条跨越阴山的南北向大通道。因此，将城池设置在此是为了扼守住这两条通道，进行有力防御[⑤]。西汉在河套地区大力发展屯垦，说明这里的土地条件可满足屯垦的需要。目前，尽管这里没有受到沙漠化的侵袭，但是跨过黄河几十千米之处就可以发现一道东西方向分布的流动沙丘，为库布齐沙漠向东延伸的一部分。

3. 纳林古城

纳林古城位于准格尔旗沙圪堵镇纳林村西北、纳林川东岸，县道X601西侧50米处。平面略呈长方形，南北460米，东西450米。城墙夯筑，基宽2—3.5米，残高1—4米，

---

① （后魏）郦道元注，（清）杨守敬、熊会珍疏，段熙仲点校：《水经注疏》卷3，南京：江苏古籍出版社，1989年，第224—226页。

② （清）顾祖禹撰，贺次君、施和金点校：《读史方舆纪要》卷61，北京：中华书局，2005年，第2915页。

③ 魏坚、郝园林：《秦汉九原—五原郡治的考古学观察》，《中国历史地理论丛》2012年第4辑，第42—49页。

④ 包头市文物管理处、达茂旗文物管理所：《包头境内的战国秦汉长城与古城》，《内蒙古文物考古》2000年第1期，第74—91页。

⑤ 魏坚、郝园林：《秦汉九原—五原郡治的考古学观察》，《中国历史地理论丛》2012年第4辑，第42—49页。

夯层厚 15 厘米。四墙各设门。城内地面到处都有绳纹陶片。西北角、东墙夯层明显，夯层厚 10—12 厘米。其夯层明显分为上下两层，下层为灰黑色，上层为棕黄色。西城墙上有后期墙体。

据史念海先生考证，纳林古城即西汉美稷县城。因《水经注》卷 3 记载："……（湳）水出西河郡美稷县，（杨）守敬案：今府谷县北有黄甫川，出鄂尔多斯境，盖即湳水也。"[①]史念海先生认为：

现在古城附近的形势，恰与《河水注》所说的相合。现在的正川河由准格尔旗东南的五庙梁东南流，直达古城，又绕古城之西，再由古城之南东流。正川河和黄甫川的流向是由西北趋向东南，而流经古城城南之后，接着还是向东流去，再折向东南流。这一点和《河水注》所说的若合符节，似非偶然的雷同。如果这一点不至于乖误，则纳林镇北的古城废墟，似可定为美稷县的遗址[②]。

据《汉书·地理志》记载，汉武帝元朔四年（前 125 年）置西河郡，下设三十六县，美稷县是其中之一[③]。汉宣帝时，美稷县为西河属国都尉治所。到了东汉时期，西河郡减少到十三个县，地域范围和人口大大减少。《后汉书·南匈奴列传》记载："（建武二十六年）冬，前畔五骨都侯子复将其众三千人归南部，北单于使骑追击，悉获其众。南单于遣兵拒之，逆战不利。于是复诏单于徙居西河美稷，因使中郎将段郴及副校尉王郁留西河拥护之，为设官府、从事、掾史。令西河长史岁将骑二千，弛刑五百人，助中郎将卫护单于，冬屯夏罢。自后以为常，及悉复缘边八郡。"[④]汉廷在美稷城置南匈奴单于庭，为当时南匈奴的政治、经济中心。南匈奴在此居住了 140 余年，共传 21 代。东汉末，南匈奴南迁，城废。当年，东汉政府对南匈奴的安置有一个逐步向南的过程，即从五原郡转到云中郡，后面又到西河美稷县。前面两个住所存在的时间很短，而最后的南匈奴庭却存在了较长时间，说明这里更具备作为王庭的条件。首先，这里离北匈奴势力范围相对较远，在其外围还有南匈奴控制的大片缓冲区域，对于匈奴王是一种保护。其次，这里地形平坦，土地肥沃（图 2-8）。其正处于纳林川和皇甫川的交汇处，河流两侧是沟谷纵横的山地，古城恰恰处于河谷地带。沿着宽阔的河谷在南北方向上有大片平坦的河滩地可以耕种。因此，这里从古到今应该都很适于农业发展。文献中也记载为中郎将在这里屯守，证明在护卫的同时还开垦土地，可以解决粮食的供给问题。时至今日，现代城镇仍然坐落在这里。一条南北方向的现代公路沿着河谷地带分布。

---

① （后魏）郦道元注，（清）杨守敬、熊会珍疏，段熙仲点校：《水经注疏》卷 3，南京：江苏古籍出版社，1989 年，第 247 页。

② 史念海：《鄂尔多斯高原东部战国时期秦长城遗迹探索记》，《河山集（二集）》，北京：生活·读书·新知三联书店，1981 年，第 480 页。

③ （东汉）班固：《汉书》卷 28 下《地理志》，北京：中华书局，1962 年，第 1618 页。

④ （南朝·宋）范晔：《后汉书》卷 89《南匈奴列传》，北京：中华书局，1965 年，第 2945 页。

图 2-8　纳林古城
崔建新摄

4. 榆树壕古城

榆树壕古城位于准格尔旗暖水乡榆树壕村。古城址地势东北高西南低,内外两城结构,内城位于外城西南角,与外城共用西墙、南墙。外城平面呈长方形,南北长约 525 米,东西宽约 400 米,周长约为 1850 米,北墙设 3 门。外城北墙长 525 米,北墙夯层不明显,残高 2.5 米,基宽 6 米。东墙南段严重坍颓,并被流水冲蚀。南墙夯层 6.5—8 厘米,深入地下约 1 米,基宽 9.5 米。内城平面呈长方形,南北长 270 米,东西宽约 205 米,周长 950 米;内城北墙边西北设门,城墙夯筑,城墙基宽 5—10 米,残高 1—3 米,夯层厚 10—15 厘米。全城最高点在内城东北部,平地高于外城地面 3 米以上。主要建筑的遗迹遗物在此处,地面瓦片密布,间或有秦汉云纹瓦当,还有辽金时期的砖、瓦碎块。考察队曾在古城地表采集到粗绳纹、细绳纹、单面布纹、阴乳钉纹、斜格纹瓦片、云纹瓦当残片,同时还在城内发现西夏、辽金时期的瓷片,以及五铢钱、大泉五十铜钱及乾祐元宝等。城址东南约 1.5 千米处为汉代古墓群[①]。表明该城建于秦代,汉代沿用,一直到西夏、辽代还在使用。

有学者认为榆树壕古城为汉五原郡武都县城[②]。但是,王兴峰认为这里为汉代美稷县城:首先,因为《水经注》称:"(湳)水出西河郡美稷县,东南流。"这句话表明湳水发源于美稷县,而非流经该县城;其次,榆树壕古城比纳林古城规模更大,并且出土汉代遗物较多。而美稷县在西汉时为属国都尉驻地,东汉又作为南单于庭和使匈奴中郎将治所,其规模理应大于一般县城[③]。

从现代位置来看,榆树壕古城与其东部的纳林古城在同一纬度上,东西并列分布。笔者在实地考察后,查阅了《水经注》,发现《水经注》里面的"出"字的确大量用于描述河流源自何处,而"过""径"等词表达流经某地的意思。这一点与王兴峰等学者指出的情况相同。从实地观察,虽然榆树壕规模稍大于美稷县,但是二者规模并没有明显差异。

① 冯文勇:《鄂尔多斯高原及毗邻地区历史城市地理研究》,兰州大学 2008 年博士学位论文。
② 冯文勇:《鄂尔多斯高原及毗邻地区历史城市地理研究》,兰州大学 2008 年博士学位论文。
③ 王兴锋:《汉代美稷故城新考》,《中国边疆史地研究》2016 年第 1 期,第 129—136 页。

榆树壕古城有更多遗物保留下来，但是各个时期的都有（图2-9）。并且保留的遗物多并不一定代表过去的城址规格更高。因为纳林古城所处位置距离现代城镇很近，周围有大量民居以及现代农田，说明这里后期人类活动更强，很可能破坏了早期的遗迹和遗物。同时，榆树壕古城西侧大约7千米处为暖水川。暖水川流经榆树壕古城西，继续南流汇合四道柳川以后，称为特牛川，再南流入陕西省神木市境内，称窟野河。古城西北7—8千米的地方是区域最高点。城内地面现在几乎全部是农田。从影像图上可以发现：古城及其周围区域是周围十几平方千米范围内面积最大的一块农田集中区域。耕地分布与土壤以及地形条件关系很大，因此推测古代的耕地分布格局与今天应该相差不大。同一时间段考察这两个城发现，榆树壕种植的是胡麻一类的作物，而纳林古城内及周边种植了大片玉米，推测二者环境可能存在差异。如果在汉代也存在这种差异，很显然榆树壕古城周围环境更适合匈奴人从事畜牧活动，而纳林古城一带更适宜农耕。

图2-9　榆树壕古城遗迹遗物

　　总之，关于该城的归属仍然需要进一步考证。汉代沿"故塞"长城东侧，建有古城壕古城、勿尔图沟古城（即汉广衍县城）、城圪梁古城、纳林古城和榆树壕古城，这些古城依托"故塞"长城，形成了预警和护卫汉朝边疆的双重防御体系，起到了很好的拒止和抗击匈奴的作用。

二、十六国时期

1.统万城

统万城位于陕西省靖边县白城则村，为十六国时期的大夏国都城。《晋书·赫连勃勃载记》载："（赫连勃勃）乃赦其境内，改元为凤翔。以叱干阿利领将作大匠，发岭北夷夏十万人，于朔方水北、黑水之南营起都城"[①]，历时六年于公元419年建成。《续世说》卷9记载："夏世祖，性豪侈，筑统万城，高十仞，基厚三十步，上广十步，宫墙高五仞，其坚可以厉刀斧。台榭壮大，皆雕镂图画，被以绮绣，穷极文采。"[②] 公元428年，赫连勃勃死后，大夏败于北魏，统万城沦陷。北魏改统万城为统万镇，因为当地水草丰美，用为牧地。北魏孝文帝于太和十一年（487年）以此为夏州治所。在隋朝的时候被反叛的梁师都占据，唐朝时期也是重要的边疆治所。但是，从唐朝末年开始，历史文献和诗句中关于沙漠化的记录频繁出现，对比其他气候记录可知，此时气候发生重大转型，导致沙漠化现象加剧（表2-1）。北宋时期，这里是宋夏战争的重要争夺地点。但是，公元994年宋太宗因为这里已经深处沙漠中，并且不时被西夏所侵犯，下令毁掉该城。

表2-1　统万城环境记录

年份	气候环境描述	文献来源
407	赫连勃勃北游契吴而叹曰："美哉斯阜！临广泽而带清流。吾行地多矣，未有若斯之美。"	《十六国春秋辑补》卷65
426	魏主行至君子津，会天暴寒，冰合，戊寅，帅轻骑二万济河袭统万	《资治通鉴》卷120
426	夏主出战而败，退走入城。门未及闭，内三郎豆代田帅众乘胜入西宫，焚其西门	《资治通鉴》卷120
426	魏军夜宿城北，癸未，分兵四掠，杀获数万，得牛马十余万。魏主谓诸将曰："统万未可得也，它年当与卿等取之。"乃徙其民万余家而还	《资治通鉴》卷120
427	魏主至统万……夏兵为两翼，鼓噪追之，行五六里，会有风雨从东南来，扬沙晦冥	《资治通鉴》卷120
427	北魏主焘平统万及秦、凉，以河西水草丰美，用为牧地，蓄甚蕃息，马至二百余万匹，橐驼半之，牛羊无数	《读史方舆纪要》卷63
428	夏主自出陈前搏战，军士识其貌，争赴之。会天大风扬尘，昏昏，夏主败走；颉追之，夏主马蹶而坠，遂擒之	《资治通鉴》卷121
433	延和二年（433年）置统万镇，因其地水草丰美，用为牧地	
487—488	太和十一年（487年）置夏州，以统万城为夏州治所 夏州赫连屈子所都，始光四年（427年）平，为统万镇，太和十一年（487年）改置。治大夏 太和十二年（488年）改设夏州，并在境内设置化政、阐熙、朔方三郡	《魏书》卷106下《地形志》
500	四月丙子，夏州贾霜杀草	《魏书》卷112上《灵征志》
500—503	景明以来，北蕃连年灾旱，高原陆野，不任营殖，唯有水田，少可菑亩	《魏书》卷41《源怀传》

---

① （唐）房玄龄等：《晋书》，北京：中华书局，1974年，第3205页。
② （宋）孔平仲原著，李辉校注：《续世说》卷9，济南：山东人民出版社，2018年，第187页。

续表

年份	气候环境描述	文献来源
520—524	水西出奢延县西南赤沙阜，东北流	《水经注》卷 3
520—524	遣将作大匠梁公叱干阿利改筑大城，名曰统万城。蒸土加功，雉堞虽久，崇墉若新	《水经注》卷 3
524	魏朔方胡反，围夏州刺史源子雍，城中食尽，煮马皮而食之，众无二心。子雍欲自出求粮，留其子延伯守统万，将佐皆曰："今四方离叛，粮尽援绝，不若父子俱去。"	《资治通鉴》卷 150
534	永熙三年（534 年），太祖临夏州，生帝于统万，因以名焉	《周书》卷 4
536	甲子，东魏丞相欢自将万骑袭魏夏州，身不火食，四日而至，缚矟为梯，夜入其城，擒刺史斛拔俄弥突，因而用之，留都督张琼将兵镇守，迁其部落五千户以归	《资治通鉴》卷 157
622	庚辰，延州道行军总管段德操击梁师都石堡城，师自将救之；德操与战，大破之，师都以十六骑遁去。上益其兵，使乘胜进攻夏州，克其东城，师都以数百人保西城。会突厥救至，诏德操引还	《资治通鉴》卷 190
775	十二月，回纥千骑寇夏州，州将梁荣宗破之于乌水。郭子仪遣兵三千救夏州，回纥遁去	《资治通鉴》卷 225
781	沙头牧马孤雁飞	《全唐诗》卷 282
786	吐蕃又寇夏州，亦令刺史托跋乾晖帅众去，遂据其城	《资治通鉴》卷 232
789	韩全义，出自行间，少从禁军，事窦文场。及文场为中尉，用全义为帐中偏将，典禁兵在长武城。贞元十三年（797 年），为神策行营节度、长武城使，代韩潭为夏绥银宥节度，诏以长武兵赴镇。全义贪而无勇，短于抚御。制未下，军中知之，相与谋曰："夏州沙碛之地，无耕蚕生业。盛夏移徙，吾所不能。"是夜，戍卒鼓噪为乱，全义逾城而免，杀其亲将王栖岩、赵虔曜等。赖都虞候高崇文诛其乱首而止之，全义方获赴镇	《旧唐书》卷 162
822—824	长庆二年（822 年）正月己酉，大风霾。十月，夏州大风，飞沙为堆，高及城堞。三年（823 年）正月丁巳朔，大风，昏霾终日。四年（824 年）六月庚寅，大风毁延喜门及景风门	《新唐书》卷 35
862	茫茫沙漠广，渐远赫连城	《全唐诗》卷 603
994	上以夏州深在沙漠，本奸雄窃据之地……乙酉，诏隳夏州故城，迁其民于绥、银等州	《续资治通鉴长编》卷 35

现存统万城遗址主要由西城、东城及外郭城构成。东、西城并列，坐东北面西南，均呈长方形，东城南垣凸出。西城西垣、东城南垣均有一个拐角。西城北垣长 548.69 米，东垣长 694.87 米，南垣长 481.48 米，西垣长 734 米，面积 367934 平方米；西城城垣现宽 16 米，高 10 余米。东城北垣长 524.72 米，东垣长 738.22 米，南垣长 557.50 米，西垣长 753.88 米，面积 403613 平方米；东城城垣宽 7 米，高 3.4 米。永安台位于西城南部中央，10 余米高的夯土台是城内的制高点，为长方形，东西长，南北窄，相对独立的夯土块组成庞大的夯土台，夯土块之间自基础而上有明显的缝隙，平夯。夯土台周围有厚 25 厘米左右的踩踏面，其下为原始沙层。自踩踏面而上，现存夯土台高近 19 米。外郭城呈曲尺形，周长 13865.4 米，其中南垣长 4853.5 米，西垣长 2000 米，东垣长 891 米。面积约 7.7 平方千米，西北部凸出，城垣走向与东、西城城垣基本平行，东南部被红柳河冲毁，现仅残存东北城角墩台，从城垣连线看，城角均非直角。从残存城垣看，东部城垣宽达 8 米，

西部只有 1 米余，可能并非一次建成[1]。

东、西城内均有地层堆积，有学者认为西城内地层堆积较厚，可达 5 米左右，以唐宋时期的地层堆积为主，元代以后堆积零星出现。东城主要为唐、五代、宋代地层堆积。研究表明：统万城遗址西城为大夏国都的主要组成部分；东城的修建年代不晚于隋末；外郭城的年代和性质较为复杂，其东南部可能存在另一独立城址[2]。其城垣、马面、墩台均为夯土筑成，成分为黏土、沙及白灰。黏土应该是从统万城及周边地区沙层之下广泛存在的湖相堆积中获取的。

现在的统万城沙化已经非常严重，西城的大部分已经被流沙覆盖。古城西面和北面全部是流沙。无定河在城南，当前古城与无定河谷底的高差大约 60 米。根据以往研究可知：无定河切割速度非常快，近 1750 年来，下切了 60 米[3]。建城之初，高差应该并不大。沿着无定河谷有大片农田分布。城内地表也表现了沙化景观，生长有柠条、沙蒿、冰草等植被。根据访谈资料，20 世纪 60—70 年代曾有人家住在城内，并且在城内耕种。后来，统一搬迁到下面。从遥感影像图上，依然能看到耕种的痕迹（图 2-10）。

图 2-10 统万城遗址
崔建新摄

2. 白城台遗址

白城台遗址位于榆林市榆阳区巴拉素镇白城台村，无定河支流硬地梁河的东岸。城址基址略高于四周平地，轮廓清晰，保存较为完整，呈方形。城墙由白色湖相黏土夯筑而成，夯层厚 8—13 厘米。整个城址几乎已经被沙子掩埋，城墙残高 3—5 米，南北墙保存高度相对较高。各城垣长度分别为北垣 465 米，西垣 480 米，南垣 470 米，东垣 485 米。四墙

---

① 陕西省考古研究院、榆林市文物保护研究所、榆林市文物考古勘探工作队，等：《统万城遗址近几年考古工作收获》，《考古与文物》2011 年第 5 期，第 14—19 页。

② 郑红莉：《试说统万城遗址的三重城垣》，《江汉考古》2018 年第 3 期，第 98—103 页。

③ Liu K. and Lai Z. P., Chronology of Holocene Sediments from the Archaeological Salawusu Site in the Mu Us Desert in China and Its Palaeoenvironmental Implications, *Journal of Asian Earth Sciences*, 2012, 45:247-255.

均有马面和瓮城,四角有角楼①。从地貌上来看,古城位于草滩和风沙共存地带。城西侧和北侧硬地梁河谷地带形成了大片草滩,现代村庄和农田就位于这里。城东侧和南侧则是现代半固定沙丘。城内个别水位较高部位也有零星农田分布。

根据地表遗物,学者推测该城应该在唐宋时期被废弃②。考古学家戴应新先生根据历史文献和考古证据进行研究,认为该遗址是赫连勃勃父亲刘卫辰所居的代来城③。从古城所用材料来看,该古城与统万城有很高相似度,均是湖相黏土夯筑,颜色也高度接近,也可侧面证明为代来城的可能性更高。该城形制比统万城简单,规模要小很多,可能与不同城址用途有关。统万城具有高度防御性,并且大夏在当时正是鼎盛时期。

第三节　唐宋时期古城

唐宋时期是毛乌素地区城市聚落发展的重要时期,现存大量的古城遗址是我们考察和确定这一地区人类活动与沙漠化的重要证据。

毛乌素沙地的唐代古城集中分布在毛乌素沙地南部的六胡州一带,总数不少于15座④。从空间分布上看,这些古城的位置均偏于毛乌素沙地的南部,主要在西南部,而在毛乌素沙地的中北部,至今却未发现郡县一级的古城。现代毛乌素沙地的地貌格局基本是沙丘和草滩相间分布的。从地貌分布位置来看,唐代六胡州所在地恰恰是毛乌素沙地内面积最大的一片草滩地区,优良的水草条件为少数民族在这里从事畜牧业提供了环境基础。这些古城在唐代以后没有再被使用,可能与唐代后期气候迅速变冷,沙漠化加剧有关。农牧交错带环境非常脆弱,即便中世纪气候异常期气候再度变得暖湿,这里也没有恢复往日景观⑤。

一、隋唐时期

1. 城川古城（宥州—长泽县）

城川古城位于今天的内蒙古鄂托克前旗东南,是唐代所设的新宥州,即夏州的长泽县。该城在1227年被毁。现存古城遗址保存较好,平面呈长方形,东西765米,南北595米。城墙夯筑,残高2.5—5米,形态完整,东、南、西墙各开一门,外加筑瓮城。四角设角台,

① 何彤慧、王乃昂:《毛乌素沙地历史时期环境变化研究》,北京:人民出版社,2010年。
② 何彤慧、王乃昂:《毛乌素沙地历史时期环境变化研究》,北京:人民出版社,2010年。
③ 戴应新:《赫连勃勃与统万城》,西安:陕西人民出版社,1990年。
④ 王乃昂、何彤慧、黄银洲,等:《六胡州古城址的发现及其环境意义》,《中国历史地理论丛》2006年第3辑,第36—46页。
⑤ Cui J. X. and Chang H., The Possible Climate Impact on the Collapse of an Ancient Urban City in Mu Us Desert, China, *Regional Environmental Change*, 2013, 13 (2): 353-364.

各墙筑马面①。地表遗物丰富，采集有兽面纹瓦当、滴水、筒瓦、褐釉剔花瓶、白釉粗胎盆等。从地貌上来看，这里为典型的草滩地形，水位较高，地表长满了各种灌木（图2-11）。离古城不远处有大片农田，雨季时古城周围还有多个大大小小的水泡分布，古城北面有大面积的盐湖存在。

图 2-11　城川古城遗迹遗物
崔建新摄

根据历史文献记载，宥州的历史沿革如下。

高宗调露元年（679年），于灵州南界置鲁、丽、含、塞、依、契等六州，以处突厥降户，时人谓之"六胡州"。长安四年（704年）并为匡、长二州。神龙三年（707年）复置兰池都督府，在盐州白池县北八十里，仍分六州各为一县以隶之。

玄宗开元九年（721年）四月，兰池州胡人康待宾率众起兵反唐，陷六胡州，攻夏州，众七万。七月，唐军擒斩康待宾。置麟州以安置归降党项。十月，改朔方行军大总管为朔方节度使，镇抚"河曲"，北捍突厥。开元十年（722年）九月，平定康待宾余党；强迁河曲六州残胡五万余口于河南、江淮间安置。复置鲁、丽、契、塞四州。开元十八年（730年），并鲁、丽、契、塞四州为匡、长二州。开元二十六年（738年），放还被迁于河南、江淮间的六州胡人，仍于兰池都督府故地安置，改名宥州（史称旧宥州），辖延恩、怀德、

① 何彤慧、王乃昂：《毛乌素沙地历史时期环境变化研究》，北京：人民出版社，2010年。

归仁三县。天宝元年（742 年），改宥州为宁朔郡。后天宝中，宥州寄理经略军，宝应以后，因循遂废，由是昆夷屡来寇扰，党项靡依。

肃宗至德二载（757 年），改宁朔郡为怀德都督府。乾元元年（758 年），宁朔郡复名宥州。宪宗元和九年（814 年）五月，于经略军城复置宥州（史称新宥州），郭下置延恩县，隶夏绥银观察使。元和十五年（820 年），新宥州移治夏州长泽县。后为吐蕃军攻破。穆宗长庆四年（824 年），复置新宥州，领延恩、长泽二县[①]。长庆四年（824年），夏州节帅李祐奏置塞外五城，新宥州即其一。相传其城"方广数里，尤居要害，蕃戎畏之"[②]。

到了宋夏时期，这一地区长期为北宋与西夏之间拉锯的地方。《西夏书事》卷 3 载："宋兵遍驻银、夏，势难与争。宥州富庶，恃横山为界……"[③]此时，宥州所在的自然环境已经开始变化：尽管这里由于较为低洼，地下水位很浅，但是治城附近已经开始有沙化现象。《武经总要前集·边防》载："夏国宥州界，并沙碛，地卑湿，掘丈余则有水。"[④]因为沙化，宋将沈括、种谔奏请中央请将宥州治城转移到古乌延城所在地，认为那里靠近山麓，更有利于防守，并且比宥州的土地更为肥沃。《续资治通鉴长编》载："今按视塞北古乌延城正据山界北垠，旧依山作垒，可屯士马，东望夏州且八十里，西望宥州不过四十里，下瞰平夏，最当要冲，土地膏腴，依山为城，形势险固。欲乞移宥州于此。旧宥州地平难守，兼在沙碛，土无所出。先于华池、油平筑堡，以接兵势，川路稍宽，可通车运，聚积粮草器具，事事有备，并力乌延，先补山城。山城完，乃筑平城。此地膏美，去盐池不远，其北即是牧地，他日当为一都会，镇压山界，屏蔽鄜延。"[⑤]

2. 巴彦呼日呼古城

巴彦呼日呼古城位于内蒙古鄂托克前旗昂素镇东南 20 千米的地方，位于毛乌素沙地内部。该古城呈东北—西南方向，东西方向长约 290 米，南北方向约为 540 米。城墙残存基宽约 8 米，残高 2—6 米，夯层厚度约 10 厘米。北墙和东墙几乎被流沙掩埋，南墙有明显城门和马面痕迹。据前人考察所知，原有东、南、西三个城门，城墙上均有角楼、马面。2017 年 8 月考察时，城内多见素面灰陶片、乳钉纹陶片、唐代玉璧底陶片、唐代黑罐，以及宋夏瓷片。城内地面有动物骨骼。推测该城为唐代所建，西夏时期继续沿用。有人研究认为该城为唐代在灵州境内设置的鲁、丽、含、塞、依、契六羁縻州——六胡州之

① 穆渭生：《唐代宥州变迁的军事地理考察》，《中国历史地理论丛》2003 年第 3 辑，第 29—37 页。
② （北宋）王钦若等：《册府元龟》卷 410，北京：中华书局，1960 年，第 4876 页。
③ （清）吴广成撰，龚世俊等校证：《西夏书事校证》卷 3，兰州：甘肃文化出版社，1995 年，第 40 页。
④ （宋）曾公亮等：《武经总要·武经总要前集》卷 18 上，《景印文渊阁四库全书》第 726 册，台北：商务印书馆，1986 年，第 522 页。
⑤ （宋）李焘撰，上海师范大学古籍整理研究所、华东师范大学古籍整理研究所点校：《续资治通鉴长编》卷 326 "宋神宗元丰五年五月丙午"条，北京：中华书局，2004 年，第 7857—7858 页。

一的契州[1]。修建时的环境可根据唐朝诗人李益在《从军夜次六胡北饮马磨剑石为祝殇辞》中的记载："我行空碛，见沙之磷磷，与草之幂幂，半没胡儿磨剑石。"显然是以沙漠景观为主。

现在该古城内外多固定、半固定沙丘，北墙之上沙丘可达 15—20 米。城墙大部分已经为沙漠掩埋。只有城中央偏南部位被沙覆盖的程度较低。原因是城南正好有一个西北—东南走向的盐湖。在雨季还有部分水体残留。该盐湖在水大的时候应该可以越过南墙，向城内扩张。城内稀疏地生长着芨芨草、沙蒿等植物。城周围 5 千米范围内，有零星的现代房屋和极少量的农田分布，大部分为固定和半固定沙丘（图 2-12）。通过访谈当地牧民，可知这里每户人家平均 5000 亩（1 亩 ≈ 666.7 平方米）土地，以放牧为主。

图 2-12　巴彦呼日呼古城
崔建新摄

3. 苏力迪古城

苏力迪古城位于今鄂托克前旗昂素镇西北苏力迪嘎查。南北方向宽约 220 米，东西方向长约 270 米。根据其地理位置和遗存情况，学者推断其为六胡州中的依州古城[2]。根据考察时所见地表散落有布纹灰陶片以及乳钉纹灰陶片，且距此不远有汉代墓葬，综合来看该城可追溯到汉代，唐代继续沿用。

该城城墙大部分已经被流沙掩埋，仅有西墙和南墙有白色城墙出露。由于经过强烈的风蚀作用，夯层已经不容易辨识。城内外生长有沙蒿、沙柳、芦苇、芨芨草等植被。植被覆盖度要高于更南部的巴彦呼日呼古城。原因可能是这里地下水位更高，而且城南侧和西侧有大片的湖泊。并且在夏季城内低洼地区，也可能会有积水。因此，明显这里的水分条件较好。古城东侧大约 5 千米，分布有大片农田，为现代农场。从遥感影像图

① 〔韩〕朴汉济著，李椿浩译：《唐代"六胡州"州城的建置及其运用——"降户"的安置和役使的一个类型》，《中国历史地理论丛》2010 年第 2 辑，第 27—45 页。

② 王乃昂、何彤慧、黄银洲，等：《六胡州古城址的发现及其环境意义》，《中国历史地理论丛》2006 年第 3 辑，第 36—46 页。

上可以发现，古城西侧的苏力迪嘎查所在的村落人工种植了成行的植被，应该是人工固沙的生态工程（图2-13）。

图 2-13　苏力迪古城
崔建新摄

4.银州古城

银州古城位于无定河与榆溪河交汇处南侧，依地形建于高地和平川上，西高东低，平面略呈长方形。城垣夯筑，全长 1583.3 米，残高 6—8 米，基宽 9—10 米，夯层厚 6.8—12 厘米。其中东墙长 326.5 米，北墙长 426 米。西、南墙接合部呈弧形，转角不明显，总长 830.8 米；外面加筑马面 4 座，长宽各 4 米。西门和北门各留瓮城 1 座。

该城由上古城和下古城两部分组成，上古城是一个自然的小山岗，下古城则为一片河旁冲积平地。城东南部地势最低，在党岔河边，城西北角最高，居小山岗的顶端。最低处与最高处高差达 70 米，城虽小而高差如此之大，其险峻可知（图2-14）。研究认为：上古城可能为隋唐银州城，而下古城发现大量回纹和菱形格纹的砖，以及外绳纹内布纹、外绳纹内麻点坑纹等典型秦汉时期特征的板瓦残片。城内秦汉钱币时常可见，少部分人家有镂空青铜罐、青铜瓶、博山炉、蒜头瓶等[1]。应该是秦汉时所建。

① 白茚骏：《陕北榆林地区汉代城址研究》，西北大学 2010 年硕士学位论文。

图 2-14　银州古城
崔建新摄

　　由于南庄村建在下古城夯土墙上，对夯土层破坏比较严重，但残余夯土与村外公路仍有 2 米左右高差，向南沿一坡地行 200 余米来到村外，有两处流水形成的小沟可供攀登至上古城南部主体部分，北侧路边有一处高约 4 米的夯土垂直暴露带，其中可见几种不同时代特征瓦片以及一些炭屑。上古城南部几段城垣保存较好，残高 3 米至 7 米不等，基本连贯，城垣中部可见明显炭屑层。东、西、南三边城垣皆紧邻落差超过 50 米的沟谷，故城垣外侧陡峻，显然该城是利用山谷作为天然屏障。我们在上古城内发现除了一些唐代特征陶片外，还有疑似五代到北宋的瓷器残片。戴应新先生在 1980 年的考古发掘简报中提到：这里出土文物有磁注子、瓷钵、三彩瓷壶、瓷酒杯等。同时出土有擂石、飞石索等战争工具[①]。不过，西北大学白茆骏则认为这里为汉代圁阴县城。

　　根据《元和郡县图志》等记载，北周武帝保定三年（563 年）置银州于此。该地古产良马，因蒙语骢马为"乞银"而得州名。隋朝大业二年（606 年）废，唐朝乾元元年（758 年）复置，唐末银州被党项族拓跋氏据为要地。北宋时，为宋与西夏交界地带，双方多次在这里激烈争夺。元丰五年（1082 年）给事中徐禧放弃银州转到永乐城，发生了著名的永乐城之战。这也是历史上一次著名的城址选址失败的案例。永乐城因为严重缺水，西夏大军将该城围起来，不断攻城，导致城内士兵饥渴难耐，最终宋军惨败。崇宁五年（1106 年）废银州为银州城。

　　今天来看，这里地理环境较为优越，古城之下的河道两侧均已经开发为农田。而在唐宋时期文献中对银州记载更多的土地利用方式是养马，并且在这里设置了银州监。唐太和七年（833 年），度支盐铁使言："银州水甘草丰，请诏刺史刘源市马三千，河西置银川监，以源为使。"[②] 刘源后来奏报说他在任的时候银州监有马七千多匹。因遇干旱天气时寻求水草更丰沛之地，可以迁移至银州东南一百六十里的绥州南部方圆二百多里的空地。

　　① 戴应新：《银州城址勘测记》，《文物》1980 年第 8 期，第 62—67 页。
　　② （宋）欧阳修、宋祁：《新唐书》卷 50《兵志》，北京：中华书局，1975 年，第 1339 页。

虽然唐代银州城所在水草丰美，但曾到银、夏两州的唐代诗人许棠，在一首《银州北书事》的诗中写道："南辞采石远，北背乞银深。"这说明最晚在唐代中晚期的时候，银州以北沙漠化已经比较严重。到了北宋时沙漠已逐渐接近银州城，"熙宁五年，韩丞相绛以宰相宣抚陕西，复取前议，遂自绥州以北，筑宾草堡，东筑吴堡，将城银州，会抽沙，不可筑而罢，遂建罗兀城，欲通河东之路"[①]。

在陕北地区，横山是一条重要的地理界限，"横山一带两不耕地，无不膏腴，过此即沙碛不毛"[②]。耕地、草地和沙地在这个生态边缘地带交错出现，构成了多元的景观格局。而银州城处于横山以南，为控扼毛乌素地区的重要据点，在宋夏之争中战略地位非常重要。北宋名将种谔说："横山延袤千里，多马宜稼，人物劲悍善战，且有盐铁之利，夏人恃以为生；其城垒皆控险，足以守御。今之兴功，当自银州始。其次迁宥州，又其次修夏州，三郡鼎峙，则横山之地已囊括其中。又其次修盐州，则横山强兵战马、山泽之利，尽归中国。其势居高，俯视兴、灵，可以直覆巢穴。"[③] 这段话主要是对包括银、夏、宥三州的横山地区地理形势的分析，认为这里是半农半牧地带，有丰富的盐和铁资源，并且地势险要，可制西夏。与此同时，西夏也对横山地区非常重视，他们在一些土地肥沃的地区大力发展农业生产，"今葭芦、米脂里外良田，不啻一二万顷，夏人名为'真珠山'、'七宝山'，言其多出禾黍也"[④]。石堡城"夏人窖粟其间，以千数"[⑤]。

我们曾经分别于 2011 年 7 月和 2017 年 8 月两次调查银州城，发现 2011 年 7 月的时候城内显然是人工栽培的小树。但是，2017 年 8 月再次考察的时候发现这些小树已经踪迹全无，应该是没有成活。城内地面现在为郁郁葱葱的牧草所覆盖。这些牧草应该是天然植被。站在城内向外眺望，下面为地势低平的一大片良田和现代村庄。

5. 河滨县故城

该城位于库布齐沙漠东北，今准格尔旗十二连城乡天顺圪梁村东，为唐代河滨县城。从地理位置上来看，该城紧邻黄河，距离黄河最小直线距离不足 2 千米。城址位于山坡上，依山势修筑，西高东低。平面呈长方形，东西 480 米，南北 360 米。城内地面沙化严重，生长有柠条、沙蒿等植被。城外右侧（东和西北部）为大片农田和现代村落。而城左侧（西侧）沙化较为严重，有一条东西方向延伸的与黄河流向大致平行的条形地带，耕地和沙化的滩地相间分布。

河滨古城平面呈长方形，有护城壕。城墙高出地表 1—3 米。东、西墙中部设门，西城门外加筑瓮城。城墙外筑有马面。西北、西南角有角楼址。在城墙外 150—250 米处，

① （宋）江少虞：《宋朝事实类苑》卷 78，上海：上海古籍出版社，1981 年，第 1021—1022 页。
② 刘琳、刁忠民、舒大刚，等校点：《宋会要辑稿·食货二》，上海：上海古籍出版社，2014 年，第 5987 页。
③ （元）脱脱等：《宋史》卷 335，北京：中华书局，1977 年，第 10747 页。
④ （元）脱脱等：《宋史》卷 176，北京：中华书局，1977 年，第 4269 页。
⑤ （元）脱脱等：《宋史》卷 348，北京：中华书局，1977 年，第 11038 页。

有一道高出地表 1 米的土垄，呈圆弧状包围北、西、南三面，为羊马城。李并成先生曾认为羊马城为我国古代北方城邑建筑中特有的军防设施。在野外调查中发现地表散落有唐、辽、金代瓷器，有少量灰色陶器。尤其是辽代白瓷数量非常多（图 2-15）。

图 2-15　河滨县故城环境及遗迹遗物

崔建新摄

《中国文物地图集·内蒙古自治区分册》下册载，该古城为唐代河滨县城，也应是辽代河清军的驻军城①。冯文勇认为尽管这个城在辽代可能被使用，但不可能是辽代河清军的驻军城②。清人所著《辽史地理志考》提到："河清军，案由西夏直趋上京，则当自宁夏东走归化城（今呼和浩特市）及内蒙古察哈尔部克什克腾部以达于巴林部。号河清军当在河套外黄河东岸，辽之西边与夏接界处，盖亦归化城之西矣。"③ 因此，历史记载也证明辽河清军应该在河套之外。

---

① 国家文物局主编：《中国文物地图集·内蒙古自治区分册》下册，西安：西安地图出版社，2003 年，第 609 页。

② 冯文勇：《鄂尔多斯高原及毗邻地区历史城市地理研究》，兰州大学 2008 年博士学位论文。

③ （清）李慎儒：《辽史地理志考》卷 5，二十五史刊行委员会：《二十五史补编》第 6 册，上海：开明书店，1937 年，第 8136 页。

《元和郡县图志》"胜州"条则有更详细的记载，不仅包括位置，还有历史沿革。"河滨县，中下。本汉沙南县地，属云中郡。……隋时复为榆林县地。贞观三年，于此置河滨县，东临河岸，因以为名。改云州为威州，立嘉名也。八年，废威州，以县属胜州。"[①]又载："黄河，在县东一十五步。"[②]《辽史地理志考》记载："唐胜州统榆林、河滨二县，皆在河套内。辽二县用唐县名，而皆在河套外。"[③]因此，到了辽代这两个县已经转移到河套之外，应该是另外的城池。《中国文物地图集》记载辽代东胜州的河滨县城在今托克托县双河镇内。但是，这里也应该属于辽的控制范围。

6.北大池古城

北大池古城位于毛乌素沙地西缘，今内蒙古鄂托克前旗城川镇，在陈家场正北约500米，二道川村西约4千米。西距北大池2千米。北大池即大盐池淖，蒙语名为"伊克锡克日"，意为大糖池。目前，该城西侧有一条由南向北的高速公路通过。古城东北和东南的草滩地上有现代农田和流动沙丘相间分布。古城北约200多米有一条小河注入北大池中。城墙已被白刺灌丛沙堆掩埋，积压的沙堆宽20米。城内植被低矮稀疏。城址大体呈方形，经测量东西310米，南北320米。古城的东西两面存有缺口，根据残存情况可推知为城门所开之处[④]。

该城地表遗存非常丰富，陶片中的器型以卷沿及凸圆唇的罐、盆、盘、钵之类较多，颜色多为灰色或者淡绿色。瓷器不多，仅采集到酱釉粗瓷碗和少量白色瓷片（图2-16）。地表暴露有红烧土痕迹，发现一把铁铲。并且有大量陶器的残次品出现。推测为了储存和运输盐池的盐需要大量陶器，因此这里可能有制陶作坊。另外，在城周围发现了多座唐代墓葬，出土有"开元通宝"等钱币。从地表遗存判断，该城以唐代为主，西夏也有人类活动。

---

　　① （清）李吉甫撰，贺次君点校：《元和郡县图志》卷4，北京：中华书局，1983年，第111页。
　　② （清）李吉甫撰，贺次君点校：《元和郡县图志》卷4，北京：中华书局，1983年，第111页。
　　③ （清）李慎儒：《辽史地理志考》卷5，二十五史刊行委员会：《二十五史补编》第6册，上海：开明书店，1937年，第8136页。
　　④ 何彤慧、王乃昂：《毛乌素沙地历史时期环境变化研究》，北京：人民出版社，2010年。

图 2-16 北大池古城遗物

崔建新摄

有学者考证后认为，北大池古城为唐代的白池县城①。但据历史文献记载，盐州白池县在盐州城北部九十里的地方。盐州城应为今天的定边县附近，隋朝时筑城，唐贞观二年（628 年）改为兴宁县，到景龙二年（708 年）又改为白池县，因为周围有白盐池而得名。另外，唐代盐州境内有四个盐池，分别为乌池、白池、细顶池和瓦窑池。后两个在当时就已经废弃。宋朝称这一地区为乌白池，此后再没有关于城的记载，但是从较晚的遗物来看这里依然是人类活动频繁的地区。可能是因为这里有重要的食盐资源，成为宋与西夏战争频发的地点。北宋至道二年（996 年），"己卯，夏州、延州行营言，两路合势破贼于乌白池，斩首五十级，生擒二千余人，贼首李继迁遁去"。故宋夏双方都未设城。《读史方舆纪要》记载："白池城，在（宁夏后）卫西，本兴宁县也，隋末析五原县置，属盐川郡。唐初亦寄治灵州，仍属盐州。贞观初废。龙朔三年复置于旧治。后改为白池县，以近白盐池而名也。宋陷于西夏，县废。"②

笔者此前结合历史文献及石笋记录探讨了毛乌素沙地的气候环境，认为在 780—950年此地夏季风减弱，气候极端干冷，沙漠化严重③。而黄银洲对保宁堡周围地层剖面进行的粒度分析表明，在公元 800 年左右存在一次沙漠化事件④。因此，从唐代后期开始，毛乌素沙地环境开始恶化。宋夏战争时期这里是双方争夺的前沿阵地。但值得注意的是夏州（统万城）在公元 994 年北宋宣布废弃，"种谔西讨，得银、夏、宥三州而不能守"⑤，并

① 张郁：《鄂托克旗大池唐代遗存》，伊克昭盟文物工作部：《鄂尔多斯文物考古文集》，内部资料，1981 年，第 251—254 页。

② （清）顾祖禹撰，贺次君、施和金点校：《读史方舆纪要》卷 62，北京：中华书局，2005 年，第 2957 页。

③ Cui J. X., The Possible Climate Impact on the Collapse of an Ancient Urban City in Mu Us Desert, China, *Regional Environmental Change*, 2013, 13(2): 353-364.

④ Huang Y. Z., Wang N. A., He T., et al, Historical Desertification of the Mu Us Desert, Northern China: A Multidisciplinary Study, *Geomorphology*, 2009, 110(3/4): 108-117.

⑤ （元）脱脱等：《宋史》卷 334，北京：中华书局，1977 年，第 10722 页。

且计划将宥州城迁移到海拔更高的乌延城。同样，像白池这样小一级别的城池也于这一时期被废弃。一方面可能受宋夏战争力量对比影响，另一方面也可能是北宋面对日益的沙漠化问题不得已向更南更高的地方收缩防线的一种策略。

7. 麟州城

麟州城遗址又名杨家城，坐落于神木市店塔镇以北的杨城村西，窟野河谷东侧的塬面上。塬面顶部较为平坦，周围地势陡峻，大部分城墙沿边缘修建，经实地 GPS 测量并与数字高程模型（digital elevation model，DEM）数据比对，城内海拔高度在 1120 米到 1160 米之间，高出城下的窟野河谷地 120 米左右。麟州城选址应该充分考虑了地理环境的作用。城址四周悬崖峭壁，站在城上可以俯瞰窟野河谷，仅有几条小路通往城外，易于防守。自太平兴国九年（984 年）至靖康元年（1126 年），麟州一带至少遭遇了八次入侵，麟州城至少四次被围攻，均未被攻克。可见麟州城防之坚固。同时，"麟州屈野河西多良田"，可以很大程度解决粮食供应问题。然而，窟野河谷西部的土地长期为西夏侵耕，这也成为宋夏战争中长期争议的问题。

该城建于唐代。唐开元十二年（724 年）平定康待宾之乱后，张说奏请"析胜州之连谷、银城置（麟州），以安党项余烬"。麟州设置之初只是用以安置"党项余烬"的羁縻州。开元十四年（726 年）废州，其地并入胜州。开元以来，吐蕃势力膨胀，对唐陇右道的威胁逐渐凸显，突厥盘踞漠北，对大唐北疆虎视眈眈，天宝元年（742 年），河西节度使王忠嗣奏请复置的麟州主要为防备吐蕃、突厥，至此麟州始由羁縻州转为军事堡寨州。唐天宝年间改为新秦郡，乾元元年（758 年）复为麟州。唐元和以来，藩镇割据愈演愈烈，地方节度使各自为政，军阀混战，僖宗中和二年（882 年），沙陀族军阀河东节度使李克用发兵西渡黄河君子津，吞并麟州，开河东领麟州之始，麟州成了黄河东西两岸争夺的焦点之一。

五代时期麟州刺史杨信及其子杨重勋和孙杨光世代守护麟州。后世因为杨家将在战场上建立了功勋，该城明代以来也被称为杨家城，并且修了杨家祠堂。北宋乾德五年（967 年），为进攻黄河对岸的北汉政权，同时拉拢麟州、府州的地方军阀，升麟州为建宁军。宋太宗太平兴国以来，雄踞夏州的党项平夏部首领李继迁，在契丹支持下不断侵扰西北边境，兵锋直指麟、府、绥、盐各州。北方契丹（辽）亦对麟、府、丰、岢岚诸州觊觎已久。为防备党项、契丹的侵攻，同时镇抚周边地区的党项羌诸部，宋廷在麟州置镇西军，将麟州、府州、丰州作为一个军事整体，统一归折氏家族统领。

庆历以后，西夏建国，屡败宋军，麟、府、丰三州居于宋夏辽三国交界之处，"黄河带其南，长城绕其北，地据上游，势若建瓴，实秦晋之咽喉，关陕之险要"。这里是拱卫河东、永兴军两路的屏障，军事地位极为重要。西夏如越过横山山界地区入延、绥二州，则受麟、府、丰三州夹击，如欲渡黄河劫掠河东岚、石等州，唯有先突破麟、府、丰防线，宋如欲与西夏争夏、宥、盐、银诸州，亦须从麟府、延绥两路出兵，辽人南侵河东路，必先攻下麟、府、丰三州与黄河对岸的岢岚、保德、火山三军。麟、府、丰三州对西夏亦有相当的牵制作用，西夏为对抗这三州，设置了左厢神勇军司，为夏国十二监军司之一。

宋仁宗朝，将西北边区划为"泾原、环庆、秦凤、鄜延、麟府"五个"经略使路"，即军区。麟州、府州、丰州合称麟府路，不同于其他四路在行政上归陕西转运使路，麟府路在行政上划归河东路，河东路的十万禁军中驻守麟府的达两万人。宋仁宗康定、庆历年间，为抵御元昊进攻，在麟州周边修复和增筑了多座堡寨，形成了以麟州为中心的堡寨群，又在麟州招募士兵并升格为禁兵，组成飞骑营和乡勇以加强守御力量。但是，麟州也曾经遭受过粮草不足的困境，有人甚至提出将其废弃或者迁徙。但欧阳修最终提出移兵就食的策略，将麟州保留了下来：

> 陕西兵役之后，河东困弊，粮草阙少。又有言者请废麟州，或请移于合河津，或请废五寨。朝廷命先公视其利害，及访察一路官吏能否，擘划经久利害，及计置粮草。公为四议，以较麟州利害，请移兵就食于河滨清塞堡，缓急不失应援，而平时可省馈运，麟州遂不废。又建言忻、代、岢岚、火山四州军，沿边有禁地弃而不耕，人户私佘北界斛斗，入中以为边储，今若耕之，每年可得三二百万石以实边，朝廷从之。此两事，至今大为河东之利①。

元祐六年（1091年）九月，西夏围攻麟、府二州城三日，杀掠不计，鄜延都监李仪等尽没。宣和七年（1125年），辽亡，辽将小鞠辇纠集十余万杂羌围攻麟、府、丰三州，这支乱军攻破丰州后，却在麟州城下被击溃，麟州守御之坚固可见一斑。小鞠辇逃往西夏，向西夏借兵后卷土重来，攻陷麟州的建宁寨，知砦杨震力战而死。该年西夏趁金国大举攻宋，且麟、府遭小鞠辇入侵损失惨重之际，入主麟、府、丰三州，但三州随后为宋军收复。

建炎二年（1128年）没于金。金、元时期，麟州失去重镇地位，仅作为普通堡寨或县城存在，并其地入葭州。金兴定五年（1221年），元兵破葭州、绥德，遂入鄜延，尽占陕北之地。明初为神木县治所，洪武年间以麟州西墙作为长城的一部分，洪武七年（1374年）废县，洪武十四年（1381年）复置，一度迁县治于东山神木寨，正统初又迁回，明正统八年（1443年）神木县城迁至交通更为便捷的今址。成化年间修边墙时，弃麟州故城于边外，成化二年（1466年）将杨家城守军和居民移至柏林堡、高家堡，该城逐渐荒废。

麟州城与外界仅有东南、东北两条山路相通，这两处分别有东门和北门遗址。如今杨城村坐落在东门外狭窄的台地上，城中多被开辟为农田（图2-17）。城分三重，东城、内城和西城，内城面积最小，考古工作者称之为紫锦城，西城面积最大，为外郭城②。三重古城皆依山就势而建，呈不规则形状。麟州城有三处城门，东门和南门在东城，北门在西北城北端，南门外有盘山路与外界相连，东门外有一块区域较为平坦。是以东墙、南墙颇为高大，北门外有一坡度较缓的山梁，上有崎岖小路可通城外。另外还有三座瓮城、三

---

① （宋）欧阳修撰，李逸安点校：《欧阳修全集》，北京：中华书局，2001年，第2632—2633页。

② 陕西省考古研究院：《陕西省明长城资源调查报告·营堡卷》，北京：文物出版社，2011年。

处马面和四处角楼遗迹。以紫锦城地势最高，外形接近梯形，四面皆有高大城墙，南墙长200米，北墙长300米，南北宽约150米，南垣筑有一马面，西南有城门与东城的瓮城湾相通，北垣有城门与西城相通。地表散落有五代至北宋时期的陶、瓷碎片。其西侧有一墩台尤为高大，可俯瞰窟野河谷。其东垣保存较好，南垣与紫锦城共用，皆有城门与紫锦城相通，西城除东南角与东城、内城相连外，其余各面都是悬崖，是以仅建有低矮城垣。西城内遗迹丰富，发现有炭屑、煤渣、石块、砖以及陶瓷残片。西南部有三处建筑基址，另外有窑址发现。东城周长约2000米，在东面、北面、南面包围着紫锦城。东城目前已经揭露大量建筑基址，以一号殿保存最好。城内散布石器、陶、瓷残片。城垣大部分为夯土建筑，局部有石片和石块垒砌。东城、紫锦城的城墙高厚，保存较为完整，东门附近一段高度、厚度均在12米左右。

图 2-17　麟州城地表景观

崔建新摄

8. 府州城

府州古城（图 2-18）坐落在今府谷县城东侧约 1 千米的石质小山梁上，依山而建，下临黄河，地势险要，南侧临河段尤为陡峻。史料记载："州依山无外城，旨将筑之，州将曰：'吾州据险，敌必不来。'"[1] 后来朝廷没有听信州将的话，修筑外城，反倒遭受了敌人的攻击。城垣保存完好，高厚坚固，呈西南至东北向较长的不规则形状，西南到东北长 760 米左右，主体部分南北宽 230 米左右，西南角依地形收窄，东北角为较高的突出部。城墙内是黄土夯层，外面用石头垒砌，高 7.2 米。有东、南、西、北四个大门和南、西两个小门。大南门、小西门外有瓮城。钟楼位于城中部，东有文庙、城隍庙、魁星楼、鼓楼；西有关帝庙、观音殿等，北有元帝庙，南部为荣河书院、千佛洞等。城墙是五代至北宋修建，其他设施均为明清以来修建[2]。除东北门直通山梁上外，其余门外通路均较陡峻，东南城垣外亦有悬崖小径可攀援而下。保德军城在府州城西南 2000 米处的黄河对岸。

---

① （元）脱脱等：《宋史》卷 301，北京：中华书局，1977 年，第 10004 页。
② 国家文物局主编：《中国文物地图集·陕西分册》下册，西安：西安地图出版社，1998 年，第 657 页。

图 2-18　府州城景观
白壮壮摄

　　该城在五代前本是河西蕃界府谷镇，一直是党项豪族折氏家族的根据地。后梁开平四年（910 年）改镇为县。次年，因军事需求升为府州以扼守蕃界，仍由折氏家族镇守。后晋开运二年（945 年），振武节度使折从远击契丹，围胜州，遂攻朔州。五代更替，后汉代晋，振武节度使折从远归降后汉，为避汉主刘知远名讳，更"远"名"阮"。刘知远置永安军于府州，以折从阮为节度使，以府州为永安军节度使驻地，府州的军镇地位因继续加封折氏节度使职位而以巩固，自此俨然一方重镇。

　　后周代汉，府州折氏归顺后周，担任后周边将，抵御后汉残余势力北汉。定难军李氏与府州折氏的矛盾颇深，掌控夏州大镇的李氏向来瞧不起资历浅、辖地小的折氏。显德二年（955 年），发生了耻折氏而断道事件：定难军李彝兴以不耻于同折氏并列节度使为由，断绝与中央的来往，实际是要挟北周政府，使之撤去折氏的节度使职位。北周朝中宰辅亦认为定难军的夏州是重镇而折氏的府州偏小，建议弃府州以安抚李氏，周世宗柴荣则认为夏州严重依赖与中原贸易是以不足为惧，而府州是抵御北汉的前卫，不可轻弃，遂力挺折氏，责问李彝兴，令之谢罪。由这一事件，可见置州不久的府州因其地理位置特殊，是控扼黄河要津，抵御北汉侵攻的前哨，受到朝廷的高度重视。

　　到了北宋，折氏家族遂归顺北宋，为宋朝对抗北汉的前锋。宋灭北汉后，党项在陕北一带强势崛起。为抵御党项—西夏的侵略，宋真宗、仁宗、神宗等朝在麟、府、丰三州境内修筑了一批堡寨。府州威远军与麟州飞骑同时被升格为禁军，府州一直作为拱卫河东路的门户要塞存在。在折氏家族统领下的麟、府、丰三州军民，组成北防契丹，西抗西夏的坚实堡垒，折家率领的麟、府子弟兵为赵氏戍守北疆，屡次击退党项人的入侵，抵御党项—西夏、契丹—辽的侵攻百余年。例如，史料记载："王师之讨李继迁也，府州观察使折御卿以所部兵来助。赵保忠既擒，御卿又言银、夏等州蕃、汉户八千帐族悉归附，录其马牛羊万计。戊午，授御卿永安节度使，赏其功也。"折氏家族带领的府州军民，还多次主动出击，给予西夏、契丹沉重打击，以至于西夏专门设置了军镇左厢神勇军司，筑坚城、屯重兵，专门对付折家。折家将领更投身熙河、泾原等各路对夏、对吐蕃的作战中，立下赫赫战功。直至建炎二年（1128 年），靖康之变后，金人大举攻宋，数月之间，河东、关中诸州相继陷落，府州折可求见大势已去，遂举城降金[1]。

北宋时期的府州不仅是重要的军城，还是跟党项人互市的场所。史料记载：

戊辰，西京左藏库使杨允恭言："准诏估蕃部及诸色进贡马价，请铸印。"诏以"估马司印"为文。置估马司始此。凡市马之处，河东则府州、岢岚军，陕西则秦渭泾原仪环庆阶文州、镇戎军，川峡则益黎戎茂雅夔州、永康军，皆置务，遣官以主之，岁得五千余匹，以布帛茶他物准其直。招马之处，秦、渭、阶、文之吐蕃、回纥，麟、府之党项，丰州之藏才族，环州之白马、鼻家、保家、名市族，泾仪延鄜、火山保德保安军、唐龙镇、制胜关之诸蕃[2]。

除了官方互市之外，民间贸易也比较普遍。真宗大中祥符二年（1009 年）十一月乙卯，河东缘边安抚司言："麟、府州民多赍轻货，于夏州界擅立榷场贸易。望许人捕捉，立赏罚以惩劝之。"上曰："闻彼歧路艰嶮，私相贸易，其数非多，宜令但准前诏，量加觉察可也。"[3]

元世祖至元六年（1269 年），忽必烈进行行政区划调整，大规模省并州县，居于中部的麟州、府州，已然失去了昔日的军事重镇地位，遂皆废州为县。府州废为府谷县后，县治仍在原址，至于今日。

9. 托克托城

托克托古城位于内蒙古托克托县双河镇丁家窑村东的土梁上，处于大黑河东岸阶地上。城址最初为唐、辽时代修建，主城大城为明代著名的东胜卫故城，清代称其为脱脱城或托克托城。

托克托古城的大城平面呈斜长方形，南北长 2410 米，东西宽 1930 米。夯筑城墙，基宽 14 米，顶宽约 6.5 米，残高 9—12 米。四墙正中辟门，外加筑瓮城，其东门为双重瓮城。大城内西北部有东西毗连两座小城。西城俗称"大皇城"，平面略呈长方形，南北长 620—630 米，东西宽 470—500 米，周长 2200 米，西墙与大城之墙重合，残高 5—8 米，东墙辟门，城内为丁字街。东城俗称"小皇城"，平面呈长方形，东西宽 300 米，南北长 320 米，其西墙借用大皇城之东墙。各墙外设马面，两马面距离约 100 米[4]。

大皇城南发现有金、元时期的火葬墓，葬具为卷沿素面大陶罐，上覆卷沿陶盆，罐内装骨灰。地面散布有板瓦、筒瓦、滴水、莲瓣纹和兽面纹瓦当等建筑构件。城内出土有黑釉暗纹瓷罐、白瓷梅瓶、铜印押、火铳等。大皇城为唐宝历元年（825 年）迁移后的东受降城，辽、金、元沿用，为东胜州故城。小皇城为金代东胜州子城。

---

① 张宇帆：《朔漠边城——宋夏战争中毛乌素沙区南缘典型城址研究》，陕西师范大学 2013 年硕士学位论文。

② （宋）李焘撰，上海师范大学古籍整理研究所、华东师范大学古籍整理研究所点校：《续资治通鉴长编》卷 43 "宋真宗咸平元年十一月戊辰"条，北京：中华书局，2004 年，第 992 页。

③ （宋）李焘撰，上海师范大学古籍整理研究所、华东师范大学古籍整理研究所点校：《续资治通鉴长编》卷 72 "宋真宗大中祥符二年十一月乙卯"条，北京：中华书局，2004 年，第 1640 页。

④ 李逸友：《内蒙古托克托城的考古发现》，文物编辑委员会：《文物资料丛刊》第 4 辑，北京：文物出版社，1981 年，第 210—217 页。

托克托城为迁移之后的东受降城。东受降城最初位置在胜州（今十二连城）东北八里，也即今哈拉板申故城遗址。《新唐书》卷7《宪宗本纪》载："（元和）七年正月癸酉，振武河溢，毁东受降城。"[①]《旧唐书》卷17上《敬宗本纪》载："（宝历元年）十月……振武节度使张惟清以东受降城滨河，岁久雉堞摧坏，乃移置于绥远烽南，及是功成。"[②]是知，今址始于宝历元年（825年）。此外，文宗大和三年（829年）宰相李德裕在《要条疏边上事宜状》和《条疏太原以北边备事宜状》中详细记载了两个东受降城的位置。其中，《要条疏边上事宜状》记载：

> 访闻麟、胜两州中间，地名富谷，人至殷繁，盖藏甚实。望令度支拣干事有才人充和籴使，及秋收就此和籴，于所在贮蓄。且以和籴为名，兼令与节度使潜计会设备。如万一振武不通，便改充天德军运粮使。胜州隔河去东受降城十里，自东受降城至振武一百三十里。此路有粮，东可以壮振武，西可以救天德。所冀先事布置，即免临时劳扰[③]。

《条疏太原以北边备事宜状》记载：

> 东受降城缘是近年新筑，城内无水，城外取金河水充饮，又于城西门掘一二十井，若被围守，即须困毙。今筑月城，护取井水。其张仁愿旧城，颇当要害。张惟清错奏，恐黄河侵坏，先贤制置，皆有神灵保持，废来二十年，基址依旧，园蔬树木，至今尽在，隔河便是胜州，相去数里。望委巡边使与刘沔计会，如何却复旧城，至为稳便[④]。

从这两份资料可知：移建后的东受降城距胜州十里。移建前的东城在胜州东北八里，比老城的距离远了二里，说明新旧二城移建不太远；此外，由于移建后的新城地势高于老城，新城严重缺水，须取金河水充饮。但金河在哈拉板申处汇入黄河，城高河低取水很困难，于是又在新城西打了一二十眼水井，且筑月城保护井水。

内蒙古文物考古专家李逸友先生认为："大皇城的四墙，不是同时创建的，明初的修缮工程未能掩盖着原来的墙身。特别是西墙和北墙断面可以清楚看到，它是晚于汉代而早于辽代创建的。……它至少经过三次夯筑。下层夯土色深黄，土质纯净，靠近北半段内含有少量汉代绳纹碎陶片，夯筑坚实。……中层夯土内包含有灰土及陶瓷片，夯筑也较坚实，约厚12至16厘米；上层加筑的色浅黄，内含有大量陶瓷砖瓦碎片及残碎骨铁石块等杂物，夯筑较松，每层厚25至30厘米，这和整个托克托城夯层厚度相同……这里出现的早期城墙，应是唐代创建的城址。"[⑤]

---

① （宋）欧阳修、宋祁：《新唐书》卷7《宪宗本纪》，北京：中华书局，1975年，第212页。
② （后晋）刘昫等：《旧唐书》卷17上《敬宗本纪》，北京：中华书局，1975年，第517页。
③ 《要条疏边上事宜状》，（唐）李德裕撰，傅璇琮、周建国校笺：《李德裕文集校笺》卷14，北京：中华书局，2018年，第303页。
④ 《条疏太原以北边备事宜状》，（唐）李德裕撰，傅璇琮、周建国校笺：《李德裕文集校笺》卷13，北京：中华书局，2018年，第279—280页。
⑤ 李逸友：《内蒙古托克托城的考古发现》，文物编辑委员会：《文物资料丛刊》第4辑，北京：文物出版社，1981年，第210—217页。

大皇城内唐代建筑遗迹及遗物有多起,一处在城内西南隅,距西墙约 50 米处,曾发现唐代砖瓦及石柱础。砖用陶土较纯净,含沙粒较小,火候高,色青灰,长 31.5 厘米、宽 15.5 厘米、厚 5 厘米,压印绳纹粗且深,这和唐胜州附近发现的姜义贞墓砖形制相同。瓦用澄泥烧造,火候高,色青灰,外表光滑,内饰布纹,形制厚重。筒瓦长 31 厘米、宽 15 厘米、厚 2.8 厘米。瓦当为莲瓣纹,制作精细,外沿较窄且高于莲瓣,外沿与内沿间为锯齿纹,应是小圆点,因轮廓模糊所致,浮雕双层莲瓣。采集标本多残缺,其中一件较大的全瓦当,直径约 15 厘米,也曾见于胜州城址内,应属初唐时期遗物。板瓦质地与筒瓦相同,长 31 厘米、最宽 23 厘米、厚 2.7 厘米,其"滴水"为草叶加波浪纹。从以上这些建筑材料得知,这里曾有一处大型唐代建筑遗址。另一处在城的中部,1949 年后陆续在这里挖成一个深约 6 米、直径 60 米的大坑,发现其最下层含有少量的残砖瓦及陶瓷片,砖瓦形制和上述相同。1974 年秋,在此处出土一个完整的白瓷注子,是习见的唐代注子形制,这也是该城出土的最典型的唐代遗物。上述唐代建筑遗址、遗物的发现地与史书中记载的东受降城遗址相符合,确证大皇城是由东受降城与元东胜州和明东胜卫、东胜左卫依次叠压、改建而形成的。

唐代以后,该城先后为元代的东胜州和明代东胜卫所在。《元史》卷 58《地理志》东胜州条下载:"唐胜州,又改榆林郡,又复为胜州。张仁愿筑三受降城,东城南直榆林,后以东城滨河,徙置绥远烽南郡,今东胜州是也。"[1]《明史》卷 91《兵志三》记载:"(洪武)二十五年又筑东胜城于河州东受降城之东,设十六卫,与大同相望。"[2]

明代该城地处与蒙古交战的前线,战略地位重要。《明史》卷 198《杨一清传》记载:"今河套即周朔方,汉定襄,赫连勃勃统万城也。唐张仁愿筑三受降城,置烽堠千八百所,突厥不敢逾山牧马。古之举大事者,未尝不劳于先,逸于后。夫受降据三面险,当千里之蔽。国初舍受降而卫东胜,已失一面之险。其后又辍东胜以就延绥,则以一面而遮千余里之冲,遂使河套沃壤为寇巢穴。"[3] 时人魏焕也认为:"我国朝扫除夷虏,恢复中原。复申命致讨,以靖边宇。一时虏酋远遁穷荒,仅存喘息。于是设东胜城于三降城之东,与三降城并,东联开平、独石、大宁、开元,西联贺兰山、甘肃北山,通为一边,地势直则近而易守。"[4]

今天的古城右边是托克托县城,现代城市已经扩张到古城的南面和东北角。城内地形平坦,土地肥沃,全部为耕地(图 2-19)。黄河在古城西南部呈东北—西南走向流过。距离古城直线距离大约 4 千米。古城北面一大片三角形地带,由大青山南麓冲积平原和黄河滩地共同构成,这里地势平坦,土地优良。古城东南侧有部分草滩地带有轻微沙化现象。该城和十二连城刚好位于三角形顶点,这里应该是少数民族进入中原的重要通道之一。这两个城分立在黄河两侧,其军事意义非常重要。明朝放弃东胜卫是军事上的一个失误,自此失去对河套地区的控制,其与蒙古的防线退至毛乌素沙地南缘一带,并使鄂尔多斯终明

① (明)宋濂等:《元史》卷 58《地理志》,北京:中华书局,1976 年,第 1376 页。
② (清)张廷玉等:《明史》卷 91《兵志三》,北京:中华书局,1974 年,第 2236 页。
③ (清)张廷玉等:《明史》卷 198《杨一清传》,北京:中华书局,1974 年,第 5226—5227 页。
④ (清)魏焕,薄音湖、王雄点校:《九边考(节录)》,《明代蒙古汉籍史料汇编》第 1 辑,呼和浩特:内蒙古大学出版社,2006 年,第 249 页。

一代边患不断。

图 2-19 托克托城现状
崔建新摄

二、北宋西夏时期

1. 葭芦寨

佳县石头城（图 2-20）紧邻黄河西岸而建，城址依山就势，呈不规则形状，南北较长，而东西窄。城墙夯筑，外面有砌石，城址沿用修于宋代的葭芦寨。

图 2-20 佳县古城现状
白壮壮摄

葭芦寨跟其他很多横山地区的堡寨一样，更早的时候是属于西夏的。神宗朝时采取了较为积极的开拓政策，开始夺取西夏的要塞，以取得军事上的优势。元丰五年（1082 年）四月，沈括打算讨荡葭芦寨周围羌落，神宗下诏可相机夺取葭芦寨，之后神宗又同意沈括在葭芦和米脂之间创添堡寨的建议。不久，宋廷就下令修筑葭芦寨，于五月修筑完毕，成为沿边重要堡寨之一。

但是，在修建葭芦寨过程中曲珍等需要太原路薛义等接应，后者却没有完成这一任务。薛义等给出的理由是他们绕远路去往葭芦故城，但是路途中跟敌人遭遇，此时粮草也快要耗尽，只好又原路返回。曲珍认为，新修葭芦寨本就与乻胡寨隔河相望，如果横穿黄河走直路过来应该很顺畅，显然是薛义等不想照应他们。由此案例可知，葭芦寨虽受河东路统领，但因为与黄河相隔，信息传递不畅，在抵抗外敌的时候仍需要鄜延路经略司接应[①]。

神宗朝，宋军不断对宋夏边界发起进攻，双方互有胜负。如，元丰八年（1085 年）四月，宋麟州军率先发起反攻。邢佐臣、折克行、訾虎等将率军二万五千进攻西夏左厢神勇军司，连破六寨，斩六百余级，首领十三人，获骆驼牛马以万计，追击溃逃夏军数十里。元丰八年（1085 年）五月，针对麟州军的进攻，西夏左厢神勇军发动反攻，击破葭芦寨，宋供奉官王英战死，兵士陷没者六千余人。

由于这些堡寨地势险要，并且直指西夏要害，西夏一直对失去堡寨耿耿于怀，总想趁机夺回这些领土。神宗之后的元祐时期对前朝政治进行了大的变动，也包括宋夏边界问题。为了减少与西夏的冲突，当时有相当一批大臣主张放弃自神宗用兵以来所得西夏旧地，归还西夏，当时朝堂之上掀起了关于弃地与否的大争论[②]。司马光上奏道：

> 诸将收其边地，建米脂、义合、浮图、葭芦、吴堡、安疆等寨，此盖止以借口，用为己功，皆为其身谋，非为国计。臣窃闻此数寨者，皆孤僻单外，难以应援。田非肥良，不可以耕垦，地非险要，不足以守御。中国得之，徒分屯兵马，坐费刍粮，有久戍远输之累，无拓土辟境之实。此众人所共知也[③]。

在这篇奏章中司马光列举了驻守这些堡寨的几大劣势：首先，这些堡寨地理位置较为偏远，难以得到军事支援；其次，土地不适合耕种，地势不够险要，不利于防守；最后，还要考虑向这里长途跋涉运送粮食的问题。实际情况是这里地势险要，守军不需要太多人，并且周围河谷可以种植粮食，"葭芦寨居山，形势峻绝，非出兵便地，纵贼大至，不过城守。兼本寨城围止千余步，步立一人；止千余人，加计倍之，二千人足矣"[④]。但司马光无视这些情况，一心想跟西夏结束争端，他给的策略是"废米脂、义合、浮图、葭芦、吴堡、

---

① （宋）李焘撰，上海师范大学古籍整理研究所、华东师范大学古籍整理研究所点校：《续资治通鉴长编》卷 326 "宋神宗元丰五年五月二十一日辛丑"条，北京：中华书局，2004 年，第 7854—7855 页。

② 闫建飞：《元祐年间宋廷对四寨问题的讨论》，折武彦、高建国主编：《陕北历史文化暨宋代府州折家将历史文化学术研讨会论文集》，西安：陕西人民出版社，2017 年，第 224—233 页。

③ （宋）赵汝愚：《宋朝诸臣奏议》下册，上海：上海古籍出版社，1999 年，第 1552—1553 页。

④ 刘琳、刁忠民、舒大刚，等校点：《宋会要辑稿·刑法七》，上海：上海古籍出版社，2014 年，第 8586 页。

安疆等寨，令延、庆二州悉加毁撤，除省地外，元系夏国旧日之境，并以还之"①。但是，这一提议也受到了一些大臣的反对。殿中侍御史郭知章上奏认为："先皇帝辟地进壤，扼西戎之咽喉。如安疆、葭芦、浮图、米脂，据高临下，宅险遏冲。元祐初，用事之臣委四塞而弃之，外示以粥，实生寇心。乞检阅议臣所进章疏，列其名氏，显行黜责。"②最终，尽管对此问题争议不断，但是因为司马光、文彦博等实权派的影响，将包括安疆、葭芦、浮图、米脂四寨的一些领土放弃。

宋哲宗继位之后，对元祐时期政策进行反思，处置了元祐时期的一些大臣，重新启用元丰旧臣。同时，西夏在获取这些领土后，并不满足，仍然征伐不断，也促使朝廷下决心重新思考宋夏边疆问题。绍圣四年（1097年），葭芦寨重新为北宋所有。并且为加强这一地区的防御，在葭芦寨周围又建了榆木川。枢密院言："河东路经略司奏，今相度葭芦寨西北榆木川北岭上寨地，去葭芦寨二十里，周围据险，南有小沟，泉脉涌壮，可以开井，控扼得隔祚岭、荒土平、玛克朗三处贼马来路，及保护得乌龙谷、韦子川一带耕种地土，后倚葭芦寨，实为便利。"③"诏孙览如果便利，即依所奏，仍精选兵将官统制兵马前去进驻。"

元符二年（1099年）改置晋宁军于葭芦寨。金大定二十二年（1182年）升为晋宁州，大定二十四年（1184年）更名葭州。元、明沿袭，清乾隆元年（1736年）降为散州。1913年更名为葭县，1964年改名为"佳县"④。

北宋时期为了加强军事防御，在葭芦寨周围还修建了很多烽火台。它们以葭芦寨为中心，分为北线和西北线。北线从朱家坬乡，向南经通镇、西山、神泉乡至佳芦镇和峪口乡。西北线沿佳芦河分布，两线现存烽火台10座，均建于海拔较高的山峁或者河流两岸高地上⑤。

历史上形成的葭芦古城"山、水、城"一体的特色格局尚存。北宋时期城寨由内城、北瓮城、南瓮城组成，北瓮城位于古城西北角，南瓮城位于正南侧；共有城门五座。从内部结构来看，主要街道和次要街道组成闭合环路，并与北门、南门连接；另有道路通往香炉寺。内城中心为衙署所在地，城隍庙在靠近北墙位置，并且其中轴线直接与正街相对。老龙王庙在内城东南角；民居建筑则围绕在衙署周边。明朝将城分为内城、北郭和南郭，增加东、西、南城门，在北郭内建设三官庙和戏台。中街、文庙、武庙、财神庙、普照寺和观音阁等建筑也是明代修建。清代时期，古城内部的街巷和民居院落发展起来，共有4街，分别为正街、中街、西拐角街、东拐角街，连接41巷，形成古城完整骨架；并在南郭南部、古城外侧建设了四个罗城。古城南北长约4里，宽窄不等，城墙周长1448.6丈，

① （宋）杨仲良撰，李之亮点校：《皇宋通鉴长编纪事本末》卷86，哈尔滨：黑龙江人民出版社，2006年，第1509页。

② （宋）杨仲良撰，李之亮点校：《皇宋通鉴长编纪事本末》卷101，哈尔滨：黑龙江人民出版社，2006年，第1741页。

③ （宋）李焘撰，上海师范大学古籍整理研究所、华东师范大学古籍整理研究所点校：《续资治通鉴长编》卷495"宋哲宗元符元年三月癸丑"条，北京：中华书局，2004年，第11770页。

④ 国家文物局主编：《中国文物地图集·陕西分册》下册，西安：西安地图出版社，1998年，第665页。

⑤ 国家文物局主编：《中国文物地图集·陕西分册》下册，西安：西安地图出版社，1998年，第665页。

约合 5 千米，随地形起伏①。随着时间推移，该城空间结构也渐趋复杂和完整，并且从早期军事城堡逐步转为民间市镇，完成了功能上的变化。

2. 吴堡古城

吴堡古城位于现吴堡县城北 2.5 千米。从地貌上来看，该城跟佳县类似，均属于黄土沟壑丘陵地带，地表切割严重。古城修建在山峁之上，东面为黄河，西面为沟壑，南面为下山道路，北面有狭窄小路通往后山。该城高出黄河水面和大桥沟底约 150 余米（图 2-21）。呈不规则椭圆形，南北长约 400 米，东西宽约 270 米，周长 1125 米，占地约 10 万平方米。城墙高 6—10 米，宽 2.6—7.5 米，黄土夯筑，外面包石。有东、南、西、北四个城门，城楼已毁，只余南门瓮城。东北、西北、西南角有马面，西城墙有 2 座马面。南北内有 1 条马道②。目前城内还有不少民居分布，仍有少数人居住，但是大部分已经废弃。城内土地少量为农田和果园。

图 2-21　吴堡古城
白壮壮摄

目前，进入古城一般从其西北角进入，这里有三个券洞式城门，应为北宋时期修建。城楼已坍塌，但是城门券洞依然牢固。进入城内，首先看到的是明清时期吴堡县衙遗址。这是一个南北两进的四合院，设有衙役居所和男女牢房。县衙西南为明洪武元年（1368 年）建的"南北二道街坊"，是当时的商业街。

该城地势险要，易守难攻，有"铜吴堡"之称，属于北宋防御体系中的重要节点。如前所述，北宋在横山地区布置了强大的军事防御体系，除了防御，这里还曾承担储存粮食的作用。但时任陕西路转运副使的范纯粹却认为这里在黄河外侧，又靠近外敌，向这里运输粮食并不方便，可考虑换更为方便的永宁关：

> 准朝旨指挥，令河东路转运判官蔡烨，每年入中或移税余，从便计置粗细
> 色斛斗一十万石，于吴堡寨、永宁关桩积。今转运司计置脚乘津般前去米脂寨

---

① 吴静：《佳县古城空间格局探析》，长安大学 2015 年硕士学位论文。
② 薛婧：《吴堡古城调查研究与空间格局分析》，西安建筑科技大学 2012 年硕士学位论文。

等处，吴堡僻在河外，又深近贼界，往来虽远未便，今永宁关自开拓边面已来，却在近里，本关自有桥渡，与河东晋、绛、石、隰州相望。若令河东转运司于石、隰、晋、绛等州择与本路顺便处，就近支拨斛斗，除五万石依旧永宁关纳外，将合赴吴堡寨纳五万石，由永宁关赴青涧城纳，一则免侵近贼界，一则免雇脚般运之费①。

得到了朝廷的批准。

西北边城除了主要发挥军事作用外，有时还是互市的场所。治平四年（1067 年），河东经略司称：

西界乞通和市。自夏人攻庆州大顺城，诏罢岁赐，严禁边民无得私相贸易。至是，（西夏）上章谢罪，乃复许之。后二年，令泾原熟户及河东、陕西边民勿与（西夏）通市。又二年，因回使议立和市，而私贩不能止，遂申诏诸路禁绝。既而河东转运司请罢吴堡，于宁星和市如旧。而麟州复奏夏人之请，乃令鬻铜锡以市马，而纤缟与急须之物皆禁。西北岁入马，事具《兵志》②。

从这段话可知吴堡曾经被作为互市的地点，后来河东转运司请求改换到宁星互市。

吴堡古城初为五代后周广顺元年（951 年）修筑的吴堡水寨。北宋至道（995—997 年）以后被西夏占据，县遂废。元丰四年（1081 年）宋军收复吴堡寨。元丰五年（1082 年）扩筑。元丰六年（1083 年）划归河东路石州定胡县。大观三年（1109 年）定胡县割隶晋宁军。

吴堡古城东门下有金朝伪齐刘豫阜昌八年（1137 年）摩崖石刻题记，其称：寨主折彦若重修吴堡寨，然山下的水寨却"恨无力以坚新"。这次修整后，金正大三年（1226 年）置吴堡县，古城即成为本县的治所。元至元元年（1264 年）撤销县制，二年（1265 年）复设。二十八年（1291 年）升为吴州，元贞元年（1295 年）撤州复县，仍名吴堡。

此后，明洪武十四年（1381 年）、嘉靖十五年（1536 年）和清乾隆三十一年（1766 年）吴堡古城屡有修缮，并且先后归绥德州、葭州以及榆林道管辖。民国二十五年（1936 年）三月，吴堡县政府由古城迁至宋家川后，古城遂为城关镇的一个行政村（现名古城村）而被逐渐荒置。

第四节　元明清时期古城

1. 三岔河古城

三岔河古城（图 2-22）位于毛乌素沙地东南部，今内蒙古乌审旗无定河镇三岔河村南，

---

① （宋）李焘撰，上海师范大学古籍整理研究所、华东师范大学古籍整理研究所点校：《续资治通鉴长编》卷 338 "宋神宗元丰六年八月己卯"条，北京：中华书局，2004 年，第 8140 页。

② （元）脱脱等：《宋史》卷 186《食货志》，北京：中华书局，1977 年，第 4564 页。

无定河东侧。城址在平面上呈梯形，东墙较短，约为 304 米，而西墙略长，为 518 米。南北两墙略向外延伸分布，长为 643 米。城墙夯筑，基宽约 18 米，残高 5—10 米，其中基底约 1.3 米，为黑花土不分层混筑，其上以青灰色湖相堆积和黄土相间分层夯筑，夯层清晰，夯层厚 10—15 厘米。西墙的城门已被冲毁，其余 3 面墙均设有瓮城。城墙外有宽约 20 米的护城河，城内及城外的东、南侧有多处建筑基址。城内采集有兽面纹和龙纹的瓦当、滴水、铁镞以及黑釉、铁锈花瓷器等，均为西夏、元代的遗物[①]。在三岔河古城南 1—4 千米范围内，分布有较多同时期的墓葬，内蒙古文物考古研究所曾进行过抢救性发掘。大多为土坑竖穴墓，部分为砖石墓。

图 2-22　三岔河古城
崔建新摄

　　此城在西夏时期应该属于西夏之夏州辖境。元代，为安西王阿难答所建察罕脑儿城，后改由中央政府直辖，设察罕脑儿宣慰司。这里作为元朝重要的军事重镇，一直是重军驻扎。在元明战争中，曾有蒙古兵败逃到察罕脑儿，并且在这里与明军发生激战，明军大胜，俘获马牛羊无数。

---

　　① 国家文物局主编：《中国文物地图集·内蒙古自治区分册》下册，西安：西安地图出版社，2003 年，第 581 页。

察罕脑儿在元代也属于重要交通驿站。《析津志》记载,从奉元(今西安)出发,"一路正北由龙桥至察罕脑儿"。经过的地点是龙桥—耀州—同官—宜君—中邶—三川—鄜州—甘泉—延安—龙安—寨门—白塔儿—察罕脑儿。另外,元代的察罕脑儿还是一处牧场,供蒙古贵族使用[①]。

三岔河古城西墙目前几乎已经被沙丘覆盖,南墙不远处为大沙丘。但古城东北方向为大片农田和现代村庄。城内生长着矮小的草类,个别区域有树木生长。无定河在这一段曲流发育,向东摆动的河道使得西墙经受了河水的冲击。该段河流切割较深,从堆积上来看最上面是一套湖相堆积,接下来为砂层堆积。三岔河古城的基座就在这套湖相地层之上。从两侧均存在湖相地层的沉积状况来看,大致是该地区之前存在一个古湖,在古湖干涸之后,无定河开始发育并且切割地层,形成现在的地貌景观。其中大沟湾组—滴哨沟湾组湖相沉积顶部(高出现代河面 60 米以上)的 ^{14}C 年龄为 1067±77a,并据此将大沟湾组—滴哨沟湾组的时间上界定为 1000 a BP。大沟湾组—滴哨沟湾组全新世湖沼相沉积顶部高出现代河面平均约 60 米,可推算出萨拉乌苏河 1000 a 以来的平均下切速率约为 60 mm/a。在湖相沉积结束之后,为晚全新世的风成沙堆积[②]。

整个剖面从上到下依次为风成沙、沙质古土壤、湖相沙层以及风成沙(未见底)。此外,考察过程中在三岔河古城西墙侧发现一口古代的水井。经陕西省考古研究院专家鉴定,水井为东汉时期的,其周围的地层为天然湖相堆积,其上部为三岔河古城文化层。同时对水井周围湖相地层进行 ^{14}C 测定,结果显示为西汉末到东汉初,与考古遗存保持了高度一致。这一湖相沉积也与自然剖面中的湖相地层年代一致。结果表明,这个地区的湖泊应该是在西汉末东汉初消亡,与前人认为的该湖是宋元时期才干涸的结论不一致。此时无定河已经溯源侵蚀到三岔河古城所在位置,当时人在河边的湖相地层上打水井取水。从而也可推断,尽管三岔河古城主要可能建于西夏和元时期,但该地区的人类活动历史应该早至东汉初年。通过历史文献考证,结合对三岔河野外考察所获得的环境考古信息,笔者认为:①该地区的湖泊在西汉末东汉初消亡,修正了前人根据现存的三岔河古城修建于西夏和元代初年推断该湖在宋元时期才干涸的结论,故该地区从西汉末东汉初已开始逐步沙漠化;②根据野外考察中 GPS 测定结果,目前该水井与无定河底部高差为 46 米,而东汉时期水井应位于无定河边的湖相地层之上,这反映了近 2000 年无定河的下切速度非常快。

总之,三岔河古城可为探讨环境变迁、沙漠化与人类活动关系提供基础数据支撑。

---

① 周清澍:《从察罕脑儿看元代的伊克昭盟地区》,《内蒙古大学学报》(哲学社会科学版)1978 年第 2 期,第 26—34 页。

② Liu K. and Zhong P. L., Chronology of Holocene Sediments from the Archaeological Salawusu Site in the Mu Us Desert in China and Its Palaeoenvironmental Implications, *Journal of Asian Earth Sciences*, 2012, 45: 247-255.

2. 燕家梁古城

　　燕家梁遗址（图2-23）位于包头市九原区麻池镇燕家梁村南侧台地上，东西长650米、南北宽600米。遗址处于现在包头市的西南郊，与麻池古城直线距离约1千米。一条东西方向延伸的高速公路刚好从城边通过。城内全部为农田，城西侧为现代城市建筑，东侧和南侧尚有农田分布，散布有居民点。该遗址距离黄河直线距离不到7千米，距离大青山南麓直线距离约15千米，处于大青山和黄河之间的一片开阔平坦的平原地带，土地优良，水资源丰富。

图2-23　燕家梁古城遗址
白壮壮摄

　　20世纪70年代，燕家梁遗址曾征集到青花大罐等瓷器多件，20世纪80—90年代进行过小面积发掘，出土了一些重要遗迹、遗物。2006年又进行了抢救性发掘。第三次发掘揭露面积达12000平方米，共发现房址160座、灰坑400个、灰沟35条、窑址4座、地炉17座、道路6条、乱葬坑3个、窖藏25个、砖砌地下室1处[①]。
　　燕家梁遗址考古发掘规模庞大，发现了交错的道路、布局有致的房址，特别是发掘区中部南北大道两侧密集的馆舍，以及大量的墨书题记，加之许多精美遗物的出土，为研究元代村镇、驿站的建置布局、经济形态及居民的生产、生活情况提供了翔实可靠的实物资料；窖藏的大量发现以及在部分灰坑中发现的人的颅骨、零乱的肢骨，真实地反

　　① 塔拉、张海斌、张红星：《内蒙古包头燕家梁元代遗址考古取得重要收获》，《中国文物报》2006年10月18日，第2版。

映了元代末期复杂动荡的社会状况，对研究元代河套地区的历史以及中国北方草原地区民族关系具有重要的参考价值。与此同时，这里发现大量中原及南方一些窑系瓷器，反映了元代北方草原地区与中原和南方地区商贸往来的频繁，同时也说明燕家梁遗址在元代是连接漠北地区与中原及南方地区的一处重要水陆驿站。遗址内曾出土过青花大罐和大量青花瓷器残片及少量的釉里红瓷器残片，器形较多，且制作精美，级别相对较高。还有不少龙纹瓦当出土。在遗址区出土了粮食窖藏，内存粮食厚达 0.2 米，颗粒较大，可以辨识为黍。由上述出土器物可以说明，这是一座等级较高、在元代有着特殊政治和经济地位的城址。

根据测量数据聚类分析，从遗址内人骨的体质特征，可分为东亚、东北亚人种和北亚人种，与现代蒙古人存在较高相似性。另外，动物考古学研究表明，遗址内家养动物中猪占较高的比重，牛、羊数量也不少，反映了元代这一地区已是农牧兼营的生产方式[①]。

3.榆林城

榆林城位于榆林市榆阳区境内，从地貌上看处于沙漠和丘陵沟壑区的交接地带。榆林镇是明代九边重镇之一，古时就有"东扼雁朔，西卫宁夏，南蔽秦陇，北接河套"之说，在军事防御上曾经发挥了非常重要的作用。

榆林城是在榆林庄的基础上发展起来的。关于榆林城的设立时间有明正统二年（1437年）、正统六年（1441年）等观点。这是历史文献记载以及不同研究者理解差异造成的。《雍大记》载："正统中，北虏屡入河套为患，特敕右府都督王祯镇守延、绥等处，始建议筑榆林城及沿边寨堡墩台，以控制之。"[②] 其他历史记载基本大同小异，榆林城建于正统初年是没有疑问的。

除了修建时间外，"三拓榆城"也是讨论较多的一个问题。有学者认为三次拓城时间如下：第一次余子俊在成化七年至成化九年（1471—1473年）对南北城垣进行翻修，后来黄绂又于成化二十二年（1486年）扩建城池；第二次是熊绣又向南扩建，时间为弘治九年（1496年）；第三次邓璋再向南扩至今榆林古城南墙处，时间为正德十年（1515年）[③]。然而，也有学者认为邓璋的扩建实际并没有施行，三拓时间实际是：第一次为余子俊增筑北垣，最终形成南北城的格局，王祯最初所筑为南城，余子俊所筑为北城；第二次为黄绂展北城；第三次为熊绣展南城。此时，王祯所筑的城成为中城，榆林也形成了南、中、北的空间结构[④]。尽管在阶段划分上存在差异，但是榆林城不断扩建却是历史事实。关于其扩建原因，大多数学者认为与沙漠化有关。然而，有一个问题需要注意：沙漠化最

① 塔拉、张海斌、张红星主编：《包头燕家梁遗址发掘报告》下册，北京：科学出版社，2010年。
② （明）何景明纂修，吴敏霞、刘思怡、袁宪，等校注：《雍大记校注》，西安：三秦出版社，2010年，第55页。
③ 李大海：《明代榆林城市空间形态演变研究——以"三拓榆城"为中心》，《陕西师范大学学报》（哲学社会科学版）2014年第5期，第113—120页。
④ 王刚、刘翠萍：《明代榆林城的初建与扩建——兼论"三拓榆城"》，《榆林学院学报》2019年第1期，第14—19页。

为严重的时期应该为明代中后期，而榆林城的三次拓展却发生在更早的时间段。因此，城池拓展跟沙漠化之间的联系也许还需要进一步讨论。

学者们注意到万历年间延绥中路发生了严重的沙漠化现象，时任巡抚的孙维城和涂宗浚先后组织了清除积沙的行动。然而，人力不能抵挡自然的力量，沙漠化雍塞城墙的现象依然存在。《明史》记载了这样一个事件："一日，维城见城外积沙及城，命余丁除之。承恩绐其众曰：'食不宿饱，且塞沙可尽乎？'卒遂噪。维城晓之曰：'除城沙，以防寇耳，非谓塞上沙也。'"[①] 涂宗浚则从更宏观的角度描述了榆林周边长城沿线地区的沙漠化现象："中路各堡，地多漫衍，无险可恃，沿边城堡，风沙日积，渐成坦途，欲即扒除，则历年沙壅或深至二三丈者有之，三四丈者有之。且黄沙弥望，旋扒旋壅。数日之人功，不能当一夜之风。"[②] 明残本《陕西四镇图说》中记载："卜失兔袭吉能遗号，中套而立，为酋渠魁，住神水滩等处与镇城南北相望。是谓中路积沙齐垣，最多冲口。无定河流浅涩，保宁水泽渐洇。"[③] 万历四十一年（1613 年）明廷封卜失兔为王，因此这段文字所记载的应是万历中晚期之后的情况。总之，包括榆林在内的延绥中路到了明代后期经受了严重的沙漠化问题，生态环境的恶化，再加上大旱引发的饥荒、瘟疫，导致了当时的农民起义。

明代榆林城平面呈"丰"字形布局，南北主干道 1 条，东西有 7 条街道，其中 6 条街道与主干道交叉处兼有楼，因此有"六楼骑街"之称。中城和北城有鼓楼，北城有钟楼。清代政府又屡次对榆林城进行了维修加固，特别是清后期官井滩一带北城墙被流沙掩埋，故于同治二年（1863 年）增筑一道北城墙，原北城墙遂废弃，现在的雏形基本形成。同治九年（1870 年），总兵刘厚基筹建镇远门城楼，并对受洪水影响的城池进行了修缮。光绪年间再有四次较大规模修缮[④]，但总体城市格局没有改变。

榆林古城平面呈不规则形，东高西低，东依驼山，西临榆溪河，北靠红山。现存明清时期城门 3 座，城内有连续城垣遗存段和遗址段各 15 段。城内有仿北京的四合院建筑，较完整的有 97 处。

在榆林城北约 4.5 千米的红山上是镇北台（图 2-24）。明万历三十五年（1607 年），延绥巡抚涂宗浚修建了镇北台。台体呈正方梯形，内筑夯土，外面包砖。第一层为基座，周长 286 米，四面围两道垣，内垣高 5.5 米，外垣高 10 米，上设垛口。第二层高 16.6 米，周长 130 米，二层南台垣中开设券洞，内设砖石踏步直通三层。第三层高 4.1 米，周长 88 米。第四层高 4.4 米，周长 35.44 米，顶层台面积 225 平方米，正中有瞭望棚一间[⑤]。台北下方是款贡城，这里应该为蒙汉官员互赠礼品、洽谈贸易的场所。登上镇北台，可以俯瞰

① （清）张廷玉等：《明史》卷 227《孙维城传》，北京：中华书局，1974 年，第 5966—5967 页。
② （明）涂宗俊：《议筑紧要台城疏》，（明）陈子龙等：《明经世文编》卷 447，北京：中华书局，1962 年，第 4919 页。
③ 明残本《陕西四镇图说》，古籍原件藏于台北"国家图书馆"。
④ 张玉坤主编：《中国长城志（边镇·堡寨·关隘）》，南京：江苏凤凰科学技术出版社，2016 年。
⑤ 陕西省考古研究院：《陕西省明长城资源调查报告·营堡卷》，北京：文物出版社，2011 年。

方圆数千米的景象，随时保护和控制红山市蒙汉互市情况。

图 2-24　镇北台远景
张宇帆摄

4. 清平堡

清平堡位于今陕西靖边县杨桥畔镇东门沟村。遗址地势平坦，基本全部为荒地，上覆盖较厚的沙层。该遗址处于无定河两条支流交汇地带，北、东、南三面环水。其西部 4—5 千米的地方修建了一个水库，水库周围有少量农田。遗址北部河道中，发现了烧窑遗迹。同时，在北门残留了一段城墙，内部为夯土结构，外部包砖。城墙下方有一道水渠跟北面的河流相通，当时应该是从这里引水进城。现在北面河道已经干涸。遗址东北方向 3 千米左右的干涸河道之上有一座古桥。

清平堡属于明朝延绥镇防御体系中的重要城堡之一。明成化四年（1468 年）巡抚王锐由白洛城移建于今址，城周长"三里八十四步，楼铺一十三座"。隆庆六年（1572 年）加高城垣，万历六年（1578 年）砖砌城垣。其在诸多长城沿线城堡中属于规模较大的一个，驻扎兵力较多，文献记载有 2000 多人。清平堡在明朝防御线上被划为"极卫"的战略地位，其等级和定边营、神木堡、孤山堡、榆林城、清水营、波罗堡、鱼河堡相同。可见在明朝长城沿线诸多城堡中清平堡占据极重要的地位。这里还设置了粮仓，也证明需要供养的人数比较多，必须要有充足供应才能满足日常消耗。

从明到清，清平堡功能发生了变化：从军事重镇演化为普通的哨卡或驿站，再到普通聚落，完成了从军城到治城或商贸城镇的转变。由于此地处于环境脆弱地带，随着气候变化和人类长期剧烈活动，沙漠化日趋严重。明早期文献中并没有沙化记载（表 2-2），但万历《延绥镇志》编撰出版的时候，已经记载清平堡城外的小山上有淤沙存在，经常会堵塞城堡。到了明后期、清早期从榆林到清平堡一路上已经遍布流沙，说明了这一时期为沙漠化加剧时期，沙丘移动速度快。清后期，城外的沙子经常会导致车子陷进去，沙漠化依然很严重。

表 2-2 清平堡历史文献摘录表

时间	文献记载	出处
1472 年	成化八年（1472 年）八月宁徒拥重兵，深居清平堡。虽受总兵赵辅督责，终不能到	《五边典则》卷 12，旧抄本
1510 年（根据写这段话的人丛兰的任职经历推测）	榆林东路皇甫川所积草有十七八万，清水营有四十余万。有边墙顽固非虏所必犯。自弘治十五年（1502 年）至今尚未放支。西路定边营，草只一万八千，清平堡只两万九千，而虏常出没，客兵留驻，岁常告乏，其他营堡大率类此	《明经世文编》卷 508，明崇祯平露堂刻本
1546 年	嘉靖二十五年（1546 年）冬十月丁亥，犯清平堡，游击高极战死	《明史》卷 18《世宗本纪》
1548—1553 年	壬子，大破虏于清平堡	《国朝献征录》卷 57 都察院 4，明万历四十四年（1616 年）徐象云曼山馆刻本
1566 年（嘉靖四十五年）七月	（丙辰）虏万余骑由延绥平山墩入寇，总兵郭琥屯兵清平堡。以虏众不敢进，虏分其众为二，一奔保安、安定、安塞等县，一径抵延安府关外与国原总兵郭江、副总兵时銮等兵遇，江坚壁不战。总督陈其学变虏已深入，遣都司冯时泰等出边揭其巢，陷没，虏大掠数日而出	《全边略记》卷 4，明崇祯刻本
1567 年（隆庆元年）	二月攻清平堡，游击郭钧等固守不下，虏乃引去	《五边典则》卷 18，旧抄本
1607 年	清平堡东至威武堡四十里，西至龙州城三十里，南至延安卫屯七十里，北至大边十五里。汉白土县地，后为砖营儿地。国朝成化初，巡抚王公锐置，撤白落城兵守之。城周围三里八十四步，铺一十三座。隆庆六年（1572 年），加高二丈七尺。万历六年（1578 年），砖砌牌墙、垛口五尺，共高三丈二尺。堡东北有垛沟，四面小山上皆淤沙，常被拥城。南面平漫，直通白落城、卧牛城等处。军少，边冲，易犯难守	万历《延绥镇志》
明朝	清平堡守兵一百名。明制：军丁并守瞭军共二千二百二十四名，马骡驼一千五百九十八匹	康熙《延绥镇志》
清雍正年间	清平堡实熟囤地二十七顷八十四亩五分整，粮八十二石八斗二升四合零，草九十三束七斤零。界北新增原额囤地四百七顷三亩，粮一千一百九石六斗六升零，草二千一百二十束顺治年间题免荒地二百六十顷四十一亩，今成熟地	《古今图书集成·方舆汇编·职方典》卷 545，清雍正铜活字本
1623—1679 年	今之榆林城外及清平堡一路皆是，而尽名之为流沙也	《榆林府志》卷 42，谭吉璁《答刘敬义论无定河沙书》，清道光二十一年（1841 年）刻本
1820 年	清平堡汉之白土县也，旧名砖营儿。城外之沙常陷车骑	《定边县志·边备志》卷 12，清嘉庆二十五年（1820 年）刻本

现代的清平堡被沙漠掩埋现象比较严重，目前地面保留少量墙体、角楼和一座马面。2020 年 4 月，当地村民在城内取沙土修路的过程中，发现有泥塑造像、建筑材料等遗迹，随即上报至文物保护部门。2020 年 5 月起，陕西省考古研究院开始进行抢救性发掘工作。

揭开厚厚的沙层,考古工作者发掘出大批建筑遗迹,分属两个院落。其中南侧院落规模较大,南北长约 60 米,东西长约 25 米,有保存完好的院墙、房屋、砖铺地面等。在该院落内出土一通万历年间的石碑,根据碑文记载该院落是名为显应宫的城隍庙。墙壁保存较好,发现有保存完好的彩绘泥塑造像共 30 余尊,同时还出土有鎏金铜像、铁质香炉等遗物。铁质香炉有铭文,记载该香炉为明嘉靖年间堡内军官所捐赠,内容为"保佑本堡人马平安胡虏远遁"。在显应宫遗址周边,还出土了较多的琉璃瓦、鸱吻等建筑构件及瓷器残片等生活遗物,还有数枚瓷雷等防御用武器。

本次考察中,课题组对考古人员开挖的一个探坑进行了细致观察和采样。该断面主要由两个灰坑组成。灰坑(图 2-25)上部为自然沉积的风沙层,呈棕黄色。灰坑呈淡绿色,厚度较大,砂质。灰坑内有大量炭屑、铁渣、动物骨骼,是当时人类频繁活动的证据。

图 2-25 清平堡灰坑遗址
崔建新摄

5. 常乐堡和常乐旧堡

常乐堡位于陕西省榆林市麻黄梁镇乔堡村旧堡自然村。明成化二年(1466 年)巡抚卢详于岔河儿地方修建常乐旧堡。常乐旧堡(图 2-26)地势较高,北高南低,因地形而修建。地面侵蚀较为严重,城周围沟壑发育。南面和东面已经有冲沟进入城内。城垣破坏较为严重,北面和东面相对完整。城垣为黄土筑成,但是夯层并不是很明显。保留有部分角楼和马面。城周长 1000 米,占地面积约 62400 平方米。城内地面已经沙化,几乎全部为荒地,上面长有沙蒿、砍头柳等植被,一条乡间公路穿城而过。

弘治二年(1489 年)巡抚刘忠因为该堡地多沙碛且缺水,北徙二十里到现在常乐堡的位置,此城遂废弃不用。

图 2-26　常乐旧堡
崔建新摄

新的常乐堡位于陕西省榆林市牛家梁镇常乐堡村。城垣周长 1680 米，占地面积约 176400 平方米。万历六年（1578 年）重修，明代驻军 648 名。北距大边 0.5 千米，西距榆林城 15 千米，东距双山堡 20 千米。

从常乐堡（图 2-27）现场考察情况来看，城址接近方形，城内大部分地区已经被流沙覆盖，只留少量墙体和个别马面断续出现，四面均有角楼。东城门保存相对完整，外壁包砖，下面还有包石。东门瓮城还保留了一块石匾，上书"惠威"，显示为乾隆三十六年（1771 年）重修。城垣为夯土结构，文献记载后期重修的时候有包砖。但是，大部分包砖已经被自然和人为因素破坏。城墙周围也有散落的青灰色砖。有些墙体内已经遍布鸟窝。此处沙化程度甚至比常乐旧堡还要严重。

6. 兴武营

兴武营（图 2-28）是明代正统九年（1444 年）营建于毛乌素沙地西南缘的一个边防要塞，位于窨子梁西北约 10 千米，今宁夏回族自治区盐池县高沙窝镇兴武营村西，与宁夏后卫一同成为河东地区重要军事堡寨。这里地势平坦，极易遭到沙漠侵袭。城内地面已经严重沙化，部分墙体已经被流沙掩埋，周围不远就有沙丘分布。同时，城西北方向不远就有一个盐湖，城外东北墙交汇处也有一片水体，表明这里地势较为低洼。兴武营全称兴武营守御千户所，曾驻戍千户人家，属宁夏后卫管辖。

图 2-27　常乐堡
崔建新摄

图 2-28　兴武营古城
白壮壮摄

　　现在兴武营保存较为完好。城廓略呈矩形，2021 年 7 月实测东墙长 610 米，西墙长 580 米，南墙宽 470 米，北墙宽 480 米，周长在 2000 米以上。城垣保存完整，西门和南门有瓮城，城墙四面均有多个马面。角台 4 座，敌台 1 座，靠近城中心有鼓楼建筑基址。观察部分城墙断面可知其分为明显的两层，下层为纯净黄土夯层，上部城墙夹杂有炭屑、陶片等。由此可以推断，该城应该重新修筑过。最后一次修筑是就地取材，并且在原来城墙基础上加筑。文献中也记载由于地震导致墙体开裂，乾隆六年（1741 年）曾经加以修缮。

　　在明代以前这里已经有建置。《嘉靖宁夏新志》卷 3 记载："本汉朔方郡河南地，旧有城，不详其何代、何名。惟遗废址一面，俗呼为'半个城'。"[1] 但是，关于其早期历史仍然

---

① （明）胡汝砺编，（明）管律重修，陈明猷校勘：《嘉靖宁夏新志》卷 3，银川：宁夏人民出版社，1982 年，第 253 页。

存在争议。正统之后，由于孛来、毛里孩、阿罗出等蒙古部落进入河套，明朝在宁夏的防御力量急需加强。兴武营始筑于正统九年（1444年），是巡抚都御史金濂在"半个城"的基础上修筑的。当时称，该城周回三里八分，高二丈五尺。池深一丈三尺，阔二丈。西、南二门及四角皆有楼。最初，兴武营设守备，只负责其辖地的防守。成化五年（1469年），改守备为协同，分守东路。正德二年（1507年），改为兴武营守御千户所。嘉靖十七年（1538年），改为分守。万历九年（1581年），改设游击将军。万历十三年（1585年）对城垣进行了包砖。清代以来，兴武营军事功能减弱，由军堡向民堡转变。在清代，这里还是宁夏进入陕西的一个重要驿站。民国二年（1913年），设盐池县，这里属盐池县管辖[1]。

7. 花马池

花马池位于宁夏盐池县境内，毛乌素沙地西南缘，为明代长城沿线宁夏镇花马营城（图2-29）。20世纪60年代侯仁之先生曾做过调查，并以此为据讨论过毛乌素沙地的变迁[2]。其本有新旧两处城址，据《嘉靖宁夏新志》卷3记载："正统八年，置花马池营，调西安等卫官军更替操守，为宁夏东路，设右参将分守其地。城在今长城外、花马盐池北，孤悬寡援。天顺中，改筑于此。"[3] 天顺中所筑新城即今盐池县城。花马池故城由于存在时间较短，已经不能考证其确切位置。新城位于头道边内侧，城平面呈长方形，南北长约1400米，东西宽约1100米。城墙原以黄土夯筑，高8米，基宽12米，顶宽4—5米。清代外甃以砖石。东北两面开门，门外设瓮城，四隅有角台。西墙设马面，上建玉皇阁，今已倾圮。2020年考察时见其城外护城壕多为流沙所填，只存东南角一段，宽12米，深1.5米。

图2-29　长城花马池段
于昊摄

---

① 杨建林：《宁夏明代兴武营城调查与研究》，文化遗产研究与保护技术教育部重点实验室、西北大学丝绸之路文化遗产保护与考古研究中心、边疆考古与中国文化认同协同创新中心，等：《西部考古》第1辑，北京：科学出版社，2018年，第322—330页。

② 侯仁之：《从人类活动的遗迹探索宁夏河东沙区的变迁》，《科学通报》1964年第3期，第226—231页。

③ （明）胡汝砺编，（明）管律重修，陈明猷校勘：《嘉靖宁夏新志》卷3，银川：宁夏人民出版社，1982年，第239页。

明代在长城沿线修筑城堡之初就在朝廷上引发争议，焦点之一就是在这里筑城难度很大，即使修筑成功，由于经常遭受风沙袭击，维护起来也很困难。无论是常乐堡、花马池营城迁徙，还是清平堡为沙所掩埋的事例都说明明清时期毛乌素沙地南缘处于活跃状态，人类活动对自然沙漠化过程并没有有效的防御措施。

第三章

历史时期毛乌素沙地水系变迁

　　毛乌素沙地水系分内流区和外流区。毛乌素沙地东部、南部及西北边缘属于外流区，面积约占该沙地总面积的40%，属于黄河水系，河流多呈树枝状，有窟野河、秃尾河、无定河等重要河流。毛乌素沙地西部、西南部和北部主要属于内流区，面积约占总面积的60%，有众多短小的季节性河流，或注入红碱淖、苟池等大小盐碱湖，或消失在沙地中，如陕西省定边县的八里河在毛乌素沙地南缘消失，为陕西境内最大的内流河。

　　历史时期，毛乌素沙地水系发生了显著变迁，尤其是历史时期无定河水系演变引起了众多学者的关注。20世纪50年代侯仁之先生在毛乌素沙地考察时，注意到毛乌素沙地曾存在约100平方千米的城川古湖，现代只有十几个小湖点缀其间[1]。其后朱士光、赵永复、王北辰等探讨了无定河上游的演变过程[2]。上述学者的学术讨论，虽没有最终定论，但为历史时期无定河道演变的进一步研究奠定了基础。研究表明，无定河上游在唐、宋、清、民国时期发生了河道演变，但对于河道演变的驱动机制仍存在"自然因素主导说"与"人类活动主导说"的争议[3]。产生争议的原因，一方面是相关历史文献记录模糊，受限于此，无定河水系在古代文

---

　　① 侯仁之：《从红柳河上的古城废墟看毛乌素沙漠的变迁》，《文物》1973年第1期，第35—41页。
　　② 赵永复：《历史上毛乌素沙地的变迁问题》，中国地理学会历史地理专业委员会《历史地理》编辑委员会：《历史地理》第1辑，上海：上海人民出版社，1981年，第34—47页；朱士光：《内蒙城川地区湖泊的古今变迁及其与农垦之关系》，《农业考古》1982年第1期，第14—18、157页；王北辰：《毛乌素沙地南沿的历史演化》，《中国沙漠》1983年第4期，第15—25页；朱士光：《评毛乌素沙地形成与变迁问题的学术讨论》，《西北史地》1986年第4期，第17—27页；赵永复：《再论历史上毛乌素沙地的变迁问题》，中国地理学会历史地理专业委员会《历史地理》编辑委员会：《历史地理》第7辑，上海：上海人民出版社，1990年，第171—180页。
　　③ 高嘉诚：《清代鄂尔多斯高原水环境的历史考察》，陕西师范大学2005年硕士学位论文；王乃昂、何彤慧、黄银洲，等：《六胡州古城址的发现及其环境意义》，《中国历史地理论丛》2006年第3辑，第36—46页；罗凯、安介生：《清代鄂尔多斯水文系统初探》，侯甬坚主编：《鄂尔多斯高原及其邻区历史地理研究》，西安：三秦出版社，2008年，第274—297页；胡珂、莫多闻、王辉，等：《萨拉乌苏河两岸宋（西夏）元前后的环境变化与人类活动》，《北京大学学报》（自然科学版）2011年第3期，第466—474页；Liu K. and Lai Z. P., Chronology of Holocene Sediments from the Archaeological Salawusu Site in the Mu Us Desert in China and Its Palaeoenvironmental Implications, *Journal of Asian Earth Sciences*, 2012, 45:247—255；卢卓瑜、崔建新、张晓虹，等：《清至民国毛乌素沙地佟哈拉克泊复原及演变研究》，《干旱区地理》2021年第4期，第1083—1092页。

献与地图中经常出现指代混淆甚至出现河流记载错误的现象[①]，对研究河道演变过程造成了极大干扰；另一方面是目前在河道演变驱动机制解释方面，仍以定性描述为主，量化研究不足。

　　本章以毛乌素沙地南缘水系为研究对象，以窟野河、秃尾河、无定河等水系为研究重点，在前人研究基础上，通过梳理相关历史文献、古旧地图等资料，利用文献考证与实地考察相结合的方法，对毛乌素沙地的水系地理认知与水系演变展开研究。同时，在集成前人研究成果的基础上，分析沙漠水系演变的驱动机制。

第一节　窟野河水系、秃尾河水系

一、窟野河水系

　　窟野河（图 3-1）为黄河一级支流。窟野河上游为乌兰木伦河、牦牛川，二河源于鄂尔多斯市，东南流向，在陕西神木市区以北汇合后称为窟野河，又向东南流，于神木市沙峁头村注入黄河。窟野河全长 242 千米，支流众多，但长度较短，流域面积 8706 平方千米[②]。年内汛期（6—9 月）降水量占全年降水量的 75%，平均沙量为 $1.025×10^8$ 吨，泥沙平均粒径达 0.112 毫米，汛期平均含沙量高达 2081 千克/立方米，实测含沙量在全国乃至全球范围内最高[③]。

图 3-1　窟野河 KY3 考察点
于昊摄

　　① 安介生：《统万城下的"广泽"与"清流"——历史时期红柳河（无定河上游）谷地环境变迁新探》，中国地理学会历史地理专业委员会《历史地理》编辑委员会：《历史地理》第 23 辑，上海：上海人民出版社，2008 年，第 242—268 页。

　　② 王钰、李小妹、冯起，等：《窟野河流域河岸沙丘地貌格局及变化》，《中国沙漠》2019 年第 1 期，第 52—61 页。

　　③ 袁水龙、谢天明：《窟野河暴雨洪水泥沙特征分析》，《陕西水利》2018 年第 1 期，第 40—43 页。

1. 乌兰木伦河

乌兰木伦河（图 3-2）蒙古语意为"红色大河"，为窟野河上游主要支流，发源于内蒙古南部鄂尔多斯市的毛乌素沙地腹地，全长 132.5 千米，流域面积为 3837.27 平方千米，是黄河中游粗泥沙含量较大的河流之一。

图 3-2　鄂尔多斯市东胜区乌兰木伦河
于昊摄

据清代文献记载：

> 紫河在左翼中旗东二十五里，蒙古名五蓝木伦，源出台石坡西平地，西南流入边城。哈楚尔河在左翼中旗东五十八里，源出哈楚尔坡西平地，西南流会紫河，流入陕西神木县为屈野河[①]。

文中"紫河"即乌兰木伦河，"哈楚尔河"即牸牛川，此时被认为是乌兰木伦河的支流，乌兰木伦河南流至神木为"屈野河"，即今窟野河。但由于清政府在长城外设置"禁留地"，禁止蒙汉交流，河流的地理认知较为模糊。直到清末民国时期蒙地放垦，大量汉地人群越过长城，沿河流深入鄂尔多斯地区开垦土地[②]，人们对周围河流的认识才有所深入。随着人们对周边地理环境认知的不断深入，文献中乌兰木伦河的记载更为细致：

> 乌兰木伦河，在河套鄂尔多斯境，即伊克昭盟七旗所在地。乌兰木伦，译言红河也（诸书均译作紫河稍误），源出台石坡西平地。迳东胜县南，南流三十里许有西乌兰木伦河，自西北来注之。又南流十余里，有公继盖河自东北来注之。转向东南流十许里，有窝兔河自西北来注之。又东南流二十许里，有考考乌素河，

---

① （清）穆彰阿、潘锡恩等纂修：《大清一统志》卷 543《鄂尔多斯》，上海：上海古籍出版社，2008 年，第 601 页。

② 王晗：《清代陕北长城外伙盘地研究》，陕西师范大学 2005 年硕士学位论文，第 11—12 页。

其上流为伊金和洛河。会活沙图沟之水,自西北来注之。又东南流十许里有活鸡图沟,会数小水,自西北来注之。又东南流有珠概沟、纽扣哈达沟、厂汗尔力盖沟、锁匠伙盘沟,排比自西北来注之。又东南流十许里,有犄牛川自东北来注之。又东南至水磨环入边,名窟野河,注于黄河[①]。

同时,随着清末伊克昭盟(主要区域为今鄂尔多斯)放垦,导致鄂尔多斯草地不断被耕地替代。清末时开垦土地 2.5 万余顷,民国后期则达到 9.1 万顷,使得民国时期该区域土地沙漠化更趋严重[②],乌兰木伦河流域也不例外。中华人民共和国成立后开始在沙漠化区域大规模植树种草,我们实地考察发现有杨、柳、沙棘、梭梭、草木樨、萎蒿等草本植物(图 3-3)。近年来随着降水量的增多,毛乌素沙地植被覆盖率提高,乌兰木伦河沙漠化程度不断降低[③]。

图 3-3　乌兰木伦河植被
于昊摄

2. 窟野河

窟野河在宋代始称屈野河,文献记载:"麟州屈野,河西多良田,皆故汉地,公私杂耕。"[④] 清代,屈野河改称窟野河,文献中对窟野河已经有了较详细的了解。

---

① 绥远通志馆编纂:《绥远通志稿》第 1 册,呼和浩特:内蒙古人民出版社,2007 年,第 388 页。
② 刘龙雨:《清代到民国时期鄂尔多斯的垦殖与环境变迁》,西北大学 2003 年硕士学位论文,第 20、25 页。
③ 邓飞、全占军、于云江:《20 年来乌兰木伦河流域植被盖度变化及影响因素》,《水土保持研究》2011 年第 3 期,第 137—140、152 页。
④ (宋)杜大珪编,顾宏义、苏贤校证:《名臣碑传琬琰集校证》中卷 51《司马文正公光行状》,上海:上海古籍出版社,2021 年。

一作曲源河。在县（神木县）城西百步东南流入黄河。麟州西城枕睥睨曰红楼，下瞰屈野河。《宋史》：宋司马光有论屈野河西修堡状。《温公文集》：连谷、银城二具皆有屈野川。《九域志》：连谷故城在县北边外，银城故城在县西南。源出塞地五兰峁儿，绕笔架山之阳，至县南一百二十里，沙峁头入黄河[①]。

窟野河流域目前水土流失严重，但在唐宋时期窟野河流域并非现在的面貌。据史料记载：

> 时赵元昊始臣，河东贫甚，官苦贵籴，而民疲于远输。麟州窟野，河西多良田，皆故汉地，公私杂耕。天圣中，始禁田河西者，虏乃得稍蚕食其地，俯窥麟州，为河东忧[②]。

该史料表明，北宋时期窟野河流域土壤肥沃，耕种面积大，也是宋夏争夺之地。随着宋以后人口不断增加，窟野河流域土地开发不断推进，到清代道光年间神木县"民地、糜地、屯地共五百八十一顷八十七亩五分五厘四丝"[③]。到民国时期，聚落更为密集，直到 2020 年第七次全国人口普查，神木仍是陕北人口最多的县。由于窟野河位于黄土高原暴雨中心[④]，伴随着窟野河上游土地开发，草地转变为农业耕地，粗放型耕种方式使草原植被覆盖不断减少，河流水患等生态问题日益凸显。

清初，窟野河时有泛涨，为神木县西城水患。顺治十六年（1659 年），榆林道王廷谏署神木道，筑堤御之，称"王堤"；康熙二年（1663 年），大水冲没。康熙十二年（1673 年），神木道杨三知重修；雍正元年（1723 年），水复涨溢，旧堤咸溃。雍正三年（1725 年），神木令胡增焕重修[⑤]。道光年间窟野河屡有水患，县城西南河堤得以整修。

中华人民共和国成立后，1961 年、1976 年窟野河洪灾，冲毁沿岸农田、房屋，损失极大[⑥]。而清代以来的窟野河流域水灾频发，加重了流域水土流失。如东山旧城位于神木市东的山梁上，为明代废弃的古城遗址。研究表明，500 多年来城内沟谷平均深度下切了 9.38 米[⑦]。可见，窟野河流域在历史时期发生了显著的环境变迁。现在，窟野河河漫滩宽度超过 60 米，修建有高 10 米的人工河堤（图 3-4）。宽阔的河道与较高的河堤，提高了防治河流洪涝灾害的能力。相比清代及民国时期，洪涝灾害对城区影响减小。但暴雨引起的水库、拦水坝等溃坝后造成的洪涝灾害没有完全避免[⑧]，仍需提高科学预报与防灾减灾能力。

---

① 雍正《陕西通志》卷 13《山川六》，清雍正十三年（1735 年）刻本。

② （宋）杜大珪编，顾宏义、苏贤校证：《名臣碑传琬琰集校证》中卷 51《司马文正公光行状》，上海：上海古籍出版社，2021 年。

③《神木县志》编纂委员会：《神木县志》，北京：经济日报出版社，1990 年，第 111 页。

④ 黄委中游水文水资源局：《黄河中游水文：河口镇至龙门区间》，郑州：黄河水利出版社，2005 年，第 52—56 页。

⑤ 雍正《陕西通志》卷 40《水利二》，清雍正十三年（1735 年）刻本。

⑥《神木县志》编纂委员会：《神木县志》，北京：经济日报出版社，1990 年，第 62 页。

⑦ 解哲辉、崔建新、常宏：《黄土高原历史时期沟谷侵蚀量计算方法探讨》，《地球环境学报》2014 年第 1 期，第 16—22 页。

⑧ 陈志凌、李晓宇、陈卫：《黄河中游窟野河"7·21"暴雨洪水特性简析》，《人民黄河》2013 年第 6 期，第 21—22 页。

图 3-4　窟野河河漫滩与河堤
白壮壮摄

　　随着近年来农村人口减少，以及淤地坝建设、植树种草等水土保持政策的实施，一方面减轻了水土流失现象，另一方面也大幅减小了窟野河的径流量[①]。受中游支流径流减少影响，预测未来黄河径流量将继续减少[②]，这对本就缺水的黄河下游而言，如何保障生态环境稳定与社会生产生活用水，缓解黄河"悬河"问题，实现黄河流域高质量发展带来了新的挑战。

　　此外，由于受到两岸山体夹持，据自明清以来的文献记载，窟野河均一直经沙峁头村注入黄河。然而这一状态也会发生变化，沙峁头入河口上游东北方向约 3 千米处，窟野河与黄河仅一路之隔（图 3-5），随着窟野河曲流发育对河岸不断侵蚀，未来窟野河可能会改道于此流入黄河。

图 3-5　窟野河
于昊摄

　　① 李舒、李宁波、齐青松，等：《基于 DTW 算法的窟野河流域水文情势相似度研究》，《人民黄河》2021 年第 4 期，第 50—53、116 页。

　　② Liu Y., Song H. M., An Z. S., et al, Recent Anthropogenic Curtailing of Yellow River Runoff and Sediment Load is Unprecedented Over the Past 500 y, *Proceedings of the National Academy of Sciences of the United States of America*, 2020, 117(31):18251-18257.

二、秃尾河水系

秃尾河为黄河一级支流，位于陕西省境内，源于神木市瑶镇西北的公泊海子，与圪丑沟汇流后称为秃尾河，整体呈西北—东南流向，在佳县武家峁附近注入黄河。河流全长139.6 千米，支流短促，流域面积 3295 平方千米。流域多年平均降水量 417.4 毫米，河道多年平均径流量 3.4×10^8 立方米[①]。早在新石器时代秃尾河流域就有人类聚落。举世闻名的石峁遗址就位于秃尾河北侧高家堡镇石峁村，是中国已发现的龙山晚期到夏早期规模最大的城址，距今约 4000 年，是探寻中华文明起源的重要窗口。秦汉时期该流域便设县管理，明时于秃尾河畔修筑的高家堡（图 3-6），现为陕西省重点文物保护单位。

图 3-6　高家堡镇秃尾河段
于昊摄

1. 秃尾河是否为圁水的争议

对秃尾河的认知经历了相当长的时间。首先是关于圁水的长期争议。南北朝时《水经注》载：

圁水出上郡白土县圁谷，东迳其县南，《地理志》曰：圁水出西，东入河。王莽更曰黄土也。东至长城，与神衔水合，水出县南神衔山，出峡，东至长城，入于圁。圁水又东迳鸿门县，县，故鸿门亭。《地理风俗记》曰：圁阴县西五十里有鸿门亭、天封苑、火井庙，火从地中出。圁水又东，梁水注之。水出西北梁谷，东南流，注圁水。圁水又东迳圁阴县北，汉惠帝五年立，王莽改曰方阴矣。又东，桑谷水注之，水出西北桑溪，东北流，入于圁。圁水又东迳圁阳县南，东流注于河[②]。

---

① 白桦、穆兴民、王双银：《水土保持措施对秃尾河径流的影响》，《水土保持研究》2010 年第 1 期，第 40—44 页。

② （北魏）郦道元著，陈桥驿校证：《水经注校证》卷 3《河水》，北京：中华书局，2007 年，第 83 页。

《舆地广记》认为无定河是汉代的圁水，"无定河郡圁水也，'圁'与'银'音同，而《汉志》作'圁阴'。颜师古注云：'圁本作圁，县在圁水之阴，因以为名'，王莽改为方阴。则是当时已误为圁字，今有银州、银水，即是旧名犹存，但字变耳"①。圁水又称圆水，自《水经注》以来，历代对圁水位置有所争论，一直持续至今。据清人沈青崖考证，"白土县，今属边外。……《水经注》鸿门、圁阴故城，并在（葭）州西北。……《隋书•地理志》：开光故城在州北，即汉圁阴地。……按，唐志云银州东北无定河即圁水，而后人遂皆谓奢延水为圁水，然考水经注圁水在东北，奢延水在西南，各自入河，源流迥别，故有谓秃尾河即圁水者，揆之汉魏地里郡邑方位皆相吻合，当非臆断从之"②。也有人提出不同意见。道光《榆林府志》载："考白土，在怀远边外西北，则圁水应在怀境"③，即今榆林市横山区，然而其认为白土县即统万城，不免与所载奢延水（今无定河）方位冲突。而毕沅则认为："以奢延水为圁水误。自欧阳忞《舆地广记》始，前明人地志往往承之。近时谭吉璁撰《延绥镇志》亦不知辨。"④

史念海最初在 1979 年认为汉代圁水是今天的秃尾河⑤，1980 年，他又在《鄂尔多斯高原东部战国时期秦长城遗迹探索记》中表示汉代圁水应是今天的窟野河⑥。《中国历史地图集》认定秃尾河即《水经注》之圁水⑦。近年来，得益于考古资料的丰富，吴镇烽的《秦晋两省东汉画像石题记集释——兼论汉代圁阳、平周等县的地理位置》⑧，李海俏的《关于圁阳地望所在》⑨ 以及王有为的《由汉圁水、圁阴及圁阳看陕北榆林地区两汉城址分布》⑩ 利用考古证据继续讨论圁水位置及相关历史人类活动，认为圁水应指无定河，可信度较高。

2. 明清时期秃尾河水系的地理认知

随着时代越近，秃尾河水系的地理认知不断深入。《水经注》只记载了河流大致流向，而康熙《延绥镇志》则载：

> 秃尾河水自建安堡塞外抬瓮山分流，一为苏麻河，一为恶水河。又东屈经高

① （宋）欧阳忞：《宋本舆地广记》卷 14《陕西永兴军路下》，北京：国家图书馆出版社，2017 年影印本，第 13 页。

② 雍正《陕西通志》卷 13《山川六》，清雍正十三年（1735 年）刻本。

③ 道光《榆林府志》卷 4《舆地志》，清道光二十一年（1841 年）刻本。

④ （清）毕沅撰，张沛点校：《关中胜迹图志》卷 24《大川》，西安：三秦出版社，2004 年，第 725 页。

⑤ 史念海：《以陕西省为例探索古今县的命名的某些规律（上）》，《陕西师大学报》（哲学社会科学版）1979 年第 4 期，第 51—63 页。

⑥ 史念海：《河山集（二集）》，北京：生活•读书•新知三联书店，1981 年，第 471—485 页。

⑦ 谭其骧主编：《中国历史地图集》第 2 册，北京：中国地图出版社，1982 年，第 17—18 页。

⑧ 吴镇烽：《秦晋两省东汉画像石题记集释——兼论汉代圁阳、平周等县的地理位置》，《考古与文物》2006 年第 1 期，第 53—69 页。

⑨ 李海俏：《关于圁阳地望所在》，《文博》2006 年第 1 期，第 54—55 页。

⑩ 王有为：《由汉圁水、圁阴及圁阳看陕北榆林地区两汉城址分布》，西北大学 2007 年硕士学位论文，第 13 页。

家堡边外，又南过虎头峁折入葭州大会坪东十五里，合蒺藜、永利二水入黄河①。

由于秃尾河上游历史时期长期为游牧民族放牧之地，其记载也很简略。到清代随着汉人深入鄂尔多斯地区开垦土地，秃尾河水系的水文知识逐渐丰富。道光时期，河流流路已较为清晰。

> 秃尾河，一名毒尾（河），一名吐浑河。《汉志》为圜水，《水经注》注为圖水。在县西高家堡西门外，源出口外滚保儿海子，其地四面皆沙圪塄，无出水处。水入地行约八里，至哈卜塔河掌，或称高家堡河掌，由草内涌出，西南流为哈卜塔儿河。入牌界，至哈卜塔儿窨子。南流二十里，东入神树沟水，西入母河儿沟水。又二里，西入黑龙沟水。又五里，西入采兔沟水。又十里，西入恶水沟水。又十八里，东入转龙弯沟水。又十七里，西入红柳沟河水。进边墙十五里，东入永利河水。由高家堡西递南十里至小边墙，入葭州境。又东南流一百一十里，绕惠崖入黄河②。

对于秃尾河下游，嘉庆《葭州志》记载较为详细：

> 入州境，又南流五里，合四字川。又南流五里，合李家滩水。又南流二十四里，达三角岭，合开荒川。又南流一里，达奇文石，合虎头峁水。又南流十六里，达青龙岩。又南流五里，达古靖川堡西。又南流十里，合盐沟水。又东南流十五里，达回龙山。又东南流二十里，至惠崖，入黄河③。

民国时期，文献不仅更清楚地指出了秃尾河的河源认知过程，细化了更多支流，而且对河流的长度、宽度、深度进行了描述。

> 秃尾河在县西高家堡西门外，初源实为榆林县属之建安堡口外，今所名秃尾河之沟沟掌，秃尾之沟下游即红柳河沟。嗣蒙地开辟深入其地，始知秃尾河之正源为滚泊尔海子……滚泊尔海子四围沙堤，水无所泄，伏流七八里，至哈卜塔河掌，由草内涌出，至窑镇，俗名哈卜塔窨子，西入圪丑沟水，南流二十里，东入东母伙沟水，西入西母河沟水，又五里西入黑龙沟水，又五里西入采兔沟水，东入神树沟水，又二十里西入恶水沟水，东入转龙湾水，又十七里至暗门口入边，西入红柳河水，水量始大，又三里东入金刚沟水，又十里东入永利河水，由高家堡西递南十里至小边墙入葭州境，又东南流一百一十里至宜和沟绕惠崖入黄河。计长二百里，自高家堡以上水势散涣，深者不逾二尺，浅者仅没马蹄。两岸最阔处约有三四里，均为水占，不能耕种，亦无益有损之水也④。

实地考察也发现，秃尾河河源公泊海子，即文献所载滚泊尔海子，其南为茂密的芦苇丛，秃尾河由此流出，与方志所载秃尾河"草内涌出"相一致。民国《神木乡土志》记载

---

① （清）谭吉璁纂修，马少甫校注《延绥镇志》卷124《地理志》，上海：上海古籍出版社，2012年，第44页。

② 道光《神木县志》卷1《舆地志上·山川》，清道光二十一年（1841年）刻本。

③ 嘉庆《葭州志》卷2《地理志》，民国二十二年（1933年）石印本。

④ 民国《神木乡土志》卷1《山川》，台北：成文出版社，1970年，第10—11页。

的西母沟水、黑龙沟水、采兔沟水、永利河，经实地考察，现当地没有西母沟，按文献记载方位则采兔沟水库黑龙沟北侧袁家沟应为西母沟，采兔沟所在有采兔沟村，沟内现无水（图3-7）。而高家堡镇有李家洞沟自高家堡东北向西南注入，即历史文献所记载的永利河。清代方志记载当地居民引秃尾河水灌溉，目前高家堡仍引秃尾河水灌溉。

图 3-7　秃尾河采兔沟
于昊摄

3. 秃尾河与窟野河的"合流"现象

许鸿磐《方舆考证》记载："屈野河，水出套内左翼中旗，合秃尾河入黄河。"[1] 其对秃尾河记载为：

> 今秃尾河会屈野河入河。在《汉志》则统谓之圜水也。再考《通志》神木县屈野河，一名曲源河，在神木县西百步，东南流入黄河。《宋史》麟州西城枕睥睨曰红楼，下瞰屈野河。《温公集》有论屈野河西修堡状。又兔毛川在神木西北十里。《九域志》新秦县有兔毛川，《县册》源出塞外流入屈野河，而神木无秃尾之名；而秃尾河特载于葭州，又无屈野兔毛之目。盖在神木者北曰屈野河，西北曰兔毛河，即秃尾河。至合流之后，则统名之曰秃尾河耳。[2]

---

① （清）许鸿磐：《方舆考证》卷 4《大川》，清济宁潘氏华鉴阁本。
② （清）许鸿磐：《方舆考证》卷 36《榆林府》，清济宁潘氏华鉴阁本。

　　杨守敬《水经注疏》亦考证："今有秃尾河出神木县西南长城外，东南流入屈野河。"[①]
而民国《神木乡土志》指出二河相距最远，疑《水道提纲》误。此外，清代三大图《皇舆
全览图》《雍正十排图》《乾隆十三排图》作为西方传教士主导的全国实测地图[②]，测绘技
术科学，内容翔实完整，是认识清代河流的重要资料。但在三大图中，秃尾河与窟野河合
流的现象也十分明显。

　　然而康熙《延绥镇志》、雍正《陕西通志》、道光《榆林府志》、民国《神木乡土志》
等均记载二河各自注入黄河，实地考察也发现二河下游地处黄土高原土石丘陵沟壑区，河
床两侧山体绵延，历史时期不存在合流的可能（图3-8），说明部分文献记载的水系存在
讹误。通过文献考证、野外考察相结合的方法，可以有效提高历史环境重建的精度。

图 3-8　窟野河、秃尾河与黄河交汇处
于昊摄

第二节　清代以来无定河水系的环境演变过程

　　无定河（图3-9）是流经毛乌素沙地的一条重要河流，跨越黄土高原和毛乌素沙地两
大地形区。无定河发源于陕西省定边县白于山北麓，上游称红柳河或萨拉乌苏河，向北流
出陕西省进入内蒙古乌审旗，经巴图湾后折向东流，流经陕西省靖边新桥后成为无定河，
经榆阳区鱼河镇改向东南流，经过米脂、绥德到清涧县川口以南20千米处注入黄河。干
流全长491.2千米，流域面积30 260平方千米，支流主要发育在南岸黄土区，北岸风沙区
河流稀少，主要有北岸的纳林河、海流图河、榆溪河，南岸的芦河、大理河、淮宁河[③]。

　　① （后魏）郦道元注，（清）杨守敬、熊会珍疏，段熙仲点校：《水经注疏》卷3《河水三》，南京：
江苏古籍出版社，1989年，第251页。
　　② 汪前进、刘若芳：《清廷三大实测全图集》，北京：外文出版社，2007年。
　　③ 陕西省地方志编纂委员会：《陕西省志·地理志》，西安：陕西人民出版社，2000年，第453页。

图 3-9　无定河上游、下游
于昊摄

一、无定河水系的历史记载

北魏时期，无定河名为奢延水、朔方水。《水经注》载："水西出奢延县西南赤沙阜，东北流……俗因县土谓之奢延水，又谓之朔方水矣。东北流，迳其县故城南，王莽之奢节也。"[①]

无定河一名最早出现于唐代李吉甫《元和郡县图志》卷 4《关内道四》载："无定河，一名朔水，一名奢延水，源出县南百步。赫连勃勃于此水之北，黑水之南，改筑大城，名统万城。今按州南无奢延水，唯无定河，即奢延水也，古今异名耳。"[②]《元和郡县图志》的说法应来源于《水经注》。汉代有上郡朔方县，朔方水应位于此。根据前引郦道元的说法，赫连勃勃在奢延水北，黑水以南建筑统万城。统万城的遗址直至今天仍清晰可辨，即位于无定河北岸。统万城在唐代位于夏州朔方县，但当时统万城南的河流被称为无定河，而非《水经注》所称奢延水或朔水。

宋代《太平寰宇记》仍记有无定河源出（朔方）县南，向北流出长城，又从银州的抚宁县界流入银州境内[③]。

明清时期关于无定河的地理认知日渐加深，地理总志以及地方志中对其位置、流向、支流、史迹等自然和人文情况记载相当丰富。

关于无定河水系的环境演变研究，最早见于侯仁之《从红柳河上的古城废墟看毛乌素沙漠的变迁》[④]。侯仁之先生通过 1964 年对毛乌素沙地中统万故城和城川古城等的考古调查，复原了这些古城废墟的历史面貌，追溯了该区域古代湖泊消失的历史过程及原因，结

---

① （北魏）郦道元原注，陈桥驿注释：《水经注》卷 3《河水注》，杭州：浙江古籍出版社，2001 年，第 45 页。

② （唐）李吉甫撰，贺次君点校：《元和郡县图志》卷 4《关内道四》，北京：中华书局，1983 年，第 100 页。

③ （宋）乐史撰，王文楚等点校：《太平寰宇记》，北京：中华书局，2007 年，第 786 页。

④ 侯仁之：《从红柳河上的古城废墟看毛乌素沙漠的变迁》，《文物》1973 年第 1 期，第 35—41 页。

合文献记载和考古资料探寻了毛乌素沙地的历史变迁。朱士光在 1965 年考察城川地区地貌、地质及考古遗存后得出城川地区为古代湖泊遗址的结论，该湖泊在人类历史时期由于受到不合理的农业开垦而不断变化①。王北辰通过对历史文献的梳理，将毛乌素沙地南缘自周、秦到清的重大环境变化进行复原，还原了毛乌素沙地从最初的开垦建设，富饶环境逐步退化的过程②。同时，萨拉乌苏河地层所指示的气候变化研究表明，全新世晚期以来，气候转为干冷，且鄂尔多斯高原南部抬升，导致河流下切，地下水位下降，地表湖沼水体大量疏干③。历史学研究方法和地理学研究方法关于历史时期毛乌素沙地水环境的整体变化趋势研究大致相符。2001 年，侯甬坚等开始聚焦该区域某一断代的地理景观问题，指出北魏（386—534 年）时期毛乌素沙地已有风成沙，植被不丰，气候条件干燥，但多个季节仍有雨雪冷湿天气。自然景观以荒漠—荒漠草原为主，河湖集中分布在高原东南部④。2008 年，安介生针对统万城史料记载中的"广泽"与"清流"，在梳理历史文献和实地考察后，总结出红柳河谷地历史时期河流、湖泊水环境及自然景观的变化过程与变化特点，并分析其变化的主要原因是全球气候变化，人为因素加以影响，最后提出当今水体保护性开发的建议⑤。

毛乌素沙地水系演变的研究从局部的、具体的河流、湖泊出发，为整体的系统性研究打下一定的基础。谭其骧先生主编的《中国历史地图集》在还原历史时期水环境方面具有突出贡献，在清代历史地图中复原了毛乌素沙地的大型河流、湖泊，还原了该区域当时的水环境整体概况，且为以后的研究奠定了坚实的基础，具有不可磨灭的贡献。近年来，在整体区域研究方面，高嘉诚在历史文献和实地考察的基础上，考证了清代鄂尔多斯高原部分水体的位置，并对其进行复原，并认为清代鄂尔多斯高原水环境明显优于现在，引起水环境变化的因素在于人类活动⑥；罗凯、安介生对清代鄂尔多斯高原的史料进行梳理，将外流河湖归纳为一条主干、两大系统及三大支系，并对一些疑难水系进行翔实考证，一定程度上较客观地复原了清代鄂尔多斯的水系演变⑦。

同时，第四纪学者利用现代科学技术，如检测沉积物中的微量元素、沉积物粒径等方

① 朱士光：《内蒙城川地区湖泊的古今变迁及其与农垦之关系》，《农业考古》1982 年第 1 期，第 14—18、157 页。

② 王北辰：《毛乌素沙地南沿的历史演化》，《中国沙漠》1983 年第 4 期，第 11—21 页。

③ 董光荣、李保生、高尚玉：《由萨拉乌苏河地层看晚更新世以来毛乌素沙漠的变迁》，《中国沙漠》1983 年第 2 期，第 9—14 页。

④ 侯甬坚、周杰、王燕新：《北魏（AD386—534）鄂尔多斯高原的自然—人文景观》，《中国沙漠》2001 年第 2 期，第 188—194 页。

⑤ 安介生：《统万城下的"广泽"与"清流"——历史时期红柳河（无定河上游）谷地环境变迁新探》，中国地理学会历史地理专业委员会《历史地理》编辑委员会：《历史地理》第 23 辑，上海：上海人民出版社，2008 年，第 242—268 页。

⑥ 高嘉诚：《清代鄂尔多斯高原水环境的历史考察》，陕西师范大学 2005 年硕士学位论文，第 41 页。

⑦ 罗凯、安介生：《清代鄂尔多斯水文系统初探》，侯甬坚主编：《鄂尔多斯高原及其邻区历史地理研究》，西安：三秦出版社，2008 年，第 274—297 页。

法对毛乌素沙地的历史气候演化过程进行复原[1]。同时，董光荣、杨帆等学者对毛乌素沙地东南的萨拉乌苏河剖面进行分析，揭示了全新世以来沙漠—河湖的环境回旋变化规律，同时也反映了气候的干湿变化情况，为我国西北地区的历史气候变化提供了新的补充，特别是17—19世纪小冰期影响，加之人类不合理的活动，导致水系演变，沙漠化加剧[2]。

但目前来看，清代以来毛乌素沙地的水系演变并不清晰，驱动机制研究则有自然因素主导说、人类活动主导说以及气候与人类活动共同影响说，且各有支持者[3]。我们将通过野外考察所获的地理信息，结合古旧地图及历史文献记载，在研究清代以来无定河水系环境演变过程中，观察沙漠化、气候变化和人类活动之间的关系。

二、清代以来无定河水系演变过程

1. 清代以来佟哈拉克泊演变

1）城川古湖与佟哈拉克泊

城川古湖位于内蒙古自治区鄂尔多斯市鄂托克前旗城川镇，毛乌素沙地南部，南邻陕西省。湖泊约1200年前已明显萎缩并持续至今[4]。有学者认为该湖即唐代的"长泽"、清代的佟哈拉克泊[5]。

佟哈拉克泊又称青山湖，明残本《陕西四镇图说》记载："柳树涧堡"与"宁塞营"的边墙以北有长湖与青山湖。柳树涧堡与宁塞营均位于今城川镇南，则它们北部两个湖泊皆可能是城川古湖，但长湖的位置、形状与名称特征与城川古湖吻合度更高。长湖位于柳树涧堡北，柳树涧堡位于今榆林市定边县柳树涧村。2021年考察时，我们发现该村以北约35千米为城川镇；长湖与现代城川地区东西向条带状季节性湖泊形状相似，且均无河流汇入；"长湖"与"长泽"名称相近，长泽县是唐代宥州的治所，位于今城川镇。青山湖位于宁塞营西北，宁塞营在今陕西省吴起县长城镇[6]，其北偏西约52千米为城川镇；

① 舒培仙、李保生、牛东风，等：《毛乌素沙漠东南缘滴哨沟湾剖面DGS1层段粒度特征及其指示的全新世气候变化》，《地理科学》2016年第3期，第448—457页；牛东风、李保生、王丰年，等：《微量元素记录的毛乌素沙漠全新世气候波动——以萨拉乌苏流域DGS1层段为例》，《沉积学报》2015年第4期，第735—743页。

② 董光荣、李保生、高尚玉：《由萨拉乌苏河地层看晚更新世以来毛乌素沙漠的变迁》，《中国沙漠》1983年第2期，第9—14页；杨帆、靳鹤龄、李孝泽，等：《中晚全新世毛乌素沙地东南部气候变化过程》，《中国沙漠》2017年第3期，第431—438页。

③ 王洪波：《半干旱地区历史时期沙漠化成因研究进展》，《干旱区资源与环境》2015年第5期，第69—74页；王晗：《历史时期毛乌素沙地沙漠化成因论争》，《中国社会科学报》2018年4月10日，第4版。

④ 侯仁之：《从红柳河上的古城废墟看毛乌素沙漠的变迁》，《文物》1973年第1期，第35—41页。

⑤ 朱士光：《内蒙城川地区湖泊的古今变迁及其与农垦之关系》，《农业考古》1982年第1期，第14—18、157页。

⑥ 李大海：《明清时期陕北宁塞营堡城址考辨——兼及明代把都河、永济诸堡的定位》，侯甬坚主编：《鄂尔多斯高原及其邻区历史地理研究》，西安：三秦出版社，2008年，第214—223页。

青山湖有河流补给，与城川古湖水系相异。因此，长湖应为今城川古湖，与青山湖（佟哈拉克泊）是两个不同的水体。

《大清一统志》记载："清湖，即青山湖，在左翼中旗西南三百五十里，近榆林宁塞堡北，蒙古名佟哈拉克脑儿，清水河注入其内。"鄂尔多斯左翼中旗即今内蒙古伊金霍洛旗。三百五十里约合现在的 217 千米（以 1 里约等于 621 米的标准进行换算）。《蒙古游牧记》提到："旗（右翼中旗）……三百九十里有清水河，蒙古名佟哈拉克，源出边内，北流入佟哈拉克池。"[①]右翼中旗即今鄂托克旗，驻地在今天内蒙古鄂托克旗东北达拉图鲁，三百九十里约合现在的 242.19 千米。利用这些信息，以伊金霍洛旗为起点，以 217 千米为半径画圆，并在此范围内找到满足"左翼中旗西南"和"宁塞堡北"的区域，当为佟哈拉克泊的位置。同理确定清水河的位置。此外，还应满足清水河注入佟哈拉克泊的条件，即定位出来的两个区域之间应有河流相连，方能确定佟哈拉克泊的位置。据此，佟哈拉克泊定位结果在今内蒙古自治区乌审旗小石砭村一带，清水河定位结果为红柳河上游流域，即今陕西省吴起县白于山北麓。

古代里程数一般指道路距离。将《大清一统志》所载"右翼前旗南至榆林卫边城界二百三十里"和"左翼中旗南至神木营边城界二百里"与实际道路距离作对比，发现文献所载里程数与实际道路距离数相近（表 3-1）。上述佟哈拉克泊定位使用的是直线距离，所以根据文献提供的数据，忽略测量和换算误差的理想情况下，小石砭是佟哈拉克泊可能出现的最南范围。

表 3-1　文献所载里程与实际距离对比

参考地物	文献记载距离 / 里	换算距离ª / 千米	实际直线距离 / 千米	估算实际道路距离ᵇ / 千米
左翼中旗（今伊金霍洛旗阿勒腾席热镇）至神木（今神木市）界	200	124.20	99	122
右翼前旗（今乌审旗东北巴吉代）至榆林（今榆林市榆阳区）界	230	142.83	99	136

注：a. 取 1 里 =621 米的标准进行换算；b. 由于缺乏精确的古代道路交通资料，本节以现代交通道路进行估算

小石砭村位于内蒙古自治区乌审旗河南乡。小石砭是蒙古语"巴嘎锡伯尔"的意译加音译，"巴嘎"意为小，"锡伯尔"意为渗水滩，合起来就是小渗水滩。其南边相邻大石砭村，该村原名"也可锡伯尔"，"也可"意为大，"也可锡伯尔"是大渗水滩的意思[②]。"锡伯尔"和"石砭"只是汉文翻译的不同而已，均源于 siber 的发音。"巴嘎锡伯尔"和"也可锡伯尔"最早出现在《蒙古源流》（成书于 1662 年）中，该书记载 14—16 世纪蒙古族的历史，故大、小石砭在明代时的地貌为渗水滩。大石砭西边红柳河畔有三岔沟湾村，旧名"芒如克布拉格"，即《蒙古源流》所说的"蔑克噜克泉"。

① （清）张穆：《蒙古游牧记》，台北：文海出版社，1965 年，第 255 页。
② 伊克昭盟地名委员会：《伊克昭盟地名志》，呼和浩特：内蒙古人民出版社，1986 年，第 318 页。

小石砭、大石砭和芒如克布拉格均因滩地或涌泉而得名。当地下水位高于地表水时，地下水补给地表水，或通过泉水自然出露。古人可能根据地下水出露地表的现象将该地区命名为"也可锡伯尔"和"巴嘎锡伯尔"。佟哈拉克泊（青山湖）明末清初已出现，但小石砭一带在明末清初仅表现为渗水或"泉"，因此佟哈拉克泊应该不在该区域。

2）清代三大图中佟哈拉克泊的位置

通过比对清廷三大实测全图（康熙《皇舆全览图》、《雍正十排图》、《乾隆内府舆图》）、光绪《靖边县志稿》边外总图、《陕西全省舆图》黄河套图等各类古地图中佟哈拉克泊的位置，发现湖泊与其他边堡的相对位置基本相同，且与《大清一统志》《蒙古游牧记》所述"宁塞堡北""边外"的形势相符。这些古地图以清廷三大图最为精确，遂以此为底本进行数字化。

首先，在三大图上截取毛乌素沙地所在区域，尽可能均匀地选取镇堡作为配准控制点。其次，利用 ArcGIS 软件进行配准。为检验配准结果的精度，选取古地图上某一点的经度值、纬度值减去该地实际经度值、纬度值，得出相应的差值，分析差值的平均值，如表3-2、表3-3和表3-4所示。

表 3-2　康熙《皇舆全览图》地理坐标差值及其偏移距离

参考地物	图上坐标与实地坐标差值		偏移距离 / 千米
	经度差 /°	纬度差 /°	
安定堡	−0.0142	−0.0355	4.1355
高平堡	−0.0288	−0.0154	3.0616
花马池	−0.0286	−0.0401	5.1222
盐场堡	−0.0452	0.0091	4.1185
定边营	0.0121	0.0092	1.4818
砖井堡	0.0228	0.0295	3.8468
安边堡	−0.0042	0.0231	2.5860
宁塞堡	−0.0017	0.0014	0.2185
靖边营	0.0327	−0.0049	2.9528
镇罗堡	−0.0141	−0.0011	1.2578
镇靖堡	0.0015	−0.0216	2.4025
龙州堡	−0.0088	−0.0033	0.8607
榆林卫	0.0077	−0.0805	8.9563
高家堡	−0.0114	−0.0503	5.6685
柏林堡	0.0086	0.0469	5.2555
神木县	−0.0381	0.0073	3.4020
孤山堡	0.0020	−0.0116	1.2952
府谷县	0.0358	0.0034	3.1170
差值平均数	−0.0040	−0.0075	3.3189

表 3-3 《雍正十排图》地理坐标差值及其偏移距离

参考地物	图上坐标与实地坐标差值		偏移距离 / 千米
	经度差 /°	纬度差 /°	
安定堡	0.0006	−0.0060	0.6645
高平堡	0.0073	−0.0030	0.7237
花马池	−0.0127	−0.0080	1.4305
盐场堡	0.0332	−0.0322	4.6268
定边县	0.0366	0.0006	3.2366
砖井堡	0.0709	0.0185	6.5967
安边堡	0.0260	0.0303	4.0750
宁塞堡	0.0069	0.0198	2.2775
靖边营	0.0078	0.0205	2.3798
镇罗堡	−0.0452	0.0257	4.9184
镇靖堡	−0.0075	−0.0015	0.6880
龙州堡	−0.0071	0.0097	1.2439
榆林卫	−0.0637	−0.0261	6.2836
高家堡	0.0235	−0.0846	9.6058
柏林堡	0.0187	0.0345	4.1580
神木县	0.0891	0.0432	9.0978
孤山堡	−0.0205	0.0233	3.1378
府谷县	−0.0376	0.0006	3.2578
差值平均数	0.0070	0.0036	3.8001

表 3-4 《乾隆内府舆图》地理坐标差值及其偏移距离

参考地物	图上坐标与实地坐标差值		偏移距离 / 千米
	经度差 /°	纬度差 /°	
安定堡	0.0276	−0.0073	2.5578
高平堡	−0.0077	0.0295	3.3489
花马池	−0.0462	−0.0011	4.0770
盐场堡	−0.0817	0.0331	8.0928
定边县	0.0090	0.0549	6.1524
砖井堡	0.0411	−0.0202	4.2687
安边堡	−0.0122	−0.0367	4.2121
宁塞堡	−0.0110	−0.0031	1.0326
靖边县	0.0110	−0.0213	2.5616
镇罗堡	0.0121	0.0548	6.1763
镇靖堡	0.1016	−0.0277	9.4950
龙州堡	−0.0011	0.0567	6.2919
榆林县	0.0012	−0.0676	7.5041
高家堡	−0.0652	−0.0130	5.8603
柏林堡	−0.0602	0.0101	5.3618
神木县	−0.0728	0.0442	8.0018
孤山堡	−0.0038	0.0132	1.5063
府谷县	−0.0315	0.0313	4.4174
差值平均值	−0.0105	0.0072	5.0510

对三大图的数据进行统计分析后，除《乾隆内府舆图》经度差值平均数的绝对值较大外，其余两图的经度与纬度差值平均数绝对值在 0.0036°—0.0075°，即配准后的古地图与实际位置差距较小。《皇舆全览图》经度差值为正的占 44.4%，纬度差值为正的占 44.4%；《雍正十排图》经度差值为正的占 61.1%，纬度差值为正的占 61.1%；《乾隆内府舆图》经度差值为正的占 38.9%，纬度差值为正的占 50%。经度差值为正即图幅向东移动，反之向西；纬度差值为正即图幅向北移动，反之向南。因此，康熙图所绘地物相较实际坐标发生轻微西移和南移，雍正图轻微东移和北移，乾隆图轻微西移和北移。康熙图平均偏移距离 3.3189 千米，雍正图平均偏移距离 3.8001 千米，乾隆图平均偏移距离 5.0510 千米。由此可以看出，三大图中毛乌素沙地南缘的绘制有一定误差，但是其对于复原水体来说尚在可接受的范围内。配准完成后，利用 ArcGIS 将三大图的水系数字化，得到佟哈拉克泊和清水河的位置，并叠加在现代 DEM 上。佟哈拉克泊在三大图的位置虽有差异，但总体上均位于陕西省靖边县宁条梁镇以北红柳河西侧的滩地。

《大清一统志》记载入湖河流有清水河和把都河两说，且流向均为自边内北流出边，但古地图显示入湖河流仅有一条，清水河与把都河应是异名同河。清水河（把都河）对应今天的红柳河支流石拐子沟[①]。另外，从三大图中发现，湖泊从康熙时期到乾隆时期面积在逐步增大，可能与这一时期暖湿的气候条件相关[②]。

3）佟哈拉克泊的消亡

佟哈拉克泊最晚在清末民初时消失。光绪二十五年（1899 年）成书的《靖边县志稿》所附《边外总图》显示宁条梁区域无海子分布[③]。陕西省档案馆藏 1933 年陕西陆地测量局勘测调查所绘《十万分之一比例尺陕西省地形图·安边堡图》（卷宗号 4-1-141）显示，靖边县宁条梁镇所在区域已不见大型湖泊，佟哈拉克泊已经消失。1937 年完稿的《绥远通志稿》指出《大清一统志》"左翼中旗西南三百五十里"处，没有与青山湖"形势相同"的湖泊[④]。因此，自《大清一统志》成书的 19 世纪初，到 1899 年将近 100 年的时间里，佟哈拉克泊迅速消亡。

2. 榆溪河

榆溪河为黄河二级支流，是无定河的主要支流之一，位于毛乌素沙地南缘，发源于榆林市榆阳区小壕兔乡刀兔海子西的水掌泉，由北向东南，流经小壕兔乡、孟家湾乡、牛家梁镇、长城路街道、鱼河镇，在鱼河镇王沙圪汇入无定河，全长 98 千米，流域面积约 4000 平方千米[⑤]。

---

① 李大海：《明清时期陕北宁塞营堡城址考辨——兼及明代把都河、永济诸堡的定位》，侯甬坚主编：《鄂尔多斯高原及其邻区历史地理研究》，西安：三秦出版社，2008 年，第 214—223 页。

② 白壮壮：《清代以来鄂尔多斯高原沙漠化定量研究》，陕西师范大学 2020 年硕士学位论文，第 49—50 页。

③ 光绪《靖边县志稿》卷 1《舆地志·舆图》，台北：成文出版社，1970 年，第 58—59 页。

④ 绥远通志馆编纂：《绥远通志稿》第 1 册，呼和浩特：内蒙古人民出版社，2007 年，第 402 页。

⑤ 榆林市志编撰委员会：《榆林市志》，西安：三秦出版社，1996 年，第 92 页。

历史文献记载了榆溪河的认知历程。榆溪河,《汉书》记载有"帝、原水"①,《水经注》载:"帝原水西北出龟兹县,东南流。县因处龟兹降胡著称。又东南注奢延水。"② 宋代,榆溪河被称为明堂川,"在(米脂)县西北,其水自榆林流入无定河"。宋元丰五年(1082年),曲珍败夏人于明堂川,即此。按,此即榆林西河③。到明清时期,榆溪河又称西河,文献记载:

> 西河,即帝原水,一名榆溪,在(榆林县)城北十里。……西河在镇城西,即榆溪,源出塞外葫芦海,南合獐河。其水源出常乐堡,西注榆溪。又南流入红石峡,水自石崖流下,陡落数千仞,匝隍堑于城西,遂为西河。芹河之水入焉。龙王泉又东北来注之,又少南钟家沟水在卫南西注之,又南五里屈而东流,得响岔桥合刘指挥河,又柳河水自西南注之,又南得三岔川,又东南十里骟马井水注之,又南五十里得黑河水,至镇川堡入无定河④。

上述文献表明,榆溪河的记载始于汉代,南北朝时期对榆溪河的流路有了初步认知。此后直到明代,由于延绥镇城移至榆林,对榆溪河的源头、流路、汇入地才有了详细记载。如,榆溪河河源"葫芦海",今名刀兔海子,蒙语意为有响声的湖。2021年实地观察刀兔海子(图3-10),东西两侧陆地延伸入海子中部,将之分为南北两块,类似葫芦,应以此得名。湖水泄出为榆溪河源,又称五道河。

图 3-10　榆溪河河源刀兔海子
于昊摄

进入清代,榆林卫失去作为汉、蒙之间军事堡垒的功能,改置榆林府,加之政府推出"摊

---

① (东汉)班固:《汉书》,北京:中华书局,1962年,第1617页。
② (北魏)郦道元原注,陈桥驿注释:《水经注》卷3《河水注》,杭州:浙江古籍出版社,2001年,第45—46页。
③ 雍正《陕西通志》卷13《山川六》,清雍正十三年(1735年)刻本。
④ 雍正《陕西通志》卷11《山川四》,清雍正十三年(1735年)刻本。

丁入亩"政策，推动了地方经济发展。榆溪河作为府城第一大河，提供了灌溉水源。明代时榆林卫巡抚余子俊等率人凿红石峡引水，灌田若干顷。正德年间渠废，嘉靖年间巡抚张子立修复。万历年间渠被洪水冲毁，巡抚张守中主持在红石峡石崖东侧的慈仁殿内"凿水洞为渠"修复。清初，渠淤泛溃又废。到清代康熙年间，榆林巡道佟沛年凿石引榆溪水溉田。乾隆年间，知府舒其绅源山北拓，使榆溪河南注，修广泽渠。道光十四年（1834 年），该渠因洪水废止①。光绪七年（1881 年）十月，榆溪西河泛滥，冲没民田。光绪八年（1882 年），历时一年，重新修好榆溪河堤城垣②。1944 年，动工修建榆惠渠③，直到中华人民共和国成立后才完工，灌田达万余亩。

在当地民众利用河流、改造河流的同时，河流也在影响当地民众的生活。明代利用榆溪河水修广泽渠，但因泥沙淤积与河水泛滥，在明中后期至清初三修三废。进入清代，榆溪河的含沙量大增，"榆溪之水，自塞外来，澎湃激荡，泥沙浑浑，与黄河水无异"④。到乾隆年间，榆林城水患渐趋严重。乾隆十四年（1749 年），榆林县大水，"冲塌城墙、水洞、炮楼及道路堤岸"⑤。嘉庆年间，榆溪傍河之田半没于水，洛昂遂督令当地民众修筑堤坝。堤坝修建后，榆林一带连年旱暵，因此傍河耕田收获倍增⑥。至咸丰九年（1859 年），榆林知府刘廷鉴称："咸丰九年春，余来守是邦。甫下车，见城外积沙成阜，而城之西偏学宫、官署，半陷于沮洳之中。居民寥落，弥望淼漫，附郭之田，并解（鲜）可耕。乃进绅耆而询其故，佥曰：'是西河浸溢之所致也。'"⑦ 由此可知榆溪河给榆林城造成的危害。这种情况一直延续到光绪元年（1875 年），当年榆溪河泛滥，榆林城下积水丈余，导致城墙崩陷五百余丈，时任延绥镇总兵的刘厚基认为这是由于榆溪河旧堤日久隳坏，沙碛拥入河心，致使河道向城池一侧移徙，而地方百姓对此险况不察，反而与水争地，最终造成了这一严重的城市水患事件。基于此，刘厚基发动管下兵士一千余名大修堤防，"决口筑横堤一道，计长一百十余丈，逼水入河；更筑长堤一道，由北岳庙庄起至西南城角南河口止，计长一千四百六十九丈，以防漫溢"⑧。

清代乾隆以后水患日渐加重，一是与气候变化有关。榆林城及其所在的榆溪河流域属中温带半干旱大陆性季风气候区，年降水量虽然较少，但月际变率大，多集中于 7—9 月，且常以大雨或暴雨形式出现，容易在短时间内引发河流洪水，进而影响到榆林城。此外，

① 道光《榆林府志》卷 4《舆地志》，清道光二十一年（1841 年）刻本。
② 水利电力部水管司科技司、水利水电科学研究院：《清代黄河流域洪涝档案史料》，北京：中华书局，1993 年，第 718 页。
③ 邬婷：《民国时期陕西农田水利研究》，陕西师范大学 2017 年硕士学位论文。
④ 道光《榆林府志》卷 44《艺文志》，清道光二十一年（1841 年）刻本。
⑤ 水利电力部水管司科技司、水利水电科学研究院：《清代黄河流域洪涝档案史料》，北京：中华书局，1993 年，第 183 页。
⑥ 道光《榆林府志》卷 26《名宦志》，清道光二十一年（1841 年）刻本。
⑦《榆阳文库》编纂委员会：《榆阳文库•榆林县志卷》，上海：上海古籍出版社，2016 年，第 499 页。
⑧ 转引自李嘎：《〈榆林府城图〉与清代榆林城水患》，《中国历史地理论丛》2021 年第 3 辑，第 5—15 页。

更为深层的原因在于，乾隆以降边墙以外榆溪河上游迎来土地垦殖高潮[①]，由此引起榆溪河生态恶化，最终导致榆林城水患日重。

3. 清代纳林河、海流图河水系变迁

纳林河位于内蒙古自治区鄂尔多斯市乌审旗南端，是无定河上游支流。该河发源于乌审旗陶利苏木（今苏力德苏木）的西北部，向东南流经无定河镇汇入无定河。全长 67 千米，流域面积 1788 平方千米。年径流总量 1577 万立方米，平均流量 0.4 立方米／秒，出口断面年平均流量 0.5 立方米／秒，年输沙量为 153 万吨[②]。

（1）纳林河。纳林河在清代被称为"细河"，纳林河是细河的蒙古名。《大清一统志》记载："细河，在右翼前旗西南二百十里。蒙古名纳林河。源出托里泉，南流会哈柳图河。"[③]右翼前旗即今内蒙古自治区鄂尔多斯市乌审旗，乌审旗西南有纳林河，自北向南流，汇入无定河，与史料记载的位置和流向信息相同，可以推断清代的纳林河应该就是今天乌审旗的纳林河。而托里泉一名今已不存，也暂未发现其他关于该泉的历史材料。结合遥感地图和实地考察，如今纳林河源头未发现泉水，河流发源处甚至在雨季还会出现断流的情形，可知纳林河上游河段自清代至今发生了较大的变化（图 3-11）。

图 3-11 纳林河河源段
于昊摄

纳林河在清代的位置和汇入关系比较清晰，《大清一统志》"细河""哈柳图河"等条目均记载细河汇入哈柳图河，但哈柳图河指哪条河流，却未有确论。"哈柳图河，在右翼

---

① 王晗：《清代陕北长城外伙盘地研究》，陕西师范大学 2005 年硕士学位论文，第 11—12 页。

② 陈启厚主编：《鄂尔多斯通典》第 1 分册，呼和浩特：内蒙古大学出版社，1993 年，第 26 页。

③ （清）穆彰阿、潘锡恩等纂修：《大清一统志》卷 543《鄂尔多斯》，上海：上海古籍出版社，2008 年，第 600 页。

前旗西南一百八十里。源出虎喇虎之地,东南流合细河、金河二水,入榆林边,至波罗营,会西来之额图浑河,为无定河"[1]。据此条史料,可知哈柳图河至少流经两个位置,即与细河交汇处以及波罗营。细河位置已确认在乌审旗南,波罗营遗址在今天榆林市横山区波罗镇,可准确定位,如今同时流经这两个地点的河流只有无定河。而民国《绥远通志稿》则认为:"哈柳图河,一作海流兔河(在乌审旗),源出虎喇虎平地,南流会于红柳河。又其西为那泥河(即细河),一作纳林河,源出托里泉,南流亦会于红柳河。"[2]哈柳图河竟成为与纳林河不相交的两条河,只是它们都汇入同一条河流红柳河。"红柳河源出长城以南,古奢延水也,北流出塞,经鄂托克旗境为烂泥河,屈东流入乌审旗境为红柳河,其统名为大岔河。又屈东南流,有黑河自南来注之。又会那泥、哈柳图二水,南流入边,会西来之额图浑河,后为无定河"。从红柳河最后与额图浑河相会而成为无定河的描述来看,则与《大清一统志》所描写的哈柳图河是一致的。同一名称在清末民国之际,其所指代的地理实体发生了巨大的转变,而"海流图河""红柳河"之名在此前的文献中鲜有出现,而"红柳河"所指的河流更是错综复杂[3],这对于历史河流的考察增加了不少难度。毛乌素沙地在历史上长期作为边境地带,人群组成复杂,在政治、经济、文化、语言等方面存在巨大差异,不同人群认识地理环境的角度不同,可到达的地理范围不同,再加上自然环境和政治环境的多重变化,不同时期的文献记载可能存在连续性较差的问题。对于长时段的历史河流研究,实地考察具有不可或缺的重要作用。

(2)海流图河。海流图河,又作海流兔河、哈柳图河,流经乌审旗中东部,发源于陶利苏木(今苏力德苏木)的营盘壕,由西北流向东南,经嘎鲁图镇在宋家湾流入陕西省榆林市,于雷龙湾东汇入无定河(图3-12)。乌审旗境内流长20千米,流域面积175平方千米,年径流量630万立方千米[4]。

海流图河在清代应是蒙古部落重要的道路站点。《亲征平定朔漠方略》记载了康熙三十六年(1697年)三月,亲征军队即将从榆林前往宁夏前,主事萨哈连出榆林边外问鄂尔多斯多罗贝勒、汪舒克旗下四等台吉嘎尔马等人时从榆林至宁夏的路线,分别有两条,这两条路线均经过海流图河[5],可想而知,海流图河是当时边外的一个重要驿站,而且此处有"大河水",这应该是一条水量丰沛的河流,且作为蒙古贝勒和台吉所熟知的站,也应是游牧民族经常活动的地点。在实地考察中发现,海流图河水量丰沛,两岸河流阶地植被茂盛,有农牧业分布。

---

① (清)穆彰阿、潘锡恩等纂修:《大清一统志》卷543《鄂尔多斯》,上海:上海古籍出版社,2008年,第600页。

② 绥远通志馆编纂:《绥远通志稿》第1册,呼和浩特:内蒙古人民出版社,2007年,第390页。

③ 安介生:《统万城下的"广泽"与"清流"——历史时期红柳河(无定河上游)谷地环境变迁新探》,中国地理学会历史地理专业委员会《历史地理》编辑委员会:《历史地理》第23辑,上海:上海人民出版社,2008年,第242—268页。

④ 陈启厚主编:《鄂尔多斯通典》第1分册,呼和浩特:内蒙古大学出版社,1993年,第26页。

⑤ (清)温达等:《亲征平定朔漠方略》卷38,故宫博物院:《故宫珍本丛刊》第44册,海口:海南出版社,2000年。

图 3-12　海流图河 HLT1 考察点
于昊摄

《水道提纲》记载海流图河是无定河的东源，无定经过怀远堡后，"又折东北至波罗营，与北来海留图河会，海留图即东源，古黑水也，亦名齐纳河，出前旗呼喇呼之地，东南流，与西北来之纳林河出托里泉，及西喇乌苏河出磨呼喇呼平地者会，东南入榆林边"[①]。海流图河在元代被称为齐纳河或吃那河[②]，呼喇呼之地今之所在已不可考，但波罗营在今天的榆林市横山区波罗镇，今天的海流图河正是从波罗营附近汇入无定。《大清一统志》认为哈柳图河是石窑川的蒙古名，"在边外名哈柳图河，会西拉乌苏河、纳领河、他克拉河入边为石窑川，即黑水，亦无定河别源也"[③]。但这样的说法却在民国编修的《绥远通志稿》中遭到质疑，提到《大清一统志》所载的黑水，即石窑川，与民国时的黑河位置不相符，"今考黑河在红柳河之南，北流会于红柳河，哈柳图河在红柳河之北，南流会于红柳河，岂今之黑河非古之黑水耶？"[④]《大清一统志》认为哈柳图河与黑水（石窑川）是同一条河流，只是不同河段名称相异，但《绥远通志稿》则认为二者在位置上相差甚远，应是不同河流。石窑川的所在，由于史料记载不清，已难考证。黑水与哈柳图河之间的关系，其实也无法理清，时代久远，仅凭零星的文献难以证明古黑水的所在，加之河流有改道的可能。尽管有文献认为"蒙古语海流为黑，疑此即古黑水"[⑤]，但仅以此为依据仍缺乏说服力，应存疑。

4. 清代以来八里河水系变迁

八里河位于陕西省定边县，地处毛乌素沙地南缘与黄土高原过渡地带。该河发源于白于山地，由学庄乡的杨山涧，杨井镇的孤山涧、鹰窝山涧组成，至安边镇的谢前庄汇流后

① （清）齐召南著，胡正武校点：《水道提纲》，杭州：浙江大学出版社，2021 年，第 76—77 页。
② （明）陈邦瞻：《元史纪事本末》卷 13《始河附穷河源》，北京：中华书局，1979 年。
③ （清）穆彰阿、潘锡恩等纂修：《大清一统志》卷 239《榆林府一》，上海：上海古籍出版社，2008 年，第 15 页。
④ 绥远通志馆编纂：《绥远通志稿》第 1 册，呼和浩特：内蒙古人民出版社，2007 年，第 391 页。
⑤ 民国《横山县志》，台北：成文出版社，1969 年，第 45 页。

称八里河，到石洞沟镇的马家梁以东消失。上源以鹰窝山涧最长，约 30.5 千米。自谢前庄数源汇合后直至河流尾闾，长约 24 千米，全河总长 54.5 千米，流域面积 384 平方千米，径流量 0.2—1 立方米 / 秒，是陕西省境内最大的内陆河。以安边镇水口为界，其上为上游，其下为下游。上游是黄土丘陵沟壑区，沟宽 300—400 米，深 20—60 米，沟内地下水出露。下游为平原滩地，河床曲折宽坦，水流左右摆荡。安边附近河床宽 20 米左右，两岸漫滩狭窄。由于长期引洪漫灌，地面形成 3.0% 的坡度，而水面比降仅 2.5%—2.0%。由于地面坡降大于水面比降，所以河床越向下游越高出地面，成为地上悬河。其水质系自然肥水，内含 0.03% 的氮素，灌溉安边、石洞沟、堆子梁三个镇的滩地 6 万余亩，过去称为定边之"粮仓油库"[①]。

1）八里河的形成

根据民国《续修陕西通志稿》卷 61《水利五》中关于定边县八里河渠的记载，八里河的形成时间应不早于清道光二十三年（1843 年）。

> 八里河发源于南山，道光二十三年秋，大雨，水深数尺，南山内九涧冲刷成渠。咸同间，河岸决，民不能耕田，遇大雨时，下河两岸竟成泽国，时有武举郭九龄者，贸易宁夏，见汉唐旧渠水利，回里劝告居民修堤筑坝，放水灌溉，岁收倍入，乡人效之，水利愈兴。计水流南北长约三十里有奇，东西宽二十余里，迄今已三十余年，灌溉麻、糜、麦三种，日见丰盈矣[②]。

道光二十三年（1843 年）秋天，因大雨冲刷，南山数涧水深成渠，八里河的雏形出现。累年经上游山洪冲刷，每逢大雨，河岸易决堤，淹没下游两岸土地，民不能耕种。咸丰、同治年间，武举郭九龄往宁夏贸易，因见汉唐旧渠水利，遂在家乡组织居民修堤筑坝、放水灌溉，民得其利，八里河水利得以渐兴。水害得到控制，土地亦因此得到改良，定边县的水环境状况从道光以前的"山穷水恶"发展为"水利愈兴"[③]。此后，八里河遂成为定边地区重要的灌溉河流。

尽管史料中有明确记载，但是在 20 世纪 80 年代初，八里河的出现时间以及最终流向却有过一段争议。当时，毛乌素沙地的沙漠化和历史变迁问题备受关注，侯仁之、王北辰、朱士光、赵永复等学者围绕毛乌素沙地历史变迁与人类活动之间的关系展开了深入研究。赵永复与朱士光之间曾有一段精彩的学术论辩，其中便涉及八里河形成的讨论。1981 年，赵永复在《历史地理》创刊号上发表《历史上毛乌素沙地的变迁问题》一文，通过梳理自唐代夏州在毛乌素沙地的建置，直到明清之际陕蒙间的开发这一长时段的人类活动过程与自然地理环境，探讨毛乌素沙地的起源和变迁问题，认为毛乌素沙地主要是唐宋以前自然条件作用下的产物，而人类活动并非主要原因，首次提出毛乌素沙地是自然形成的学术观念，从而否定"人造沙漠"说。赵永复以湖泊出现作为流沙活动的证据，认为汉代的奢延泽有可能是因为河流被流沙堵塞，出水不畅而潴汇成湖。奢延泽位于现今城川古城附近，

---

① 《定边县志》编纂委员会：《定边县志》，北京：方志出版社，2003 年，第 97 页。
② 民国《续修陕西通志稿》卷 61《水利五》，南京：凤凰出版社，2011 年，第 464 页。
③ 王晗：《晚清民国时期蒙陕边界带"赔教地"研究》，《中华文史论丛》2019 年第 2 期，第 349—377 页。

其上源为八里河。八里河原为无定河的支流，但由于流沙活动，八里河出水口被堵塞，致使湖泊出现，且为长条形。赵永复以此推断毛乌素沙地东汉时即出现流沙[1]。1986 年，朱士光针对赵永复文章中关于毛乌素沙地是地质时期形成的五个证据进行逐一反驳，强调毛乌素沙地形成于人类历史时期，是人类活动与环境变化共同作用的结果[2]。赵永复对此积极回应，对朱文的观点又一一驳斥[3]。针对八里河，赵驳称八里河嘉庆前在边墙外，不属定边县，因此当时县志不予记载。且八里河上源本身有宣泄水流之需，八里河形成以前此处也应有河流，只是经过改道变迁。再加上八里河上游切割很深，无疑是长时间形成的结果。

2）气候变化与八里河变迁

八里河形成问题的讨论实际上是为探寻毛乌素沙地的起源和变迁及其驱动因素等的重要命题。赵永复和朱士光之间围绕八里河的讨论后来并没有形成一个公认的定论，依旧悬而未决。在历史材料受限，又缺乏更多针对该地区的地质调查资料的情况下，该问题很难得出一个令双方均满意的结论。在 2022 年 8 月份的考察中，恰逢定边县在 8 月 4 日至 8 月 5 日发生强降水，观测到八里河水暴涨后的景象（图 3-13）。陕西省水利厅公布的雨情简报表明，定边县在 8 月 4 日、5 日的降水量分别为 97.4 毫米和 21.4 毫米。8 月 6 日的实地考察中，八里河下游，位于定边县堆子梁镇任圈附近，河漫滩冲毁严重，残存 0.3—1 米，河流阶地高出河面 2.7 米，阶地边缘修筑河堤，阶地表面有河水漫流后留下的淤泥。在八里河上游地区，定边县谢前庄处河道测得河流下切约 116 米，河道宽 2.5 米，河漫滩残宽 2.4 米，沟壑密布。当地一位在河岸边放牧的牧民指出，暴雨前的河面高于当下水位，并指出大概位置所在，经测量，高差约 1.5 米，即暴雨冲刷导致此处河流下切约 1.5 米，下切速率很快。八里河上游位于黄土高原，是水土流失典型地区，该地区河流下切侵蚀速率快。由此判断，暴雨等极端气候变化导致的河流水系变迁是非常显著的。

---

① 赵永复：《历史上毛乌素沙地的变迁问题》，中国地理学会历史地理专业委员会《历史地理》编辑委员会：《历史地理》第 1 辑，上海：上海人民出版社，1981 年，第 34—47 页。

② 朱士光：《评毛乌素沙地形成与变迁问题的学术讨论》，《西北史地》1986 年第 4 期，第 17—27 页。

③ 赵永复：《再论历史上毛乌素沙地的变迁问题》，中国地理学会历史地理专业委员会《历史地理》编辑委员会：《历史地理》第 7 辑，上海：上海人民出版社，1990 年，第 171—180 页。

图 3-13　暴雨后的八里河河道
白壮壮摄

　　实地考察的发现帮助我们确认了八里河的出现年代，证实了文献记载的可靠性。同时，八里河的出现和演变过程也有力证实了东汉时期的奢延泽与八里河毫无关联，更不存在因河流堵塞导致奢延泽出现的情景。八里河也并非清代佟哈拉克泊的上源河流，佟哈拉克泊的出现与消亡及其与沙漠化、环境变化之间的关系在前文已有讨论。八里河反而从另一个角度揭示了毛乌素沙地水环境变化的多样性和复杂性。在关于毛乌素沙地沙漠化的讨论中，八里河恰恰是一个反例，其是在近 200 年间出现的内流河，与此相似的是同样位于陕西省境内毛乌素沙地东南缘的红碱淖。红碱淖如今是陕西省最大的内流湖，但该湖泊是在 20 世纪初才出现的，其存在仅有短短的一百余年时间。

　　3）人类活动与八里河灌区

　　八里河的出现和形成，很大程度上是人类积极干预的结果。八里河形成之前，这一带土地"白草荒凉"。白草常见于沙质环境，在中国内蒙古半固定沙地有所分布，土地沙化早期，白草往往大量侵入[①]。由于荒凉土地往往生长白草，因此白草在古代也常有边塞荒凉意象。在方志中，"白草荒凉"无论是实物描写还是意象呈现，均表达了八里河出现前该地荒凉的景象。随着郭九龄最初对八里河渠的修筑，以及晚清时期天主教会在鄂尔多斯南部进行的移民社会建构和土地改良等活动，如修建渠道引水灌溉，利用淤灌技术积淤蓄肥等，沙地逐渐改造成为宜耕土地[②]。道光二十三年（1843 年）八里河渠的出现成为定边县水环境的一个重要转折点，河流从无到有，并得到了开发利用，由此影响了该流域的地表景观。当地居民通过水利工程人为控制河流流量、流向，调节降水季节分布不均的状况，改变了河流自然演变的过程。而这种水环境的改变最终对水体附近的生态环境赋予正面、积极的变迁动力，将毛乌素沙地南缘的部分区域改造成为适宜作物生长的沃土[③]。

　　① 贾慎修主编：《中国饲用植物志》第 1 卷，北京：农业出版社，1987 年，第 139—140 页。
　　② 张晓虹、庄宏忠：《天主教传播与鄂尔多斯南部地区农牧界线的移动——以圣母圣心会所绘传教地图为中心》，《苏州大学学报》（哲学社会科学版）2018 年第 2 期，第 167—181 页。
　　③ 王晗：《1644—1949 年毛乌素沙地南缘水利灌溉和土地垦殖过程研究——以定边县八里河灌区为例》，《社会科学研究》2016 年第 1 期，第 169—176 页。

三、清代以来无定河水系变迁的驱动机制

气候变化与人类活动被公认为影响环境变迁的两大因素。我们通过整理清代以来毛乌素沙地气候资料与人类活动资料，分析无定河水系变迁的驱动机制。

1. 气候变化

前文研究表明，气候变化对河流水系变迁有重要影响。在宋慧明、刘禹等利用树轮等高分辨率替代性指标重建的毛乌素沙地周边近 300 年气候变化曲线基础上[①]，结合现代器测气候资料，重建了清代以来毛乌素沙地年平均气温及年降水量曲线（图 3-14）。

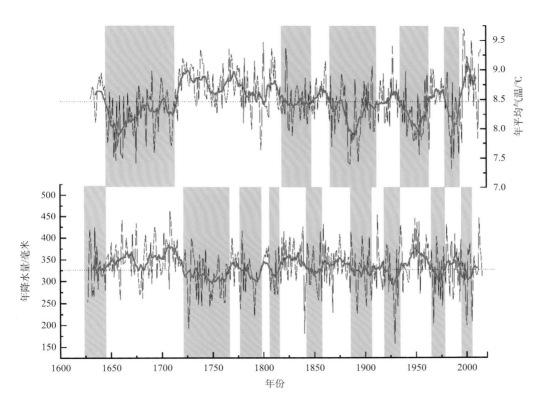

图 3-14　清代以来毛乌素沙地年平均气温与年降水量重建曲线
注：黑线表示年分辨率数据，红线表示 11 年滑动平均数据，虚线表示平均值

可以看出，清代以来，毛乌素沙地经历了 6 次气候温暖期（图中白色阶段）、5 次气候寒冷期（图中灰色阶段）。从 11 年滑动平均曲线来看，1640—1715 年、1825—1850 年、

---

① Liu Y., Sun J. Y., Yang Y. K., et al, Tree-Ring-Derived Precipitation Records from Inner Mongolia, China, Since A.D. 1627, *Tree-Ring Research*, 2007, 63(1):3-14；Song H. M., Liu Y., Li Q., et al, Tree-Ring Based May-July Temperature Reconstruction Since AD 1630 on the Western Loess Plateau, China, *PLoS One*, 2014, 9(4):1-8.

1865—1910 年、1935—1960 年、1980—1990 年为气温相对寒冷期。1640—1715 年是历时最长的寒冷期。1625—1640 年、1715—1825 年、1850—1865 年、1910—1935 年、1960—1980 年、1990—2015 年为毛乌素沙地相对温暖期,其中 1715—1825 年为清代历时最长的温暖期,气候变暖为农业发展提供了有利条件,研究区域在这一时期进入了一个土地开垦发展期。除了 20 世纪 90 年代以来的温暖期年平均气温一度超过 9.5℃,其他温暖期均低于这一水平。

清代以来毛乌素沙地降水量有明显的区域变化特征,图中白色阶段表示降水较多时期,灰色阶段表示降水较少时期。对降水量曲线进行 11 年滑动平均后发现,降水量处于波动相对低值的时段有 1627—1646 年、1721—1767 年、1775—1798 年、1806—1816 年、1841—1858 年、1886—1907 年、1918—1934 年、1966—1979 年、1995—2005 年。降水减少与旱灾同步,如 1627—1646 年降水较少时段对应明末大旱,研究区域有"崇祯二年四至七月不雨""三年府谷岁荒、常乐堡大旱""四年榆林连年旱"等记载[1]。11 年滑动平均后降水量高于平均值的有 1647—1672 年、1684—1720 年、1768—1774 年、1799—1805 年、1817—1840 年、1859—1885 年、1907—1917 年、1935—1965 年、1980—1995 年。在 1647—1672 年降水量较多时段内,出现了"康熙元年闰六月榆林淫雨弥月""康熙三年六月府谷大雨数日"的记载[2]。近年来,毛乌素沙地年降水量呈现增加的趋势,这与葛全胜等利用集成高分辨率气候代用证据重建的中国东部地区过去 300 年降水变化阶段有明显的一致性[3]。

2. 人类活动

人口数量与土地垦殖面积可以代表一定时段内区域人类活动强度,为此整理了清代以来毛乌素沙地相关区域乡村人口数量(图 3-15)与土地开垦面积(表 3-5)。

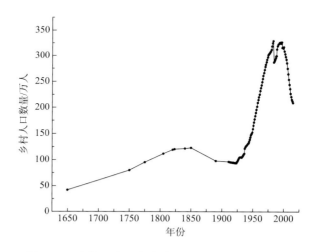

图 3-15　清代以来毛乌素沙地乡村人口数量重建图

① 榆林地区地方志指导小组:《榆林地区志》,西安:西北大学出版社,1994 年,第 105 页。
② 榆林地区地方志指导小组:《榆林地区志》,西安:西北大学出版社,1994 年,第 106 页。
③ 葛全胜、郑景云、郝志新,等:《过去 2000 年中国气候变化研究的新进展》,《地理学报》2014 年第 9 期,第 1248—1258 页。

表 3-5　清代以来毛乌素沙地土地开垦统计表

年份	毛乌素沙地开垦土地
1673	开垦 2839.93 顷
1727	开垦 4350.96 顷
1736	开垦长城外土地 3000—4000 顷
1814	开垦准格尔土地 34 208 顷
1820	开垦土地 664 737 顷
1899	长城沿线开垦土地 101 748.2 顷
1901	教堂地 14 253.33 顷
1911	开垦土地 25 067 顷
1929	开垦 32 398 顷
1931	开垦 700 顷
1934	开垦 3300 余顷
1936	开垦 907 顷
1942	开垦 10 000 余顷
1949	共开垦 559 840 顷

从图 3-15 中可以看出，清代以来毛乌素沙地地区乡村人口数量可以大致分为四个阶段：第一阶段为 1650—1850 年，清朝建立后该区域社会开始稳定，人口逐渐增长，200年间人口数量从 37.8 万人增加到 123 万人。第二阶段为 1851—1932 年的人口数量低谷阶段，由于同治、光绪年间战争、灾害等的影响，1884 年人口下降到 97.59 万人；清末民初陕北、晋北、宁夏等地区汉族移民进入鄂尔多斯地区，但由于该区域蒙古族人口减少及 20 世纪20 年代的大旱，人口增长缓慢，1932 年人口为 104.23 万人。第三阶段为 1933—1995 年的乡村人口急剧增长阶段，随着社会安定与防灾能力提高，该区域人口数量增长到 325.32万人，较前一阶段人口增加了两倍多。第四阶段为 1996 年以后，由于我国改革开放不断深入，伴随社会主义市场经济体制的建立，加速了该区域的城市化进程，大量乡村人口向城市迁移并转变为城市人口，乡村人口逐渐减少。

通过表 3-5 可以发现，时代越近土地开垦面积越多。有学者认为毛乌素沙地南缘数次大规模的放垦导致了沙漠化加剧[①]，也有学者对该结论持不同意见。韩昭庆通过对清末毛乌素沙地开垦区域进行细致考证[②]，认为开垦区域自然条件相对较好，避开了土地沙化的潜在威胁，因此农业活动并不是土地沙漠化的直接原因。对于鄂尔多斯高原环境变化原因的争议，宋乃平综合史料和已有研究成果，恢复了清代至民国毛乌素沙地农牧交错土地利用格局的演变过程，从自然条件、人口压力、经济利益和民族融合等方面探讨鄂尔多斯

① 周之良：《清代鄂尔多斯高原东部地区经济开发与环境变迁关系研究》，陕西师范大学 2005 年硕士学位论文，第 56—57 页。

② 韩昭庆：《清末西垦对毛乌素沙地的影响》，《地理科学》2006 年第 6 期，第 728—734 页。

农牧交错土地利用的演变机理①，他认为土地利用对清代以来鄂尔多斯土地沙漠化有重要影响。

3. 驱动机制分析

气候变化是水系变迁的重要因素。前文表明，清代以来毛乌素沙地在 1799—1885 年是明清小冰期中的一个降水较多时期，1825—1910 年主要为冷期。所以 19 世纪中后期，毛乌素沙地气候明显湿冷。由于此时降水量增加，蒸发量减少，黄土高原土壤侵蚀加剧，一方面导致进入佟哈拉克泊的泥沙增加，湖泊逐渐淤浅，具备萎缩甚至消亡的地理基础，到 1899 年光绪《靖边县志稿·边外总图》中把都河已与无定河贯通成现代无定河②；另一方面沟谷下切侵蚀到潜水层，促使新的河流诞生或发生河流袭夺现象，如八里河，文献记载："道光二十三年秋，大雨，水深数尺，南山内九涧冲刷成渠。"③

除气候变化因素外，人类活动也加速了无定河水系的变化进程。明清时期，陕北长城边外土地的利用方式发生重大改变。明政府为抵御蒙古诸部的入侵，禁止内地民众出边垦殖，并在边外实行"烧荒"政策④，使陕北长城边外形成一片无人的"空闲土地"。清初，这一"空闲土地"禁止放牧和垦殖，成为"禁留地"⑤。直至康熙三十六年（1697 年）清政府允许放垦，陕北边民开始到边外开垦土地，并逐渐定居。他们定居之处被称为"伙盘地"，大致位于今陕西省榆林市长城以北地区和内蒙古自治区南部边缘地区。道光年间，边外汉民总数已超过 2×10^5 人，边外人口约占沿边六县总人口的 1/3⑥，给生态环境带来了巨大的压力。不断的农业开垦，尤其是坡地开垦，植被覆盖率降低，雨季沟谷侵蚀加剧，进而导致水系变迁。

毛乌素沙地水系的文献考证与实地考察，为重建毛乌素沙地水系变化过程提供了依据，也为今后研究历史时期毛乌素沙地环境变化提供了基础数据。

---

① 宋乃平、张凤荣：《鄂尔多斯农牧交错土地利用格局的演变与机理》，《地理学报》2007 年第 12 期，第 1299—1308 页。

② 光绪《靖边县志稿》，台北：成文出版社，1970 年，第 58—59 页。

③ 民国《续修陕西通志稿》卷 61，南京：凤凰出版社，2011 年，第 464 页。

④ 张世明：《清代"烧荒"考》，《清史研究》2005 年第 3 期，第 85—88 页。

⑤ 张力仁：《清代伊克昭盟南部"禁留地"新探》，《中国历史地理论丛》2018 年第 4 辑，第 87—94 页。

⑥ 王晗：《清代陕北长城外伙盘地研究》，陕西师范大学 2005 年硕士学位论文，第 22 页。

第四章

巴丹吉林、柴达木、库木塔格沙漠考察

巴丹吉林沙漠位于内蒙古高原的西南边缘，处于三面环山的巨型盆地内，地势由南向北、由东向西逐渐降低，西北部较开阔，面积约 4.43 万平方千米。巴丹吉林沙漠因处于阿拉善荒漠中心，气候极为干旱，年降水量仅 40—80 毫米，其中 6—8 月份降水量占 62%。年平均风速 4—4.5 米/秒，年大风日数 40—60 天，春季风强劲，盛行西北风。年平均气温 8—8.9℃，夏季最高可达 38—43℃。年光照时数 3200—3300 小时，是内蒙古沙漠光照最充足的地区。该沙漠以流动沙丘为主，只有西部沙漠边缘古鲁乃湖地区及北部拐子湖、东部库乃头庙等地有半固定沙丘分布。高大沙山密集分布在沙漠的中部，一般高度 200—300 米，最高可达 420 米，所以巴丹吉林沙漠是我国沙丘最高大的沙漠。沙山排列方向为北东 30°—40°，反映了当地占优势的西北风的影响。沙丘的形态主要是复合型沙丘链（沙山），其次是金字塔状沙山。高大沙山之间的丘间低地，分布有许多内陆小湖，当地人称为"海子"。由于蒸发强烈，盐分积累，湖水矿化度很高，但某些湖盆边缘及海子中心仍有淡水泉出露，可供饮用。巴丹吉林沙漠除了沙漠中部的高大沙山之间有湖泊分布外，在西部和北部的沙漠边缘也分布有面积较大的湖泊，如北部的拐子湖、西部的古鲁乃湖，这些湖盆周围水分条件较好，生长有成片的梭梭林，成为巴丹吉林沙漠边缘地区主要的天然植被。

柴达木盆地是由昆仑山、阿尔金山和祁连山所环抱的荒漠大盆地。东西长 850 千米，南北最宽 250 千米，面积约 22 万平方千米。由于身处内陆腹地，气候极端干燥，干旱程度由东向西增大。东部年降水量在 50—170 毫米；西部年降水量仅 10—25 毫米。盆地内沙漠分布广泛，面积约 9000 平方千米，但比较零散，并多分布在与戈壁交错的山前洪积平原上。其中分布比较集中的是盆地西南部的祁曼塔格山、沙松乌拉山北麓等地，这里形成了一条大致呈西北—东南向的断续分布的沙带。北部花海子和东部铁圭等地也有小面积的分布。沙丘多为流动的新月形沙丘、沙丘链和沙垄，一般高 5—10 米；高大的（20—30 米）复合型沙丘链也有分布，但面积很小。固定、半固定的灌丛沙堆，则散布在洪积平原前缘潜水位较高的地带。此外，区内风蚀地貌发育广泛，占盆地内沙漠面积的 67%，主要分布在盆地西北部，东起马海、南八仙一带，西达茫崖地区，北至冷湖、俄博梁，由第三系的泥岩、粉砂岩和砂岩所构成的西北—东南走向的短轴背斜构造非常发育，岩层疏松，软硬相间。风向与构造走向一致，也是西北方向，强烈的风蚀作用形成了排列方向与风向大致相同的风蚀长丘和风蚀劣地。

河西走廊毗邻的库木塔格沙漠，其南部是历史上敦煌西出的重要通道。本章以毗邻巴丹吉林沙漠、库木塔格沙漠、柴达木沙漠的青海、甘肃、新疆等地区历史人类活动遗址遗迹调查介绍为主，河西走廊地区是重点调查区域。为调查和研究上述沙区历史时期环境变迁与人地关系，课题组于 2017 年 8 月、2018 年 8 月、2019 年 11 月、2020 年 7 月、2021 年 8 月，分 5 次进行了野外考察，结合历史文献记载，对这一区域的城址、水系、交通及沙漠地区环境变化进行了详细的调查与分析。

第一节　甘青地区古代城址变迁考察

一、黑河（额济纳河）流域古城遗址

1. 黑水国遗址

黑水国南城遗址位于张掖市甘州区明永镇下崖村 312 国道南侧。乾隆《甘州府志》卷 4 记载："其地唐为巩笔驿，元为西城驿，明代则称小沙河驿。"据王北辰先生考证，黑水国南城之建早在汉代，唐代经修筑，被利用作巩笔驿，元代为西城驿，明代为小沙河驿。黑水国南城的废弃在万历《甘镇志》成书以后到乾隆《甘州府志》成书之间（即 1657—1779 年），南城的最后撤废，迄今不过三百年，城内建筑破坏一空，乃是近三百来年的事。

该城地理坐标为北纬 39.743527°，东经 98.200818°，海拔 1787 米。该城保存较为完好，其平面呈长方形，东西长 154 米、南北宽 129 米。城墙黄土夯筑，基宽 8 米、顶宽 6 米、残高 8 米，夯层厚 0.16—0.2 米，部分墙体为土坯砌筑。四角筑有四棱台体角墩，墩内穿插有韧木。东墙辟门，门外筑瓮城，瓮城门向东。曾采集有汉代铜镜、陶器、五铢钱、铜兵器及明代黑釉瓷片等。地表散见汉砖、残石磨及灰陶片等[①]。

实地观测该城，北、西、南三侧城墙内，有大量沙涌入（图 4-1、图 4-2、图 4-3）；东侧沙涌入现象并不明显，或为该地区盛行西北风的缘故。城东北角墩、东城门及北墙偏西一段保存较为完好。城内有布纹陶片和子母砖残块，据当地文物部门人员介绍，应为汉代陶片和墙砖。城内地面长有梭梭、骆驼刺等荒漠植被，城四周为农田，间有乔木，长势良好。

---

① 国家文物局主编：《中国文物地图集·甘肃分册》下册，北京：测绘出版社，2011 年，第 317 页。

图 4-1　黑水国南城东北角土台（一）
杨伟兵摄

图 4-2　黑水国南城东北角土台（二）
董嘉瑜摄

图 4-3　明南城城墙残壁
杨伟兵摄

　　黑水国北城遗址（图 4-4）位于张掖市甘州区明永镇下崖村 312 国道北侧 1 千米，与南城相距 3 千米。据《中国文物地图集·甘肃分册》记载，该城平面呈长方形，东西长 254 米、南北宽 228 米。城墙黄土夯筑，基宽 3.8 米、顶宽 3 米、残高 5.5 米，夯层厚 0.2—0.25 米。西南角有四棱台体角墩，底边长 9 米、顶边长 7.2 米、残高 7 米。南墙辟门，门宽 4 米。地表散见夹砂红、灰陶片及汉砖，并有明代黑釉、豆绿釉、白釉及青花瓷片等，可采集到残铁块[①]。

图 4-4　汉黑水城北城遗址
杨伟兵摄

　　项目组考察时，测量该城地理坐标为北纬 39.035157°，东经 100.358458°，海拔 1460.7 米（遗址保护碑处）。实测城址数据与上述文物地图集记载略有出入：该城南北长 245.6 米，东西宽 242.4 米。城墙基厚 3—3.3 米，残高 2—6.3 米，门外无护门墩台及瓮城门，城门两侧做内向曲壁，南墙无修复加筑的痕迹。夯土层中有索草缩绳，缩绳不与墙体另一面连接，而是用大木钉钉在墙体之外，筑完一层之后砍断缩绳，从墙体部分断裂处可见木钉。

　　北城四角无外伸之敌角墩台，西南内侧筑有敌角，边宽 8 米，高 6 米，台顶边宽 7 米，墩台夯土层厚度为 20—27 厘米，无缩绳孔。敌角顶四边有围墙，围墙由内外两层合成，外层为版筑墙，厚度为 48 厘米，内贴土坯层，厚度为 22 厘米，有土坯标本，规格为 34 厘米 ×17 厘米 ×9 厘米（按比例应为 36 厘米 ×18 厘米 ×9 厘米，仅得一块，估计测量有误）。敌角未发现有桩木，东南角有自内向外引出的小槽痕迹。敌角东 12 米处有一道南北向的隔墙，南与南墙接触，北伸入沙丘，大概敌角之北沙丘内也有同样的隔墙，隔墙夯土层厚度为 20 厘米，无缩绳孔。

　　城门内有东西向的高台，可能为护门设施，东南角有较大的建筑遗址，北墙内侧直对城门有一个 14 米见方的台地，疑为古代的庙宇建筑。北城内沙土淤积较厚，原有建筑物遗址不清，采集到的遗物主要是元明时期的青花瓷片、黑釉瓷片和粗缸瓷片，也有少量的汉晋陶片。西南角及西墙被沙丘掩埋，东南角也有巨大的沙丘。南墙及东墙处有沟壕痕迹，出城门有一条向南伸去的沟壕，大概为引水渠。北城西南侧有密集的居住遗址，遗物均为

① 国家文物局主编：《中国文物地图集·甘肃分册》下册，北京：测绘出版社，2011 年，第 317 页。

宋、元、明时期的瓷片。

城四周为农田，城内为人工种植乔木，间有灌木、杂草及沙土。城内有一排明显的乔木，西北至东南走向，该排乔木西南侧为沙丘，东北侧为种植乔木，可见田垄痕迹，种植乔木前应为田地，该排乔木可能为当时农田防沙用。城东有一片盐碱地，仅零星分布植物，其余地方裸露明显，曾经应该是一片水域。盐碱地以东，有一条并不宽的河流，为黑水河支流，河流两侧植被生长良好。城南农田长势良好，但城西南角为全城沙丘覆盖最严重处，城西南角偏东位置可见整个沙丘已越过城墙，深入城内。

黑水国古城周围有大量汉代墓，并散布大量的马厂类型新石器夹砂陶片。汉代墓群的范围南北长约 15 千米，东西长 10 千米左右。考察一行人员到达时，西北师范大学考古系师生正在黑水国西城进行文化层遗址和墓地的发掘和出土工作（图 4-5）。该地东经 100.343667°，北纬 39.015529°，海拔 1472.8 米。共发掘探方数十个。地层多为史前文明的铁器冶炼作坊、民居和墓穴，西端出土汉墓一个，为穹顶式三进院落，营建形制精美，墓壁墙砖上刻有壁画，画风简约；墓外有下斜墓道。

图 4-5　南北城之间的重要考古发掘现场
杨伟兵摄

2. 骆驼城

骆驼城（图 4-6）位于高台县骆驼城镇坝口村西南 3 千米的戈壁滩。据民国《高台县志》载："县城西南四十里，俗名骆驼城，即汉乐涫旧址。"[①] 可知此城为始建于汉武帝元鼎年间的乐涫县。前凉于此设建康郡；后凉龙飞二年（397 年），太守段业于此称凉州牧，设建康公，创建北凉政权，该城为十六国时期前凉至北周的建康郡城。唐中宗时设建康军，为唐代的建康军城[②]。

---

① 民国《高台县志》，南京：凤凰出版社，2008 年，第 30 页。
② 乾隆《重修肃州新志》，南京：凤凰出版社，2008 年。

图 4-6　骆驼城遗址
于昊、杨伟兵摄

实地观测该城，骆驼城"皇城"祭祀台地理坐标为北纬 39.346252°，东经 99.569270°，海拔 1416.4 米；骆驼城水井地理坐标为北纬 39.346883°，东经 99.567375°，海拔 1411 米。该城平面呈长方形，南北长 704 米、东西宽 425 米，中以一道东西向的墙将城分为南北两城。南城南北长 494 米、东西宽 425 米，东、西、南正中各辟一门，门外皆有方形瓮城。城内西南角有一东西长 132 米、南北宽 79 米的小城，俗称宫城。北城俗称"皇城"，南北长 210 米，东西宽 424 米（图 4-7）。南墙正中开门，与南城相通。城垣黄土夯筑，基宽 6 米、列高 7 米，夯层厚 0.12—0.14 米，墙内残存筑墙时的圆木。南城东墙及北城北墙已毁，西墙近墙处有近方形的夯筑墩台，类似后世的马面，其与城墙连接处亦夯筑成高度相当但略窄的通道。城内地表散见焦兽骨、灰陶片，曾出土汉代五铢钱、陶纺轮，唐代铜铁器等。在北城东北角和城外东部发现炉壁、炉渣和残铁块。2001 年城内曾出土唐代房址数间[1]。

实地考察时发现北城南侧城墙（即南城北侧城墙）保存较为完好，居中位置为瓮城（图 4-8），北城西侧城墙只残存靠南的一段，北侧城墙已不存，东侧城墙基本保存，但夯土城墙呈断续状，据当地文物部门介绍，为 20 世纪 70 年代人为因素所致。

南城南侧城墙正中辟一城门，瓮城清晰可见（图 4-9），南城西侧城墙保存较为完好，东侧城墙已不存。东西两侧城墙各有两座空心土台，并呈两两对称分布，无法判明为瓮城或空心敌楼。南城西南角为一小城，小城入口处在小城东南角，毗邻南城南门。小城北侧城墙正中有一凸出的夯土台，可能为祭祀作用。城内外地表景观差异不大，沙土地面，有草本植物及零星灌木分布。

---

① 国家文物局主编：《中国文物地图集·甘肃分册》下册，北京：测绘出版社，2011 年，第 335 页。

图 4-7　南城门及"皇城"城门
杨伟兵摄

图 4-8　北城南侧瓮城
杨伟兵摄

　　南城东垣外三四十米处，有断续延伸的低矮墙一面，据专家认定为羊马城。南城西南隅有方形小城一座，边长 130 米左右，面积约 16900 平方米，城南开门，小城北垣仅存一台基。城周有干涸河床和冲沟环绕。骆驼城南城东垣外侧存烽燧一座，该烽燧残高 8 米左右，其与东西两面相距 2.5 千米的烽火台遥相呼应。骆驼城南 1 千米处分布大小夯实土墩台 26 座，墩台间相距 30—80 米不等。骆驼城东南 2 千米处有约 4 平方千米的汉代墓群。骆驼城东北 590 米处也有古代墓群。

图 4-9　南城门瓮城
杨伟兵摄

3. 毛目城

毛目城位于金塔县鼎新镇,地处黑河东岸,扼黑河通道,地理位置十分重要,即所谓"东枕合黎,西临黑河,近屏河西,远控大漠"。此地自古就是居延海通往河西走廊的天然通道,为兵家争夺之地。近代西人探险,毛目城是额济纳河下游多被提及或踏查的城址,是黑河流域重要的考古据点。斯坦因曾较为详细地考察了毛目城及"毛目绿洲"(自毛目到镇夷峡距离的1/3)。贝格曼在斯坦因调查基础上,深入"绿洲南部",完成对毛目及其以南、以西多个"绿洲"的塞墙和烽燧的调查。

毛目城始筑于元至正十五年(1355 年),周长 1 千米,设守御所。清雍正十三年(1735年)高台设分县,县丞驻毛目城,并驻绿营兵防守。同治八年(1869 年)展筑,周长为 1.5千米;光绪十三年(1887 年)增筑南瓮城。民国二年(1913 年)高台县正式析置毛目县,以此城为治。1928 年改县名为鼎新。民国十八年(1929 年),取毛目城、天仓城、双树墩三足鼎立之势,更名为鼎新县。1956 年 3 月撤县,其地并入金塔县。

今仅余城墙残段(图 4-10),位于今金塔县鼎新镇镇政府大楼后院西南角,东经99.381251°,北纬 40.128112°,海拔 1210.7 米,为夯土层建筑,现存残留墙体高度约 4.5 米,厚度约为 4 米,现存长度 30 米左右。

4. 肩水都尉府大湾城、地湾城、金关城

西汉时期在今金塔县、额济纳旗交界地带,设置了一批拱卫河西走廊北部地区的重要军事机构。以下属肩水都尉府系统的城址,约建于元狩二年(前 121 年)。

1)东西大湾城

大湾城故址是汉代肩水都尉府所在地,分东大湾城和西大湾城(东岸为东大湾城,西岸为西大湾城)两部分,均位于金塔县城东北 145 千米处的黑河两岸,北纬 40.426113°,东经 99.677186°,海拔 1153.8 米。

图 4-10　毛目城残存墙体
杨伟兵摄

东大湾城（图 4-11）位于金塔县航天镇东北约 10 千米的黑河东岸，城址呈矩形，南北长 350 米，东西宽 250 米。分内城、外城和障城三部分，城东北有残高 7 米的烽燧。外城损毁严重，仅东墙、北墙断断续续，南墙、西墙已不见。内城位于外城东北部，东西长 190 米，南北宽 140 米。障城东西长 90 米，南北宽 70 米，平均残高 8 米，墙宽 4 米左右，内有宋元时期的土坯房三间，应该是戍卒的住所。东大湾城墙体为夯土版筑，与西大湾城筑法相同。城外有废弃墙体、窑址、耕地和水渠遗迹。1930 年，中瑞西北科学考察团在此发掘汉简 1500 余枚，木器、竹器、葫芦器、芦苇器、陶器、石器、皮革、织物等 350 余件，另有西夏文印板文书和西夏文丝绸各一件。东大湾城出土的汉简，时代集中于公元前 86 年至公元 2 年，最晚为公元 11 年，属于汉昭帝至王莽时期[①]。

图 4-11　东大湾城航拍

---

① 李并成：《河西走廊历史地理》第 1 卷，兰州：甘肃人民出版社，1995 年，第 202 页。

　　西大湾城（图 4-12）位于金塔县航天镇东北约 10 千米的黑河西岸，与东大湾城隔河相望，直线距离仅 2 千米。城墙为夯土版筑，东西长 210 米，南北宽 180 米。墙宽 5—8 米，高 5.7—8 米，夯土层 18 厘米，上有女墙，但已不明显。西侧墙体有修补痕迹，是 2009—2011 年抢险修复的。由于紧邻黑河，东侧、南侧墙体被严重冲毁，墙外有一段八百米长的防洪大堤，是 20 世纪末国家为保护西大湾城而批准修筑的。城内地表有少量灰陶片和黑釉粗瓷片。

图 4-12　西大湾城航拍

　　2）地湾城

　　地湾城（图 4-13）位于甘肃省金塔县城东北 151 千米处黑河东岸的戈壁滩上，北纬 40°42′，东经 99°86′，为汉代肩水候官驻地（军、民），属居延遗址的一部分。西北距肩水金关遗址 1 千米，南距肩水都尉府（大湾城）遗址 5 千米，三处形成鼎立拱卫之势。

图 4-13　地湾城故址
于昊、杨伟兵摄

地湾城故址周长 81 米，面积 487 平方米，距金关城 700 余米，外围有一些残留的墙体，疑为当时城外的住宅生活区。黑河河岸至此约 568 米。由 3 坞和 1 障组成，遗址范围 100 米 ×100 米。现仅存 1 障，障面积 22.5 米 ×22.5 米，城墙基部厚 5 米，高 8.4 米，系夯土版筑，夯层 0.2 米，夹棍间距 4 米，行距 1.7 米，在北墙离地 4 米和东南墙角离地 2 米处有成排木棍洞。西墙正中开有穹顶门。城堡外坞院较大，残高 0.5 米，有房屋和两道围墙遗址。

1930 年，西北科学考察团在此发掘出土汉简 2000 余枚，同时出土的遗物还有铜器、铁器、陶器、竹木器、皮块以及纺织物残片、绢制文书等。1972 年，又发现汉简、铁器、陶器等遗物。共计出土汉简 3600 余枚，有历简、历谱、医简、算简等，具有极高的研究价值。

3）肩水金关

肩水金关遗址位于金塔县城东北 152 千米处，距东大湾城 7 千米的黑河东岸，属居延遗址的一部分，为汉代烽塞关城。此处测得至黑河河中芦苇荡约 465 米，河岸至金关城约 85 米。东经 99.929989°，北纬 40.583769°，海拔 1121.5 米。

肩水金关是汉代进出河西、通向南北的咽喉，取名金关，有"固若金汤"之意。其主要建筑是由两座对峙如阙的长方形夯土楼橹构成的关门、烽台、坞和一方堡等遗址，现仅有一烽台，8 米见方。1930 年西北科学考察队在肩水金关故址挖掘出汉简 850 枚；1973 年，甘肃省居延考古队又挖掘出汉简 11577 枚，其他实物 1311 件。这里挖掘出土的汉简占全国出土的居延汉简的 1/3，尤为可贵的是其中包括完整的和比较完整的簿册 70 多个，有的出土时就连缀成册，有的编绳虽朽但保持册形，有的散落近处可合为一册，这些汉简多数有纪年，内容连贯。如简册《塞上烽火品约》17 枚，便是在肩水金关遗址发现的。

5. 居延都尉府甲渠候官城

居延遗址——A8 障，包括破城子城堡及烽燧遗址两个部分。汉甲渠候官遗址，即破城子，位于额济纳旗人民政府驻地南 24 千米的敦达河与敖包河交汇处至布敦波日格以南处，古弱水自此东北流向居延泽。现存遗址围墙仅存痕迹，东西长约 100 米，南北宽约 70 米，分障城和坞城两部分。障城周长 61 米，面积 269 平方米。围墙内现存一城堡残垣，略为方形，南北长约 19 米，东西宽约 18.5 米，残高 4—4.5 米，上厚 1 米，下厚 3 米，为三层土坯夹一层茇茇草筑成，东南角开门，门朝正南，宽约 2 米。举世闻名的"居延汉简"大部分出土于此塞的破城子遗址内。此城的考古报告称："这里发现的遗物最为丰富，达 1230 余件。其中有铁器、铜带钩、铜镞、陶器、木器、骨角器、葫芦器、五铢钱、大泉五十、琉璃饰物、线鞋和绢帛文书等。特别重要的是发现了 5216 枚木简。"[①]这就是"居延汉简"，这批汉简大部分是公元前 81 年至前 25 年间的遗物。其中 1495 枚出于城堡的第三、四号点内，其余出土于围墙外的 3 个垃圾堆中。根据出土汉简考证推断，此处应为汉代居延都尉甲渠候官所在地。1972 年 9 月 15 日，酒泉地区文物普查组在原 3 号点试掘，获得"居延汉简"百余枚，其中一枚有"□渠候官行者走"字样，另一枚有"天凤二年"字样。除此，采集遗物还有五铢钱一枚，铁口锄一件及灰陶片、铁器、铜器等。

烽燧与破城子南北排列成"一"字形，在纳林河东岸与伊肯河西岸之间的砾石地上，长约四十千米，有 26 个烽台，烽燧间相距约 1300 米，全为土坯建造，因风沙侵蚀成为圆土堆，有些表面暴露出汉简、灰陶片等遗物。除一部分烽台外，此线上有一半还曾保存着塞墙，现在可见的，是用两道砾石堆起的塞墙的基址。有些地方保存较好，如附近的一段塞墙，宽 3 米，高出粗砾石地面为 10 厘米，塞墙的内外两面都有 5—5.5 米宽的浅壕，壕沟面不见一般地面所有的粗砾石。根据甘肃省境内的汉塞残迹来看，此处的塞墙原先应是用砾石掺杂了树枝、芦苇而筑成的。

汉甲渠候官第四塞，周长 61 米，面积 326 平方米。另一个烽燧周长 60 米，面积 262 平方米，营建形制如图 4-14 所示。

---

① 陈公柔、徐苹芳：《关于居延汉简的发现和研究》，《考古》1960 年第 1 期，第 45—53 页。

图 4-14　甲渠候官城周边烽燧
杨伟兵摄

6. 黑城子 / 黑水城遗址

黑城又名"黑水城"，蒙古语称为哈喇浩特，位于阿拉善盟额济纳旗达来呼布镇东南，是党项族建立的西夏国设置于西北地区的边防重镇。名称由来与其位于额济纳河流域有关。额济纳河古称黑水或弱水，故有是称。

黑城原是西夏"黑水镇燕军"所在地（一说为"威福军"所在地），当时称威福军城（即黑水城）。西夏未建都前，这里就移入大批居民，耕织牧猎，繁衍生息。建都后，为防备辽国和漠北蒙古夺占此地，进而威胁西夏领地，调所辖 12 个军司中的两个军司驻守居延地区，其中之一便是驻守在黑城的"黑山威福军司"。随着漠北蒙古力量的日益强大，此处成为守卫西夏的战略要地。

南宋宝庆二年（1226 年），蒙古军队攻占该地后，在这里设立了亦集乃路总管府，即元代的"亦集乃"城。"亦集"意谓"水"，"乃"意谓"黑"，"亦集乃城"意即"黑水城"。黑水城管辖西宁、山丹两州，成为北走上都，西抵哈密，南通河西，东往宁夏的交通要冲和阿拉善地区的政治、经济、军事中心。此后该地一直是从中原至漠北纳林驿道的交通枢纽。元廷通报军情急务通常都走这一条路。13 世纪意大利旅行家马可·波罗在到达中国后曾到过此地，并说"城"在北方沙漠边界，属唐古忒州，颇有骆驼、牲畜，当地人恃农业、牧畜为生。

现存古城为元亦集乃路故城，平面呈长方形，东西 421 米，南北 374 米（图 4-15）。城墙夯筑，夯层厚 8—10 厘米，墙体内存有韧木，墙上建女墙，以土坯砌成，无垛口；城墙基宽 12.5 米，顶宽约 4 米，平均高 10 米以上，四周城垣保存较好。东西两墙对开的城门稍有错位，城门外有正方形瓮城。城四角设向外突出的圆形角台，城垣外侧设马面 20 个，南北各 6 个，东西各 4 个。马面作长方形，向上皆有收分，端头翘起。城垣内侧四角、城门两侧以及南墙正中有两面坡式马道 7 处。城内主要大街有 4 条，南北向径路 6 条，总面积约达 10759 平方米。城内建筑物之废址，尚能辨认其为庙宇、街道或民房。城墙西北角上有 11 米高的方形佛塔 1 座，覆钵形塔身，阶式上收的塔刹。

图 4-15　黑水城航拍

　　城外西南方，一座穹庐式顶、壁龛样式的礼拜堂矗立于荒野，据地方文史工作者介绍，此为清真寺，可能为元代回族商贾的礼拜寺。寺的大厅顶虽已塌坏，但主体建筑却仍然完好；周围有隆起小土丘状的墓地分布。在城遗址西边，额济纳河河床右岸有塔墓。塔墓高出地面 9 米左右，由台座台阶式的塔身和塔顶组成。在塔内台座的基础上，有垂直伸到塔顶的木杆起支撑作用。塔墓内保存着大量历史文物。1909 年科兹洛夫就从塔墓内盗取了大量的历史文物，其中包括书籍、文卷、泥佛像和佛经等物。另外，城外有羊马城遗迹，土墙夯筑，厚 2 米，残高 2.4 米。

　　小城在元亦集乃路故城东北隅，为西夏黑水镇燕军司故城。该城平面呈方形，边长约 238 米，正南设城门。城墙平地起筑，以土夯成，夯层厚约 8 厘米。南墙门外加筑长方形瓮城。墙上设马面、角台等。东、北墙被元亦集乃路城垣作为基础叠压，西、南墙被改造利用分解为数段。西墙现存两段墙体，南墙存五段。未设护城壕，以额济纳河为天然屏障，其特点与辽、金、元三代边堡关防城市大抵相似，具有明显的军事性质。出土有少量陶片、瓷片。

　　城内地表沙化，如今沙丘与城墙齐平，四面城墙积沙严重，城内不断清理积沙才保持现状，反映该地沙漠化较为严重。从航拍图像及沿途远眺观察，黑水城南北两侧皆有稀疏植被带自西向东伸展，应为斯坦因实测黑水城第一图中两条古河道河床。现在的植被覆盖可说明古河道地下水仍较他处丰富。

二、居延都尉府城址、居延县城址考证

在对居延遗址额济纳旗部分的黑城、绿城、红庙、K710 城、K688 城等遗址依次进行实地考察后，鉴于这一地区系汉代居延地区政治军事中心所在，遗址分布密集，我们核查历史文献记载，在充分利用前辈学者研究成果的基础上，将调查重点聚焦在对汉代居延都尉府、居延县城位置的确定上，对居延都尉府城、居延县城址进行了考证。

我们首先对被认为是居延都尉府治、居延县治的绿城、K710 城和 K688 城三座故城遗址及其周边环境进行了实地考察。除以上三城外，本地区 K749 城、白城二城，与居延都尉、居延县治所确定亦密切相关。此外，作为确定都尉治、县治位置的重要参考坐标，已被学界公认是前述汉甲渠候官治所的破城子（A8）[①] 也在本处再作讨论。

1. 各家观点

1930 年中瑞西北科学考察团考察居延地区，贝格曼首次提出 K710 城为居延城的说法，引发了学界对居延城（居延都尉府、居延县城）位置的讨论。陈梦家爬梳居延汉简，发现居延都尉府、居延（县）城不在一城的可能性，以为"居延都尉府在 A8 破城子第三、四地点，K710 或是居延城，K688 或是遮虏障"[②]，是为讨论居延都尉府、居延（县）城驻地所在之滥觞。

因至今尚无直接证据可证居延城（居延都尉府、居延县城）具体位置，学界前贤多以传世文献、出土文献与实地考察为依据，提出假说。目前主流说法有三种：一是景爱的"K710 城说"，该说法认为 K710 城即居延城，居延都尉府、居延县同治 K710 城；二是薛英群的观点，即"K710 城为居延县城、K688 城为居延都尉府说"，此说颇具影响力；三是李并成"绿城说"，此说与前两者将居延都尉府、居延县城皆推断在古弱水河北岸不同，其认为"居延县城"是居于古弱水河南岸的绿城，居延都尉府当在古弱水河北岸。

1）K710 城为居延城说

1990 年，景爱前往居延地区考察后，认同了贝格曼、陈梦家等人的说法，认为 K710 即汉代的居延城[③]。与此同时，他还对居延城与古代弱水下游河道的相对位置进行了分析，他说：

> 古代的弱水与现在额济纳河有些不同，没有东河、西河、细河这么多的河道，只有一条河道，就是现在的东河。……从卫片上可以看出，汉代居延城一带适当弱水下游主干的末端，是水源比较充足的地方。居延城位置的选择，显然与弱水下游河道的流向有直接的关系。这里既然有充足的水源，势必成为汉代屯垦的中心[④]。

① 宋会群、李振宏：《汉代居延甲渠候官部燧考》，《史学月刊》1994 年第 3 期，第 14—20 页。
② 陈梦家：《汉简考述》，《考古学报》1963 年第 1 期，第 77—110 页。
③ 景爱：《额济纳河下游环境变迁的考察》，《中国历史地理论丛》1994 年第 1 辑，第 41—67 页。
④ 景爱：《额济纳河下游环境变迁的考察》，《中国历史地理论丛》1994 年第 1 辑，第 41—67 页。

他通过分析遗址的空间分布认为:"汉代的垦区主要集中在弱水冲积扇的西北部,汉代的重要遗址都分布在这一地区,其他地区比较少。……在弱水干流之南,只有少量的汉代遗址,说明这里是汉代垦区的边缘地带。"[①] 从居延地区的沙漠化与环境变化可以推断居延城的位置所在。此外,景爱运用遥感卫星影像绘制了数张居延地区地图。魏坚在《额济纳旗汉代居延遗址调查与发掘述要》"居延遗址主要遗迹分布示意图"[②] 中,直接将"K710城"标注为"居延城",但未解释原因。

2)K710 城为居延县城、K688 城为居延都尉府说

薛英群在甘肃省文物工作队《额济纳河下游汉代烽燧遗址调查报告》的基础上,撰写《居延汉简通论》时认为 K688 城为居延都尉府,K710 城有可能是汉代居延县故址,除了从军事防卫角度考虑外,其理由主要是,K710 城不仅远离烽燧线,且四周为草原,地势平坦,周围未见军事防御设施,但交通条件较好,城外易开垦殖谷,是理想的农业区,这恰好符合县治的要求,而 K688 城址汉代灰层中发现了一些箭头、陶片、麻绳等遗物,因此很有可能是居延都尉府所在地[③]。

2001 年 9—10 月,吉林大学边疆考古研究中心配合内蒙古自治区文物考古研究所对额济纳地区 13 处古代遗址进行调查和试掘,在《额济纳古代遗址测量工作简报》中直接沿用了这一说法,称 K710 城为居延县治所,"雅布赖城(即 K688 城)为居延都尉府所在地"[④]。

3)绿城为居延县城说

李并成在其《汉居延县城新考》中通过对居延地区古垦区的分布、居延汉简涉及的位置信息和城址的规模大小的研究,首次提出"绿城为汉居延县城"之说,文中提到:"K710、K688 二城,笔者认为显系军事用途的城堡。二城规模较小,远非县城可比,且位置偏北,接近弱水尾闾,临近冲要之地。……其中 K688 城,距离北、西两道烽塞防御系统更近,便于对其统辖指挥,也便于及时传递警讯,部署兵力,当为汉居延都尉府城。而 K710 城则有可能是路博德所筑的遮虏障。"[⑤]

张文平所著《遮虏障、居延都尉府与居延县》,以 2008 年居延地区新发现的白城为切入点,根据城址规制、方位,并结合出土与传世文献判断城址性质,给出如下结论:发现 K710 城、K688 城与白城大体相同,平面呈方形,边长 130 米,大致直线排列,并结合传世文献,认为 K710 城居中且规制较高(有瓮城、角台),可能为遮虏障,K688 城、

① 景爱:《额济纳河下游环境变迁的考察》,《中国历史地理论丛》1994 年第 1 辑,第 41—67 页。
② 魏坚:《额济纳旗汉代居延遗址调查与发掘述要》,《额济纳汉简》,桂林:广西师范大学出版社,2005 年,第 2 页。
③ 薛英群:《居延汉简通论》,兰州:甘肃教育出版社,1991 年,第 36—37 页。
④ 吉林大学边疆考古研究中心、内蒙古自治区文物考古研究所:《额济纳古代遗址测量工作简报》,朱泓主编:《边疆考古研究》第 7 辑,北京:科学出版社,2008 年,第 353—370 页。
⑤ 李并成:《汉居延县城新考》,《考古》1998 年第 5 期,第 82—85 页。

白城分列左右，为其卫城。[①] 而对于贝格曼考察时发现的 K749 城[②]，因是"内外城结构，规格高于上述三城，为居延都尉府"之说，张氏并不认可，指出该城面积上显然太小，只依据其规格较高恐很难证明[③]。在居延县城问题上，张文平则同意李并成的"绿城说"。

4）其他观点

1976 年，甘肃省文物工作队对居延地区展开实地调查，在《额济纳河下游汉代烽燧遗址调查报告》中提到 K710 城是一个孤城，与它所管辖的殄北塞、甲渠塞、卅井塞都相距甚远，因此不可能是居延城。而 K688 城南北两翼均有城障烽燧设施，东临伊肯河，饮水、屯戍都很方便。尤其是破城子出土简（甲乙编 89·24）中有"□候官穷虏燧长簪袅单立……应立居延中宿里，家去官七十五里，属居延部"，与 K688 城距离甲渠候官所在地——破城子基本相吻合[④]。因此，根据城址周边的军事布局和简 89·24 记载的位置信息，可以认为 K688 城即居延都尉府（居延城）所在。该报告还提到："根据 K710 城建筑结构和遗物分析其时代应晚于 K688 城"[⑤]，这一点值得注意。2014 年，台湾大学石昇烜的硕士学位论文试图总括各家观点，调和各家所论，认为居延地区的遗址众多，作为行政中心的居延城可能不只一座，在不同时期随实际情势更易，反映的可能只是"居延地区不同阶段可能的发展情况"[⑥]。

2. 居延都尉府和居延城地理位置辨析

上述学界关于居延都尉府、居延（县）城位置的讨论，无论是景爱的"K710 城说"，薛英群的"K710 城为居延县城、K688 城为居延都尉府说"，还是李并成的"绿城说"，抑或如石昇烜所言，各假说之间并非"全然冲突"，各有自己的论据，皆有其理。为解决这一难题，我们在梳理传世文献与出土简牍的基础上，通过实地考察提出以下一些新的认识，抛砖引玉，以待后来者进一步探究。

1）历史文献记载中的"居延"位置

据《汉书》记载，汉朝在居延地区筑城以前，"居延"系"匈奴中地名也，韦昭以为张掖县，失之。张掖所置居延县者，以安处所获居延人而置此县"[⑦]。元狩二年（前

① 张文平：《遮虏障、居延都尉府与居延县》，《草原文物》2016 年第 1 期，第 95—100 页。
② 〔瑞典〕弗可·贝格曼考察，〔瑞典〕博·索马斯特勒姆整理，黄晓宏、张德芳、张存良，等译：《内蒙古额济纳河流域考古报告》，北京：学苑出版社，2014 年，第 148 页。
③ 张文平：《遮虏障、居延都尉府与居延县》，《草原文物》2016 年第 1 期，第 97 页。
④ 甘肃省文物工作队：《额济纳河下游汉代烽燧遗址调查报告》，甘肃省文物工作队、甘肃省博物馆：《汉简研究文集》，兰州：甘肃人民出版社，1984 年，第 83—84 页。
⑤ 甘肃省文物工作队：《额济纳河下游汉代烽燧遗址调查报告》，甘肃省文物工作队、甘肃省博物馆：《汉简研究文集》，兰州：甘肃人民出版社，1984 年，第 80 页。
⑥ 石昇烜：《何处是居延？——居延建置反映的汉代河西经营进程》，台湾大学 2014 年硕士学位论文，第 101—102 页。
⑦ （东汉）班固：《汉书》卷 6《武帝纪》，北京：中华书局，1962 年，第 176 页。

121 年），霍去病进军河西之地，即"逾居延，遂过小月氏，攻祁连山"①。陈梦家赞同颜师古之说，并在其《汉居延考》中进一步提出："居延县与居延属国有可能得名于'居延人'，而居延泽与居延水亦同。"②《史记·卫将军骠骑列传》："将军路博德，平州人。……骠骑死后，博德以卫尉为伏波将军，伐破南越，益封。其后坐法失侯。为强弩都尉，屯居延，卒。"③而据《汉书·景武昭宣元成功臣表》："邳离侯路博德……太初元年，坐见知子犯逆不道罪免。"④可知最早于太初元年（前 104 年），路博德或已屯驻居延。又《史记·匈奴列传》记载，太初三年（前 102 年），"使强弩都尉路博德筑居延泽上"⑤。故陈梦家认为居延城、障的修筑，似应始于此时⑥。但石昇烜认为："'置居延'未必指立县，'居延城'起初恐怕不是指县城，而是边境军事区的中心。"⑦

此外，居延地区另有"遮虏障"。路博德筑居延三年后，即天汉二年（前 99 年），李陵即从遮虏障出攻匈奴，兵败迫降。颜师古注《汉书·地理志》曰："阚骃云武帝使伏波将军路博德筑遮虏障于居延城。"⑧张守节《史记正义》引《括地志》云："汉居延县故城在甘州张掖县东北千五百三十里，有汉遮虏部，强弩尉路博德之所筑。李陵败，与士众期至遮虏部，即此也。长老传云部北百八十里，直居延之西北，是李陵战地也。"⑨可见，遮虏障应为修筑在居延一带用以御敌的重要军防建筑。然遮虏障具体在居延地区何处？与居延城又有怎么样的相对位置？据陈梦家考证："《长老传》谓李陵败处在障北百八十里，直居延之西北，则遮虏障与居延（城）是二，障在城西。路博德自太初元年'屯居延'，当屯于居延城。李陵奉诏以九月发，出遮虏障，而史记其'出居延'者，障是其屯兵之处而居延指障所属的都尉或区域。"⑩此言极是。又据《史记·李将军列传》记载："天汉二年秋，贰师将军李广利将三万骑击匈奴右贤王于祁连天山，而使陵将其射士步兵五千人出居延

① （西汉）司马迁：《史记》卷 111《卫将军骠骑列传》，北京：中华书局，1959 年，第 2931 页。此外，又有"过居延"（《史记·匈奴列传》《汉书·武帝本纪》）、"济居延"（《汉书·霍去病传》）之说法，据陈梦家研究："《尚书·禹贡》凡所'过'所'逾'皆指水名，故知史、汉所记'过（逾、济）居延'之居延，应如张晏所说是水名。居延作为水名，可有两种解释，一为泽名，一为河流名。"参见陈梦家：《汉居延考》，《汉简缀述》，北京：中华书局，1980 年，第 222 页。
② 陈梦家：《汉居延考》，《汉简缀述》，北京：中华书局，1980 年，第 223 页。
③ （西汉）司马迁：《史记》卷 111《卫将军骠骑列传》，北京：中华书局，1959 年，第 2945 页。
④ （东汉）班固：《汉书》卷 17《景武昭宣元成功臣表》，北京：中华书局，1962 年，第 650 页。
⑤ （西汉）司马迁：《史记》卷 110《匈奴列传》，北京：中华书局，1959 年，第 2916 页。另，《汉书·武帝纪》作"强弩都尉路博德筑居延。"
⑥ 陈梦家：《汉居延考》，《汉简缀述》，北京：中华书局，1980 年，第 223 页。
⑦ 石昇烜：《何处是居延？——居延城建置反映的汉代河西经营进程》，台湾大学 2014 年硕士学位论文，第 77 页。
⑧ （东汉）班固：《汉书》卷 28 下《地理志》，北京：中华书局，1962 年，第 1613 页。
⑨ （西汉）司马迁：《史记》卷 110《匈奴列传》，北京：中华书局，1959 年，第 2916 页。
⑩ 陈梦家：《汉居延考》，《汉简缀述》，北京：中华书局，1980 年，第 223 页。

北可千余里。"① 另据《汉书·李广附李陵传》载:"诏陵:'以九月发,出庶虏鄣……。'陵于是将其步卒五千人出居延,北行三十日。"② 故综上所论,遮虏鄣在居延城之西北,居延城在遮虏鄣之东南。

据《汉书·地理志》记载:"张掖郡,故匈奴昆邪王地……县十……居延,居延泽在东北,古文以为流沙。都尉治。莽曰居成。"③ 可知初置时,居延都尉驻居延县城内。然有汉四百余年,行政区划随时局变化也在不断地调整,周振鹤先生指出《汉书·地理志》事实上是两份资料的混合物。一份是平帝元始二年(2年)各郡国的户口籍;另一份则是成帝末年各郡国的版图(即所属县目)④。故《汉书·地理志》所载居延都尉治居延县城,只能看作西汉末年特定时期一个静态截面,不能认为整个汉代情况一直如此。

近代以来,随着居延汉简的发掘出土,特别是A8破城子(甲渠候官)发现了涉及"居延都尉府""居延(县)城"位置信息的简牍,拓展了讨论的空间。现举例如下:

简89·24:"□候官穷虏燧长籫枭单立,中功五劳三月,能书会计,治官民,颇知律令文。年卅岁,长七尺五寸,应令居延中宿里,家去官七十五里。属居延部。"⑤

简EPT3:3:"□……颇知律令,文。年卅八岁,长七尺五寸。居延肩水里,家去官八十里。"⑥

简EPT52:137:"□长七尺五寸。居延昌里,家去官八十里。"⑦

简EPT56:424:"□□居延□里,家去官七十里。"⑧

简EPT59:104:"延城甲沟候官第三十燧长上造范尊,中劳十月十秦日。能书会计,治官民颇知律令,文。年三十二岁,长秦尺五寸。应令。居延阳里,家去官八十里。属延城部。"⑨

陈梦家在《汉简考述》中认为,居延汉简大部分属于西汉时期,即武帝末至王莽、刘玄。故上列汉简大致可认为反映的是西汉时期的状况。其中,甲渠候官所辖吏卒的功劳名籍含有位置的信息:一是吏卒所属的"居延某里"名;二是其住址与甲渠候官距离多少,即"家去官"的里数。对于这一点,石昇烜认为这是因为"汉代的里,未必都在县城内,

① (西汉)司马迁:《史记》卷109《李将军列传》,北京:中华书局,1959年,第2877页。
② (东汉)班固:《汉书》卷54《李广附李陵传》,北京:中华书局,1962年,第2451页。
③ (东汉)班固:《汉书》卷28下《地理志》,北京:中华书局,1962年,第1613页。
④ 周振鹤、李晓杰、张莉:《中国行政区划通史·秦汉卷》,上海:复旦大学出版社,2017年,第102页。
⑤ 谢桂华、李均明、朱国炤:《居延汉简释文合校》,北京:文物出版社,1987年,第157页。
⑥ 中国简牍集成编委会:《中国简牍集成》第9册《甘肃省·内蒙古自治区卷》,兰州:敦煌文艺出版社,2001年,第21页。
⑦ 中国简牍集成编委会:《中国简牍集成》第10册《甘肃省·内蒙古自治区卷》,兰州:敦煌文艺出版社,2001年,第183页。
⑧ 中国简牍集成编委会:《中国简牍集成》第11册《甘肃省·内蒙古自治区卷》,兰州:敦煌文艺出版社,2001年,第72页。
⑨ 中国简牍集成编委会:《中国简牍集成》第11册《甘肃省·内蒙古自治区卷》,兰州:敦煌文艺出版社,2001年,第131页。

县城外的聚落——'坞辟田舍'，在行政区划上也被纳入里的编制，可知县辖下的里遍布县城内外"[1]。故吏卒因"里"（住址）的不同，距甲渠候官有七十里、七十五里、八十里之别是有可能的。另有：

简 266·2："□官，居延去候官九十里，行道。"[2]

简 EPS4T2:8A："官去府七十里，书一日一夜当行百六十里，书积二日少半日乃到，解何？书到，各推辟界中，必得事。案到如律令，会月廿六日，会月廿四日。"[3]

对这一点，石昇烜认为："都尉府或称全名或简称'府'，'居延'单独出现时则常作为居延县的代称。"[4] 依上述书写规则，我们或可认为：居延县城与甲渠候官相距九十里，约合今 37.422 千米[5]；居延都尉府与甲渠候官相距七十里，约合今 29.106 千米。然而，因无法确定上列简牍的具体年代，实际上有两种可能：一是居延都尉府与居延县城同治，治所曾有过迁移；二是居延都尉府与居延县城不在一处，两者治所是否曾经迁移亦不可得知。

此外，陈梦家比对收、发文的方位，推定出"居延都尉府可以在破城子之北，也可以即在破城子，居延县的文书需经过破城子"[6]。陈氏将居延都尉府定在破城子北的推断，可为参考。

2）绿城、K710 城和 K688 城基本形态及现状

绿城遗址（图 4-16）位于额济纳旗人民政府驻地达来呼布镇东南 40 千米，黑城东南约 13 千米处，实测经纬度 41.73204348°N，101.27939701°E。该城西邻拉里乌苏沙丘，南临呼仁全吉砾石滩，北为额日古哈日红柳沙包，西南有绿庙，是额济纳河下游地区规模最大的一座故城遗址。

绿城，蒙古语称为瑙琨素木，因该遗址南侧 700 米处有一座庙址，散落较多的琉璃瓦而得名。绿城遗址是一处复合型叠压遗址，主体遗址是大城。附属遗址有青铜时代遗址和西夏元时期修建的障、小城、水渠遗迹等。大城平面呈不规则的椭圆形，周长 1200 米。墙体系土坯分段垒筑，基宽 3.5 米，残高 1.5 米。城内有方形障址，边长 45 米，残高 3.4 米。小城平面呈不规则的三角形，内部西南残存有一小塔基。墙体以夯土和砂石板块混筑，周长 170 米，基宽 6 米，残高 1.6 米，门设在西北角，宽 4 米。2001 年，内蒙古自治区文物

① 石昇烜：《何处是居延？——居延城建置反映的汉代河西经营进程》，台湾大学 2014 年硕士学位论文，第 18 页。

② 谢桂华、李均明、朱国炤：《居延汉简释文合校》，北京：文物出版社，1987 年，第 445 页。

③ 中国简牍集成编委会：《中国简牍集成》第 12 册《甘肃省·内蒙古自治区卷》，兰州：敦煌文艺出版社，2001 年，第 211—212 页。

④ 石昇烜：《何处是居延？——居延城建置反映的汉代河西经营进程》，台湾大学 2014 年硕士学位论文，第 20 页。

⑤ "西汉王莽 23.1 厘米一尺，6 尺为一步，300 步一里。"参考中国科学院《历史自然地理》编纂委员会：《中国自然地理·历史自然地理》附录《历代度量衡换算简表》，北京：科学出版社，1982 年，第 261—262 页。

⑥ 陈梦家：《汉简考述》，《考古学报》1963 年第 1 期，第 77—110 页。

图 4-16　绿城城垣遗址
李子豪摄

考古研究所选择小城南侧的灰堆进行清理发掘，清理出房址、土坯墓圹各一座。房址平面为圆角方形，东西长 4.2 米，南北宽 2.9 米，仅存沙石板块基址，残高 0.3 米。土坯墓圹边长约 1.2 米，深 0.5 米。水渠大体呈东西走向贯穿城址，宽 9.3 米，残高 1 米，现存长 9400 千米。水渠两侧分出众多的小水渠，通向屯田和房屋遗址。此外，城址周边分布有较多的高台墓葬。

　　1990 年，景爱对于绿城遗址展开考察，记载非常详尽[1]。不久，李并成在实地考察中发现绿城地区沙漠化十分严重，其在文中提到："绿城座（坐）落在一片比较开阔的台地上，周围多有沙丘分布。沙丘之间有大片的古弃耕地，东西 10.5、南北 5.5 公里，面积约 60 平方公里……是居延古绿州（洲）范围内古垦区中面积最大的一块。"[2] 2001 年 9 月至 10 月，吉林大学边疆考古研究中心配合内蒙古自治区文物考古研究所再次对绿城城内进行了发掘，在城内西南发现汉代障城遗址："城内南部偏西处有一近方形的汉代障城，西墙无存，北墙保存较好，东墙和南墙仅存部分。城外北侧发现有一平面呈不规则圆角三角形的小城，在西墙和东北墙各有一缺口，可能是门址所在。年代可能亦为汉代。"[3]（图 4-17）同时，又"对绿城外东侧一座已遭早期盗掘的大型夯土台基墓葬作了清理，从而认定了此类墓葬属西晋至北朝时期的大型砖室墓"，2002 年 10 月，联合考察队又"清理了绿城以东的察干川吉烽燧，获得少量汉简和部分遗物"[4]。内蒙古自治区文物考古研究所通过对绿城内外城垣、房址、

　　[1] 景爱：《额济纳河下游环境变迁的考察》，《中国历史地理论丛》1994 年第 1 辑，第 41—67 页。

　　[2] 李并成：《汉居延县城新考》，《考古》1998 年第 5 期，第 82—85 页。

　　[3] 吉林大学边疆考古研究中心、内蒙古自治区文物考古研究所：《额济纳古代遗址测量工作简报》，朱泓主编：《边疆考古研究》第 7 辑，北京：科学出版社，2008 年，第 353—370 页。

　　[4] 魏坚：《额济纳旗汉代居延遗址调查与发掘述要》，《额济纳汉简》，桂林：广西师范大学出版社，2005 年，第 5 页。

墓葬、障城和水渠等遗迹的全面调查，取得了珍贵的调查资料。

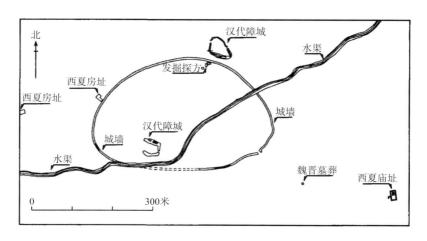

图 4-17　绿城遗址西区

资料来源：吉林大学边疆考古研究中心、内蒙古自治区文物考古研究所：《额济纳古代遗址测量工作简报》，朱泓主编：《边疆考古研究》第 7 辑，北京：科学出版社，2008 年

K710 城（图 4-18）位于额济纳旗巴彦陶来农牧场四连（即浩宁苏木）东南 15 千米左右，在 K688 城东南 10 千米的戈壁上，实测经纬度 41.87901558°N，101.28632784°E，海拔 928 米。城址平面呈矩形（图 4-19、4-20），东墙长 137 米、南墙长 129 米、西墙长 123 米、北墙长 129 米，门设在南墙中部。墙体版筑，基宽 4 米，残高 1.5 米，四角设有角台。1930 年，中瑞西北科学考察团调查该城址，将其编号命名为 K710 城。

图 4-18　K710 城文物保护碑

李子豪摄

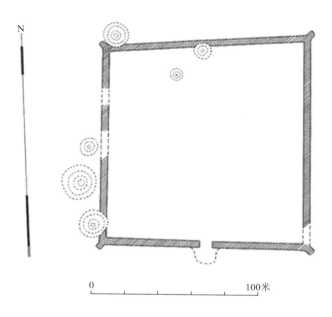

图 4-19　城址 K710 平面（一）

注：城址 K710 的平面图（即弗可·贝格曼报告中的"遗址 100"）。阴影部分为可见的墙体遗存（土夯或解体的土墼），

连续线的圆圈即柽柳圆锥体

资料来源：〔瑞典〕弗可·贝格曼考察，〔瑞典〕博·索马斯特勒姆整理，黄晓宏、张德芳、张存良，等译：《内蒙古额济纳

河流域考古报告》，北京：学苑出版社，2014 年，第 117 页

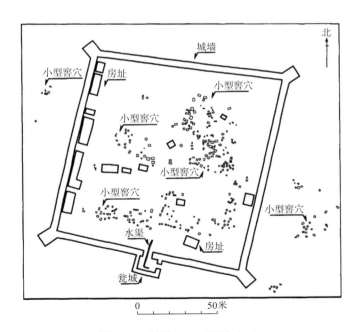

图 4-20　城址 K710 平面（二）

资料来源：吉林大学边疆考古研究中心、内蒙古自治区文物考古研究所：《额济纳古代遗址测量工作简报》，朱泓主编：《边

疆考古研究》第 7 辑，北京：科学出版社，2008 年，第 353—370 页

甘肃省文物工作队在 20 世纪 70 年代对 K710 城做过详细考察，发现该城周围多大型沙丘。城内由于风沙流失比原来地面低 0.2—0.4 米，城内有数处零散的房屋基础，地面散布残砖、陶片，石磨盘较多。东墙有一处风蚀的豁口，宽 6 米，亦可能是早期门的建筑。西北角和西墙南端被流沙掩埋，形成两个大沙丘。……在城内曾采集到五铢钱、料珠和残铁件[①]。

2001 年 9—10 月，吉林大学边疆考古研究中心配合内蒙古自治区文物考古研究所对额济纳旗的古代遗址再次进行调查和试掘工作，发现城墙的东北角和东南角均稍有凸起，推测原建有马面。城门在南墙中部，并建有瓮城。在瓮城南墙内侧基部发现一条用扁长形方砖砌成的水渠，水渠先向西然后向北进入城门，成曲尺形。在城内西部有几座沿西墙成排分布的房屋遗迹，其他地点亦有零散的房屋遗迹，在城内外发现了 300 多个 0.6—1 米见方、深 0.7—1 米的方形或长方形小型窖穴遗迹，具体用途不详[②]。这次发掘所见说明该城是一个典型的军事防卫城市。

课题组在对 K710 城进行考察时，发现其城垣形态保存较为完好，如前述考察报告中所称，城内散布了诸多石磨盘残块，而南门瓮城里的水渠最为特别。此外，K710 城东 1 千米处有较大墓葬区，小型砖室墓居多，但多处已被盗，地面布满砖块残迹。城东南角 500 米处为一窑址，地面堆积烧结物和砖块、陶片。城周围发现风蚀弃耕地遗迹，其上遍布汉代的绳纹、素面灰陶片和碎砖块等。可知汉代时这里是当地一处重要的城址。

K688 城位于额济纳旗巴彦陶来苏木四连东南 6 千米，K710 城西北 10 千米处，蒙古语称雅布赖城，1930 年中瑞西北科学考察团即将其编号命名为 K688 城（图 4-21）。考察时，实测经纬度 41.91074490°N，101.19792759°E，海拔 933 米。城址平面呈长方形（图 4-22），东西长 134 米，南北宽 116 米，墙体版筑，基宽 3 米，残高 4.4 米。

图 4-21　K688 城文物保护碑
李子豪摄

---

① 甘肃省文物工作队：《额济纳河下游汉代烽燧遗址调查报告》，甘肃省文物工作队、甘肃省博物馆：《汉简研究文集》，兰州：甘肃人民出版社，1984 年，第 80 页。

② 吉林大学边疆考古研究中心、内蒙古自治区文物考古研究所：《额济纳古代遗址测量工作简报》，朱泓主编：《边疆考古研究》第 7 辑，北京：科学出版社，2008 年，第 353—370 页。

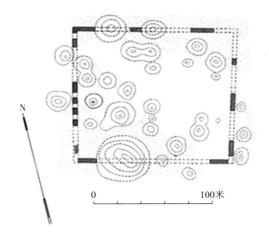

图 4-22　城址 K688 平面

注：阴影部分为可见的夯土墙体。连续线表示的等高线轮廓部分为柽柳圆锥体。点状区域为沙子

资料来源：〔瑞典〕弗可・贝格曼考察，〔瑞典〕博・索马斯特勒姆整理，黄晓宏、张德芳、张存良，等译：《内蒙古额济纳河流域考古报告》，北京：学苑出版社，2014 年，第 106 页

　　对于 K688 城的考察很早即已展开，除了确定其为汉代城址外，更多的记载发现这一地区已发生严重的沙漠化。早在 1930 年，弗可・贝格曼就发现该城"能看到的是较高的圆锥体柽柳和被流沙覆盖的一部分墙以及墙内的地面"[①]。1976 年，甘肃省组织的调查组也记载 K688 城，"城的周围多红柳丛，连绵不断大小沙丘布满城的内外，一部分墙基已被流沙掩埋"[②]。20 世纪 90 年代，景爱在考察后也注意到"由于风蚀作用城墙（K688 城）大部分被破坏"。而 K688 城"四周有耕地、水渠、窑址，多被流沙堙埋"[③]，而本考察队在考察 K688 城时，所见正如贝格曼等前辈学者记录的一样，被柽柳和流沙掩埋，可见 K688 城这一状态至少持续了上百年甚至更久。K688 城亦为三座故城中沙漠化最严重的一座。其东南 2 千米的烽燧同样处于沙漠之中，"（亚布热烽燧[④]）周围多红柳和沙丘"[⑤]。

　　通过 2019 年 12 月实地考察并结合天地图卫星影像与前人研究校正后诸城遗址经纬度及直线距离见表 4-1、图 4-23。

---

　　① 〔瑞典〕弗可・贝格曼考察，〔瑞典〕博・索马斯特勒姆整理，黄晓宏、张德芳、张存良，等译：《内蒙古额济纳河流域考古报告》，北京：学苑出版社，2014 年，第 105 页。

　　② 甘肃省文物工作队：《额济纳河下游汉代烽燧遗址调查报告》，甘肃省文物工作队、甘肃省博物馆：《汉简研究文集》，兰州：甘肃人民出版社，1984 年，第 79 页。

　　③ 景爱：《额济纳河下游环境变迁的考察》，《中国历史地理论丛》1994 年第 1 辑，第 41—67 页。

　　④ 亚布热烽燧："贝格曼报告图内编号'690'，蒙语，亚布热，意为有水草的地方。"甘肃省文物工作队：《额济纳河下游汉代烽燧遗址调查报告》，甘肃省文物工作队、甘肃省博物馆：《汉简研究文集》，兰州：甘肃人民出版社，1984 年，第 79 页。

　　⑤ 甘肃省文物工作队：《额济纳河下游汉代烽燧遗址调查报告》，甘肃省文物工作队、甘肃省博物馆：《汉简研究文集》，兰州：甘肃人民出版社，1984 年，第 79 页。

表 4-1　居延诸城遗址经纬度

遗址	A8	K688	K710	K749	绿城	白城
经纬度	100°57′1.80″E 41°47′40.62″N	101°11′54.81″E 41°54′37.88″N	101°17′10.78″E 41°52′44.46″N	101°9′36.38″E 41°51′23.38″N	101°16′45.83″E 41°43′55.36″N	101°21′53.25″E 41°46′22.05″N

A8	A8					
K688	29.24/58.297258	K688				
K710	29.355/70.598846	8.073/19.415584	K710			
K749	18.654/44.862915	6.816/16.392496	10.767/25.894661	K749		
绿城	28.155/67.712843	20.966/50.423280	16.37/39.369889	17.022/40.937951	绿城	
白城	34.425/82.792208	20.616/49.581530	13.503/32.474748	19.362/46.565657	8.394/20.187590	白城

图 4-23　居延诸城遗址直线距离图（单位：千米／汉里）

3）居延都尉府、居延县治位置推测

根据前述李并成的考证，居延都尉最初可能屯驻 K688 城，因为此城位置"偏北，接近弱水尾闾，临近冲要之地。……距离北、西两道烽塞防御系统更近，便于对其统辖指挥，也便于及时传递警讯，部署兵力"[1]，并与很可能是肩水都尉府驻地的大湾城，以及今额济纳河相连，南北呼应，两者"布防构思与防御设施有很大的近似之处"。而薛英群也认为，在 K688 城的汉代堆积层发现过箭头等遗物，也为它是居延都尉府所在地提供了旁证[2]。

甘肃省文物工作队对 K688 城和 K710 城的建筑结构和遗物进行分析后，认为 K688 城的时代早于 K710[3]。因此，我们认为随着居延地区塞防体系的完善，居延都尉府由 K688 城向东南移驻到新筑且规格更高的 K710 城。事实上，陈梦家也对遮虏障和居延城、居延都尉府的相对位置进行了论证，他认为遮虏障在居延城之西北，而居延都尉府可能在破城子之北[4]，亦符合 K688 城与 K710 城的相对位置关系。

随着居延都尉军事辖区北部塞防工事不断完善，根据在 K710 城西 50 米处发现的水渠，以及城内散布的石磨盘和储粮窖穴，可知该城在军事防卫功能外，还有民政管理职能。显然，随着汉代居延地区的人口和垦田数的增长，中央王朝便于此处设置居延县以管理民政，而 K710 城极有可能为居延县早期治所所在。故汉代中后期居延都尉、居延县皆有可能同设治于 K710 城内，即《汉书·地理志》记载的情况。

---

① 李并成：《汉居延县城新考》，《考古》1998 年第 5 期，第 82—85 页。
② 薛英群：《居延汉简通论》，兰州：甘肃教育出版社，1991 年，第 36—37 页。
③ 甘肃省文物工作队：《额济纳河下游汉代烽燧遗址调查报告》，甘肃省文物工作队、甘肃省博物馆：《汉简研究文集》，兰州：甘肃人民出版社，1984 年，第 80 页。
④ 陈梦家：《汉简考述》，《考古学报》1963 年第 1 期，第 77—110 页。

课题组在实地考察 K688 城、K710 城和绿城三城时，发现确如景爱所言[①]，K688 城、K710 二城，尤其是 K688 城，沙漠化程度要远高于古弱水河东南岸的绿城。居延县治也许正由于沙漠化，后期迁移至古弱水河东南岸的绿城，而绿城"由于地处居延绿洲腹地，对军事防御功能的要求不高，所以今天见到的绿城城墙反而显得单薄，椭圆形构制也较为随意"[②]，很有可能成为以民政为主的居延县治。而同时期的以军事职能为主的居延都尉府，笔者臆测应仍驻 K710 城一带，毕竟绿城位置太过后方，李并成也认为它为"居延古绿州（洲）范围内古垦区中面积最大的一块"[③]，作为行政中心尚可，但于军事指挥却颇为不便。

如果以简牍中记载的"官去府七十里"和"居延去候官九十里"作为依据，先以汉甲渠候官遗址的 A8 破城子为圆心作两个同心圆，其中小圆半径为 70 汉里（约合今 29.106 千米），大圆半径为 90 汉里（约合今 37.422 千米），即汉简所称的居延都尉府应在小圆范围内、居延县治应在大圆的范围之内。据前引《史记正义》引《括地志》称："汉居延县故城在甘州张掖县东北一千五百三十里，有汉遮虏鄣，强弩都尉路博德之所筑。李陵败，与士众期至遮虏鄣，即此也。长老传云鄣北百八十里，直居延之西北，是李陵战地也。"[④] 可知居延县故城西北是李陵战败地，遮虏鄣应该就在居延县境内。同时利用实测地图判断，K688 城为居延都尉府，K710 城、绿城为不同时期的居延县城的可能性较大。需要说明的是，两个同心圆可以作为府、县治位置范围的推测基础，在于该地区属于额济纳盆地，地势低平，中部额济纳绿洲的地面坡降仅 1‰—1.2‰，对交通线选择限制小，线路形态应较为平直。

有汉一代四百余年，行政区划调整、行政中心迁移实属司空见惯，居延地区亦当如此。探究居延都尉府、居延县城位置所在，不能简单作静态处理，而应将其看作一个动态变化过程。历史上汉居延都尉府、居延县治很可能有过迁移，大致方向为自西北向东南，从邻近古弱水、长城的 K688 城、K710 城一带，随着统治的深化，逐渐向居延泽西岸的绿城一带推进。这一动态过程与该地区的边防形势、环境变化（沙漠化）密切相关，亦反映出汉代居延地区行政区划变迁与开发过程。

三、柴达木盆地古城及交通遗址

本项目在柴达木盆地考察古城址等遗址共有 6 个，其中青海湖周边地区 3 个：伏俟城、

---

① "开元年间王维曾到居延一带游历，他触景生情作诗说：'居延城外猎天骄，白草连天野火烧。暮云空碛时驰马，秋日平原好射雕。'碛又作沙碛，系指沙漠戈壁而言。白草即枯萎了的芨芨草。王维所见是戈壁沙漠和荒野白草，不见田陌和水渠，也没有见到人烟，说明居延城一带早就废弃了。"参见景爱：《古居延绿洲的消失与荒漠化——从考古和卫星遥感观察》，《中国历史文物》2003 年第 2 期，第 48 页。

② 张文平：《遮虏障、居延都尉府与居延县》，《草原文物》2016 年第 1 期，第 95—100 页。

③ 李并成：《汉居延县城新考》，《考古》1998 年第 5 期，第 82—85 页。

④ （西汉）司马迁：《史记》卷 110《匈奴列传》，北京：中华书局，1959 年，第 2916 页。

西海郡故城与湟源县南古城。柴达木盆地通往阿尔金山口入甘新地区交通沿线3个：尕海古城、鱼卡烽火台、冷湖石油基地。

1. 伏俟城

该城址在青海省共和县石乃亥乡铁卜加村东南600米一带，位于切吉河冲积扇中部，南依石乃亥北山（属青海南山山系），北临切吉河与布哈河，地势自西向东倾斜。地表上层属沙性，夹带许多河湖沉积细卵石，城址四周水草丰美（图4-24）。考察该城址打点坐标为北纬37.1°1′，东经99°34′。考察中所见的伏俟城池遗址略呈方形，南北长270米，东西宽240米。城墙夯筑，残高7—12米，基宽18米，顶宽3米，夯土层厚0.15米。开东门，外有方形遮墙。城外有廓，砾石筑成，残长约1400米。

图4-24　伏俟城周边环境
董嘉瑜摄

伏俟城虽然位于布哈河下游流域，但城址却位于布哈河支流切吉河冲积扇上，布哈河仅流经冲积扇北侧。更重要的是切吉河冲积扇海拔高于布哈河泛滥平原，因此不会受布哈河下游河道摆动的影响。此外，城池临近河流入湖口的切吉河冲积扇上，不但避免了布哈河尾闾活动的影响，还能充分利用临近下游河流汇集之口的水源优势和冲积扇地区丰富的地下水资源，能有效应对干旱期水源匮乏问题。综上，伏俟城于此地选址，既获得了充分的水源供给，同时作为青海湖湖滨平原组成部分的布哈河谷地，地势平阔，水草丰美，非常适合放牧。根据史书记载夸吕居伏俟城以后，仍"虽有城郭而不居"，可知吐谷浑虽然修建了伏俟城，但他们依然保留游牧民族的生产生活方式。

史书对伏俟城记载，最早出现于《魏书》。《魏书·吐谷浑传》载："伏连筹死，子夸吕立，始自号可汗，居伏俟城，在青海西十五里，虽有城郭而不居，恒处穹庐，随水草畜牧。"[1] 隋大业四年（608年）吐谷浑击走，次年在该城设西海郡，隋末城废。"伏俟"一名，系南北朝时期音译词，源自吐谷浑鲜卑语，意为"王城"，可引申为"首都、首邑"

---

① （北齐）魏收：《魏书》卷一百一《吐谷浑传》，北京：中华书局，1974年，第2240页。

之意①，是河湟地区历史上重要部族吐谷浑的活动中心。

2. 西海郡故城遗址

西海郡故城遗址位于青海省海北藏族自治州海晏县城西约 250 米，俗名"海晏三角城"。建于汉平帝元始四年（4 年），为王莽所置西海郡城址（图 4-25）。遗址坐标 36°54′26.95″N，100°58′39.09″E，海拔 1332 米。遗址占地约 40 顷，东西 645 米，南北 610 米，略呈正方形，城内有南北两座内城，现为草地，主要为茅草。从东门位置进入城内。城池平面略呈梯形（俗称三角城），外墙墙体残高 3—5 米，顶宽 3—4 米，基宽 10—12 米，东门宽 12.1 米。城西外为银滩社，有农田，水渠灌溉。北墙西段开门，城北有高出地面的长方形土堆，疑似内城。城中心偏西南方有明显内城城垣痕迹，此小城西面和南面倚靠南面高台，地势较高；北面和东面是低矮的城垣。城内曾出土有西汉和王莽时期的五铢钱、货泉、大泉五十等货币，以及东汉"西海安定元兴元年作当"陶文瓦当等，考察所见城内地面仍散布大量砖瓦、陶片等。

图 4-25 西海郡故城遗址
杨伟兵、李奕彤摄

1942 年该城为马步芳幕僚冯国瑞盗掘，得西海郡虎符，但因器物庞大笨重而弃置荒野，后于 1944 年发现。1956 年入藏青海省海晏县文化馆。石匮于 1987 年在城内发现，虎头盖和石匮正面刻文为 3 行，满行 6—9 字不等。篆书。字口内涂红色。该虎符又题《王莽虎符石匮》《青海虎符石匮》，铭文曰："西海郡虎符石匮。始建国元年十月癸巳。工河南郭戎造。"②结合出土地点，表明该城为西海郡故址无疑。而石刻铭文表明，王莽称帝第一年，即安置西海郡虎符石匮，宣示西海郡属新莽政权管辖，以正视听。

《汉书·王莽传》载，元始四年（4 年）中郎将平宪奉王莽令到青海，"多持金币诱

① 荆玄生：《青海历代城垒之遗址》，甘肃省图书馆书目参考部：《西北民族宗教史料文摘·青海分册》上册，北京：中国地图出版社，1986 年，第 106 页；吴景敖编著：《西陲史地研究》，上海：中华书局，1948 年，第 3—4 页。

② 曾晓梅、吴明冉集释：《羌族石刻文献集成》，成都：巴蜀书社，2017 年，第 57 页。

塞外羌，使献地，愿内属"①。又《后汉书·西羌传》言："至王莽辅政，欲耀威德，以怀远为名，乃令译讽旨诸羌，使共献西海之地，初开以为郡，筑五县，边海亭燧相望焉。"②这两段记载及石刻铭文都表明，西海郡的设立对中央王朝控制青藏高原东部地区有着重要的作用。

3. 南古城

南古城（图 4-26）遗址位于今青海省湟源县城关镇尕庄，地理坐标为北纬 36.68°，东经 101.28°，海拔 2640 米。城周围东西 250 米，南北 245 米，基本上为正方形。地势南高北低，南北开门，门外有瓮城。由于地势关系，南门则稍偏西，北门则在中部，不相对称。每面城墙及四角皆有马面，共 13 个。现有城墙高 18 米、底厚 15 米、上宽 2 米。西城墙及北城墙西段已毁。城内部分（西北角）为农民院落占据，所余部分辟为农田，原有布局不清。城内地面散布有砖、瓦碎块，灰色泥质陶片、瓷片、杂骨、木炭及灰层等。农民建庄院时发现有康熙、咸丰铜钱和黑瓷瓶等物③。此次考察发现该古城保存状况不容乐观，西部、北部均为新式建筑所占，东部城墙有坍塌情况，内部及周遭已全部被辟为农田。

图 4-26　南古城遗址
杨伟兵、李奕彤摄

学术界目前对南古城的争议主要在于此城修筑年代。一般认为其乃汉临羌县故城。如《中国文物地图集·青海分册》便标注为"临羌县故城"④。此观点主要依据《水经注》，谓其为药水与湟水交汇处，与《水经注》所言临羌县城位置相合。

西汉于昭帝始元六年（前 81 年）置金城郡后，逐渐将势力范围扩大到河湟地区。汉将赵充国于神爵二年（前 60 年）上书曰："至春省甲士卒，循河湟漕谷至临羌，以视羌虏，

① （东汉）班固：《汉书》卷 99 上《王莽传》，北京：中华书局，1962 年，第 4077 页。
② （南朝·宋）范晔：《后汉书》卷 87《西羌传》，北京：中华书局，1965 年，第 2878 页。
③ 高东陆：《湟源县境内的古代城堡》，《青海文物》1990 年第 4 期，转引自崔永红：《湟源县南古城筑城者考》，《青海民族学院学报》（社会科学版）2009 年第 4 期，第 82—85 页。
④ 国家文物局主编：《中国文物地图集·青海分册》，北京：中国地图出版社，1996 年，第 53 页。

扬威武,传世折冲之具,五也。"① 可知至少在神爵元年(前 61 年)前已设置临羌县。《汉书·地理志》载:"临羌。西北至塞外,有西王母石室、仙海、盐池。北则湟水所出,东至允吾入河。西有须抵池,有弱水、昆仑山祠。莽曰盐羌。"② 又《水经注》云:"湟水……又东北,径临羌城西,东北流注于湟。湟水又东,径临羌县故城北。汉武帝元封元年以封孙都为侯国,王莽之监羌也。"清人杨守敬在《水经注疏》中曰:"临羌新县在郡西百八十里,龙夷城在临羌新县西三百一十里,故县、新县,中隔湟水,相去不远。西平郡即今西宁府城。以道里约之,临羌城东至今西宁县几二百里,出边外百里,西去西海郡几三百里也。当在西宁县西,镇海堡边外,辉特南旗之东北,图尔根察罕必拉入湟水处。"③

　　然而,将南古城视作临羌县故城的观点,由于缺乏文物考古的证据而被质疑。秦裕江从该古城的形制、保存状况、出土遗物分析认为,湟源南古城址不应该是西汉临羌故城址④。在本次考察中,当地人告诉我们关于该古城的民间传说:此城为南古城,北面尚有北古城,二者均为蒙古族兄妹所建,南古城为妹妹所建,两城间有牛毛绳子连接,设烽火台,以便相互通知情况。这一民间传说与光绪《丹噶尔厅志》卷 6 中的"父老相传"之语相合,其称:

　　　　南、北古城,距厅城东五里许,一在河南,一在河北,守御相望,扼峡口之
　　咽喉。……二城统名曰阿哈丢。蒙古谓兄曰"阿哈",弟曰"丢"。父老相传,
　　洛(罗)卜藏丹津窃据时,与其妹阿宝分屯两城,为犄角之势。此事虽无确据,
　　然该逆扰宁郡西、南、北各川时,退以丹地为巢穴,今观二城建筑之年分(份),
　　查设施之狡黠,则耆旧所传述,非无因也。⑤

又,光绪《丹噶尔厅志》卷 3 载:

　　　　大演武场在东岳庙之东……有古城二……一在河南。相传为罗卜藏丹津窃据
　　时,与其妹阿宝所筑居,今废颓。⑥

　　即谓此城为清时罗卜藏丹津之乱时所筑,筑城者为罗卜藏丹津之妹阿宝。崔永红通过文献排比考证认为,此"阿宝"当为阿拉善蒙古第二任郡王,于雍正年间统辖青海蒙古诸部期间所筑⑦。崔氏得出此推论的前提在于否认此阿宝非罗卜藏丹津妹"阿宝",而其论据主要有三:一为"阿哈丢"为兄弟城而非兄妹城;二为文献未有罗卜藏丹津之妹拥有很高爵位、很大军政权力的确切记载;三为罗卜藏丹津在湟源筑城之事缺乏确切的文献依据,且重要活动均不在此。后两者主要为间接论据,由于历史文献记载的选择性,只能论证从文献中尚无直接证据证明罗卜藏丹津及其妹与该城的关系,但并不能成为否

　　① (东汉)班固:《汉书》卷 69《赵充国传》,北京:中华书局,1962 年,第 2987 页。
　　② (东汉)班固:《汉书》卷 28 下《地理志》,北京:中华书局,1962 年,第 1611 页。
　　③ 杨守敬、熊会贞疏,杨苏宏、杨世灿、杨未冬补:《水经注疏补》卷 2《河水二》,北京:中华书局,2014 年,第 155 页。
　　④ 秦裕江:《临羌故城湟源南古城说质疑》,《青海民族研究》1999 年第 1 期,第 23—28 页。
　　⑤ 光绪《丹噶尔厅志》卷 6,清宣统二年(1910 年)排印本。
　　⑥ 光绪《丹噶尔厅志》卷 3,清宣统二年(1910 年)排印本。
　　⑦ 崔永红:《湟源县南古城筑城者考》,《青海民族学院学报》(社会科学版)2009 年第 4 期,第 82—85 页。

认与其关系的直接论据。而第一点论据，"阿哈丢"即蒙语 ax дүү，可释作兄弟、姐妹、兄妹、姐弟，因此并不能成为确认阿宝性别的论据。因此此处对于筑城者的考证，还需要作进一步的修正与完善。不过崔氏的推论也为我们探索筑城者身份的其他可能开拓了思路。父老之语或系民间传说，罗卜藏丹津可能成为"箭垛式人物"，使得各种事迹均纷至沓来，堆至其身，这亦反映了其人与蒙古族统治对当地影响力之大，已深深成为民众历史记忆的一部分。

4. 尕海古城遗址

该古城位于青海省海晏县甘子河乡尕海村，为西汉城址（图 4-27）。该城址南高北低，城墙夯土版筑，城墙基宽 8 米，顶宽 2—3 米，残高 3 米，东西 430 米，南北 420 米，城四周各开一门，东墙城门宽 10 米（图 4-28），东墙外有一宽 30 厘米的水沟，北墙有夯土层，夯土厚度 5—12 厘米（图 4-29），城内为草场，墙外也是一片草原，有水塘。通过航拍发现，该城四周有水带存在，疑似护城河，城西有盖德贡河，南可眺望湖东沙地。城四周有沙化现象。

图 4-27　旧文保碑及西墙剖面
白壮壮摄

图 4-28　东墙及东北角
刘妍摄

图 4-29 北墙残高示意图及北墙剖面
刘妍摄

5.鱼卡烽火台遗址

据此处遗址文物保护碑介绍,柴旦村鱼卡石砌烽火台是一处清代遗存,为一处清代军事观察设施。据记载,雍正九年(1731年),准噶尔叛乱时,抽调内地兵力4600余名驻防柴达木。雍正十三年(1735年),新疆战事结束,在依克柴达木卡伦(今大柴旦)派驻绿营兵100名、蒙古兵200名时修建。

烽火台基底呈方形,由土堆砌而成,内以红柳支撑连接,外以红砖稳定加固,层层版筑,残高约6米,推测附近曾分布有古堡,兵士平常居于古堡内,轮班往烽火台放哨,观测有蒙古军入侵之敌情时放出狼烟信号。由于其位于附近山地的制高点上,视野开阔,交通路线尽收眼底,军事重要性不言而喻。今遗迹旁有红砖剥落,周围环境为广袤的戈壁(图4-30),小丛植被沿河谷分布,风化地貌现象发育十分明显,在风力侵蚀和热胀冷缩作用下岩石碎裂,表面有风蚀窝。

图 4-30 鱼卡石砌烽火台遗址周边环境
白壮壮摄

6.冷湖石油基地遗址

冷湖石油基地遗址位于青海省海西蒙古族藏族自治州茫崖市冷湖镇,地处平均海拔

2700 米的柴达木盆地西北边沿戈壁滩上，曾经是冷湖油田生产、运输的管理中心城市。冷湖油田作为青藏高原重要的产油、供油基地，也是继玉门、新疆、四川之后的全国第四大油田之一。该基地建于 20 世纪 50—60 年代，1992 年青海石油管理局搬迁至敦煌市，一线指挥部迁移至青海新疆交界的花土沟镇，该基地整体拆迁而成为废墟。

通过无人机的航拍，可以发现冷湖石油基地的布局整齐（图 4-31），城内街道呈棋盘格式，城中部偏西有一南北向宽阔街道，应为该城主街，两侧还有商店的痕变。城内重要公共建筑与居民区交错分布，基地指挥部、医院、电影院遗址位于城市中央，运输公司则在城市边缘的东北角，其城市规划明显带有计划经济时期的特征。

图 4-31　冷湖石油基地遗址平面
王荣煜摄

在考察中课题组发现这一地区沙化现象十分严重，基地遗址四周布满大沙丘，并入侵至遗址内，一些房屋遗址已半掩在沙丘中（图 4-32）。根据该遗址的废弃时期，我们可以计算出这一地区沙漠化的速度。同时，也可以用这一例证理解历史时期沙漠地区古城遗址所反映出的沙漠化与人类活动之间的关系。

图 4-32　沙子入侵到房屋中
刘妍摄

第二节　河西走廊水系湖泊变迁考察

一、黑河水系变迁考察

黑河流域是我国第二大内陆河流域，是河西走廊最大的内陆河水系。发源于祁连山区，自上而下流经三个大的地貌单元：祁连山区、河西走廊平原（含南北盆地）、阿拉善台地（高平原），流域面积约 13 万平方千米，跨越青海、甘肃、内蒙古三省（区）。流域内辖青海省祁连县，甘肃省山丹、民乐、肃南、张掖、临泽、高台、酒泉、金塔 8 县和内蒙古自治区额济纳旗共 10 个县（旗）。

黑河水系共有大小支流 36 条，多年平均径流量 36.7 亿立方米，多数河流源近流短，水量小，出山后消失于冲积扇地带。黑河干流全长 800 千米，莺落峡以上为上游，莺落峡出山后至正义峡为中游，横贯河西走廊平原地带，流经张掖、临泽、高台 3 县，正义峡以下为下游，流经金塔县鼎新镇；汇讨赖河水（自鸳鸯池水库建成后，地表水已不能流入鼎新）向北流入内蒙古额济纳旗，又称额济纳河，注入东西居延海。黑河水系分为 3 个子水系：东部子水系有黑河干流、梨园河等；中部子水系有马营河、丰乐河等；西部子水系有洪水坝河、讨赖河等。

因黑河流域位于欧亚大陆中部，远离海洋，周围高山环绕，气候主要受中高纬度的西风带环流和极地冷气团影响，空气干燥，降水稀少而集中，多大风，日照充足，太阳辐射强烈，昼夜温差大。流域内的河川径流以降水补给为主，冰川融水补给只占 9.5%；上游出山口莺落峡多年平均径流量 15.8 亿立方米；河川径流年际变化不大，年径流变差系数 Cv 值为 0.15 左右；径流年内分配不均匀，6—9 月径流量占年径流量的 67.8%；中游地表水与地下水频繁转化。

黑河流域气候具有明显的东西差异和南北差异。南部祁连山区，降水量由东向西递减，雪线高度由东向西逐渐升高。海拔 2600—3200 米地区年平均气温 1.5—2.0℃，年降水量在 350—400 毫米，最高达 700 毫米，相对湿度约 60%，水面蒸发量约 700 毫米；海拔 1600—2300 米的地区，气候冷凉，是农业向牧业过渡地带。中下游的河西走廊平原及阿拉善高原属中温带甘—蒙气候区，进一步分为中游河西走廊温带干旱亚区及下游阿拉善荒漠干旱亚区和额济纳荒漠极端干旱亚区。中游河西走廊平原区年平均气温 2.8—7.6℃，日照时间长达 3000—4000 小时，降水量由东部的 200 毫米向西部递减为 100 毫米，水面蒸发量则由东部的 2000 毫米向西递增至 3000 毫米。下游额济纳平原深居内陆腹地，是典型的大陆性极端干旱气候，降水少、蒸发强烈、温差大、风沙多、日照时间长。据额济纳旗气象站 1957—1995 年资料统计，下游额济纳平原多年平均降水量仅为 42 毫米，多年平均水面蒸发量 3755 毫米，年平均气温为 8.0℃，最高气温

41.8℃，最低气温 −35.3℃，年日照时数 3325.6—3432.4 小时，相对湿度 32%—35%，年平均风速 4.2 米/秒，最大风速 15.0 米/秒，8 级以上大风日数平均 54 天，沙暴日数平均 29 天。

黑河古称"张掖河""弱水""删丹河"，亦有"羌谷水""合黎水""鲜水""覆袁水"之称谓。黑河下游现称"额济纳河"，古时候也叫"坤都伦水"。我国很早就对黑河有所认识，《尚书·禹贡》说"导弱水至于合黎，余波入于流沙"即指黑河，"流沙"指弱水尾闾居延泽，即现在黑河尾闾居延海附近。《淮南子·地形训》亦有："弱水，出自穷石，至于合黎，余波入于流沙。"此处弱水与流沙分别指今黑河和居延泽。这在《水经注》中记载更详："居延泽，在其县故城东北。《尚书》所谓流沙者也。形如月生五日也。弱水入流沙，流沙，沙与水流行也。亦言出钟山，西行极崦嵫之山，在西海郡北。"①

除了上述史志记载之外，近代以来，伴随着中国国门的被迫打开，黑河流域也因其独特的历史文化成为大量西方探险家、考察家和殖民侵略者的目的地，他们撰写了大量考察报告。其中比较著名的有：俄国皇家地理学会会员科兹洛夫曾分别于 1907—1909 年、1923—1926 年两度对黑河流域展开考察，并在额济纳旗黑城遗址发掘到大量珍贵文物，黑城文献和文物的出土，与敦煌文书的问世一样，具有重大的学术意义，在 20 世纪考古发掘史上占有重要的地位。而科兹洛夫关于黑城的考察，被记录在他的《蒙古、安多和死城哈喇浩特》一书之中。

1914 年 5 月初，英国探险家斯坦因在第三次中亚探险考察中经安西至酒泉，又经张掖考察祁连山脉和甘州河源，并在《亚洲腹地》一书中记录了他此次的中亚考察之旅。

除了上述由国外探险家开展的探险调查之外，1927—1934 年，中国学术团体协会与瑞典探险家斯文·赫定联合组成的西北科学考察团从北京出发，经包头、巴彦淖尔至阿拉善额济纳河流域进行考察。考察团中瑞典著名考古学家沃尔克·贝格曼所著的《内蒙古额济纳河流域考古报告》一书，对汉末在额济纳旗修筑城障、烽燧等古建筑废墟以及居延城的历史，西夏人遗物、农庄古城等专题进行了大量的考古分析。1944 年初，我国著名农林专家董正钧自甘肃酒泉沿弱水北下，往返共 8 个月，考察黑河下游自然状况后，著有《居延海》一书。

在上述考察研究的基础上，课题组也对黑河上、中、下游三段进行了详细的历史地理综合考察，主要是针对黑河干流的重要节点及部分支流，如黑河最大支流北大河、干流中游重要节点正义峡、大墩门、狼心山段和下游尾闾部分天鹅湖段等河段的水文水系特征进行实地调研，以丰富对沙漠地区河流水系历史变迁的基本认识。

1. 北大河

北大河，又称讨赖河，是甘肃省河西走廊中部的一条重要河流，为黑河的最大支流。

---

① （北魏）郦道元著，陈桥驿校证：《水经注校证》卷 40《禹贡山水泽地所在》，北京：中华书局，2007 年，第 954 页。

《清史稿》中对其有较为详细的记载：

> 洮赖河出州西南祁连山北麓，古呼蚕水，北流东迤，支渠旁出，左播为四，右播为三。又东为北大河，至临水堡，临水河出祁连山最高处，东北流注之，折而北，迳金塔寺，西出边墙为北大河，至古城，右会红水，左合清水河，曰白河，东北入高台[①]。

更早的《大清一统志》则对该河的历史沿革进行了详细梳理：

> 讨来河，在州南，下流合张掖河，即古呼蚕水也。《汉书·地理志》：福禄县呼蚕水，出南羌中，东北至会水入羌谷。《寰宇记》：呼蚕水，一名潜水，俗谓之福禄河，西南自吐谷浑界流入。《行都司志》：在肃州卫北一百里，源出祁连山，下合清水河，同沙河，迳古会水县，入张掖河。《州志》：河水与城东水磨渠同脉，至威房城，又名广福渠，又东至岔口，与镇夷黑河合流，一名天仓河，在卫东北三百里。《西陲今略》：讨来川，在金佛寺南一百十里，西北绕南山之后，其势甚急。至卯来泉堡西南分流，北流谓之讨来河，又折而东北，径渭城西北，合清水、红水、白水、沙河，又东迳下古城南，折而北流出边，为天仓河，又东迳金塔寺北三十里至岔口，合张掖河[②]。

以上描述的是北大河自祁连山北麓发源之后流经今嘉峪关市、酒泉市部分。该河的源流及水系在民国四年（1915 年）所绘的《酒金两县水系图》中有直观的体现。

北大河自祁连山麓发源后有支渠 7 条，北面从西至东依次为野麻湾坝、新城子坝、老鹤坝和河北坝，南面从南至北有图儿坝、沙子坝、黄草坝，恰与上文"北流东迤，支渠旁出，左播为四，右播为三"吻合。再向东北流过酒泉城西北，南路有北大河支流红水河（又名洪水河、临水河，临水河为其下游名称）汇入，红水河源出祁连山，东北流至临水堡后改名为临水河，再向北流至古城与北大河汇流，同时清水河东流至古城附近也与北大河汇流，这样一来，北大河主流及其支流红水河、清水河在古城、鸳鸯池一带附近实现汇流（图 4-33），再向北称为白河，清代文献中也称其为天仓河，最终汇入黑河，其汇流的地方正是清代的毛目城（今金塔县鼎新镇）北边营盘附近。历史时期的北大河一直较为稳定地在今鼎新镇附近汇入黑河，但从清中期开始，由于自然与人文双重影响，北大河在流经金塔县北至威房城（今金塔县古城乡头号村西北）附近后即开始断流，无法持续稳定地汇入黑河，这一点在《中国历史地图集·清时期》的"甘肃"图上已有明确显示[③]。

[①] 赵尔巽等：《清史稿》卷 64《地理志》，北京：中华书局，1977 年，第 2124 页。

[②] （清）穆彰阿、潘锡恩等纂修：《大清一统志》卷 278，上海：上海古籍出版社，2008 年，第 602 页。

[③] 谭其骧主编：《中国历史地图集·清时期》，北京：地图出版社，1987 年，第 28—29 页。

图 4-33　鸳鸯池水库边
董嘉瑜、杨伟兵摄

历史时期的北大河作为黑河最大的支流，其水系流量的变迁直接影响到黑河下游径流量，然而目前对于黑河流域的研究多集中在黑河中游和下游地区，对于黑河上游和黑河支流如讨赖河、丰乐河、摆浪河、马营河等小流域的研究较少[①]。

梳理北大河流域历史时期的水利开发史，明代之前的情况由于相关史料记载较为缺乏，无法细致描绘其情形。但自明朝建立以后，北大河流域迎来一次水利建设的高潮。明洪武年间，讨赖河干流南岸陆续修成兔儿坝、黄草坝、沙子坝，即民国《酒金两县水系图》中北大河南岸的三条渠道。整个明代对于该区域的水利开发集中在中游干流右岸区域以及其主要支流红水河流域，整个下游地区及清水河、临水河流域并无大规模的水利开发。

明末清初的战乱一度使得该区域人口凋敝、渠道荒废，但随着清初在河西地区大规模移民、屯田的实施，这一区域的经济有所恢复。雍正四年（1726 年），当时的川陕总督岳钟琪上奏朝廷：

> 查黑河一水，自甘州南边雪山之外流入内地，遂由甘州、高台、抚彝、镇彝等处流出北口。其桃（讨）赖河一水自肃州南边雪山之外流入内地，遂由肃州、下古城、金塔寺等处流出北口，至三岔河地方与黑河相会，向北流去，入于坤都伦海子。因甘州、肃州等处将此两河之水上流截住灌溉田亩，所以春夏种田之际，

---

① 郑炳林、史志林、郝勇：《黑河流域历史时期环境演变研究回顾与展望》，《敦煌学辑刊》2017年第 1 期，第 137—150 页。

水不能直下至灌。过回土之期，放下无用之水。或大雨时行之际，山水突发，此河方能有水[①]。

由此可见，清中叶时北大河与黑河的水利联系在此时已呈时断时续的状态。同一年，吐鲁番等处的回族人民为避准噶尔部兵峰而东迁，一部分即被安置在金塔寺（今金塔县塔院村）至威鲁堡（又名王子庄堡，即今金塔县城）的北大河段一带，并由肃州州判毛凤仪主持修建王子庄东西坝（即今日金塔县北大河鸳鸯灌区的东干渠、西干渠），实行回、汉分渠灌溉。雍正七年（1729 年），为更好地对这一地区实现管理，清廷采纳川陕总督岳钟琪的上奏建议，升肃州为直隶州，并在威鲁堡设肃州州同一员，"既可化诲弹压，兼令专司水利"[②]。

随着行政建制的完善和水利设施的兴建，北大河流域的水利开发逐渐走向繁盛，从乾隆直至同治初期，北大河流域的水利开发未曾中断，不断有新渠开凿。因此大约到清中期，北大河已脱离了和黑河的自然径流联系。

清末民初，西方探险家进入这一地方，为我们留下了当时的记载：

> 我 1907 年第一次拜访过金塔后，回来时走的是北大河右岸连接金塔绿洲和肃州的大路。……我们沿小山脉的北边脚下走，经过的地区全是约 30 英尺高的流沙丘。之后，我们才到了北大河边，那里的河床离金塔绿洲最南端约 2 英里。河床宽有 0.25 英里，比河岸低 6 英尺。河中一滴水也没有，从这里分岔出来的六条水渠也是干涸的。又往前走了 1 英里，我们在覆盖着灌木的地面上又遇到了三条水渠，它们的水流量加起来也只有每秒钟约 60 立方英尺。这说明 6 月中旬南山中段的积雪融化之前，即北大河的夏季洪涝到来之前，肃州河下游能用来灌溉的水是极少的[③]。

由此可见到民国初年，北大河下游的缺水情况非常严重。由于北大河水量的减少，流域内的水案纷争不断，沙漠化也日益加剧。民国时期的档案和报刊文献多有记载。特别是民国二十五年（1936 年），甘肃省政府颁布了在北大河流域实行均水的训令，在流域内直接引发了中下游之间的严重冲突，史称"酒金水案"。各级政府多次设法解决这一问题，均未奏效，遂有修建水库之动议。1943 年，鸳鸯池水库开始修建，至 1947 年正式竣工，曾被当时的媒体称为"全国第一水利工程"。1949 年后，北大河流域的水利工作又进入一个全新的时期。时至今日，北大河在经过鸳鸯池水库和解放村水库后，径流逐渐减少，同样不能汇入黑河干流。

综上所述，作为历史时期黑河最大支流的北大河，明清以来水利开发逐渐繁盛，至清初已时断时续，伴随该流域水利开发的成熟，至清中期，北大河已失去了和黑河的自然水

---

① 《川陕总督岳钟琪等奏遵旨查勘亦集乃等处情形折》，中国第一历史档案馆：《雍正朝汉文朱批奏折汇编》第 7 册，南京：江苏古籍出版社，1989 年，第 394 页。

② 《川陕总督岳钟琪奏请改肃州为直隶州并设州同一员分驻威鲁堡折》，中国第一历史档案馆：《雍正朝汉文朱批奏折汇编》第 15 册，南京：江苏古籍出版社，1990 年，第 110 页。

③ 〔英〕奥雷尔·斯坦因著，巫新华、秦立彦、龚国强，等译：《亚洲腹地考古图记》第一卷，桂林：广西师范大学出版社，2004 年，第 566 页。

利联系。民国时期和中华人民共和国成立以来的水利建设重在对中下游的水利分配进行调节，以利于生产建设和民众生活。通过实地的探查之后，考察组一行对于北大河流域百年来的变化有了更为直观的认知，为探讨历史时期该流域内的人地关系和生态环境变迁提供了实地探访的资料依据。

2. 正义峡及下流出口台地宽谷段

从莺落峡出山口至正义峡流程 185 千米，为走廊灌溉区，通称黑河中游，集水面积 35634 平方千米。河中游地段，河床宽浅，纵坡平缓，平均比降 2‰，上段河床多为卵石粗沙，下段多为细沙。南岸有泉水出露并有大片沼泽地分布。

正义峡（图 4-34）地处甘肃省张掖市、酒泉市和内蒙古额济纳旗交界之地，位于甘肃省高台县城西北 60 千米处的罗城乡天城村。峡口周围山岭重叠，峡长逾百里，当地人称之为石峡，因地处抗御北方少数民族入侵的天险要隘，有"天城锁钥"美誉，古称"镇夷"，1949 年后改称"正义峡"。今建有正义峡水文站，东经 99°28′，北纬 39°49′，主要负责搜集黑河灌区下游水文资料，为黑河治理、水量统一调度提供重要水文数据。

图 4-34　正义峡及下流出口台地宽谷段

正义峡为缓 U 形宽谷，河谷相对开阔，河道狭窄，水流迅疾，河漫滩发育较好。正义古称"镇夷"，乾隆《甘肃通志》载："镇夷堡，在县西北一百二十里。明置土城，周四里三分，设有游击分管。土边长六十里，山壕长八十里。边外贼来，由水头四处。哨马营，离城三百五十里。狼心山，离城五百里。兀鲁乃湖，离城八百里。亦集乃湖，离城一千里，俱系套房行走住歇要路。"① 由此可见，明代在此设立卫所，设城驻守，以控扼狼心山及黑河尾闾等重要战略节点位置。

清代裁并卫所，改置州县，促进了黑河流域地方社会的农业开发，至雍正十二年（1734年），据侍郎蒋洄奏报："高台县属双树墩地方，在镇夷堡口外，自开垦以来，人烟日盛。今岁秋成，粟谷挺秀，有一本之内，枝抽十余穗者，有一穗之上，丛生五六穗者，屯农共庆为奇观，司垦咸称为盛事等语。"② 农业水利的开发，加之重要的区位优势，使得镇夷堡成为高台县经营县属西北地带的重要据点。正义峡下游依次为阎家峡、赵家峡，后者更为地势逼仄、山峦险峻。谷地两侧为砾石山岭，阻隔沙漠侵吞；谷地河流堆积泥沙成沃土，水草丰美，古来为用兵、屯田要地，我们考察至此时，仍可见到以玉米为主的农作物种植，长势良好。

黑河出正义峡流入阿拉善台地（图4-35）。至今可见深阔的古河床遗址，纵切成为深逾十米的谷地。该地段经历了长期的地质构造演变，在海洋洋盆抬升作用下成为今蒙古高原，至今仍能捡到贝壳等海底生物化石。此段河床较正义峡段增宽，河道蜿蜒，水流和缓，河漫滩、心滩、汊流发育。

图 4-35　阿拉善台地
杨伟兵摄

3. 大墩门河段

黑河自正义峡口进入下游，归宿于居延海，流程长 350 千米。经正义峡 20 千米峡谷

① 乾隆《甘肃通志》卷 11《关梁》，清乾隆元年（1736 年）刻本。
② 《清实录·世宗实录》卷 148 "雍正十二年十月戊辰" 条，北京：中华书局，1985 年，第 842 页。

至大墩门向北进入酒泉地区的鼎新，纳入讨赖河，再往北 100 余千米进入内蒙古，称为额济纳河，古称天仓河。

该河段以大墩门烽火台命名。大墩门烽火台位于金塔县鼎新镇大茨湾村南 7 千米的黑河西岸。烽火台呈圆丘状，底径 19.5 米，高约 11 米，用 0.118 米 ×0.3 米 ×0.07 米的土坯砌筑。烽火台保存完整，东边有上下攀登的痕迹。周围散见黑釉瓷片、白瓷片等物，是金塔境内汉代、明代长城的外围防线，是甘肃境内长城线上第一大墩。

我们站在大墩门烽火台所在的山顶，俯视整个黑河形势，河道弯曲，大墩门河段河道宽阔，水流缓慢，河漫滩、心滩发育。以大墩门水库为例，此处河面宽度约为 610 米。该区域属内陆沙漠性气候，常年干燥，多年平均年降水量为 53.4 毫米。年平均气温 8℃，极端最高气温 39.3℃，极端最低气温 −30.4℃。植被类型主要为小型带刺荒漠戈壁植物，土壤主要为黄色土壤和流沙。

黑河大墩门引水枢纽工程位于黑河干流中游下段大墩门峡谷，上游距正义峡 20 千米，下游距金塔县鼎新镇 50 千米，工程于 1987 年 4 月正式开工，有效工期历时两年零五个月，是一座以灌溉为主兼顾防洪的国家中型三等引蓄水水工建筑。大墩门枢纽为闸坝结构型工程，属国家中型三等规模，坝址处的大墩门峡谷河宽 198 米，主河槽宽 80 米，近端河道呈 S 形，设计引水流量 10 立方米 / 秒，年引水量 9000 万立方米，枢纽防洪标准按 50 年一遇设计，1500 年一遇校核。主要由人工弯道、进水闸、泄洪冲沙闸、溢流坝、土坝及公路桥组成。据正义峡径流资料，1944—1984 年的 41 年间，年平均径流量 11.01 亿立方米，最大洪水流量为 1790 立方米 / 秒。

4. 狼心山河段

黑河过狼心山流入额济纳旗后，改称额济纳河，在阿拉善盟境内长度约 250 千米。进入居延海盆地的干三角洲后，额济纳河道宽浅而流缓，冬春多时无水，属季节性内陆河。河床平均宽 300 米，深 1.5 米，平均流量 200 米 / 秒，结冰期 80 天。

狼心山，蒙古语为巴彦宝格德，意为富饶神圣的山，位于额很查干牧场驻地 52 千米处，海拔 1212.9 米。附近额济纳河岸有查呼日图烽燧遗址，海拔 1059 米，西夏始建，有三层土坯，外用芨芨草裹之，为典型的西夏式。

狼心山北面的山脚下，额很查干牧场驻地西南 49.5 千米处，今建有狼心山水文站，蒙古语称巴彦宝格德水闸，1978 年建闸时，借狼心山取名。狼心山水闸是黑河干流进入内蒙古自治区额济纳绿洲的重要水文控制站，兼为狼心山水文站和分水枢纽工程（图 4-36）。分水枢纽工程是黑河一期工程的重要组成部分，于 2002 年 6 月开工建设，2006 年 11 月竣工，是黑河下游最大的分水枢纽工程，分为东河、西河和东干渠三部分，过闸流量 450 立方米 / 秒。黑河在正义峡年均流入金塔县境内的水量达 11 亿立方米，经狼心山流向内蒙古的水量是 7.1 亿立方米。河水流量递减为典型干旱地区内陆河流的特点。

图 4-36　狼心山水利枢纽航拍
董嘉瑜摄

额济纳河在狼心山附近分成东河和西河，东河称达西敖包河，西河叫穆林河。其中，东河在分出纳林河后，干流和纳林河分别注入苏泊淖尔和沙日淖尔湖；西河注入嘎顺淖尔湖。额济纳河中、下游共分出支流 19 条，分别注入尾闾湖泊东居延海和西居延海。

5. 天鹅湖与居延海

黑河流经青海、甘肃、内蒙古三省区 800 余千米后，最终没入内蒙古阿拉善盟额济纳旗达来呼布镇东北约 40 千米的巴丹吉林沙漠北缘，形成东、西两大尾闾湖，总称居延海，为古弱水的西归宿地。

古今东、西居延海有着很大差异。古黑河在肩水金关处分流，东支流入东居延海，即今天鹅湖（图 4-37），西支注入西居延海。其中西居延海面积广阔，涵盖今东、西居延海。西居延海后因上游来水减少，加之黑河在狼心山处分流，湖面缩小，并分裂成两个湖泊：西湖名嘎顺诺尔，亦称嘎顺湖，蒙古语意为"苦海"，即西居延海；东湖名苏古诺尔，也称苏古湖，蒙古语意为"苔草湖"，即东居延海。

居延海，先秦时该处水面被称为流沙或弱水流沙，秦汉以后称居延、居延泽，魏晋称西海，唐后通称居延海，系中—新生代断陷盆地基础上经积水形成（图 4-38）。古居延泽演变大致经历了由大到小，由湖湾、潟湖封闭形成内陆湖泊的过程，湖面最大时达 2600 平方千米。秦汉时期湖面尚有 726 平方千米。到公元 1 世纪时，受黑河水系东移变迁以及上游开垦农田（图 4-39），发展灌溉农业的影响，入湖水量急骤减少，湖面萎缩为东、西两个湖泊，古丝绸之路上与楼兰古城齐名的古居延城也从此消失。古居延海随着额济纳河下游的不断改道，湖面时有移位，至元代分为哈班、哈巴、喇失三个海子，被认为是著名的游移湖。

图 4-37　东居延泽（天鹅湖）航拍
董嘉瑜摄

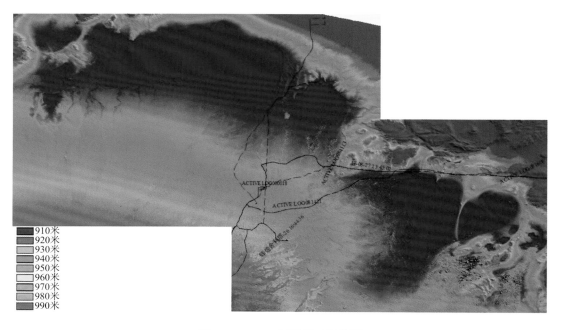

图 4-38　DEM 图像居延泽范围

图 4-39　黑河东支流古河道
杨伟兵摄

　　古东居延海即今天鹅湖，以天鹅栖息此处得名。位于东经 101°06′，北纬 41°96′。天鹅湖湖体东西长逾 1000 米，南北宽约 500 米，随季节性降水而有盈缩。湖区属温带大陆性干旱气候，年均气温 8.0℃，1 月平均气温 −11.7℃，极端最低气温 −37.6℃（1966 年 2 月 6 日），7 月平均气温 26.1℃，极端最高气温 42.2℃（1980 年 7 月 21 日）。多年平均日照时数 3087.7 天，无霜期 130 天，降水量 40.3 毫米，蒸发量 3745.2 毫米。年平均风速 4.2 米 / 秒，最大风速 24.0 米 / 秒，盛行西北风。我们考察至此时，湖区水草丰茂，湖东至湖中约 697 米处芦苇丛生，栖息着天鹅、大雁、鹤、水鸭等多种水鸟，水质澄澈。当地工作人员介绍，湖中生长着鲤鱼、鲫鱼、大头鱼、草鱼等鱼类。今注入天鹅湖的河流为季节性河流，河道宽阔，最宽处约为 3000 米，但目前水面狭窄，河漫滩上生长有红柳等沙漠植物，一级阶地上布满黑褐色砾石。

　　今东西居延海为古西居延海的湖域范围。东居延海，又名索果诺尔，亦称东海子。索果诺尔系蒙语，意为有水獭的湖泊，清雍正年间因土尔扈特人在湖中发现水獭而得名。该湖位于北纬 42°16′—42°20′，东经 101°13′—101°18′。1927 年实测最大水深 4.12 米，1933 年湖面比 1930 年略大，注入湖泊的支流有 3 条，湖水微咸。1944 年东河干枯后，该湖也几近干涸，直至 20 世纪 50 年代初东河恢复流水，湖面才一度扩大。1958 年测量时，湖面长径为 8.5 千米，最宽处为 5.8 千米，平均宽 4.1 千米，面积 35.0 平方千米，平均水深 2 米，蓄水量 7×10^7 立方米。当时岸边有茂密的芦苇，湖周围是优良的草场，湖中仅有鲫鱼、蒙鲦两种；1959 年捕鱼量达 167.6 吨，其中鲫鱼占 90%，蒙鲦占 10%。后因水质恶化，鲫鱼大量死亡，失去渔业开发利用价值。1961—1962 年又经历两年连续枯水，补给水量大减，至 1963 年湖泊干涸。嗣后 1973 年、1984 年、1986 年、1994 年均出现过干涸现象。20 世纪 80 年代初，湖水面积恢复到 23.6 平方千米，1982 年测得最大水深 1.8 米。

西居延海，又名嘎顺诺尔，亦称西海子和苦海。嘎顺诺尔系蒙语，意为苦海，表明湖水苦咸。西居延海位于北纬 42°20′—42°29′，东经 100°30′—101°00′。1928 年冬实测最大水深 2 米，1932 年面积约 190 平方千米，1958 年增至 267 平方千米，平均水深 2 米，蓄水量 5.34×10^8 立方米，1960 年面积又缩至 213 平方千米。湖水矿化度 88 克/升。1961 年秋，湖泊干涸，湖床龟裂成盐壳，盐类矿床主要是芒硝、石盐，其中芒硝厚 0.3 米，石盐厚 0.15—0.2 米。属硫酸钠亚型盐湖。

居延海是穿越巴丹吉林沙漠和大戈壁通往漠北的重要通道，历史上乃兵家必争之地。《史记·匈奴列传》中记载，"（汉）使强弩都尉路博德筑城居延泽上"，后汉朝在这里设立居延县，实施直接管理。西夏时为防备辽与漠北蒙古，设黑水镇燕军司和黑山威福军司于此处。蒙古军队攻占此地后，设立了亦集乃路总管府，成为北走上都，西抵哈密，南通河西，东往宁夏的冲要之地。

在对黑河进行历史地理考察后，我们得出以下结论。

第一，古今黑河流路均以正义峡、狼心山等控制点为水系分派节点，尤其是狼心山，即便今日仍是黑河额济纳河流域最为重要的分水节制点。

第二，汉至宋元，黑河下游出正义峡，经狼心山，北部应不如东北往黑城子方向的水量，汉代居延都尉府、居延县，唐代大同城（安北都护府、宁寇军），西夏黑水镇燕军司，元亦集乃路总管府等城镇均以黑河自狼心山东北向沿线分布，居延泽亦以今天鹅湖、东居延海等为主。古代黑河在黑城子西北流径，与今东北泛道的流路不同。

第三，额济纳河流域受沙漠影响自汉代便有，史籍中"流沙"和"大漠孤烟"等自然景观是最直接的反映。不过，历史上较长时期水量仍较大（对于古代是否缺水的问题，斯坦因和贝格曼的看法不同），故对军事要塞乃至地方行政有着重要支持。明清以来，黑河上游（河西地区）用水激增，又缺乏流域管理，下游得水有限，沙化严重。

二、疏勒河、党河、榆林河水系变迁考察

1. 疏勒河

疏勒河是河西地区的一大重要河流，是除黑河以外河西地区的第二大河，其名源于中古突厥语，意为来自雄伟大山的河流。早期该河称为"冥水"，《汉书·地理志》云："冥安，南籍端水出南羌中，西北入其泽，溉民田。"[1]《元和郡县图志》载："晋昌县，中下，

---

① （东汉）班固：《汉书》卷 28 下《地理志》，北京：中华书局，1962 年，第 1614 页。

郭下，本汉冥安县，属敦煌郡，因县界冥水为名也。……冥水，自吐谷浑界流入大泽，东西二百六十里，南北六十里。丰水草，宜畜牧。"[①]

疏勒河干流发源于祁连山的最高峰（宰吾结勒）所在的疏勒南山与陶勒南山之间的沙果林那穆吉木岭，终于敦煌西北的哈拉湖，全长670千米。其向北流至昌马盆地以北出山，分为数支，散流在大坝冲积扇上，被称为十道沟河，成为河西地区最大、最完整的冲积扇及洪积扇景观。其上游从河源至昌马峡口止，昌马峡口至双塔堡水库坝址为中游，双塔堡水库以下至哈拉湖为下游。疏勒河在今玉门镇一带汇集后转而西行，沿途接纳踏实河（又名榆林河）、党河后，注入敦煌市西北的哈拉奇湖（图4-40）。

图4-40　敦煌市西北的哈拉奇湖

今日的疏勒河自双塔堡水库以下并无常年径流，仅有部分灌溉用水可沿渠道流至瓜州县城西68千米的西湖镇，哈拉奇湖于20世纪60年代一度出现过干涸，导致疏勒河尾闾成了间歇性河道。如今，随着生态用水不断补给，哈拉奇湖又重现宽广湖面。历史上疏勒古河还穿过阿奇克堑谷地最终汇入新疆的罗布泊。由于大量引灌和入渗，其支流白杨河、石油河、踏实河、党河、安南坝河等均不汇入干流而自成体系。

关于历史时期疏勒河水系的变迁研究，谭其骧先生早在20世纪50年代开始就在《汉书·地理志》的选释中对汉唐时期的疏勒河水系变迁进行了研究，并最终以《中国历史地图集》的形式连续地呈现出来。冯绳武先生则从地理学视角切入，对河西地区的河流水系开展了综合性研究，其中涉及疏勒河流域的研究，《甘肃河西水系的特征和演变》和《疏勒河水系的变迁》两文是其集中代表，冯先生对于疏勒河流域从史前时代直至20世纪70年代的长时段勾描至今仍被认为是这一研究的典型权威成果。

继谭先生之后，李并成自20世纪80年代以来陆续关注河西地区的历史地理问题，并在文献研究和实地探查相结合的基础上将前人的基础推向精深化，发表《汉敦煌郡冥安县

---

① （唐）李吉甫撰，贺次君点校：《元和郡县图志》卷40《陇右道下》，北京：中华书局，1983年，第1028页。

城再考》、《汉唐冥水（籍端水）冥泽及其变迁考》与《河西走廊历史时期沙漠化研究》
等一系列成果。近年来，清华大学与甘肃省水利厅合作，对河西走廊地区的水利史发展推
出文献类编丛书，其编纂者之一的张景平在《历史时期疏勒河水系变迁及相关问题研究》
一文中全面梳理了疏勒河水系的历史研究概况。

就水系变迁的研究内容来看，疏勒河先行研究集中在两个问题上：一是历史时期疏勒
河流域的水系变迁复原情况；二是对历史时期疏勒河中下游之间形成的湖泊或其尾闾问题
的研究。疏勒河在早期历史文献中被称作"冥水""南籍端水"，注入"冥泽"或"大泽"，
故谭其骧先生和李并成从历史地理学的视角切入，工作思路可以简单概括为"以城定水"，
即找到汉代的冥安城，然后确定冥水是今日的哪条河水。不过谭先生据清人陶保廉《辛卯
侍行记》将冥安城定位到今瓜州县东双塔堡左右，因此认为汉唐时期的疏勒河干流应在"清
代径流之西"，也就是今天疏勒河出昌马盆地以北形成的十条水沟中的四道沟以西。至于
疏勒河的尾闾湖，谭先生认为："徐松西域水道记以清代地图上玉门县北的青山湖（县西
北七十里）、布鲁湖（县西北三十里）、华海子（赤金堡东北一百七十里）当冥泽，认为
冥水北流至此即入泽，那是正确的。"[①]

在疏勒河下游及其尾闾问题上，谭先生认为："近代地图上的疏勒河下游东西流向一
段，当出自汉以后历代人工的疏凿。"[②]他认为双塔堡水库以下至百齐堡以西接通党河一段，
是雍正年间陕甘总督岳钟琪为了西征运粮而开凿的。疏勒河西会党河接通哈拉淖尔（即哈
拉湖）不过是两百多年来的事。复旦大学中国历史地理研究所资料室所藏《中国古代地理
名著选读》上有谭先生批注的一段文字，云："骧按：据沙州志残卷，唐时苦水自东西流，
即今疏勒河自双塔堡西流一段，犹未与冥水接通。若水下游散入沙卤，亦未与独利河水（当
即今党河）会合。"由此可见，谭先生认为今日疏勒河干流下游河段是冥泽水利工程的一
部分：

> 双塔堡左右这一段河身很可能是古代人民为了导引冥泽水西流灌溉安西一
> 带农田而开凿的。而安西一带农田灌溉的逐渐发展，疏勒河逐渐西引以至于接通
> 党河，又很可能是古代东西二百六十里南北六十里的冥泽逐渐涸缩成为清代的青
> 山、布鲁、华海子诸湖，终至于完全泯灭的主要因素[③]。

对比《中国历史地图集》第 2 册至第 8 册关于该区域的相关情况可以发现，自汉至唐
下迄元代之前，疏勒河水系基本一直维续着"一个河道，一个湖泽"的模式。元代，疏勒
河今日在中下游地区的河道已然形成，其尾闾湖基本上达到今天哈拉湖的湖区范围。明代，
疏勒河经过中游玉门市向西北拐弯处的河道形成两条，下游干流在一段时间内又无法持续
注入哈拉湖。至清代，随着康熙年间开始的移民屯田活动和雍正年间岳钟琪西北用兵调运
粮草疏通了疏勒河和党河，其汇流注入哈拉湖，特别是康熙五十八年（1719 年）靖逆卫
户民于疏勒河出山口修建昌马大坝，使得洪积扇上的疏勒河道只有一条，即今日东北向的

---

① 侯仁之主编：《中国古代地理名著选读》第一辑，北京：学苑出版社，2005 年，第 94 页。
② 侯仁之主编：《中国古代地理名著选读》第一辑，北京：学苑出版社，2005 年，第 94 页。
③ 侯仁之主编：《中国古代地理名著选读》第一辑，北京：学苑出版社，2005 年，第 94 页。

干流，成为清代疏勒河水系变迁的第一大变化。雍正七年（1729 年）通过修建水渠将疏勒河五分之一的河水引入扇面上的四道沟，继续增加疏勒河在桥湾以下的来水量，为此时疏勒河水系的第二大变化。第三大变化是雍乾时期黄渠、新黄渠两条水渠的建设，使得原先东北部的布鲁湖来水大大减少，全部汇流向西，大大拓展了疏勒河中下游干流的来水量，并最终实现与党河的汇流，以哈拉淖尔作为其尾闾湖。这一点在斯坦因的考察图中有清晰显示。

李并成则认为汉冥安县城实际当为唐代的瓜州及晋昌县的治所，并作为瓜州治所一直延伸至元代。明代该城称为苦峪城，清后期因废弃而获得民间之俗称——锁阳城。因此，他将冥水认作疏勒河出昌马大坝后形成的流向锁阳城方向的一条河流，该河位于冲积扇的西北边缘。他认为今天疏勒河干流不仅在隋唐时期存在，实际上在地质时期早已存在，而流经锁阳城附近的这条西北向河流是其中一条重要的支津。李并成明确指出，汉唐时期的疏勒河水系至少有"两条河道，两个湖泽"，两条河道是今疏勒河桥湾以下干流和流经锁阳城附近的支津，两个湖泽是今位于玉门镇东北部的湖泊，即清代的布鲁湖附近和唐时期的兴胡泊，即后来的哈拉湖湖区范围内。冯绳武先生基本上赞同此说，不过他认为汉代的冥泽、唐代的大泽还是应该在清初的青山湖、布鲁湖和花海子一带。但他又通过考察敦煌郡主要县邑的建置地点与荒废时期，认为"唐代的疏勒河主流，曾一度由大坝洪积扇西缘经锁阳城，流入踏实盆地，再循今黄水沟河流至疏勒河下游的干三角洲，更西，南会党河，西北流入哈拉湖"[①]。

后又有学者提出了不同看法，张景平认为谭、李二位"以城定河"的工作思路存在缺陷，容易陷入循环论证的误区[②]。因此他指出可以转而从该流域古城遗址的考古学年代以及空间分布状况入手讨论历史时期疏勒河中下游水系的可能情形。最终他认为疏勒河在汉唐时期的水系存在"三条河道，三个湖泽"。

在前述研究基础上，通过实地踏访，我们认为汉唐时代的疏勒河水系应有两条河道，到清代演变为三条河道。这一判断主要基于以下三点。

一是从地形地貌上讲，今日的疏勒河在出昌马大坝后形成的冲积扇上，存在明显的三个方向的径流。其中，途经今玉门市的东北向径流基本上是明末清初以来逐渐形成的，历史时期疏勒河的主流应该是向北直接穿过今十道水沟的这条正北向径流，而在扇缘西部则有一条清晰的通向锁阳城方向的西北向径流，因此不排除汉唐时代这条径流的存在。

二是从该流域内的古城分布来看，锁阳城附近所处的西北向和十道沟所处的正北向的扇缘边缘均存在大量的汉唐古城遗址。在古代缺水的河西地区，城池的出现必然是和水源联系在一起的。

三是从此次考察的一个小支流来看，该疏勒河小河沟（图 4-41）自南向北汇入疏勒河干流，其河道较宽，有十多米，虽然现在河道已然干涸，但其中长有苇草，明显系

① 冯绳武：《疏勒河水系的变迁》，《兰州大学学报》（社会科学版）1981 年第 4 期，第 138—143 页。

② 张景平：《历史时期疏勒河水系变迁及相关问题研究》，《中国历史地理论丛》2010 年第 4 辑，第 15—30 页。

季节性补给河流，该小河沟又在疏勒河中游双塔堡水库以西，表明历史时期下游地区还是有季节性径流补充至疏勒河内，历史时期的疏勒河双塔堡以西部分在一定时期内还是可以维持一定径流量的。

图 4-41　疏勒河小河沟
董嘉瑜摄

2. 党河、榆林河

党河，汉代称氐置水，《汉书·地理志》载："龙勒县有氐置水，出南羌中，北流入泽，溉农田。"唐代称甘泉水，宋代称都乡河，元、明两代称西拉噶金河，到了清代改称党金果勒，简称党河，意为"肥沃的草原"。

党河源出祁连山脉西端的疏勒南山和党河南山之间的冰川群，全长 350 千米，流域面积 16980 平方千米，多年平均径流量 3.51 亿立方米。流经地区地势西南高、东北低，海拔高程在 1072—5568 米，河道曲折，水源匮乏，中下游河道宽浅。流域内沙漠戈壁广泛分布，全年干旱少雨，年平均降水量 40 毫米，蒸发量却高达 2486 毫米。河流主要补给来源为冰川融水、泉水和大气降水，夏季流量最大，11 月中旬左右开始进入封冻期。

榆林河，又名踏实河，因流经著名石窟——榆林窟而得名，位于中国甘肃省酒泉市，是疏勒河的主要支流之一。榆林河发源于祁连山脉西段北麓的野马山，源头最高海拔 5100 米，水源主要为野马山冰川冰雪融水和当年降水补给，经长距离的调蓄，在石包城一带以泉水出露，汇集成泉水河后穿过阿尔金山、东巴兔山和三危山后，流入瓜州县境内，向北流经万佛峡至蘑菇台后进入踏实盆地的榆林水库。榆林河全长 118 千米，流域面积 5494 平方千米，境内集水面积 3554 平方千米，多年平均径流量 0.5184 亿立方米，多年平均输沙量为 17.33 万吨。

党河上游与榆林河是此行水系调查的重点所在（图 4-42）。党河上游的主要支流为开腾河和大水河，在肃北蒙古族自治县盐池湾交汇后，西北流经敦煌市北分两支注入疏勒河和古玉门关以东的哈喇淖尔（即哈拉湖、黑海子）。据邢卫、侯甬坚的考证，这种情况直到清朝嘉庆年间依旧存在，且汇入哈喇淖尔的一支水量较大，但这支河道在道光年间便已消失。注入疏勒河的一支在光绪年间断流[①]。20 世纪中后期起，由于兴修党河水库和建设灌溉渠，党河下游不再注入疏勒河，成为相互独立的水系。

| （a）肃北党河边 | （b）肃北党河拉排水电站 |

图 4-42 党河考察照片
董嘉瑜摄

课题组还考察了肃北境内党河（图 4-42）的水文情况。询问肃北当地居民得知，县城西南 2 千米处有一拉排水电站，可以近距离观测党河。到达后发现，这里是一开阔河谷，河流较浅，水流湍急，河水呈土黄色，泥沙含量大。河边沙石堆积，植被稀少，两岸有河堤，堤坝上设有党河流域水资源管理局的标志。该水电站下游 4 千米处设有党城湾水文站，用以监测党河上游的状况。

对榆林河的考察，主要考察位于河西走廊西端瓜州县城以南榆林窟附近的榆林河下游（图 4-43）。榆林河流域属低山丘陵戈壁区，海拔高度在 1351—1654 米，最低处在干渠北端接近榆林河水管所处，最高处在水库西岸的山顶，地势由西南向东北倾斜，整体上地形开阔平缓。流域地处荒漠内陆，属于干旱荒漠气候。由于水库建设和上游来水减少，现榆林河下游已不再与疏勒河相汇，实地观测可见，河宽近百米，河流下切，有阶地发育，水流浅，沙洲滩地裸露，植被覆盖情况较好，灌木广泛分布，间有乔木。此外，根据榆林窟洞窟建造和坍塌损毁情况，推测榆林河约 1400 年以来下切了 3—5 米。

---

① 邢卫、侯甬坚：《18—20 世纪初党河下游河道变迁研究》，《西域研究》2010 年第 2 期，第 69—77 页。

图 4-43 榆林河河道
杨伟兵摄

榆林河下游有石包城遗址。此城位于酒泉市肃北蒙古族自治县石包城乡龚岔村西 1.5 千米处，建在山岗上，城平面呈长方形，东西 250 米，南北 200 米，面积约 5 万平方米。

第三节 河西走廊交通遗址考察

河西走廊作为古代中原王朝联通西域、中亚乃至西亚和欧洲的咽喉和纽带，在军事、政治和交通地理上都占据着十分重要的地位。因此对于河西走廊交通大动脉的考察，是我们考察的重点内容。这一部分的实地考察以甘青古道与河西走廊联通，以及河西走廊内部与通"西域"的交通线路考察为主，兼顾部分重要交通城址。

一、甘青古道

甘青古道在历史时期有着不同的称法，有"羌中道""吐谷浑道""青海道""河南道""青唐路"等诸种称法。根据陈良伟对于青海在历史时期通向周边交通路线的研究，青海向北出发通向河西地区的古道主要有三条。第一条是扁都口通道。因沿线所经必须经过祁连山脉中的扁都口隘而得名。该条道路南起今西宁市，北抵今甘肃省山丹县，由今西宁出发北行，翻越达坂山，经门源回族自治县抵达甘青分界之俄博岭，经扁都口至民乐县永固镇，正北往山丹是东晋南北朝时期的主干道，其东偏北经山丹县大马营镇、永昌县可至凉州，北偏西经民乐县城、民乐县六坝镇可通张掖。第二条是走廊南山通道。该路线主要沿走廊南山而行，其所经路线：从西宁出发，西北行至海晏县到祁连县，向西北溯黑水河上游至野牛沟，自此可分为两路，一路向正北越过走廊南山至张掖，一路则继续向西北经甘肃肃南至酒泉。第三条是柴达木北通道。该道大体沿柴达木北缘之绿洲地带穿行，东起伏俟城，溯布哈河而行，经今青海省天峻县至德令哈市，再向西北至大柴旦、鱼卡河、苏干湖至当今山口，折而北行，终点是丝绸之路古道的重要站点敦煌。此外，还有一条从柴达木盆地南缘经格尔木向西至南疆若羌等地的柴达木南通道[①]。

但我们考察时主要关注的是青海向北穿越祁连山通向河西走廊的道路，现分述如下。

1. 扁都口通道

扁都口地处祁连山北麓，甘肃省民乐县城东南 30 千米，是连通甘、青两省的一处咽喉之地。从地形上看处在青藏高原与河西走廊的过渡地带，227 国道经过此地，童子坝河夹山而过，两山对峙，一水中流，形势险峻。扁都口通道是古代青海连通河西走廊的一条重要通道。这条线路南出口是西宁，北出口是山丹，由山丹并入河西走廊丝绸之路的干道。其具体路线为：由今西宁出发北行，翻越达坂山，经门源回族自治县抵达甘青分界之俄博岭，经扁都口至民乐县永固镇，正北往山丹是东晋南北朝时期的主干道，其东偏北经山丹县大马营镇、永昌县可至凉州，北偏西经民乐县城、民乐县六坝镇可通张掖。进入扁都口，便是南北长约 28 千米的扁都峡谷，隋代称大斗拔谷。这里由北向南地势逐渐升高，峡谷两旁怪石嶙峋，远处祁连雪峰直入云天，虽是夏季，却觉清凉无比。因其地势险要，文化、商贸往来繁荣，自古以来此通道便是兵家必争之地，故而扁都口自然也成为一处著名的军事要隘，并随之衍生出许多历史传说。汉代霍去病西征、东晋法显西行取经、隋代炀帝西巡均经行此道。虽然今日的扁都口因为国道 227 的通行而由天堑变通途，变为一处旅游观光景区，但其在甘、青交通史上的意义却不言而喻。

2. 柴达木南通道

从历史演变来看，秦汉时期今青海境内主要是羌人的居处，因此此时的丝绸之路通道多称为"羌中道"。关于羌中道的开通时间，已不可确考，但在两汉时期，因张骞出使西域，该通道已为中原汉人所探知。《史记·大宛列传》中记载张骞在大夏时，见到邛竹杖、蜀布，可由蜀南下到达身毒国（今印度半岛）。故上奏武帝称："今使大夏，从羌中，险，羌人恶之；少北，则为匈奴所得；从蜀宜径，又无寇。"可见，在张骞出使西域的经验中，

---

① 陈良伟：《丝绸之路河南道》，北京：中国社会科学出版社，2002 年。

从羌中使大夏为险途，这条道路大体相当于上文提及的柴达木南通道，可向北翻越祁连山脉隘口到达河西走廊地区。由此可见，此时的甘青古道已经存在，但受制于羌人和匈奴势力的阻挡，汉朝向西域地区的通道并不顺畅。张骞虽然未能亲履羌中道，但已使中原地区的人们知道了羌中道的存在。

甘青古道的辉煌期主要是在东晋南北朝至隋唐时代，此间出现在青藏高原东缘的吐谷浑王国控制了河西走廊南缘直至南疆盆地的广大地带，其疆域盛时东起今甘肃甘南藏族自治州和四川松潘一带，西至今新疆和田，南以昆仑山为界，北至祁连山脉。南北朝时，北魏与南朝各政权相对峙，蒙古草原上的游牧政权柔然与北魏并立，吐谷浑政权经过几代努力，逐步发展成为青藏地区的一个强国。南朝各政权与北部、西北部政权开展交往活动时，便不得不绕过北魏另寻他道。而吐谷浑则正好借助其区位优势，适时扮演了沟通各方联系的纽带和桥梁角色。同时也造就了青海交通此间的繁盛，此时的甘青古道又是"吐谷浑道"的重要组成部分。伏俟城在当时一度成为东西方贸易的重要中转点，柴达木盆地的都兰等县以及西宁出土的大量丝织品和西域货币等，都是"吐谷浑道"兴盛的铁证[①]。

隋唐之后，河西走廊为西夏政权所控制，北宋与西域各族的联系主要以唃厮啰政权作为媒介，《宋史·吐蕃·唃厮啰传》载："厮啰居鄯州，西有临谷城通青海，高昌诸国商人皆趋鄯州贸易，以故富强。"此时北向通往河西走廊地区的通道因受西夏政权阻挡已无通畅可能，只有柴达木南通道此时还在发挥着一定作用。此后，随着海上丝绸之路的开展，甘青古道也基本陷入衰落期，逐渐成为区域内的交通要道，但与往昔沟通中西的辉煌却无法比拟。

二、悬泉置遗址

悬泉置遗址（图 4-44）位于今敦煌市莫高镇甜水井东南 2 千米吊吊泉沟口西侧，因出土的汉简上书"悬泉置"三字而定名。据出土简文记载，西汉武帝时称"悬泉亭"，昭帝时期改称"悬泉置"。东汉后期又改称"悬泉邮"，魏晋时曾废弃。唐以后复称"悬泉驿"，宋以后又废置。清代又称"贰师庙""吊吊水"。悬泉置之名应取自南侧山中悬泉水。P.2005《沙州都督府图经卷第三》载："悬泉水。右在州东一百卅里。出于石崖腹中，其泉傍出细流，一里许即绝。人马多至，水即多；人马少至，水出即少。《西凉录·异物志》云：汉贰师将军李广利西伐大宛，回至此山，兵士众渴乏，广利乃以掌拓山，仰天悲誓，以佩剑刺山，飞泉涌出，以济三军。人多皆足，人少不盈。侧出悬崖，故曰'悬泉'。"

① 崔永红：《丝绸之路青海道盛衰变迁述略》，《青海社会科学》2016 年第 1 期，第 9—16、31 页。

图 4-44　悬泉置遗址航拍

　　悬泉置遗址自 1987 年被发现，1991—1992 年由甘肃省文物考古所进行发掘，被列为"八五"期间全国十大考古发现之一。遗址总面积 225000 平方米，坐西面东，由主体建筑坞堡和坞外附属建筑组成。坞呈正方形，边长 48.1 米，东北、西南角设有角墩。坞内主要有西北两组房舍。坞东南侧设粮仓，马厩分布于坞的南部，省道 314（安敦公路）从其旁经过。

　　从考古发掘报告中出土的遗物和汉、魏晋时代的建筑遗迹来看，悬泉置是建立在河西要道上的一处集传递邮件、传达命令、接待宾客为一体的综合性机构，即传置。其行政级别相当于县一级，故又称县置，直接受郡太守辖制，郡派吏监管[①]。据简牍记载，汉代的敦煌郡境内，东起渊泉，西至敦煌，沿途设有渊泉、冥安、广至、鱼离、悬泉、遮要、敦煌 7 个置，地处安西与敦煌之间的悬泉置，是过往人员的必经之地，是丝绸之路上的枢纽，起到了重要作用。

三、玉门关

　　玉门关作为汉唐通西域的重要关口，闻名于世。但学界对玉门关址一直众说纷纭，尤其集中在最早玉门关址究竟在何处这一问题上。学术界主要有两派观点：一是以斯坦因、

————————
　　① 甘肃省文物考古研究所：《甘肃敦煌汉代悬泉置遗址发掘简报》，《文物》2000 年第 5 期，第 4—20 页。

向达、夏鼐、阎文儒、陈梦家、马雍、吴礽骧、李正宇等学者为代表，认为最早的玉门关在敦煌西北，不是从敦煌东边迁过来的，是后来才东迁至敦煌以东[①]；二是以沙畹、王国维、方诗铭、劳干、赵永复、赵评春、李并成等学者为代表，认为最早的玉门关应在敦煌之东，后才迁至敦煌西北，隋唐时玉门关又东迁至现安西境内[②]。但目前对玉门关的具体位置仍众说纷纭，甘肃省文物局则在小方盘城立有"汉玉门关都尉府"所在地碑（图4-45）。

图 4-45　小方盘城
杨伟兵摄

本次考察所至处为位于敦煌市区西北90千米的小方盘城址（40.35°N，93.86°E，海拔1033米）。该城被认为是汉玉门都尉府所在地。城平面呈长方形，东西长27米、南北宽24米。城墙黄土夯筑，基宽5米、顶宽3.8米、高10.04米。顶上有内外女墙，外女墙残高1.15米、

① 此观点见诸〔英〕奥雷尔·斯坦因著，赵燕、谢仲礼、秦立彦译：《从罗布沙漠到敦煌》，桂林：广西师范大学出版社，2000年，第271—274页；向达：《两关杂考——瓜沙谈往之二》，《唐代长安与西域文明》，石家庄：河北教育出版社，2001年，第365—384页；夏鼐：《新获敦煌之汉简》，《中央研究院历史语言研究所集刊》1948年第19本，第235—265页；阎文儒：《敦煌史地杂考》，《文物参考资料》1951年第5期，第96—126页；陈梦家：《玉门关与玉门县》，《考古》1965年第9期，第469—478页；马雍：《西汉时期的玉门关和敦煌郡的西境》，《中国史研究》1981年第1期，第134—137页；吴礽骧：《汉代玉门关及其入西域路线之变迁》，中国中亚文化研究协会、中国社会科学院历史研究所中外关系史研究室：《中亚学刊》第2辑，北京：中华书局，1987年，第1—15页；吴礽骧：《玉门关与玉门关候》，《文物》1981年第10期，第9—13、32页；李正宇：《新玉门关考》，《敦煌研究》1997年第3期，第106—114页；岳邦湖、钟圣祖：《疏勒河流域汉长城考察报告》，北京：文物出版社，2001年，第80—99页。
② 此观点见诸方诗铭：《玉门位置辨》，《西北通讯》1947年第1期，第8—9页；罗振玉、王国维：《流沙坠简》序文，北京：中华书局，1993年；劳干：《两关遗址考》，《中央研究院历史语言研究所集刊》1943年第11本，第287—296页；赵永复：《汉代敦煌郡西境与玉门关考》，中国地理学会历史地理专业委员会《历史地理》编辑委员会：《历史地理》第2辑，上海：上海人民出版社，1982年，第88—91页；赵评春：《西汉玉门关、县及其长城建置时序考》，《中国地理历史论丛》1994年第2辑，第45—58页；李并成：《汉玉门关新考》，郝春文主编：《敦煌文献论集——纪念敦煌藏经洞发现一百周年国际学术讨论会文集》，沈阳：辽宁人民出版社，2001年，第129—139页；李并成：《玉门关历史变迁考》，《石河子大学学报》（哲学社会科学版）2015年第3期，第9—16页。

厚 1.5 米，内女墙厚 0.8 米，走道宽 1.3 米。西、北两面开门，西门宽 2.1 米、高 2.95 米、进深 4 米，北门宽 3 米、高 6.3 米，下部用大土块封堵，残高 1.1 米。东南角有马道可登城顶。城址北 70 米处有一圆形燧基和房屋遗迹。城东 110 米处有坞墙遗迹，残高 0.6 米。

汉唐时期人们从敦煌故城北出，沿党河干流西岸而行，至戴家墩古城（甘井骑置）18 千米（合 42 汉里），再北行 14 千米（合 33 汉里）可抵西碱墩（中部都尉府），折为向西沿疏勒河南岸行进，经大月牙湖、东园湖、酥油兔、波罗湖、条湖、大方盘城（汉代粮仓）抵达小方盘城；亦可不经过中部都尉府，从戴家墩古城径取西北，经盐池、平湖、麻黄滩、七流水而至大月牙湖，与前道合。由此继续西行出玉门关，踏上前往西域的丝绸之路北路。

四、阳关

阳关作为汉代敦煌郡西境的重要关隘，是历史时期河西走廊西端通往西域的另一重要门户。《汉书·地理志》敦煌郡龙勒县条下载："有阳关、玉门关，皆以都尉治。"汉代的阳关都尉管辖范围为汉代的敦煌南塞，大体在今天南湖至党河口以及阳关至玉门都尉南段之间。

《汉书·西域传》载："自玉门、阳关出西域有两道。从鄯善傍南山北，波河西行至莎车，为南道；南道西逾葱岭则出大月氏、安息。"关于阳关的建立时间，学术界存在多种看法，历代文献中也均无明确记载。其命名原因，有说以在汉玉门关之南而得名，有认为："因在龙头山之南，故名。"[1] 有以位于汉得天马处的渥洼池之北而得名。众说纷纭，兹录之以备查考。学界对于阳关的建立时间虽未取得共识，但大体均认为阳关之设，乃在敦煌设郡成为西域交通中心前后。

此外，学术研究中关注的另外一个问题是玉门关和阳关是否同时存在。斯坦因将玉门关当作北道、阳关当作南道的出发点，但日比野丈夫认为东汉以后，玉门关成为通往西域的主要门户，而有关阳关的记载越来越少，因此他认为阳关成为西域交通的主要起点，"只是西汉时期的特殊现象，到东汉关于阳关的记载变少，至末期应该是被废止了"[2]。潘竟虎、潘发俊甚至认为不存在两关同时存在的可能，认为"东汉永平十八年玉门关西迁敦煌西北小方盘城后阳关已无存在的必要，即行裁撤。两关仅距 60 公里，不可能在这么短的边境上设置两个边关，并立两个口岸"[3]。

经过对汉玉门关、阳关及其周遭的汉塞墙等遗迹进行考察后，结合历史文献中的记载，我们认为阳关作为汉代经略西方的一个重要的关口的事实是不容置疑的。从关隘设置上讲，玉门关、阳关应能并存且阳关在后续时期内仍旧发挥着重要交通作用。阳关所处的南湖绿洲，汉设龙勒县，唐设寿昌县，唐代的文献中已经记载阳关"今见损坏，基趾见存"，晚

① 甘肃省敦煌市对外文化交流协会、张仲：《敦煌简史》，兰州：甘肃文化出版社，1995 年，第 18 页。
② 〔日〕日比野丈夫著，王蕾译：《汉代的西方经略和两关设置年代考》，《西夏研究》2015 年第 1 期，第 92—104 页。
③ 潘竟虎、潘发俊：《西域道"四路五关"考略》，《克拉玛依学刊》2014 年第 3 期，第 6 页。

唐以后寿昌城和古阳关渐趋湮废，这一过程可能是与南湖绿洲的沙化相伴随的，而随着南湖绿洲逐渐受到流沙的侵袭，阳关可能最终失去了其交通上重要通道的地位。当然，我们也进一步对"阳关在哪里"这个问题进行了调查和研究。2019 年 11 月底，在搜集文献资料的基础上，我们对敦煌市与阿克塞哈萨克族自治县交界的海子湾地理环境及烽燧、鄣城等古代遗址进行了较为深入的考察。通过史料梳理，结合实地踏勘，我们对阳关遗址相关问题提出了自己的看法。

1. 阳关的设立

西汉武帝时期，为控厄西域，汉廷于战略地位极高的敦煌郡龙勒县境内分置玉门关、阳关。《汉书·西域传》载："西域以孝武帝时始通，本三十六国，其后稍分至五十余，皆在匈奴之西，乌孙之南。南北有大山，中央有河，东西六千余里，南北千余里。东则接汉，厄以玉门、阳关。"[①] 就阳关设置的具体时间，多数学者认为其与玉门关同时设立，如李并成考证认为阳关与玉门关俱设置于元封四年（前 107 年）[②]。相较玉门关，阳关的设置有其独特意义。

两汉之际，敦煌郡为汉朝与匈奴战争前线，军事地位突出，但在同一县境，距玉门关不远的地方设置阳关应该是有多层次原因：一方面，阳关与玉门关通过塞墙、亭障、驿道互为犄角，声息联络，可以加强彼此防御能力；另一方面，玉门关位于北方长城防线的西端，是对抗匈奴的第一线。玉门候官、玉门候、玉门关所在地皆由玉门都尉统率，形成了一个较为系统的防御体系。与此相对，阳关紧邻肥沃的南湖绿洲，在物资补给、交通往来方面比玉门关更为有利；而且，阳关与龙勒县治、敦煌郡治的距离更短。正是其在地理和政治方面的优越性而使其一度成为丝绸之路南、北道西行的起点[③]。

阳关设置以来，其为朝廷所重，相关记载屡见于汉晋时代史乘、简牍。1997 年甘肃省博物馆文物队在敦煌市西北 90 千米处的马圈湾汉代烽燧遗址（D21）[④] 中发掘出三件汉简。其中，编号为 489 的汉简记载："□叩头。敦煌阳关都尉谨□吕游□。"编号 535 的汉简载："今府告阳关都尉，使者当□时出□□□□□时。"同一地点出土编号为 534 的汉简载："居摄三年吏私牛出入关致、籍。"[⑤] 居摄为西汉刘婴年号，居摄三年即公元 8 年。可以认为简牍刻写的时间是西汉末期王莽摄政时期，此时阳关都尉仍辖领阳关防区。

西汉晚期以来，随着汉廷治边策略的更迭，阳关地位也逐步下降。两汉之际，或因避开沙漠，或因南路受到了羌族的威胁，抑或因罗布泊逐渐干涸对丝绸之路的安全造成严重威胁，汉朝开辟了从玉门关到高昌（今吐鲁番地区）的新道路。东汉以来，阳关相关记载

---

① （东汉）班固：《汉书》卷 96 上《西域传》，北京：中华书局，1962 年，第 3871 页。
② 李并成：《河西走廊历史地理》第 1 卷，兰州：甘肃人民出版社，1995 年，第 241 页。
③ 汉代文献中可见通往西域诸国的里程都明确以阳关为起点，见《汉书》卷 96 上《西域传》。
④ D 为甘肃文物研究所编号，T 为斯坦因创立编号。
⑤ 中国简牍集成编辑委员会：《中国简牍集成》第 4 册《甘肃省》卷上，兰州：敦煌文艺出版社，2001 年，第 63 页。

越来越少①。《后汉书·西域传》记述南道诸国时，唯载："出玉门，经鄯善、且末、精绝三千余里至拘弥"②，而未列阳关，这也说明东汉以后阳关逐渐衰落。

　　2. 阳关都尉、古阳关县与古阳关遗址新考

　　汉代边郡战事繁多，辅佐太守的都尉亦开府置吏，因此都尉组织体系也相当完备，构成层级式的军事防御组织体系，即候望系统，是为太守—都尉—候—部候长、隧长。如玉门都尉领有大煎都、玉门等二候官，管辖龙勒县北塞诸障隧；龙勒县南境设阳关都尉，管辖南塞诸障隧、邮亭。

　　阳关都尉的管辖范围为阿尔金山主峰以东和阿尔金山与祁连山接合部北坡，西到甘肃阿克塞哈萨克族自治县的多坝沟，经敦煌县南湖乡，东止于党河口以东的拦河坝，即汉代破羌亭遗址③。由于敦煌南境多高山峡谷，山中羌族部落分散游牧，兵力较弱，大多归附汉朝，汉朝置护羌校尉、长史、司马主持羌务。故汉代南塞防务较北塞轻，汉军多依靠高山、河流等天然屏障，仅在山口、开阔的局部地区修筑塞墙、堑壕、烽燧④。

　　《新唐书·地理志》载安西入西域道"又一路自沙州寿昌县西十里至阳关故城"⑤。《玉门关汉简》中编号为98DYC:28的简牍亦载："七月戊寅起破羌亭行八十里莫宿阳关。"⑥《地境》及 S·788 号残简《沙州地志》俱载"破羌亭"位于寿昌县东六十五里，今自敦煌西南行七十余里，党河自南山发源西北行，至是北流出峡，复转而东北以入敦煌境。清代在此设党河口卡及石俄博二汛，"夏作铭先生谓破羌亭当即在此附近，为通南山以达青海之一道，辛武贤破羌戎于此，因筑亭以障之也。唐代燉煌西南即以此为与寿昌分界处"⑦。从相关里程、方位记载中可大致判断出汉代阳关遗址应位于今天敦煌市阳关镇一带。

　　就阳关遗址的具体位置，大部分学者认为其位于敦煌市阳关镇古董滩，甘肃省阳关遗址文物保护碑及风景区也设立于此。早在 20 世纪初，斯坦因发现的地志残卷中记载，寿昌城西南有寿昌海，又有渥洼水、大渠、长渠、石门涧、无卤涧等，俱在城西南三里至十里，渥洼水在城西南三里发源。相应地点无第二处。南湖破城即寿昌城遗址。就筑城形势而言，古董滩遗址虽平坦，不过由推莫兔（现称崔土木）溪流畔的城堡到南湖，七十里路

---

　　① 日本学者日比野丈夫认为阳关作为从敦煌到西域的关门所代表的重要意义，也许是在西汉征伐大宛后短期内发生了特殊情况。汉朝前线从玉门往西移动到了罗布泊，东汉末期阳关应该就废止了，参见〔日〕日比野丈夫著，王蕾译：《汉代的西方经略和两关设置年代考》，《西夏研究》2015 年第 1 期，第92—104 页。

　　② （南朝·宋）范晔：《后汉书》卷 88《西域传》，北京：中华书局，1965 年，第 2915 页；《三国志·西戎传》亦载丝绸之路南道曰："从玉门关西出若羌，转西越葱岭，经县度入大月氏"，见《续后汉书》卷 80《西戎》。

　　③ 汉代敦煌县与龙勒县分界的破羌亭遗址，位于今敦煌市西南 21 千米。

　　④ 吴礽骧：《河西汉塞调查与研究》，北京：文物出版社，2005 年，第 84 页。

　　⑤ （宋）欧阳修、宋祁：《新唐书》卷 43 下《地理志》，北京：中华书局，1975 年，第 1151 页。

　　⑥ 张德芳、石明秀主编：《玉门关汉简》，上海：中西书局，2019 年，第 58 页。

　　⑦ 向达：《记敦煌石室出晋天福十年写本〈寿昌县地境〉》，《唐代长安与西域文明》，石家庄：河北教育出版社，2001 年，第 422—423 页。

中有沙源。劳干认为著名关隘决不会在僻地和洼地，阳关是通往西域大道所经，所以必然与大道相邻。而且，古董滩附近陶、瓦碎片年代从汉到唐皆有。劳干认为寿昌城是汉代的龙勒，而古董滩就是汉代的阳关。只是因该地为山水所经之地，后因无人管理而被山水、风沙冲蚀[1]。李并成也认为古董滩有大量版筑墙基，面积上万平方米，附近有断续城堡垣基，阳关故址当位于此处[2]。侯仁之认为古董滩应是古代阳关遗址，但又提出古董滩北面红山口亦可能是阳关故址[3]。

劳干还反驳了乾隆帝认为阳关在古董滩附近红山口的说法，认为红山口除一个残破烽台外并无其他遗迹。他认为古董滩是一个城址，遗迹非常显著，假如该处不是阳关，便无从解释为什么有这些堆积。红山口只有通往玉门关的道路，并不当西行大路，与历来所拟阳关情形不合。至于古董滩那就是从敦煌经寿昌故城，再西南到库拉斯台及安南坝行至南八城的必由之路。关塞应该在主要干道上，因此劳氏认为古阳关应在古董滩而非红山口[4]。

通过对历史文献、考古资料及实地调查资料的整理和综合对比，我们认为古董滩古城遗址应为汉阳关都尉驻地，魏晋时期又于此设立了阳关县。因为从几乎同一时间设置的玉门都尉的建制看，"玉门关侯"隶属于玉门都尉，仅是守关口的一候官，下属有侯丞及关尹[5]。玉门关应为候官把守，为候官治所，而非都尉治所。阳关都尉及阳关的情况也应当类同。

此外，《元和郡县图志·陇右道》载："阳关，在（寿昌）县西六里。……后魏尝于此设置阳关县，周废。"[6]混淆了阳关都尉府与阳关的区别。按照汉代边防制度，阳关都尉为部都尉，而非关都尉，阳关都尉辖有长距离的塞防和众多侯望烽燧、邮亭。阳关则仅仅是其属下某候官所辖关门。同时期玉门关仅设"啬夫""佐"等职管理，阳关都尉也不可能驻于关口。以玉门都尉治所和玉门关址的布局为例，阳关都尉与阳关关址之间应有相当距

[1] 劳干：《两关遗址考》，《中央研究院历史语言研究所集刊》1944年第11本，第292页。
[2] 李并成：《河西走廊历史地理》第1卷，兰州：甘肃人民出版社，1995年，第243页。
[3] 侯仁之：《敦煌县南湖绿洲沙漠化蠡测——河西走廊祁连山北麓绿洲的个案调查之一》，《中国沙漠》1981年第1期，第13—20页。此外，李正宇认为在古董滩附近有大量历史遗迹，但与唐人记载阳关城本甚狭小局促的状况不合，又与《沙州图经》所说阳关在无卤涧源头之东北不合。作者认为其在石棺材附近，与《沙州图经》记载相合，但是除一块石料外，没有其他遗存证据，参见李正宇：《阳关区域古迹新探》，《敦煌研究》1994年第4期，第125—134页。
[4] 劳贞一：《阳关遗址的过去与未来》，《边政公论》1945年第9—12期，第30—33页。此外，劳干进一步论述："古今记载都是直向西域，并无由阳关到玉门关再向西域的记载。倘若不经玉门关出红山口仍一直向西，那就是一片沙漠，既无泉水，也无古遗址可寻。"古代废垒并不在红山口一直向西的沙漠，而在出古董滩向西，现在尚有泉水的推莫兔和多坝沟等地。红山口一个防守据点，但按遗址规模和道路方向不能认为是古阳关所在地。参见劳干：《两关遗址考》，《中央研究院历史语言研究所集刊》1944年第11本，第294页。
[5] 陈梦家：《玉门关与玉门县》，《考古》1965年第9期，第469—478页。
[6]（唐）李吉甫撰，贺次君点校：《元和郡县图志》卷40《陇右道》，北京：中华书局，1983年，第1027页。

离。唐代文献《元和郡县图志》所指遗址是汉代阳关都尉府治,而非阳关关址。《元和郡县图志》载敦煌郡有"阳关县"[①],按其设县的基础规模,县治应设置于汉代阳关都尉府治区域,并于城周移民垦殖。故遗址内分布有大量农田、水渠和墓葬遗址[②]。这也合理地解释了古董滩地区为何遗留大量时间跨度大、种类众多的古代遗物。

《汉书·西域传》载:"蒲昌海,一名盐泽也。去玉门、阳关三百余里……自玉门、阳关出西域有两道。从鄯善傍南山北,波河西行至莎车,为南道……自车师前王廷随北山,波河西行至疏勒,为北道。"[③] 汉代军旅无论从玉门关还是阳关出发,都沿罗布泊分南、北两道。其中,南道经鄯善,北道经车师前王庭。自阳关至玉门关,两关之间虽无长城遗址,但每隔十里即有一墩,自南湖沟水水尾北迤逦不绝直达小方盘城[④]。王国维在《流沙坠简考释》中载:在玉门关址发现了从莎车、车师诸国归还汉朝使者的木简,可知南北二道是从罗布泊北岸的楼兰分开的[⑤]。黄文弼也认为无论是出玉门关还是阳关,都要通过同样的线路到达库穆胡图克附近再分南北两道,从北道经过楼兰,南道经过鄯善[⑥]。

以上记载及各学者的论证都说明:汉代从阳关或玉门关出发的丝绸之路南、北大道都合于罗布泊楼兰附近,然后再南、北分行。这也说明,从阳关都尉府沿南湖沟水水尾经红山口到小方盘城和楼兰的道路不仅畅通,还是丝绸之路的干道。

那红山口是否具备设立关隘的条件,其地理位置与文献记载的情况是否相符?我们考察所见,红山口东为龙头山,山顶有汉代烽燧遗址,西为墩墩山,山顶亦有汉代烽燧(D88),于山口置关,西邻涧水,东靠陡崖,地势险要,行旅必经,北可达玉门都尉府,西沿水尾,循南道向西南可经昆仑山北麓通往中亚、南亚等地。

向达勾稽史料和实地考察后提出红山口"两山中合,一水北流,往来于两关者,在所必经,阳关适在口内,可以控制西北两路。口西山峰上一汉墩翼然高耸。自敦煌赴南湖未至四十里,即见此墩。阳关设于口内,而以此墩为其眼目,盖可想而知也"[⑦]。只是红山口遗址区域现已经修建水电站,基址已破坏无存。侯仁之先生在实地考察中曾发现红山口

---

① 齐陈骏:《敦煌沿革与人口》,兰州大学敦煌学研究组:《敦煌学辑刊》第 1 集,1980 年,第 38—39 页。

② 吴礽骧:《河西汉塞调查与研究》,北京:文物出版社,2005 年,第 84 页。李并成通过实地考察,在西土沟达青山子梁,北到墩墩山,南达南滩以南元台子地区发现了东西约 4 千米,南北约 5 千米,总面积近 20 平方千米的古绿洲遗迹,参见李并成:《河西走廊历史地理》第 1 卷,兰州:甘肃人民出版社,1995 年,第 243 页。

③ (东汉)班固:《汉书》卷 96 上《西域传》,北京:中华书局,1962 年,第 3871—3872 页。

④ 向达:《两关杂考——瓜沙谈往之二》,《唐代长安与西域文明》,石家庄:河北教育出版社,2001 年,第 368 页。

⑤ 罗振玉:《鸣沙山石室秘录 流沙坠简考释》,《罗雪堂合集》第 11 函第 6 册,杭州:西泠印社出版社,2005 年。

⑥ 黄文弼:《罗布淖尔考古记》,北京:北京大学出版社,1948 年,第 192—195 页。

⑦ 向达:《两关杂考——瓜沙谈往之二》,《唐代长安与西域文明》,石家庄:河北教育出版社,2001 年,第 368 页。

西侧佛爷庙有清光绪十七年（1891 年）木匾，称其地为"龙头山阳关口"[①]。这也进一步佐证了阳关曾设立于红山口的事实。

两汉之际，以阳关为重要站点的丝绸之路南道，除经红山口向小方盘城或楼兰西延之外还存在其他支线。劳干认为从南湖西行的大道到推莫兔（又称崔木土沟），却只经过古董滩，而不经由红山口[②]的观点，虽忽视了阳关北路干道的存在，但也提出阳关都尉府经崔土木沟到海子湾，再到多坝沟阳关南道支线的存在。

翻阅考古、调查资料和实地勘察对比，可以发现，汉晋时期敦煌南湖地区有一条驿道向西南延伸经崔土木沟→海子湾→多坝沟→婼羌而通往西域（烽燧遗址及具体路线见下文）。由此，我们推测在阳关南道驿道沿线或许也曾设有关隘。

3. 阳关烽燧与驿道

与玉门关相比，阳关都尉建制的相关资料较少，悬泉遗址出土汉简仅知阳关都尉下有"雕秩候官"一职，但阳关都尉之下应有若干"候官"，至于候官下属"候长""燧长"数量当更多。阳关都尉辖区分布有数量众多的烽燧，根据其主要功能可以将这些烽燧分为塞上候望燧和驿道邮亭燧两类。利用这些烽燧设置的年代和地理位置信息，再结合相关文献记载，我们可以大致勾勒出阳关防御体系及南道驿路走向。

1）塞上候望燧及其分布

候望燧与防区军事塞防相关，阳关都尉防区南北走向的堑壕北始于 D86（T18a）与 D87（T18b）之间的玉门都尉与阳关都尉辖区分界线，由此向南，堑壕与烽燧处于同一线。至 D87（T18b）北侧，堑壕向西，再折向南，再折向东，于 D87 南侧再向南、向东南延伸。堑壕遗迹最后消失于西土沟以东沙地中，可能直抵墩墩山以北石渠（汉代石门涧）北岸，全长 22.2 千米。阳关所属 5 座烽燧 D87（T16b）、D88、D89、D90、D91 属于塞上候望燧，其地理位置及相互关系如下所示：

D87（T16b）当地称为"南湖头墩"，位于南湖二墩农场西北约 5 千米的戈壁上，西北距 D86（T18a）约 6.5 千米；

D88 当地称"墩墩山墩"，位于南湖墩墩山顶小石山尖。东距红山口约 500 米，南距古董滩北缘约 1 千米，西北距 D87 约 21 千米；

D89 位于墩墩山东南，西土沟东岸，东北距南湖乡人民政府 2 千米，西北距古董滩约 1.8 千米，距 D88 约 4.4 千米，西距西土沟约 50 米；

D90 当地名"鄂博头泉墩"或"红泉坝墩"。位于鄂博头泉西北 500 米的西头沟东岸沙丘上。西北距墩墩山 D88 约 10.6 千米，北偏西距 D89 6.2 千米；

D91 当地称"黄水坝墩"，位于黄水坝水库堤坝北端西侧台地上。距阳关镇人民政府

---

① 侯仁之：《敦煌县南湖绿洲沙漠化蠡测——河西走廊祁连山北麓绿洲的个案调查之一》，《中国沙漠》1981 年第 1 期，第 13—20 页。

② 劳干：《两关遗址考》，《中央研究院历史语言研究所集刊》1944 年第 11 本，第 294 页。

约 3 千米，距 D88 3.7 千米，西南距 D90 约 5.3 千米①。

从以上侯望燧的数量及分布地域可以看出，阳关都尉所属防务较轻，防线是烽燧配合堑壕使用。

2）驿道邮亭燧及南驿道

现今敦煌市至阿克塞哈萨克族自治县境内，即汉代阳关都尉辖区分布有多座邮亭燧及障城。就邮亭燧而言，从阳关镇阳关西至多坝沟分布有 10 座烽燧遗址，烽燧修筑年代从西汉至晋代。这些遗址一般分布于水源较为充足，水草丰盛的河沟西岸，有些烽燧有坞障，周围有房屋、耕地遗迹，具体如下所示。

A25—1 古董滩南烽燧遗址，阳关村西 2 千米，汉代。

A25—2 红泉坝烽燧遗址，阳关村西南 4.5 千米，汉代。

A25—3 青山梁烽燧遗址，汉代。

A25—4 崔土木沟 1 号烽燧遗址，崔土木沟南口 500 米，晋代。

A25—5 崔土木沟 2 号烽燧遗址，崔土木沟南 3 千米，汉代。

A25—6 崔土木沟 3 号烽燧遗址，崔土木沟南 3 千米，晋代。

A25—7 海子湾东 1 号烽燧遗址，海子湾东北 4 千米，汉代。

A25—8 海子湾东 2 号烽燧遗址，海子湾东 2 千米，汉代。

A25—9 海子湾烽燧遗址（图 4-46），海子湾西北 2 千米，汉代。由石块、土坯、胡杨、芦苇修筑，呈四棱台体，底边长 6 米，宽 5 米，残高 2.6 米。西有坞墙，内有 2 米见方的房址。东侧有灰层。

图 4-46　海子湾烽燧、障城分布图
沈卡祥摄

1—A1 多坝沟烽燧遗址（阿克旗乡，汉代文物），由北向南分布，分别位于多坝沟村、

① 吴礽骧：《河西汉塞调查与研究》，北京：文物出版社，2005 年，第 84—88 页。

团结乡梧桐沟村和青石沟村，现存 4 座，为汉唐西出阳关沿线烽燧的一部分[①]。

驿道邮亭燧与驿道的分布和走向密切关联，把不同时期驿道沿线亭障、烽燧分布关系梳理清楚，并利用河道水流方位就可以还原出相应时期驿道的路线及走势。

汉代边郡驿道沿线之邮亭，位于部都尉者，由驿道所经各候官管辖；位于郡县辖境者，由各县丞统领[②]。阳关都尉辖区的 D94、D95、D98、D99、D100 等 5 座属于驿道邮亭燧，其地理位置及相互关系如下所示。

D94，当地称"海子湾东墩"。位于海子湾（马家庄）崔土木沟东岸石山脚下，东北距阳关镇人民政府所在地 32 千米。

D95，称为"海子湾墩"，位于海子湾（马家庄）崔土木沟西岸沙梁，东距 D94 约 400 米，西距大沙山约 2 千米。

D98，今属阿克塞哈萨克族自治县，位于多坝沟林场以北 1 千米的多坝沟东岸高山顶，山高约 150 米，南距多坝沟南口直线距离约 2 千米，东北距南湖乡约 56 千米。

D99，当地称"一跌水墩"，位于 D98 北偏西 1.8 千米，小山高约 50 米。

D100，当地称为"多坝沟口墩"，位于多坝沟北偏西 5.3 千米，多坝沟东岸戈壁上，南距 D99 约 11 千米，西距沟岸约 100 米，西北距大煎都候障 D3 约 30 千米。

从上述 5 座邮亭烽燧的地理空间分布形态可以看出，汉代南驿道出阳关后，先向西北沿石门洞水尾转西南，行约 13 千米，经今青山梁、沙门坎约行 15 千米，入崔土木沟，利用崔土木沟河流充沛的水源向西南经洞子湾，海子湾之 D94、D95，出崔土木沟南口，行约 9 千米，西转行约 25 千米，入多坝沟南口向北，经 D98、D99，行约 15 千米，至 D100 转西北，行约 30 千米，至大煎都候障 D3（T6b）与北驿道汇合，转西南，沿榆树泉盆地南缘，经 D1（T6c）至今哈拉齐，转西北越三垄沙，行约 68 千米，至新疆维吾尔自治区贝什托格拉克（汉语"矮山井"）[③]。

3）魏晋时期的驿道

魏晋时期在汉代的基础上沿上述驿道修建了 4 座邮亭燧。[④] 邮亭燧分布的具体情况如下所示。

D92，"青山梁墩"，位于青山梁顶，东北距 D88 约 14.3 千米，西南距 D95 海子湾墩约 17.3 千米。

D93，"海子湾山墩"，位于 D94 海子湾东墩东南约 900 米的山顶上，破坏严重。

D96，"崔土木沟南口东墩"，位于 D95 海子湾墩南约 5 千米的山顶上，烽燧以块石夹胡杨堆砌成。

D97，"崔土木沟南口墩"，位于崔土木沟南口西侧沙梁，东南距 D96 "崔土木沟南

① 国家文物局主编：《中国历史文物地图集·甘肃分册》下册，北京：测绘出版社，2011 年，第 258—259 页。

② 吴礽骧：《河西汉塞调查与研究》，北京：文物出版社，2005 年，第 90 页。

③ 吴礽骧：《河西汉塞调查与研究》，北京：文物出版社，2005 年，第 84—88 页。

④ 吴礽骧：《河西汉塞调查与研究》，北京：文物出版社，2005 年，第 87 页。

口东墩"约 3.1 千米。

魏晋时期的驿道南线大致沿汉代南驿道出，但在崔土木沟南口两道分离。D96、D97 分列于沟东、西二口，是魏晋南道与两汉南道分路的明显标志，D96 修筑于山顶，为路标，D97 筑于道旁，为邮亭。汉代南道由此向西，至多坝沟转北，至大煎都侯障 D3。魏晋南道由此向西南，经葫芦斯台、安南坝，沿阿尔金山北麓，过红柳沟口至西域都护所属伊循城（位于今若羌县米兰），转西南至鄯善（今若羌县城）①。

综上所述，在占有较为丰富文献资料和前人研究成果的基础上，经过实地勘察和分析、讨论，我们就古阳关遗址相关问题得出了一些新的认识和见解。阳关古遗址的考订需从相关文献、阳关都尉的建制及丝绸之路驿道走向来综合分析。研究认为敦煌市境内的古董滩不是古阳关遗址所在地，而是汉代阳关都尉府及魏晋时期阳关县治所在地。汉代阳关关址应该在南湖绿洲边缘丝绸之路干道所经、形势险峻的红山口。同一时期，阳关道南线至海子湾一带也可能设有偏关。另外，东汉以来，随着汉廷治边策略的调整、楼兰附近自然环境的恶化，途经红山口北向西行的干道逐渐荒废，而途经崔土木沟、海子湾、多坝沟的南线驿道在晋代仍得到使用。

五、伊吾道

从敦煌或者瓜州出发前往新疆哈密的道路也是我们考察关注的一条重要交通路线。《后汉书·西域传》载：

自敦煌西出玉门、阳关，涉鄯善，北通伊吾千余里。自伊吾北通车师前部高昌壁千二百里，自高昌壁北通后部金满城五百里。此其西域之门户也，故戊己校尉更互屯焉。伊吾地宜五谷、桑麻、葡萄。其北又有柳中，皆膏腴之地。故汉常与匈奴争车师、伊吾，以制西域焉。

自鄯善逾葱岭出西诸国，有两道。傍南山北，陂河西行至莎车，为南道。南道西逾葱岭，则出大月氏、安息之国也。自车师前王廷随北山，陂河西行至疏勒，为北道。北道西逾葱岭，出大宛、康居、奄察焉②。

对于以上两段文字，佘太山先生认为存在错乱衍夺，他在对比《汉书·西域传》的情况下提出，第二段首句"自鄯善逾葱岭出西诸国，有两道"实际上文意不通，应校为"自玉门、阳关出西域有两道，自鄯善……"③，第一段首句也有问题，自敦煌北通伊吾不可能出阳关，也不可能涉鄯善境，因此佘先生认为"阳关涉鄯善"五字乃涉第二段首句而衍。也有学者认为第一段首句的断句应为"自敦煌西出玉门，阳关涉鄯善，北通伊吾千余里"④。其中阳关非指具体关口，而是代指方向，即从玉门关西出，向南涉鄯善，向北通伊吾。做

① 吴礽骧：《河西汉塞调查与研究》，北京：文物出版社，2005 年，第 88—89 页。
② （南朝·宋）范晔：《后汉书》卷 88《西域传》，北京：中华书局，1965 年，第 2914 页。
③ 佘太山：《汉魏通西域路线及其变迁》，《西域研究》1994 年第 1 期，第 14—20 页。
④ 潘竟虎、潘发俊：《西域道"四路五关"考略》，《克拉玛依学刊》2014 年第 3 期，第 3—10、2 页。

出这一判断是其认为阳关在汉玉门关西迁至敦煌玉门关小方盘城后便已裁撤，二者并未同时存在。

从上下文来看，我们认为余太山先生的解读更为准确。但不管如何，一个基本的事实是，同西汉通西域的道路相比，东汉多了一条北道，"北通伊吾"之伊吾道被开通。其路线是从敦煌的玉门关出发，抵达伊吾（今新疆哈密市）。《后汉书·西域传》载："（永平）十六年，明代乃命将帅，北征匈奴，取伊吾庐地，置宜禾校尉以屯田，遂通西域。"由此可见，在东汉与匈奴对于哈密地区的争夺取胜后，伊吾之地成为东汉通往西域的一个重要据点，而敦煌玉门关成为东汉通西域的总凑之处。这条东汉新辟的伊吾道（敦煌—哈密），被后世也称为"稍竿道"，为作区分，可称为"伊吾西道"。

两汉经营西域是从西域南路开始的，伊吾道的开通，为东汉王朝连通西域增加了一条北向通道，标志着其经略重心逐渐由南至北转移。三国时期，伊吾道依然是中原王朝北通西域的一条重要通道。《魏略·西戎传》载："从燉煌玉门关入西域，前有二道，今有三道。……从玉门关西北出，经横坑，辟三陇沙及陇堆，出五船北，到车师界戊己校尉所治高昌，转西与中道合龟兹，为新道。"这里所称"新道"，乃是在敦煌玉门关至五船（今哈密）的伊吾道的基础上，又增加了五船北至高昌的一段。伊吾道开通后，不仅成为中原王朝官方通西域时的取道选择，也成为民间来往客商的选择。据《北史》《周书》等的记载，至迟北朝末年，"客商往来，多取伊吾庐"。

到了隋初，《隋书》卷67《裴矩传》引裴矩《西域图记·序》载：

发自敦煌，至于西海，凡为三道，各有襟带。北道从伊吾，经蒲类海铁勒部，突厥可汗庭，度北流水河，至拂菻国，达于西海。其中道从高昌、焉耆、龟兹、疏勒，度葱岭，又经铍汗，苏对沙那国，康国，曹国，何国，大、小安国，穆国，至波斯，达于西海。其南道从鄯善、于阗、朱俱波、喝盘陀，度葱岭，又经护密、吐火罗、挹怛、忛延、漕国，至北婆罗门，达于西海。其三道诸国，亦各自有路，南北交通。其东女国、南婆罗门等，并随其所往，诸处得达。故知伊吾、高昌、鄯善，并西域之门户也。总凑敦煌，是其咽喉之地[①]。

《西域图记》成书年代不晚于隋大业二年（606年），裴矩是隋朝经略西域的重要代表人物，上述序文中所列的三道，很大程度上是隋唐时代中原王朝通西域的道路选择。此时敦煌是咽喉，伊吾是北道门户，伊吾道发挥着关键作用。

隋唐时代，除了从敦煌经"稍竿道"抵达今哈密之外，又开辟了从今瓜州至哈密的道路，为与"稍竿道"做区别，称为"伊吾东道"，史籍中又称作"五船道""莫贺延碛道""第五道"。莫贺延碛道是指由唐瓜州玉门关，途经莫贺延碛至伊州（今哈密）的官道，与经由沙州（今敦煌市）的"稍竿道"先后交替使用而为唐时期维持东西往来的一条主干道。这条道路开通于何时已无法确考，学界多数同意在隋代已然开通，之前多作为民间道路，至隋唐时代始作为官道。莫贺延碛就是今天瓜州县大泉西北，哈密北山（哈尔里克山）以

---

① （唐）魏征等：《隋书》卷67《裴矩传》，北京：中华书局，1973年，第1579—1580页。

南的戈壁大漠，较伊吾西道自然环境恶劣，后文将有描述，但唐代之所以选择在"稍竿道"之外再开通此道，实与当时中原王朝与周遭政权的政治形势相关。

唐代河西地区北邻突厥，南傍吐蕃，特别是吐蕃军多次袭扰瓜、沙二州，唐王朝为了维持北通伊州达于西域诸国道路的畅通，两道几经开闭，在唐王朝经略西域的战略中均发挥着重要作用。

贞观三年（629 年）玄奘取经西去，抵达瓜州，所取道路即经莫贺延碛道抵达伊州，其记载："因访西路，或有报云：'从此北行五十余里有瓠𬭁河……上置玉门关，路必由之，即西境之襟喉也。关外西北又有五烽，候望者居之，各相去百里，中无水草。五烽之外，即莫贺延碛，伊吾国境。'"过五烽之后又记："惟望骨聚马粪等渐进。……莫贺延碛长，八百余里，古曰沙河，上无飞鸟，下无走兽，复无水草。是时顾影唯一，心但念观音菩萨及《般若心经》……"[①] 可见莫贺延碛道之艰险。这一道路历五代、宋、元、明、清，直至今日仍继续使用。

1914 年，斯坦因同样沿此道从安西（今瓜州县）抵达哈密，其行记中留下了这样的记载：

> 在安西—哈密道前 11 站的行程中，水是很有限的（很多地方的水显然是咸的）。还有人用骆驼从远近不一的地方把芦苇运到驿站那些破败的小屋，并将其高价出售。除了这样的水和草料外，从当地便无法得到其他物资了。但我们知道，尽管存在着这些困难，在回部叛乱之后，中国军事当局仍精心策划了收复新疆的行动，并于 1877 年完成了这个行动。为达此目的，他们先是让军队从肃州转移到安西，又从安西分成一个个小队沿安西—哈密道到了哈密。就通过这种方式，他们在哈密绿洲逐渐集结了数目可观的军队（可能不少于 4 万人）。自从安西—哈密道在公元 73 年开通以来，它就是中国和中亚之间的主要联络线。所以可以肯定的是，以前在中国向西扩张的时期，比如东汉、唐朝以及乾隆年间，安西—哈密道上都曾有大量军队和商旅往来，而那几个时期的自然条件与现在是很接近的。[②]

2018 年 8 月，我们从敦煌出发，沿国道 215 先向东北至柳园镇，莫贺延碛道上的乌山驿即设在镇西南 8 千米处的红柳园，镇名即来源于此。旁经小泉、大泉，其双泉驿即由此得名。再向东北沿连霍高速（G30）继续行进，中间在马莲井服务区经停休息，马莲井即第五驿，此后再转向西北，一路上车子穿行在两侧都是石崖和荒漠的公路上，逐渐进入新疆维吾尔自治区内。因高速建在甘、新两省交界处，车子稍一转向，手中的 GPS 仪器也随之不断在两省地名之间切换，抵达的第一个高速收费站即星星峡，它也是莫贺延碛道中的冷泉驿，今公路修桥经此，泉在桥下，井壁改为石砌。"此峡两侧石壁高耸，

---

① （唐）慧立、彦悰著，孙毓棠、谢方点校：《大慈恩寺三藏法师传》，北京：中华书局，2000 年，第 14—16 页。

② 〔英〕奥雷尔·斯坦因著，巫新华、秦立彦、龚国强，等译：《亚洲腹地考古图记》第一卷，桂林：广西师范大学出版社，2004 年，第 483 页。

形势险要，山高风急，气温骤降，所谓'冷泉'，殆由此取义"。清代亦于此置星星峡军塘。陶保廉于光绪十七年（1891 年）过此，谓马莲井及此水均咸苦[①]。再下一站依次是沙泉子（即胡桐驿）、烟墩、大泉湾，而后进入哈密市内。可以说，从柳园镇段开始，我们的走向基本上与莫贺延碛道相同，只不过今日的莫贺延碛道已不是唐玄奘经过时的那样"顾影唯一"，也不似斯坦因经过时那般艰苦，虽然环境可能和之前大体相同，但有了现代技术的帮忙，穿越起来比古人容易很多。不变的是这条千年古道，至今仍在发挥着作用。

---

① （清）陶保廉著，刘满点校：《辛卯侍行记》卷 5，兰州：甘肃人民出版社，2002 年。

第五章

古尔班通古特沙漠考察

准噶尔盆地位于中国新疆天山与阿尔泰山之间，因受山前深大断裂围限，构成一个三角形的半封闭性内陆盆地，盆地中心便为中国最大的固定半固定沙漠——古尔班通古特沙漠。

古尔班通古特沙漠属于典型温带荒漠，是我国唯一受大西洋冷湿气流影响的沙漠。它以年内降水相对均匀的干旱气候，占绝对优势的固定、半固定沙丘（沙垄）风沙地貌类型，较为丰富的动植物种群，以及脆弱易损的荒漠生态系统为基本特征。该沙漠与中亚大部分地区及中国西北部有相似的地理环境和气候条件，沙漠植被具备着既有亚洲中部成分，亦有地中海成分和里海—哈萨克斯坦—蒙古成分的丰富性。其南北的天山北麓、阿尔泰山南麓都有广袤的草原。独特的地理环境和生态将准噶尔盆地塑造成了一个"高山带—中低山带—森林、草甸—山前平原、丘陵—沙漠、戈壁"环状展布的地理格局，垂直地理分布上有着明显的气候环境差异。同时，作为欧亚草原的一部分，准噶尔盆地在史前时代便开始了东西方物质文化的沟通交流，因而也成为中华文明连接外部世界的重要通道。

第一节　古尔班通古特沙漠周边古城及交通遗址

一、北庭故城

北庭故城地处今吉木萨尔县辖境。吉木萨尔县南依天山，北望沙漠，中部为洪积冲积平原，气候属温带大陆性干旱气候。地表水较丰富，境内有源于南部天山的二工河、西大龙口河、渭户沟河、白杨河等十条主要河流，是平原绿洲灌溉和生活的主要水源。吉木萨尔东通奇台、木垒、哈密，西可经阜康、乌鲁木齐直抵伊犁河流域，往南翻越天山则达吐鲁番盆地，往北穿越沙漠地带则至蒙古草原，扼守东西交通要道。

北庭故城位于东经89°12′25″，北纬44°5′52″，正坐落在县内天山北麓坡前地带和古尔班通古特沙漠相接壤的平原之上，距离吉木萨尔县城 10 千米，北庭镇北 2.7 千米，当地人称"破城子"。源于南部天山深处的吾塘沟、东大龙口河的尾闾呈西北流向流经此地，被当地人称为东、西坝河，两河东西相距约 2 千米，北庭故城即修筑在两河间的阶地上，东临东坝河。东、西坝河过古城约 4 千米后汇合为一流，继续向西北流去，没于红旗农场西北部的古尔班通古特沙漠边缘。

故城所在之地在汉初为车师后国，《汉书》卷 96 下《西域传》载："车师后国，王治务涂谷。"[①] 东汉时期，"以（耿）恭为戊己校尉，屯后王部金蒲城"[②]，以示此地为戊己校尉屯田之所，并筑有金满城为治。隋末唐初，突厥建可汗浮图城；唐置庭州，改金山都护府为北庭都护府；高昌回鹘时称别失八里；元别失八里行尚书省、宣慰司、元帅府等均驻此；元以后废弃。清中期纪昀西谪乌鲁木齐，经过吉木萨时对其展开过考察并有记录。近代日本人大谷光瑞、俄国人多尔贝热夫和英人斯坦因等也至城中进行考古发掘。民国中期徐炳昶、黄文弼同斯文·赫定率领的中国西北科学考察团亦对其进行过考察。1957 年，北庭故城被确定为新疆维吾尔自治区第一批区级文物保护单位。1979—1980 年，中国社会科学院考古研究所新疆工作队对故城及周边地区展开了系统的考古调查，并在其西面约 800 米处发现一处高昌回鹘的佛教寺院遗迹，即西大寺遗址。1988 年被国务院公布为第三批全国文物保护单位。

清代北庭故城就已认定是一座唐代城址。如乾隆《西域图志》载：

古城在奇台县治西北九十里……乾隆四十年驻防大臣索诺穆策凌于其地得唐时残碑石二方，有"金满县令"等字，知古城为金满县地也[③]。

徐松《西域水道记》亦载：

故城在今保惠城北二十余里，地曰护堡子破城，有唐《金满县残碑》碑石裂为二，俱高八寸，广六寸。一石七行……唐造像碣，石高一尺一寸，广一尺三寸，存者十八行……元造像碣。石上截作番字，下截刻僧像，疑是元时所造[④]。

而《通典》《旧唐书·地理志》《新唐书·地理志》《资治通鉴》等文献均明确记载"金满县与庭州同治"，故可以明确该城即是金满县为治所的唐代北庭都护府所在。

北庭故城现存较为完好，南北向坐落，呈两套四重状（图 5-1）。其外城为北庭都护府城，南北长约 1.5 千米，东西宽约 1 千米，南北城墙较平直，西墙南部凸出，东墙沿河弯曲。墙基残宽 5—8 米，高 3—5 米，马面高约 10 米，厚 7 米，均系夯土筑成。四角原有角楼，城外能见护城河遗迹，其北门外又有养马小城一座。内城为庭州城，南北长 800 米，东西宽 600 米，东南、西北、西南角楼残基尚存，南、西、北三面均修有壕沟，城壕宽 10—30 米，东侧则以东坝河为池。内城以内又可见两重城墙，最内层子城为衙署办公之所（图 5-2）。

---

① （东汉）班固：《汉书》卷 96 下《西域传》，北京：中华书局，1962 年，第 3921 页。
② （南朝·宋）范晔：《后汉书》卷 19《耿恭传》，北京：中华书局，1965 年，第 720 页。
③ 乾隆《西域图志》卷 9，清乾隆四十二年（1777 年）刻本。
④ （清）徐松著，朱玉麒整理：《西域水道记（外二种）》卷 2，北京：中华书局，2005 年，第 173 页。

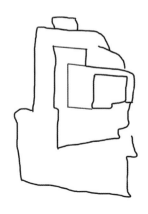

图 5-1　北庭故城两套四重城示意图

图 5-2　北庭故城航拍
王荣煜摄

由西门沿城内东西主干道入城，可经城中悲田寺遗址。据《唐会要》等文献记载：

开元五年，宋璟奏："悲田养病，从长安以来，置使专知，国家矜孤恤穷，敬老养病，至于安庇，各有司存。今骤聚无名之人，著收利之便，实恐逋逃为薮，隐没成奸。昔子路于卫，出私财为粥，以饲贫者。孔子非之，乃覆其馈。人臣私惠，犹且不可。国家小慈，殊乖善政，伏望罢之。其病患人，令河南府按此分付其家。"

会昌五年十一月，李德裕奏云："恤贫宽疾，著于周典。无告常馁，存于王制。国朝立悲田养病，置使专知。开元五年宋璟奏悲田乃关释教，此是僧尼职掌，不合定使专知，玄宗不许。至二十二年，断京城乞儿，悉令病坊收管，官以本钱收利给之。今缘诸道僧尼尽已还俗，悲田坊无人主领，恐贫病无告，必大致困穷。臣等商量，悲田出于释教，并望改为养病坊，其两京及诸州各于录事耆寿中拣一人，有名行谨信为乡里所称者，专令勾当。其两京望给寺田十顷，大州镇望给田七顷，其他诸州望委观察使量贫病多少，给田五顷，以充粥食。如州镇有羡余官钱，量予置本收利，最为稳便。敕悲田养病坊，缘僧尼还俗无人主持，恐残疾无以取给。两京量给寺田拯济，诸州府七顷至十顷，各于本置选耆寿一人勾当，以充粥料。"[1]

可知，自开元年间始，唐庭在全国广修悲田坊寺，作为各地收容孤穷老病之人的福利机构。这些福利机构常建于寺庙之中，因此在某些地方即称为悲田寺。然以往只见于文献记载，而北庭故城遗址中发掘出土"悲田寺"字样的瓦片，是全国首次出土唐悲田寺相关实物，证明了文献记载中悲田寺的存在。同时，在遥远的北庭地区仍然可见到与中原地区州县相同的悲田寺设置，也体现出唐代西域地区的建制已经与中原地区实现了较高层次的一体化；同时，社会福利机构的设置也反映了当时北庭地区已经拥有了较发达的社会组织，而唐时期在边疆民族聚居区的这一设立，也有利于推进当地各民族的融合。

此外，城中目前共发现寺院 3 所，除中部悲田寺外，还有北部隆兴寺及城址南部发现的一寺，而最重要的佛寺遗址则是发现于城西门外的西大寺。

西大寺遗址距北庭故城 800 米，1979—1980 年，中国社会科学院考古研究所新疆工作队曾对该遗址进行过两次发掘，将该遗址确定为高昌回鹘王国时期的王家寺院，推测"这座佛教寺庙可能始建于公元十世纪即五代宋初之时……最后毁弃当不会晚于公元 1383 年"[2]；或推测"其时代约在公元十世纪中期至十三世纪中期左右（相当于北宋初至元代时期），而佛寺残毁并导致最后废弃，可能要到十四世纪晚期了。这是一座高昌回鹘的王家寺院"[3]。它的存在印证了北庭作为西州回鹘国都的文献记载。目前遗址上已建有博物馆，除保护文物本体外，还利用现代手段复原了寺内壁画、雕塑等文物。

西大寺主体高 3 层，南北朝向，平面呈长方形，南北长约 70.5 米，东西宽约 43.8 米，地面以上全部用土坯砌筑，地面以下为夯土台基（图 5-3）。西大寺是殿堂式与洞窟式建筑结合的寺院格局，分为南北两个部分，南面建筑以庭院为中轴线，东西两侧分置有配殿、僧房和库房，基本对称分布，殿堂设置也与一般汉式殿堂相似，目前残高 0.2—0.4 米。北面为正殿，正殿的东、北、西三面外侧各有两层洞窟，洞窟内均依后壁或侧壁砌有台座，每个台座上供有佛菩萨像（图 5-4），窟内侧壁及穹顶多绘壁画，内容或为千佛，或为供养菩萨、护法，或为经变、本生故事，或为供养比丘、供养人像（图 5-5）。其他洞窟内则有少量回鹘文或汉文题记。北部中心部分尚未发掘，考古人员怀疑其中是一尊通高三层的大佛。

① （宋）王溥：《唐会要》，北京：中华书局，1955 年，第 863 页。
② 中国社会科学院考古研究所新疆工作队：《新疆吉木萨尔高昌回鹘佛寺遗址》，《考古》1983 年第 7 期，第 618—623 页。
③ 中国社会科学院考古研究所：《北庭高昌回鹘佛寺壁画》，沈阳：辽宁美术出版社，1990 年，第 1 页。

图 5-3　西大寺
王荣煜摄

图 5-4　西大寺交脚菩萨像
王荣煜摄

图 5-5　西大寺壁画
王荣煜摄

西大寺建筑体现了回鹘佛教对于印度克什米尔、库木吐拉、克孜尔佛教文化内涵和汉地回传的佛教文化的双向吸收与融合，体现了西域地区在东西方文化交流与发展上一直以来的重要地位。壁画中比较著名的是 S105 殿的《八王分舍利图》。该画位于殿西墙上，画面分北部的"王者出征图"、南部的"攻城图"及下侧供养人像。"王者出征图"中王者束发戴冠，面若秋月，背有透光，身着铠甲，威武庄严，交脚坐于白象之上。其后戎装武士手持旗纛金穗其后，侧目以向王者，面露钦服之色，又衬出王者威仪。"攻城图"中有武士持长矛、弓箭守城，城外有骑士策马冲杀进攻，惟妙惟肖、栩栩如生。回鹘供养人像有二人，男供养人居左，头戴荷花状高冠，身着白底红色团花长袍，女供养人居右，头戴桃状凤冠，下垂步摇，身着红底团花长袍。将佛教故事人物本土化是北庭西大寺壁画的特征之一，这与龟兹、高昌，乃至与敦煌、凉州地区对佛教人物形象的处理相似，皆将经传人物的形象与时代、地区、民族的基本特点结合起来。这也是处于东西方交流十字路口区域的重要文化特征。

二、乌拉泊古城

乌拉泊古城位于东经 87°35′15″，北纬 43°38′25″，西侧为乌鲁木齐河，北侧为水库，为乌鲁木齐市现今发现的最早的古城遗址，2001 年被列为第五批全国重点文物保护单位。古城南倚天山，北面大漠，东西向扼守丝绸之路新北道必经之路白杨沟口，位居要冲。

乌拉泊古城平面略呈长方形，南北约 550 米，东西约 450 米，周长约 2000 米，占地近 25 万平方米（图 5-6）。城墙夯筑，夯层厚 6—12 厘米。城墙基宽 5—6 米，残高 5—8 米。四个城角各有角楼遗迹，每面城墙均有密集的马面（图 5-7），东西墙各有 8 个，南北墙各有 7 个。每面城墙近中部各开一城门，均系瓮城门。城内以三道夯筑土墙将古城隔成东北、西北和南面三个子城。西北部的子城呈长方形，南北约 350 米，东西约 250 米，周长约 1200 米。东北部的子城呈正方形，边长约 200 米，周长约 800 米。城内见大量马、羊等骨，并在一处窖穴内发掘出轮制灰陶器 8 件，其中有双耳瓮、灰陶罐、双耳罐等。此外，城内还发现莲纹铺地方砖，形制与昌吉古城出土的基本相同①。从出土陶器残片及各类石器的质地、风格来看，古城与新疆其他唐代古城一致。

图 5-6 乌拉泊古城俯视图
王荣煜摄

图 5-7 乌拉泊古城南墙
王荣煜摄

对于乌拉泊古城为何城，学界仍有一定争议。

林必成、陈戈、孟凡人、苏北海等多数学者认为是城即唐代之轮台城。而唐轮台的确切地点，近代以来又有黑沟说、米泉说、昌吉说、乌拉泊说四说。林必成《唐代"轮台"初探》

_____

① 新疆维吾尔自治区博物馆、新疆社会科学院考古研究所：《建国以来新疆考古的主要收获》，文物编辑委员会：《文物考古工作三十年（1949—1979）》，北京：文物出版社，1979 年，第 169—187 页。

主要从古城的地理环境、形制、交通等方面入手，参考戍守过轮台及北庭的节度判官岑参所作边塞诗，论证乌拉泊古城即唐轮台城[①]。随后，王有德对林文展开分析，认为其史料、论证有嫌不足，唐轮台城当在米泉境内[②]。陈戈认为乌拉泊古城在地理位置、规模大小和道路里程三方面均与文献记载中轮台的情况一致，米泉古城是唐代俱六守捉城，昌吉古城是唐代张堡守捉城和元代昌八剌城[③]。对于古城的时代，孟凡人从出土遗物、古城形制出发，认为现存的古城遗址是在唐轮台城基础上修筑的，属西辽、元时的遗存。苏北海《唐轮台城位置考》在总结前人论点的基础上，从道路里程、气候环境角度对岑参边塞诗展开分析，论证唐轮台为乌拉泊古城[④]。

其后，亦有学者对"唐轮台说"提出了不同意见。郭声波认为古城应为宝应元年（762 年）轮台县所析置西海县之城，轮台城实为昌吉破城子[⑤]。李树辉《乌拉泊古城新考》一文认为汉代以后丝绸之路北道的"新道"沿北沙窝南缘而行，轮台城为唐代丝绸之路北道中征收赋税之城，当位于今乌鲁木齐西北，故不可能是乌拉泊古城。古城实际是始建于汉代的"小金附国"之都城、唐葛逻州之州治及稍后所设金附州都督府府治。此外，李文也尝试解释前人鲜能展开讨论的古城内的子城，梳理了其自汉代至清光绪年间漫长的发展历程[⑥]。

三、唐朝墩古城

唐朝墩古城位于北纬 89°35′17″，东经 44°1′48″，坐落在奇台县城区东北，因远望其北墙似一高墩，又始建于唐代，故名"唐朝墩"。古城地处古尔班通古特沙漠南部约 20 千米，博格达峰北侧约 40 千米，西距北庭故城遗址 30 千米左右，海拔 797 米，被认为是唐蒲类县县城遗址。

贞观二十二年（648 年），唐升羁縻蒲类县为蒲类县，以县东蒲类海为名，隶庭州。《元和郡县图志》记载蒲类县"南至州一十八里"[⑦]。《太平寰宇记》载："蒲类县，（庭州）东八十里。"[⑧] 根据 ^{14}C 放射性定年法，唐朝墩古城城址始建年代为公元 554—638 年。结合上述文献的记载，可以证明唐朝墩古城为唐蒲类县[⑨]。从考古发掘地层的出土文物来

① 林必成：《唐代"轮台"初探》，《新疆大学学报》（哲学社会科学版）1979 年第 4 期，第 39—50 页。

② 王有德：《再谈唐代轮台问题——兼与林必成同志商榷》，《新疆大学学报》（哲学社会科学版）1980 年第 3 期，第 81—86 页。

③ 陈戈：《唐轮台在哪里》，《新疆大学学报》（哲学社会科学版）1981 年第 3 期，第 44—51 页。

④ 苏北海：《唐轮台城位置考》，《中国历史地理论丛》1995 年第 4 辑，第 101—111 页。

⑤ 郭声波：《中国行政区划通史·唐代卷》，上海：复旦大学出版社，2017 年，第 1061—1062 页。

⑥ 李树辉：《乌拉泊古城新考》，《敦煌研究》2016 年第 3 期，第 84—92 页。

⑦ （唐）李吉甫撰，贺次君点校：《元和郡县图志》，北京：中华书局，1983 年，第 1034 页。

⑧ （宋）乐史撰，王文楚等点校：《太平寰宇记》，北京：中华书局，2007 年，第 2997 页。

⑨ 唐蒲类县址，自清代以来主要形成两派说法。陶保廉《辛卯侍行记》认为地在木垒，李光廷《汉西域图考》则认为在今奇台。木垒说之纰缪已由岑仲勉、薛宗正等学者指正，应从蒲类说。参见薛宗正：《唐蒲类诂名稽址——庭州领县考之二》，《新疆社会科学》1984 年第 2 期，第 85—93 页。

判断，蒲类县城自建立以来，历经高昌回鹘、西辽和元时期，作为新疆现存的唐至元时期一处使用时间较长、内涵较为丰富的重要遗址，2013 年成为第七批全国重点文物保护单位。

　　该城城址整体东西宽约 341 米，南北长 465 米，西、南、北三面城墙呈直线修筑，东墙沿台地自然地势修筑，存在 3 处折角。城墙修有马面和角台，马面相距约 30 米（图 5-8）。北墙中部的土墩为 1 处大型敌台，为城墙防御体系的中枢所在。城址引水磨河河水开凿护城河，在北侧未被居民区覆盖的区域，经勘探确认护城河河道宽约 10.5 米，深 1.8—2 米，距北墙约 20 米①。遗址出土了较为丰富的陶器、铜钱及动植物残存。其中，古城中心区域发掘出一处高昌回鹘时期的佛寺遗址，遗址内发现多处青砖铺设的地面和柱础，并有佛像出土。西北处发掘有一处唐代院落遗址，遗址中有多个袋形窖穴，出土了较多具有明显唐代风格特点的遗物。东北处还发现一处浴场遗址，可以作为长安与罗马交流的一个佐证。

图 5-8　唐朝墩古城航拍图
王荣煜摄

　　城内中心偏北处有一处景教的寺院遗址（图 5-9），北距城址北墙约 45 米，南距佛寺遗址约 120 米，东距浴场遗址约 100 米，是国内科学考古发掘清理出的第一处景教遗址。遗址的主体年代为高昌回鹘时期，与城内浴场遗址、佛寺遗址的建造时间基本一致，为 10 世纪前后至 14 世纪与城址大体一并废弃。在接近目前地表往下大概 10 厘米处，发掘有一幅 1.4 米 ×1.6 米的壁画，轮廓清楚，上方正中间的位置为两个天使，呈中心对称分布，并有十字架立于头顶。出土壁画从人物风格、绘制技法来看，足以证明高昌回鹘对唐代文化的传承和延续；同时壁画的题材既有与佛教相似的供养人、祥瑞纹样等内容，也

---

　　① 任冠、魏坚：《二〇一八—二〇二〇年唐朝墩古城遗址考古发掘的主要收获》，《文物天地》2021年第 7 期，第 118—121 页。

有独具景教特色的十字架、权杖等元素，可以体现丝绸之路东西方文化的交流、融汇与创新[①]。遗址内也有多处墨书回鹘文"也里可温"，是为景教遗迹的直接证明。据陈垣先生《元也里可温教考》考证，"也里可温"一词由阿拉伯语"Rekhabiun"音译而来，为上帝阿罗诃之意[②]。遗址中发现的"也里可温"题记，在时间和空间维度上均填补了该词东传至蒙古路径上的空缺。目前，世界范围内发现的景教遗存数量有限，国内景教寺院遗址和出土文献的发现也集中于吐鲁番地区，故而唐朝墩景教寺院遗址的发现更加具备极高的研究价值和文化遗产价值。

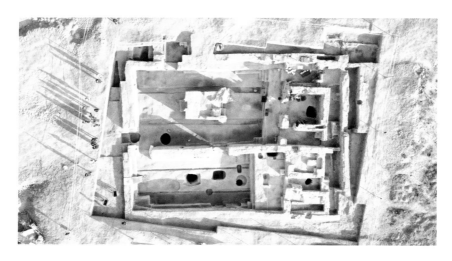

图 5-9　唐朝墩古城景教寺院遗址
王荣煜摄

　　从堆积状况来看，古城遗址的早期堆积中出土了较多石磨、石杵、纺轮等工具，也发现有墨书"白米"字样的陶片，可能为盛装粮食的容器。这印证了城址营建之初，作为唐代的地方县城，农业生产在城市经济中所占比重较高。中晚期堆积中，上述工具的数量减少，同时动物骨骼数量大幅度增加，利用动物骨角制作的骨簪、骨梳、骨锥等器物也基本均发现于这一时期，反映出自高昌回鹘至元朝时期，农业在城市经济中所占比例下降，畜牧业逐渐占据了城市经济的主导地位[③]。

　　唐朝墩古城，地处丝绸之路天山北麓沿线上的重要节点。经过多年来的考古调查，它也具有相当丰富的文化内涵，城市建筑的形制与周边古城相互关系也逐渐明晰。其中罗马式浴场遗址的发掘与景教寺院的发现，对于研究和阐释丝绸之路对东西方文明的沟通具有重要的意义。但是，由于地处沙漠边缘，古城遭受风蚀、水蚀比较严重，盐渍化是目前亟

---

　　① 任冠、魏坚：《2021 年新疆奇台唐朝墩景教寺院遗址考古发掘主要收获》，《西域研究》2022年第 3 期，第 106—113 页。
　　② 陈垣：《元也里可温教考》，《陈垣学术论文集》，北京：中华书局，1980 年，第 5—6 页。
　　③ 任冠、戎天佑：《新疆奇台县唐朝墩古城遗址考古收获与初步认识》，《西域研究》2019 年第 1 期，第 142—145 页。

待解决的问题，需要进一步加强对其的保护。

四、伊犁地区清代城址考察

　　伊犁位于准噶尔盆地以西，清代曾是新疆地区的军政中心，其城市建设与新疆地区的军事政治格局有着重要的关系。故课题组于 2019 年 10 月对这一地区的城市进行了考察。

　　该地区大规模城市建设相对较晚且分布集中，因而城市兴衰受环境变迁影响有限，主要受到政治军事的影响。但需要指出，乾隆以后所筑"伊犁九城"，呈现集中分布的城市格局，亦依托并受制于伊犁地区的自然地理条件。

　　乾隆《西域图志》称伊犁地区："形势甲西域，高山长河，表里环抱……自是东南行五百余里，胥水泉之腴壤，实山川之隩区。"[①] 清朝统治新疆以前，伊犁地区多为游牧部落所据，"伊犁之地在汉及魏为乌孙，在唐为西突厥，在明为瓦剌，即卫拉特"[②]，这种逐水草而居的"行国"，很难形成长久稳定的政治中心。只有中原王朝最强盛的时代，政治势力扩展于此，一个个军事据点性质的城市才得以建立。"唐代随着统治地域的扩展，在天山以北建立了许多城市，一般规模都不大，设官驻军，并进行屯田。伊犁地区有'弓月城'、'磨河旧城'、'坡姆古城'、'下台古城'等"[③]。

　　西辽时有阿里马（今霍尔果斯市附近）、益离（今伊宁市附近）[④] 二城，到了元朝分别称为阿里麻里（今霍尔果斯市附近）和亦剌八里（今伊宁市附近）[⑤]，阿里麻里成为伊犁河谷乃至整个察哈台汗国的政治中心，明朝时亦力把里（今伊宁市附近）[⑥] 为亦力把里国都。清初准噶尔汗国"以伊犁为庭，而自哈什（即今哈什河）迄裕勒都斯，其门户也"[⑦]。逐渐由松散的部落联盟形成集体政治体制。

　　可见，伊犁地区的筑城史至少可以追溯至唐代，并非《西陲要略》所言："伊犁向无城，准噶尔时随畜逐水草移徙本行国。"[⑧] 而是经过长期的实践和历史的继承性，形成了该地区一些相对固定城市选址范围。乾隆以后"伊犁九城"兴建，虽或与历史上伊犁河谷出现过的城市无直接的继承关系，但在城市选址上依旧参考了以往伊犁河谷地区政治中心的选择经验。

　　平定准噶尔后数年，清朝于此只驻军营，并未修筑城市，据《西陲要略》记载："二十

---

① 钟兴麒、王豪、韩慧校注：《西域图志校注》，乌鲁木齐：新疆人民出版社，2002 年，第 72 页。
② （清）松筠：《新疆识略》卷 4《伊犁舆图》，清道光元年（1821 年）刻本。
③ 吴轶群：《试论清代伊犁城市体系之产生》，《新疆大学学报》（哲学·人文社会科学版）2009 年第 3 期，第 62—68 页。
④ 谭其骧：《中国历史地图集》第六册《宋·辽·金时期》，北京：地图出版社，1982 年，第 73—74 页。
⑤ 谭其骧：《中国历史地图集》第七册《元·明时期》，北京：地图出版社，1982 年，第 38—39 页。
⑥ 谭其骧：《中国历史地图集》第七册《元·明时期》，北京：地图出版社，1982 年，第 88—89 页。
⑦ 钟兴麒、王豪、韩慧校注：《西域图志校注》，乌鲁木齐：新疆人民出版社，2002 年，第 72 页。
⑧ （清）祁士韵：《西陲要略》卷 2《南北两路堡城》，台北：成文出版社，1968 年，第 43 页。

年平准噶尔，我军之防守于是者，结营而居。"① 又据《伊江汇览·城堡》记载："伊犁于二十六年创始之初，仅于塔勒奇河修盖小堡一座，并无名目，以为屯兵居住之处。"② 为何清朝在统治伊犁的最初几年一直没有营建城市，几年后仅仅修建了一座"并无名目"的小堡？有学人认为："这主要是因为清朝对于伊犁河谷的认识以及对于如何控制这块距离京师有 15000 里程的偏远土地还没有做出定论，军队的去或留还是有待考虑的问题，更何况兴建城堡这样兴师动众的事情。"③ 此论断有待商讨，清朝历三朝六十余年彻底平定新疆，期间屡降屡叛，无驻军统治这一地区并不现实，故"军队的去或留"不应当成为问题。统治者所要考虑的是军队以何种方式驻扎于此才能更好地巩固统治。《清实录·高宗实录》载：

> 又谕曰：明瑞等奏称："……伊犁为厄鲁特故地，蒙古风俗，以游牧资生，若居处饮食，竟似直省驻防官兵，则日久渐至颓惰，着传谕明瑞等，将索伦、察哈尔兵丁，令其照常游牧……亦不宜常居城市，仍令其兼以游牧为事，即可撙节薪刍，而伊等亦不忘本业，甚有裨益，着即遵照办理。"④

此言论系明瑞等人于乾隆二十八年（1763 年）所奏，此前伊犁地区已筑绥定、宁远二城。"二十七年，在乌哈尔里克修建绥定城一，即以换防……官兵居之。嗣又于古尔扎修建宁远城一，以居回户"⑤。是时，清廷又开始从东部大规模调兵驻防伊犁。作为第一位伊犁将军，明瑞显然不赞同驻防官兵居住城市，认为这样会"日久渐至颓惰"，不利于保证军队的战斗力。可见，伊犁地区是否建立城市，与清廷在该地区的军队驻防方式密切相关，但这种声音恰恰反映了清廷在伊犁地区筑城的趋势：

> 谕军机大臣等，新疆平定有年，伊犁应多驻官兵以筹久远。昨谕，将凉州、庄浪等处官兵，携眷迁移，交军机大臣详悉妥议。因念官兵三四千名，合之家口，不下万人，所有营房粮饷，俱当预为备办。着传谕明瑞等，将此项移驻官兵，作何建造城垣庐舍，及给予粮饷之处，先行筹划一面办理，即行俱奏……惟凉州、庄浪官兵房屋需七千余间，乌哈尔里克新城，仅敷现在官兵驻扎⑥。

经过数年的思考，清朝统治者已明确欲对伊犁地区统治长久，应"多驻官兵"，而大规模军队驻扎于此，筑城造舍便不可避免。综上可知，伊犁地区城市建设的直接动力来自大规模清军的驻防、居住需要，军事上的考量居于首要地位。

方针既定，大量驻防军队调来，修筑新城如火如荼展开。《清实录·高宗实录》载：

> 查伊犁河岸高阜，地土坚凝，可筑大城，在新城及固勒扎回城之间，粮运亦

① （清）祁士韵：《西陲要略》卷 2《南北两路堡城》，台北：成文出版社，1968 年，第 43 页。

② （清）格琫额：《伊江汇览·城堡》，中国社会科学院中国边疆史地研究中心：《清代新疆稀见史料汇辑》，北京：全国图书馆文献缩微中心，1990 年，第 21 页。

③ 秦川：《从惠远城兴建的军事功能看清代新疆军府制的建立》，《新疆师范大学学报》（哲学社会科学版）2003 年第 4 期，第 79—83 页。

④ 《清实录·高宗实录》卷 678 "乾隆二十八年正月辛酉"条，北京：中华书局，1986 年，第 583 页。

⑤ （清）格琫额：《伊江汇览·城堡》，中国社会科学院中国边疆史地研究中心：《清代新疆稀见史料汇辑》，北京：全国图书馆文献缩微中心，1990 年，第 21 页。

⑥ 《清实录·高宗实录》卷 678 "乾隆二十八年正月辛酉"条，北京：中华书局，1986 年，第 582 页。

便，所产煤薪皆足用，记明春调兵起造，至乙酉年，城屋均可竣，现派伊犁兵，游牧至阿布喇勒山伐木，咨遣内地工匠，制器应用，至粮饷，以伊犁收获及回人所交粮计之，至丁亥年麦收，可支新旧兵三年食，更请以来年为始，陆续增屯田兵一千五百名，耕获自有盈余，孳生牛羊在外，将来塔尔巴哈尔台驻兵，亦可源源接济，从之[①]。

新城即乾隆二十七年（1762 年）兴筑之绥定城，乃伊犁通果子沟之要地，但"仅敷现在官兵驻扎"，"固勒扎回城"即宁远城，以回屯经济为主要职能。在两城之间修筑新城，可就近利用周边的人力物力；且此地地势较高，又"地土坚凝，可筑大城"，满足新来驻防军队的居住需要；从军事上看，新筑大城将作为伊犁地区的区域政治中心，连接东西两部分城市群，起到"守内安外，居中控驭"[②]的作用。乾隆二十九年（1764 年），"在伊犁河北修建惠远城，彼时凉庄热河……官兵移驻居住，是为大城。三十年，西安……官兵移驻而来，爰建惠宁城以居之"[③]。正是在乾隆三十年（1765 年），伊犁将军明瑞"奏请赐以嘉名，寻定伊犁河驻防城，曰惠远"[④]，即今之惠远老城，在今霍城县城东南 15 千米。可见惠远城是军事驻防性质的城市（图 5-10）。至此，加上之前乾隆二十六年（1761 年）所筑之塔勒奇堡，二十七年（1762 年）所修之绥定、宁远城，清廷于伊犁地区已修城五座。第二次筑城高潮在乾隆四十五年（1780 年），筑广仁、瞻德、拱宸、熙春四城，与此前五座城市合称"伊犁九城"。惠远城区域军事政治中心的地位日益加强，乾隆五十九年（1794 年）"就城东偏，展筑一百二十丈"[⑤]，成为伊犁河谷乃至天山北路最大的城市。

图 5-10　伊犁将军府署墙遗址
沈卡祥摄

---

① 《清实录·高宗实录》卷 678 "乾隆二十八年正月辛酉"条，北京：中华书局，1986 年，第 583 页。
② 吴轶群：《试论清代伊犁城市体系之产生》，《新疆大学学报》（哲学·人文社会科学版）2009 年第 3 期，第 62—68 页。
③ （清）格琭额：《伊江汇览·城堡》，中国社会科学院中国边疆史地研究中心：《清代新疆稀见史料汇辑》，北京：全国图书馆文献缩微中心，1990 年，第 21 页。
④ 《清实录·高宗实录》卷 731 "乾隆三十年闰二月己巳"条，北京：中华书局，1986 年，第 50 页。
⑤ （清）祁士韵：《西陲要略》卷 2《南北两路堡城》，台北：成文出版社，1968 年，第 43 页。

然而好景不长，1871 年俄国攻占伊犁，毁惠远、拱宸、广仁、瞻德四城，百余年的惠远古城化为废墟。收复伊犁后，因"旧城颓废，重建新城，衙署兵房缺然未备，暂时驻于绥定，将来应以惠远新城作为满城，仍请将军移往驻之"[①]，便在惠远老城以北 15 千米处仿旧城形制建设惠远新城，即今霍城县惠远古城旅游景区，至清末为伊犁地区的区域中心。光绪八年（1882 年），"帮办军务伊犁将军金顺奏，筹办伊犁善后要政，修筑绥定、瞻德二城"[②]，光绪九年（1883 年），"谕军机大臣等金顺、升泰奏：妥筹索伦营驻防处所暨兴修拱宸城等项工程"[③]，随着惠远新城修筑和绥定、瞻德、拱宸等城的重建，清末"伊犁九城"格局基本恢复（表 5-1）。

表 5-1 "伊犁九城"方位规模表

城市名称	修筑时间	位置	今址	地名	城墙高	城墙周长	城门
惠远城	乾隆二十九年（1764 年）	伊犁河北岸度地	今霍城县城东南 15 千米		一丈四尺	九里有奇	门四：景仁，说泽，宣阗，来安
惠宁城	乾隆三十五年（1770 年）	在惠远城东北七十里	今霍城县巴彦岱镇	巴彦岱	一丈四尺	六里有奇	门四：东汇，兆丰，遵轨，承枢
绥定城	乾隆二十七年（1762 年）	在惠远城北三十里	今霍城县水定镇	乌哈尔里克	一丈七尺	四里	门三：仁熙，义集，利渠
广仁城	乾隆四十五年（1780 年）	在惠远城西北八十里	今霍城县芦草沟镇政府驻地	乌克尔博罗素克	一丈三尺	三里	门三：朗辉，迎灏，溥惠
瞻德城	乾隆四十五年（1780 年）	在惠远城西北七十里	今霍城县清水河镇	察罕乌苏，俗呼清水河	一丈三尺	三里有奇	门三：升瀛，履平，延景
拱宸城	乾隆四十五年（1780 年）	在惠远城西北一百二十里	今新疆生产建设兵团农四师 62 团团部	霍尔果斯	一丈七尺	三里	门三：寅晖，遵乐，绥定
熙春城	乾隆四十五年（1780 年）	在惠远城东八十里	今伊宁市汉宾乡	巴彦岱地	一丈	二里有奇	门三：觐恩，凝爽，归极
塔勒奇城	乾隆二十六年（1761 年）	在惠远城西北三十里	今霍城县三道河子镇政府驻地东北		一丈	一里有奇	
宁远城	乾隆二十七年（1762 年）	在惠远城东南九十里	今伊宁市	固尔札	一丈六尺	四里有奇	门四：景旭，环瀛，嘉惠，归极

资料来源：（清）祁士韵：《西陲要略》卷 2《南北两路堡城》，台北：成文出版社，1968 年，第 43—46 页

惠远城是伊犁地区绝对的政治军事中心，如《西陲要略》等文献记载其余八城的位置

① （清）刘锦棠：《拟设伊塔道等官折》，（清）刘锦棠著，杨云辉校点：《刘锦棠奏稿》，长沙：岳麓书社，2013 年，第 406 页。
② 《清实录·德宗实录》卷 150"光绪八年八月乙亥"条，北京：中华书局，1987 年，第 128 页。
③ 《清实录·德宗实录》卷 170"光绪九年九月甲申"条，北京：中华书局，1987 年，第 370 页。

时，皆以距惠远城的远近为坐标。惠宁城作为惠远城的补充，"则以军事职能为主"[①]，"与惠远城相距较近，声息相通，可互相支援"[②]，乃该地区仅次于惠远城的城市。宁远回城和绥定城作为较早修筑的两座城市，在整个伊犁地区的城市体系中居于中间位置，二城都有着特殊的城市功能。

从空间分布上看，"伊犁九城"全部在伊犁河北岸，"九城骈列于伊犁河北岸，东西相望，互为犄角，高山大河，夹裹环抱，形势之胜，甲于西域"[③]。在伊犁河谷的东部形成了一个完整的城市体系。这一城市体系的形成背景是伊犁将军统辖下的军府制度，因而整个城市群的布局必然是服务和着眼于军事驻防。

整个城市群大抵是以伊犁将军驻扎的惠远城为中心，分西北广仁、瞻德、拱宸、塔勒奇、绥定五城和东部使惠宁、熙春、宁远三城为两翼。伊犁地区的军事压力主要在于西部和西北部，故西北五城军事任务最为紧要，"伊犁拱宸城，为西北门户，与瞻德城相为犄角，地方紧要，据金顺等奏，拟请将索伦营官兵移扎拱宸城"[④]。拱宸城所在即今霍尔果斯市，至今为边防重地，与其"互为犄角"的瞻德城即今清水河镇，为今新疆"第一大镇"，处于北部赛里木湖、西部霍尔果斯、南部伊宁三个方向的交汇点上，绥定城为自迪化（今乌鲁木齐）经果子沟至伊犁腹心地带的交通要道上，塔勒奇城在其西保护此城和此条交通线。东部三城，惠宁城作为大城惠远城的补充而存在，宁远回城是伊犁地区的老的政治经济中心，熙春城靠近宁远可起钳制、监视之用。两翼又因惠远城相连成为一个完整的城市体系。

从后来的历史发展看，清朝将新疆首府设置在伊犁，并建"伊犁九城"的举措是相当成功的。伊犁地区惠远诸城设置以后，新疆再未发生大的叛乱，伊犁河谷经过百余年的城市建设和移民屯垦，使得中央对这一地区的统治已相当巩固，故即便后来该地区为俄国侵占，但并不像外西北那样一去不返，而是重新回归祖国，"伊犁九城"起到的重要作用不言而喻。

第二节　古尔班通古特沙漠水系

古尔班通古特沙漠水系分为两部分，南为源自天山北麓的冰川河流，如乌鲁木齐河、头屯河、呼图壁河、玛纳斯河等，河流众多而短促；北为源自阿尔泰山东段南麓的乌伦古河水系，河流单一而绵长。本节以我们考察过的古尔班通古特沙漠北缘乌伦古河为重点，

---

① 吴轶群：《清代伊犁城市体系变迁探析》，《地域研究与开发》2009 年第 4 期，第 29—34 页。
② 吴轶群：《试论清代伊犁城市体系之产生》，《新疆大学学报》（哲学·人文社会科学版）2009 年第 3 期，第 62—68 页。
③ 许崇灏：《新疆略志》，重庆：正中书局，1944 年，第 164 页。
④ 《清实录·德宗实录》卷 170 "光绪九年九月甲申" 条，北京：中华书局，1987 年，第 370 页。

通过实地考察与历史文献考证分析，探讨乌伦古河的地理认知过程。

一、乌伦古河实地考察

乌伦古河发源于阿尔泰山东段南麓，是准噶尔盆地第二大河，主要支流有大青格里河、小青格里河、查干郭勒河和布尔根河，各支流均由北向南流经二台水文站合流，其中以大青格里河为干流（图5-11）。二台以下，乌伦古河自北向南再折向西流经古尔班通古特沙漠北缘，最终汇入乌伦古湖。乌伦古河全长573千米，流域总面积3.8×10⁴平方千米[1]。乌伦古河上游雨量充沛，是较湿润的地区；该河进入二台以下，均为荒漠戈壁地带[2]。

图5-11　WLGH1考察点航拍图

1. 璃干沟段

位于青河县查干郭勒乡江布塔斯村，90°49′44.71″E，46°41′16.10″N，该处为乌伦古河支流查干郭勒河上游，河流自东北向西南流。由于地处阿尔泰山区，受山脉夹持影响，河道宽仅4米，河水清澈见底，深约0.5米。由于水流较急，叠加季节性洪水，河岸两侧砾石遍布，且磨圆度较差。河流两侧为高山草甸森林植被，主要是落叶松、白桦等树种（图5-12）。

---

① 努尔兰·哈再孜、沈永平、马哈提·穆拉提别克：《气候变化对阿尔泰山乌伦古河流域径流过程的影响》，《冰川冻土》2014年第3期，第699—705页。

② 阿勒泰地区地方志编纂委员会：《阿勒泰地区志》，乌鲁木齐：新疆人民出版社，2004年，第112页。

图 5-12　瑙干沟段考察点上游（左）、下游（右）
王荣煜、白壮壮摄

2. 查干郭勒水库段

位于青河县查干郭勒乡江布塔斯村，90°45′28.84″E，46°31′24.81″N，查干郭勒河在此处汇聚为查干郭勒水库（图 5-13），又名江布塔斯水库。水库整体呈扁圆状，周围阿尔泰山起伏较为和缓，植被稀少，风力强劲，风蚀作用显著，山体岩层较为破碎。水库是以灌溉为主的水利工程，可以解决东风水库上游 0.5 万亩补充灌溉草场缺水问题，同时与下游东风水库联合调节解决东风水库 3.9 万亩灌区灌溉工程性缺水问题（图 5-14）。

图 5-13　查干郭勒水库考察点全景图
王荣煜摄

图 5-14　WLGH2 考察点水库下游图
王荣煜摄

查干郭勒水库总库容 8.19×10⁶ 立方米，最大坝高 45 米，主要建筑物有重力坝、溢流坝、导流及放水洞等；工程级别为Ⅳ等，工程规模为小（Ⅰ）型。主要建筑物 4 级，次要建筑物 5 级。水库南面 1 千米处为查干郭勒水库岩画。

3. 青河段

位于青河县乌伦古湖国家湿地公园（图 5-15），90°21′3.56″E，46°36′4.74″N，包括青河县境内乌伦古河及其上游大青格里河流域。湿地公园总面积 13590.3 公顷，属于北温带大陆性寒冷干旱气候，四季变化不明显，冬季寒冷，夏季凉爽，春秋两季较短暂。公园以河流湿地、沼泽湿地为主，大青格里河、小青格里河流出阿尔泰山地后在河谷蜿蜒流淌，于考察点附近汇流。公园内植被以苦杨、锦鸡儿、阿尔泰山楂为主，公园内有羊驼、牛群。乌伦古河湿地地处干旱区，属于干旱区绿洲复合生态系统，乌伦古河流域是国家一级保护野生动物——蒙新河狸唯一分布区，湿地公园内是该物种种群数量最多的区域。公园内还分布有黑鹳、蓑羽鹤和大天鹅等我国重点保护水鸟及多种隼形目等迁徙性鸟类，是我国西部候鸟迁徙通道的重要组成部分。

4. 萨尔托海二台大桥段

位于青河县萨尔托海乡二台大桥，90°8′32.63″E，46°3′10.05″N，海拔 902 米，该处河流蜿蜒曲折，整体自东南向西北流（图 5-16、图 5-17），河宽 124 米，河水清澈，河漫滩宽阔，砾石散布，磨圆度一般，分选不佳，河道南侧有两级河流阶地，一级阶地为林草地，二级阶地上为农牧区的萨尔托海乡；北侧河流一级阶地以林草地为主，有高出河面 3 米的石砌防洪堤，二级阶地部分为农田，种有玉米，也有小块草地，有骆驼、牛、羊放牧。该考察点西为乌伦古河下游。

图 5-15　青河段考察点乌伦古湖国家湿地公园
王荣煜摄

图 5-16　乌伦古河 WLGH4 考察点俯视图
王荣煜摄

图 5-17　萨尔托海二台大桥考察点河道及防洪堤

白壮壮摄

二、清代以来乌伦古湖的地理认知过程

　　干旱区内陆湖泊是干旱区气候变化敏感的指示器[①]，同时是维持干旱区人类活动的重要资源。随着近几十年来全球气候变暖，我国西北干旱区湖泊面积、水位对此反应敏感，特别是冰川和积雪加速消融引发的洪水可能导致湖泊环境恶化，危及人类生存生产安全[②]。因此，干旱区湖泊变化及其驱动机制，引起了科学界的广泛关注。然而受限于数据可获取性，目前对于干旱区湖泊演变的研究，多集中于地质时期古湖泊的气候变化与水文环境重建[③]、现代干旱区湖泊的面积及水位变化[④]，而对于历史时期湖泊变化研究较少[⑤]。利用历史资料，对中纬内陆典型湖泊历史时期长时段演变的研究可以有效衔接地质记录时期与器测资料时期的湖泊研究。然而，受限于资料的模糊性与解析多样性，历史文献并非都是真实地理现象的认知反映，所以地理认知对历史环境变迁重建研究有重要影响。

---

　　① 陈栋栋、赵军：《我国西北干旱区湖泊变化时空特征》，《遥感技术与应用》2017 年第 6 期，第 1114—1125 页。

　　② 沈永平、王国亚、丁永建，等：《百年来天山阿克苏河流域麦茨巴赫冰湖演化与冰川洪水灾害》，《冰川冻土》2009 年第 6 期，第 993—1002 页。

　　③ 郭超、马玉贞、胡彩莉，等：《中国内陆区湖泊沉积所反映的全新世干湿变化》，《地理科学进展》2014 年第 6 期，第 786—798 页；蒋庆丰、钱鹏、周侗，等：《MIS—3 晚期以来乌伦古湖古湖相沉积记录的初步研究》，《湖泊科学》2016 年第 2 期，第 444—454 页；张昌民、郭旭光、刘帅，等：《现代乌伦古湖滨岸沉积环境与沉积体系分布及其控制因素》，《第四纪研究》2020 年第 1 期，第 49—68 页。

　　④ 朱刚、高会军、曾光：《近 35a 来新疆干旱区湖泊变化及原因分析》，《干旱区地理》2015 年第 1 期，第 103—110 页；昝婵娟、黄粤、李均力，等：《1990—2019 年咸海水量平衡及其影响因素分析》，《湖泊科学》2021 年第 4 期，第 1265—1275 页；王晓飞、黄粤、刘铁，等：《近 60 a 伊塞克湖水量平衡变化及影响因素分析》，《干旱区研究》2022 年第 5 期，第 1576—1587 页；王伟、阿里木·赛买提、马龙，等：《1986—2019 年新疆湖泊变化时空特征及趋势分析》，《生态学报》2022 年第 4 期，第 1300—1314 页。

　　⑤ 王芳、潘威：《三维技术在历史地貌研究中的应用试验——1935 年以来新疆博斯腾湖变化》，《地球环境学报》2017 年第 3 期，第 253—262 页；唐尚书：《汉唐间罗布泊地区的环境演变研究》，兰州大学 2019 年博士学位论文。

目前，干旱半干旱地区湖泊的地理认知研究，集中在罗布泊[①]、博斯腾湖[②]、居延海[③]、佟哈拉克泊[④] 等，对于乌伦古湖的地理认知研究较少。笔者通过梳理清代以来新疆北部乌伦古湖的相关史料及古旧地图，分析清代以来乌伦古湖地理认知的变化过程，总结变化原因，进而评估历史文献及古旧地图重建历史环境结果的可靠性。

乌伦古湖地处我国新疆维吾尔自治区阿勒泰地区福海县境内，位于乌伦古河尾闾，是准噶尔盆地北部的断陷内陆湖，其东北岸与额尔齐斯河仅隔 1.2 千米。湖体分两部分：北为布伦托海，又称大海子、福海；南为吉力湖，又称小海子，大、小湖有水道沟通。现代布伦托海形似三角形，南北宽约 30 千米，东西长 35 千米，湖水面积 857 平方千米，湖面高程 468 米；吉力湖与布伦托海一水相邻，面积约为 173 平方千米，湖面高程 482.8 米，最大水深 14.7 米，平均水深 9.9 米。乌伦古湖湖区属温带大陆性干旱气候，年均气温 3.4℃，1 月平均气温 -19.8℃，7 月平均气温 22.8℃，年平均降水量 116.5 毫米，年最大降水量 215 毫米，年最小降水量 42.3 毫米，蒸发量 1844 毫米[⑤]。

研究资料方面，清代以来留存的乌伦古湖相关历史文献与古旧地图较为丰富。历史文献有乾隆《水道提纲》、乾隆《西域图志》、道光《西域水道记》、宣统《新疆图志》、民国《清史稿》、《乾隆内府舆图》、民国《新疆三十万分一图》等，为近 250 年乌伦古湖的地理认知提供了基础。

1. 清代以来文献中的乌伦古湖

12 世纪，乌伦古湖始见记载。《元朝秘史》中简单记载了乌伦古湖，此时乌伦古湖名

---

① 李长傅：《罗布淖尔的历史地理问题》，《开封师院学报》1957 年第 2 号，第 1—10 页；周廷儒：《论罗布泊的迁移问题》，《北京师范大学学报》（自然科学版）1978 年第 3 期，第 34—40、97 页；赵松乔：《罗布荒漠的自然特征和罗布泊的"游移"问题》，《地理研究》1983 年第 2 期，第 88—98 页；袁国映、袁磊：《罗布泊历史环境变化探讨》，《地理学报》1998 年增刊，第 83—89 页。

② 王芳、潘威：《三维技术在历史地貌研究中的应用试验——1935 年以来新疆博斯腾湖变化》，《地球环境学报》2017 年第 3 期，第 253—262 页；钟雨齐：《1750—1980 年博斯腾湖演变研究及驱动力分析》，复旦大学 2021 年硕士学位论文。

③ 冯绳武：《河西黑河（弱水）水系的变迁》，《地理研究》1988 年第 1 期，第 18—26 页；王雪樵、王铎：《"居延泽"即"碱泽"说》，《中国历史地理论丛》2008 年第 4 辑，第 69 页；鲁挑建、郑炳林：《晚唐五代时期金河黑河水系变迁与环境演变》，《兰州大学学报》（社会科学版）2009 年第 3 期，第 30—36 页。

④ 安介生：《统万城下的"广泽"与"清流"——历史时期红柳河（无定河上游）谷地环境变迁新探》，中国地理学会历史地理专业委员会《历史地理》编辑委员会：《历史地理》第 23 辑，上海：上海人民出版社，2008 年，第 242—268 页；卢卓瑜、崔建新、张晓虹，等：《清至民国毛乌素沙地佟哈拉克泊复原及演变研究》，《干旱区地理》2021 年第 4 期，第 1083—1092 页；安介生：《"奢延水"与"奢延泽"新考》，苗长虹主编：《黄河文明与可持续发展》第 19 辑，开封：河南大学出版社，2022 年，第 127—144 页。

⑤ 阿勒泰地区地方志编纂委员会：《阿勒泰地区志》，乌鲁木齐：新疆人民出版社，2004 年，第 110—117 页。

乞湿泐巴失海子，而乌伦古河称为兀泷古河，又称龙骨河[①]，《西使记》中乌伦古湖名乞则里八寺海[②]，《元史》中乌伦古湖名乞则里八海[③]。清代乾隆中期以后，新疆的水系记载开始逐渐清晰，为复原区域水环境变迁提供了基础史料。乾隆二十六年（1761年）成书的《水道提纲》中，乌伦古湖被称为奇萨尔巴思鄂模，乌伦古河或称乌隆古河，或称畏隆古河：

> 畏隆古河，出阿尔泰山之尾西南麓，西南流，有阿礼克台河及布拉青吉儿河自北山前后来会。二水源即阿尔泰尾之西北干，其北即布颜图河北流者也。又西南百余里潴为奇萨尔巴思鄂模。周四十里[④]。

从这一记载中我们得知，此时奇萨尔巴思鄂模，即乌伦古湖，周40里，长约14里，宽6里，以清1里约等于576米的标准进行换算，估算面积27.87平方千米。

乾隆四十七年（1782年）成书的《西域图志》则对乌伦古湖有了进一步的描述，书中乌伦古湖被称为赫色勒巴什淖尔，乌伦古河被称为青吉勒郭勒：

> 青吉勒郭勒，在拜塔克北六十里。河有两源：一为布拉青吉勒郭勒，一为哈达青吉勒郭勒，出东北百里外北山南麓。西南流，东会布拉干郭勒之水，西流五十里，总名青吉勒郭勒。始于哈布塔克之西北，经拜塔克之北，又西流二百里，入赫色勒巴什淖尔。赫色勒巴什淖尔，在哈喇莽奈鄂拉北一百里，上承青吉勒郭勒之水，西流三百余里，至此汇为巨浸。东西七十里，南北三十里，余波入于沙碛[⑤]。

从这段文献中我们可以发现，赫色勒巴什淖尔即当时的乌伦古湖，东西七十里，南北三十里，称为巨浸。按前述标准换算，估算此时乌伦古湖面积约696.73平方千米。与前文记载相比，湖泊面积变化显著。

道光元年（1821年）成书的《西域水道记》详细记载了乌伦古湖的水文环境特征。书中称乌伦古湖为噶勒札尔巴什淖尔、巴嘎淖尔，称乌伦古河为乌隆古河：

> 噶勒札尔巴什淖尔为布拉干河所注。布拉干河源导布延图河南，科布多城西南二百余里，有海喇图岭出水，西南距华额尔齐斯河源数十里。东流八十余里，为德伦河。又北，折而东南，为布延图河。《成衮扎布传》云："乾隆二十三年，土尔扈特台吉舍棱遁俄罗斯，成衮扎布领兵三百，赴布延图。"谓此河也。其下游东北流，迳科布多城西北。复流百里，至城东北，潴为额克阿喇勒淖尔，噶勒丹所欲捕鱼者也。……布延图河南岸为和通鄂博山，是为阿勒坦山之尾。西南麓，其山之阳，布拉干河出焉。乾隆三十六年，舍棱复东归，宥其罪，仍

---

① （元）佚名撰：《元朝秘史》卷6，清道光二十八年（1848年）灵石杨氏刻连筠簃丛书本。
② （元）佚名撰，（清）李文田注：《元朝秘史注》卷6，清光绪年间桐庐袁氏刻渐西村舍丛刻本。
③ （明）宋濂等：《元史》卷149《郭宝玉传》，北京：中华书局，1976年，第3522页。
④ （清）齐召南：《水道提纲》卷23《西北阿尔泰山以南诸水》，清乾隆四十一年（1776年）传经书屋刻本。
⑤ 钟兴麒、王豪、韩慧校注：《西域图志校注》卷25《水二》，乌鲁木齐：新疆人民出版社，2002年，第368页。

封弼里克图郡王，谓之新土尔扈特，授牧地布拉干河。五十七年，舍棱病罢，子策伯克扎布嗣。其界南接古城，东接和硕特，西与北接阿勒坦乌梁海。布拉干河源为其避夏处。东南流，喀喇淖尔水注之。布拉干河东南流百里，右会喀喇淖尔水。喀喇淖尔周数里，在布拉干河源南十余里，亦东南流百里，入布拉干河。又东南流，索勒毕河注之。布拉干河东南流二十里，左会索勒毕河。河发自索勒毕岭。……索勒毕河西南流六十余里，入布拉干河。又南，岳罗图河注之。布拉干河南流，折而西南，凡十余里，左会岳罗图河。岳罗图河自东来，长六十余里。又西南，托赖图河注之。布拉干河又西南流二十余里，右会托赖图河。托赖图河在喀喇淖尔水南二十余里，东南流六十余里，入布拉干河。又东南，噶尔古岭水注之。布拉干河东南流七十余里，右会噶尔古岭水。水发自噶尔古岭，东南流八十余里，入布拉干河。又东南，特穆尔图河注之。布拉干河又东南流十余里，右会特穆尔图河。河在噶尔古岭水南，亦东南流八十余里，入布拉干河。又西南流，为布拉干河。布拉干河既受特穆尔图河，东南流，折而南，凡二十余里，逦察罕鄂博西。……又西南流，察罕河注之。布拉干河又西南流三十里，折而西北流三十余里，又西南流四十余里，又东南流二十余里，又西南流三十余里，而右会察罕河。河发自博罗鄂博（在喀喇淖尔水南七十余里。三源并发，南流百里而汇。又南流三四十里，右汇昌吉尔河。昌吉尔河发自博罗鄂博，西源为小淖尔，北去华额尔齐斯源六十余里。淖尔溢水南流百里，左汇三水。又东南流百里，为昌吉尔河。又东流五十余里，汇于察罕河。察罕河又南流五十里，复东南十余里，入于布拉干河）。……又西流，过瑚图斯拉境北。布拉干河既会察罕河水，复东南流三十余里，乃折而西流四五十里，逦阿尔噶灵图境南、瑚图斯拉境北。瑚图斯拉地产金。《舍棱传》云："乾隆四十九年，有内地奸民刘通等，集众千余，赴瑚图斯拉私开金矿，且赂舍棱属额尔齐斯、雅拉拜等给驼马为助。乌鲁木齐都统海禄闻之，以兵往擒，所部助弋奸民，悉就擒。以瑚图斯拉逼舍棱牧，封禁永为令。"瑚图斯拉东南接古城界。又西流，为乌隆古河。……乌兰博木以西北，为阿勒坦乌梁海境；乌兰博木以东南，为新土尔扈特境。乌隆古河正南二百余里，为济木萨城。……乌隆古河逦（哈喇莽奈山北）山北百余里。又西北，注噶勒札尔巴什淖尔。淖尔二：小者曰巴噶淖尔，周二百余里，圆椭形，在东南；大者曰噶勒札尔巴什淖尔，周五百余里，形狭而长，在西北。大小相联，正如葫芦，而近上为细腰。郦元言："汝水枝别左出，又会汝，形如垂瓠。"殆亦此类。乌隆古河逦哈喇莽奈山，西北流二百余里，入自巴噶淖尔之东南，复似其蔓也[1]。

从上引《西域水道记》中我们可以发现，噶勒札尔巴什淖尔即道光时期乌伦古湖，此时开始分为两湖，小者称巴噶淖尔，周二百余里，圆椭形，在东南；大者为噶勒札尔巴

[1]（清）徐松著，朱玉麒整理：《西域水道记（外二种）》卷5《噶勒札尔巴什淖尔》，北京：中华书局，2005年，第300—307页。

什淖尔，周五百余里，形狭而长。噶勒札尔巴什淖尔东西 175 里，南北 75 里，巴噶淖尔半径约 32 里，按前述标准换算，估算此时噶勒札尔巴什淖尔面积 4354.56 平方千米，巴噶淖尔面积 1066.78 平方千米，总面积 5421.34 平方千米。与前文记载相比，道光时期湖泊面积显著扩大。

宣统三年（1911 年）《新疆图志》简单记载了乌伦古湖，书中称乌伦古湖为布伦托海、噶勒札尔巴什淖尔：

> 布伦托海，一作噶勒札尔巴什淖尔，在科布多西南、塔尔巴哈台东北交界处。
> 东、南、北皆受科境水，惟西一隅有木和洛旦布拉河东南流入之[1]。

民国十六年（1927 年），《清史稿》刊印出版，简略记载了乌伦古湖水文环境。书中称乌伦古湖为固札尔巴什淖尔或喀勒折尔巴什淖尔，称乌伦古河为乌隆古河：

> 乌隆古河二源，东曰布尔干河，西曰青吉斯河。布尔干河出新和硕特旗北，
> 合喀喇图泊水，南流。经札哈沁旗东南流。青吉斯河出旗境北，合哈泊水，西南
> 流，合哈弥察克河。又东南，与布尔干河合，为乌隆古河。折西流，迳阿尔泰乌
> 梁海旗，潴为赫萨尔巴什泊[2]。

此后的晚清民国文献中，大部分对于乌伦古湖的记载仍较为简略，故我们只能通过上引文献记载估算清代乌伦古湖面积的变迁：1761 年为 27.87 平方千米，1782 年为 696.73 平方千米，1821 年为 5421.34 平方千米，而现代乌伦古湖湖泊总面积约 1000 平方千米。这意味着清乾隆朝至道光朝仅仅 60 年，乌伦古湖面积扩大了 194 倍。这究竟是真实的湖泊面积变化，还是历史文献记载的粗疏？因此，我们还需要通过整理清代以来的实测地图及遥感影像，进一步分析乌伦古湖面积变化。

2. 清代以来地图及遥感影像中的乌伦古湖

图像史料由于具有传统历史文献所无法表达的空间信息，逐渐展现出独有的史料价值[3]，尤其是应用古地图和当代地图做比较，作为研究地貌历史演变过程最有效、最简捷的方法[4]，在历史环境变迁与重建中得到广泛应用[5]。此外，利用古旧地图、遥感影像复原历史时期水系等地理要素演变，也是地理认知的重要手段与方法。

清代以来留存的乌伦古湖相关古旧地图较为丰富，本书收集整理了乌伦古湖相关古旧

---

① （清）王树枬等纂修，朱玉麒等整理：《新疆图志》，上海：上海古籍出版社，2015 年，第 1328 页。
② 赵尔巽等：《清史稿》卷 85《地理志》，北京：中华书局，1976 年，第 2442 页。
③ 蓝勇：《中国古代图像史料运用的实践与理论建构》，《人文杂志》2014 年第 7 期，第 66—75 页；成一农：《近 70 年来中国古地图与地图学史研究的主要进展》，《中国历史地理论丛》2019 年第 3 辑，第 18—34 页。
④ 张修桂：《中国历史地貌与古地图研究》，北京：社会科学文献出版社，2006 年，第 12 页。
⑤ 潘威、王哲、满志敏：《近 20 年来历史地理信息化的发展成就》，《中国历史地理论丛》2020 年第 1 辑，第 25—35 页。

地图和遥感影像方面资料，获得了 1989—2017 年乌伦古湖遥感影像解译成果[①]。

《乾隆内府舆图》是乾隆年间在康熙《皇舆全览图》的基础上修订补充而成的全国地图，其中新疆地区进行了实地测绘，全图于乾隆二十五年（1760 年）测量完毕，又称《乾隆皇舆全图》。该图以纬差 5 度为一排，共分 13 排，故又名《乾隆十三排图》。此图采用经纬度、梯形投影，北尽北冰洋，南至南海及印度洋，东自台湾岛，西抵波罗的海与地中海、红海。全图比例尺约为 1∶140 万。图中乌伦古湖分为噶勒札尔巴什淖尔（布伦托海）、巴噶淖尔（吉力湖），大小相联，呈葫芦形。

嘉庆十七年（1812 年）徐松谪戍新疆后，重视历史地理的记录。他通过实地调查、踏勘，足迹遍及天山南北，所到之处，详细调查记录，于道光元年（1821 年）最终撰成《西域水道记》。书中绘制了详细的新疆水系地图，并以经纬度表示方位。其中乌伦古湖湖面与 1760 年《乾隆内府舆图》相比变化不明显，仍旧分为噶勒札尔巴什淖尔（布伦托海）、巴噶淖尔（吉力湖），呈葫芦形。

《大清帝国全图》是 1905 年上海商务印书馆出版的地图，它与邹代钧的《中外舆地全图》，成为后来所出地图的主要参考范本和依据。在制图和印刷上，《大清帝国全图》是中国早期引进西方测绘技术及采用铜版彩色精印技术后的产物，也是中国最早公开发行的彩印版本的地图。《大清帝国分省图》全册共列图 25 幅。第一图为大清帝国图，其余 24 幅为各省的分省图，《新疆省图》为其中之一。从图中看，与此前地图相比，1905 年乌伦古湖湖面变化较为显著，布伦托海湖面显现出现代乌伦古湖的轮廓。

新疆 1∶30 万地形图是民国二十四年（1935 年）由参谋本部陆地测量总局绘制的新疆省大比例尺军用地形图，基本覆盖新疆全境。经差 30 度，纬差 45 度，由于时间仓促，采用各类略图编绘而成。乌伦古湖被分在《布伦托海》《喀喇玛盖》两幅图中。经裁剪拼接，发现乌伦古湖湖面变化显著。图中乌伦古湖分为乌伦古尔湖（布伦托海）、巴噶淖尔（博托干库里湖），二湖有一狭窄水道相连接。经测算，乌伦古尔湖面积 887.3 平方千米，与现代布伦托海面积相差仅 30 平方千米[②]。

通过 1959 年地图，1989 年、2000 年、2017 年遥感影像分析发现，60 多年来布伦托海的湖泊面积在 740—880 平方千米波动，巴嘎淖尔面积在 165—180 平方千米波动，变化不明显。而 1905 年布伦托海与 1935 年布伦托海湖泊轮廓大体一致，推测面积变化不大。所以，1905—2017 年，乌伦古湖湖泊面积保持在 1000 平方千米左右。

而前文通过文献记载估算乌伦古湖面积在 1761 年为 27.87 平方千米，1782 年为 696.73 平方千米，1821 年为 5421.34 平方千米，这与 1905—2020 年古旧地图测算的较为稳定的湖泊面积形成鲜明对比。实际上，比较 1760 年《乾隆内府舆图》与 1821 年《西域水道记》附图，萨尔巴尔图山、察尔古尔特依山（《西域水道记》为齐尔衮特依山）围绕噶勒

---

① 李炎臻、刘小慧、李毓炜，等：《基于多源遥感数据的乌伦古湖面积动态变化分析》，《水利水电快报》2021 年第 3 期，第 29—33、48 页。

② 王芳：《20 世纪 30 年代新疆地形图的地表水数字化处理及应用》，陕西师范大学 2017 年硕士学位论文，第 21 页。

札尔巴什淖尔，而萨尔巴尔图山东南为噶勒札尔巴什淖尔、巴噶淖尔最窄处，由此推断1760—1821年乌伦古湖面积也应当保持稳定状态，按前文推算面积约700平方千米，与19世纪80年代乌伦古湖相对接近。因此，近250年来，乌伦古湖面积在700—1000平方千米波动。而历史文献记载湖泊面积差异如此显著，与当时影响乌伦古湖地理认知的因素有密切联系。

3. 影响乌伦古湖地理认知的因素

历史文献及古旧地图所呈现的清代以来乌伦古湖地理认知发生了如此显著变化，与长期的政治、地理隔绝，以及认知的有限更新与传播有密切关系。

（1）长期的政治、地理隔绝。乌伦古湖深居欧亚大陆腹地，从秦汉到宋代的1300余年间，该区域不在中原王朝疆域范围之内，因此历史文献不见相关记载。直到13世纪蒙古崛起，建立元朝后兴修的史书才有了乌伦古湖的相关记载。但元代也仅是简单的地理认知，此时的乌伦古湖都是作为战争期间大军行军路线的地名标注。明代，乌伦古湖处于亦力把里地方政权的控制下，不见汉文记载。

清康熙年间，该地进入清政府版图。雍正九年（1731年），在布彦图河畔筑科布多城。乾隆二十四年（1759年）扩建。二十六年（1761年）于此设科布多参赞大臣，归乌里雅苏台将军节制，统辖阿尔泰山南北、厄鲁特蒙古诸部和阿尔泰乌梁海、阿尔泰诺尔乌梁海诸部。此后，赴新疆上任的官员经过走访，著成书籍，乌伦古湖的地理认知逐渐丰富。1761年的《水道提纲》中记载了乌伦古湖的河源、湖泊范围，但此时湖泊范围的地理认知过小。1782年《西域图志》则对乌伦古湖有了进一步的地理认知，书中乌伦古湖被称为赫色勒巴什淖尔，乌伦古河的河源、支流流路、长度均有记载，湖泊范围较1761年更为准确。而1821年《西域水道记》中描述的乌伦古湖水文环境特征，表明其对乌伦古湖的地理认知达到了新高度。书中不仅详细记载了乌伦古河的河源、支流流路、长度，更分出了乌伦古湖为两个湖泊，大者为噶勒札尔巴什淖尔，小者为巴噶淖尔。清末民国时期，无论是《新疆图志》还是《清史稿》，均简单记载了乌伦古湖为乌伦古河的尾闾湖，地理认知相比此前反而倒退。这是由于清末民国时期，国内政治形势剧变，外部又受到沙俄的影响，中央政府对该地区的掌控力减弱，难以进入该地区更新乌伦古湖的地理认知。尽管如此，在积累的地理认知基础上，1935年编绘的新疆1：30万地形图中，乌伦古湖已与今日十分接近。

（2）认知的有限更新与传播。梳理历史文献可以发现，清代乾隆以来仅有不到10部地理文献对乌伦古湖进行了记载，而记载详细者更为稀少。一方面，受限于语言，汉文地图及史料难以记载，而蒙地又无修志传统，故蒙文地图与史料对乌伦古湖的记录更是稀有。另一方面，清政府测绘的内府地图秘不外传，导致人们对乌伦古湖的地理认知直到道光年间才因有内地关注舆地之学的官员进入而有所改变。尽管如此，直到清末，人们对乌伦古湖的地理认知依旧有限，甚至清末编纂的《新疆国界图》《新疆全省舆地图》等图中，乌伦古湖或为长条状，或为椭圆状。这一状况直到民国时期随着边疆史地的发展，人们对乌伦古湖的地理认知才有了质的变化。不过，真正对乌伦古湖形成正确的地理认知是在中华人民共和国成立后展开实地测量后。

对乌伦古湖地理认知的变迁，与地理知识的更新传播方式的改变有着密切关系。首先，历史时期地理知识的更新比较缓慢。中国古代撰写地理著作，尤其是绘制新地图极其不易[①]，因此当古代新的地理著作或地图出现，通过他人翻刻、传抄，可以形成一套长期稳定的地理认知。清代民国时期关于乌伦古湖的认知也是如此。通过梳理地图与文献，发现每次乌伦古湖的地理认知更新时间需要 20—80 年。其次，政府管控也会影响地理知识的更新。如民国时期武昌亚新地学社虽然坚持制图资料更新，但由于政府限制民间对大比例尺实测地图资料的获取，难以运用官方测绘成果[②]，间接导致出版的 1935 年《新疆明细图》底图为清末《新疆全省舆地图》，使得有关乌伦古湖的错误地理信息广泛传播。最后，民间出版地图更看重市场需求而不是科学的地理信息。即便 20 世纪 30 年代可以发行更为科学精确的地图，但很多出版社仍会以传统地图与相关文献为主要地图资料[③]。因为对于当时的民众来说，更为直观易懂的地图才是有价值的地图，这在一定程度上限制了地理认知的更新。

通过上述历史文献考证与古旧地图分析，我们得出了在近 250 年中乌伦古湖面积大致在 700—1000 平方千米波动，而历史文献记载湖泊面积差异如此显著，与当时影响乌伦古湖地理认知的因素有密切联系。虽然历史文献及古旧地图的记录可以直接反映人类对湖泊的地理认知状况，但由于受到不同时期的地理环境、时代背景、个人经验、文化观念等多种因素影响，不同时代产生了地理认知的差异。每个时代的古旧地图及相关文献，代表了当时著者的地理认知状况。在多种因素影响下，地理认知的流传、演变、选择与被选择经历了复杂的历史过程，其中有正确的地理认知，也存在"错误"的地理认知。因此，对于重建历史环境变迁研究而言，历史文献与古旧地图并不能作为直接证据来运用，只有实地考察和系统梳理历史文献及古旧地图的发展演变脉络，辨证其中地理认知的正误，才能更准确地实现历史环境变迁的重建。

第三节　阿尔泰地区古人类文化遗址考察

阿尔泰地区位于阿尔泰山南坡、准噶尔盆地北缘，从蒙古草原翻越阿尔泰山内部的高山牧场，经过这一地区向西可以一直连接到哈萨克斯坦草原、乌拉尔草原，甚至可以直达

---

① 成一农：《宋元日用类书〈事林广记〉〈翰墨全书〉中所收全国总图研究》，《中国史研究》2018年第 2 期，第 175—181 页。

②陈竹：《清末至民国亚新地学社地图编绘研究》，复旦大学 2012 年硕士学位论文，第 85 页。

③景晨雪：《〈申报〉刊载地图研究——兼论近代地图版权问题》，南京师范大学 2019 年硕士学位论文，第 44—45 页。

南俄草原地区，向南则可以较容易地穿越干旱但散布零星水源的准噶尔盆地。因此阿尔泰地区一直是欧亚草原地带游牧民族驰骋的舞台，也是欧亚大陆内部东西、南北文化交流的十字路口。故自新石器时期这里就留存有大量的人类活动遗迹，可以反映出早期人类和环境之间的互动关系。

一、石人

石人，是欧亚草原带普遍存在的一种古人类文化遗存，指在闪长岩和花岗岩等石料上，运用雕刻手法呈现出人脸或半身、全身的石雕人像。石人一般伴随古墓葬出现，有随葬石人和墓地石人两种。墓地石人最早发现于1722年，由俄国人梅斯什米德特和斯特拉列别戈尔等旅行家记录并绘图。石人主要分布于北纬40度到50度之间的欧亚草原地带，自中亚草原到新疆再到蒙古国，范围广大，出土数量众多。自石人被发现以来，对其研究已达500多年。

我国最早的石人记录是清代中期徐松的《西域水道记》，而对新疆草原石人的研究则从20世纪黄文弼先生的考察开始。自中华人民共和国成立以后新疆地区进行文物调查，到21世纪以来，对石人的研究快速发展，涉及石人的考古、年代分类、文化意义、艺术风格及地理分布等多方面。在2007年第三次全国文物普查工作完成和《新疆维吾尔自治区第三次全国文物普查成果集成·新疆草原石人和鹿石》一书出版前，学者仅能根据已发现的一百多尊石人展开研究，由于所掌握的资料有限，研究多集中于石人年代及作用的讨论，其中以王博、祁小山《丝绸之路草原石人研究》为代表，他们认为：阿勒泰地区广泛分布的切木尔切克（原称克尔木齐）石人，一般认为并非突厥石人；立于墓前的突厥石人应该是墓主的雕像，而并非"杀人石"（balbal）等[1]。

第三次全国文物普查的调查成果问世以后，任宝磊、田羽等学者利用新的石人统计结果从地理分布、墓葬形制及其与萨满文化之关系等方面对新疆石人进行研究[2]。2017年苏煜的硕士学位论文《丝绸之路沿线新疆草原石人文化遗址时空分布及演变研究》，利用GIS分析石人分布，得出了环境和人种影响石人分布的结论[3]。近年来，研究新疆自然环境和人文因素耦合驱动、古人类遗址与气候环境关系的学者也多利用石人的分布来进行探讨，可见，新疆石人遗址是研究历史时期新疆人地互动关系的重要证据。

新疆地区石人的年代自公元前1200年延续至公元1300年，涉及鬼国人、狄人、丁令人、斯基泰人、呼揭人、铁勒人、突厥人、回鹘人、克马克人等，隋唐时期的武士型石人，

---

① 王博、祁小山：《丝绸之路草原石人研究》，乌鲁木齐：新疆人民出版社，2009年；任宝磊：《略论新疆地区突厥石人分布与特征》，《西域研究》2013年第3期，第87—94页。

② 任宝磊：《略论新疆地区突厥石人分布与特征》，《西域研究》2013年第3期，第87—94页。

③ 苏煜：《丝绸之路沿线新疆草原石人文化遗址时空分布及演变研究》，陕西师范大学2017年硕士学位论文。

学界多认为是突厥石人或称突厥时期的石人，其数量最多，分布最广①。此外，青铜时代的石人亦占有重要地位。

　　新疆地区石人的地理分布以阿尔泰山为中心，随着切木尔切克文化的传播，向西扩展到塔城、伊犁、博尔塔拉地区，向南扩展到天山北麓昌吉、乌鲁木齐地区，随着文化的交流，甚至在阿克苏、克孜勒苏、吐鲁番、哈密、巴音郭楞等地区也有少量青铜时代石人遗迹分布。据苏煜研究统计，新疆地区目前共有石人 322 尊，其中阿勒泰地区 144 尊，占将近半数，为石人分布的中心，其次是伊犁地区 59 尊，博尔塔拉地区 53 尊，其余散布于塔城、昌吉、乌鲁木齐等地区。据统计，阿勒泰地区收集到照片资料的共有 128 尊石人，阿勒泰市 59 尊，布尔津县 26 尊，青河县 15 尊，富蕴县 10 尊，吉木乃县 8 尊，哈巴河县 7 尊，福海县 3 尊。阿勒泰地区作为早期游牧民族活动的中心，石人的整体分布为南北方向，汉代以后，石人的分布则呈现出东西扩散的趋势，重心逐渐向博尔塔拉、乌鲁木齐和伊犁转移②。受疫情影响，我们在阿勒泰地区只考察了萨木特石人。

　　萨木特墓地石人位于阿勒泰地区青河县阿尕什敖包乡唐巴勒玉孜尔村东北方向的查干河北的山前坡地上，该遗址属于自治区级重点文物保护单位，经纬度位置为北纬 46.35°，东经 90.51°，保护面积 100 平方米，其周围有护栏围护，并有专人对其看管。萨木特石人是青铜时代出现的一种简化的石雕人面像，即简单地在一石柱上部浅雕出一个人面（图 5-18）。此处原有两尊，20 世纪 90 年代丢失一尊，因此目前仅剩一尊。这尊石人用黑色闪长岩砾石雕刻而成，形状近圆，在石体的东面雕刻了人的原型面部轮廓。石人眼睛呈圆形，颧骨凸起，嘴唇微裂。石人的身体部分未做雕刻。石人的后面为萨木特石棺墓，石棺墓建于一高土台上，土台呈东西向的长方形，长 10 米，宽 8 米，高 0.8 米。出于对文物的保护，这座石墓并未挖掘，故无法确定墓主人的身份。因发现较早，风格突出，被用作石人分类的一种类型，即"萨木特类型"③。该类型还可以进一步划分为萨木特亚型及苏普特亚型，萨木特亚型以凸棱浮线表现面部轮廓为主要特点，而苏普特亚型面孔是以剪地法表现，面部五官仍是浮雕，表现出较为原始的特点，考察一行在青河博物馆所见扎马特石人（图 5-19）即属于苏普特亚型。这一分类也普遍被学者采纳。

　　对比萨木特石人及考察中在博物馆所见到的其他石人，青铜时代萨木特类型石人（图 5-20）为圆脸，圆眼睛，嘴巴成一条线，而隋唐时期石人（图 5-21）则是桃形脸，尖下巴，连弧眉，长直鼻，还刻出了髭须，有明显的风格差异。这种艺术风格的差异反映了文化变迁及历史变迁，也暗示着民族迁移和人群更替。

---

　　① 新疆维吾尔自治区文物局：《新疆维吾尔自治区第三次全国文物普查成果集成·新疆草原石人和鹿石》，北京：科学出版社，2011 年，第 3 页。

　　② 苏煜：《丝绸之路沿线新疆草原石人文化遗址时空分布及演变研究》，陕西师范大学 2017 年硕士学位论文，第 65 页。

　　③ 王博、祁小山：《新疆石人的类型分析》，《西域研究》1995 年第 4 期，第 67—76 页。

图 5-18　萨木特石人（青铜时代）
刘妍摄

图 5-19　扎马特石人（青铜时代）
刘妍摄

二、鹿石

鹿石是一种北方游牧民族于公元前 13 世纪至前 6 世纪制作的石质雕刻作品，因碑体雕刻有鹿形纹样而得名。根据所雕刻纹样的具体内容，鹿石可被分为典型鹿石和非典型鹿

图 5-20 西大寺博物馆外所见阿勒泰石人
刘妍摄

图 5-21 达巴特石人（隋唐时期）
刘妍摄

石两种。典型鹿石为雕刻有鹿形纹样的鹿石，非典型鹿石则是指没有鹿形纹样而只雕刻牛、马、猪、驴、熊、狼等动物或是兵器符号的鹿石①。从时间上来看，典型鹿石是最早

————————————

① 王其格：《浅论北方草原民族的图腾信仰》，马永真、巴特尔、邹万银主编：《论草原文化》第七辑，呼和浩特：内蒙古教育出版社，2010 年，第 191 页。

的鹿石类型，非典型鹿石的产生时间则较晚。一般情况下，鹿石多伴随墓葬出现，可能属于某种祭祀遗存，也可能起着墓碑、地标的作用。在空间分布上，虽然鹿石广布于东起黑龙江西至易北河之间的欧亚内陆草原上，但是以蒙古高原分布最为集中，占所有800余通鹿石中的600余通[1]。因此鹿石也被称为"蒙古鹿石"。

我国新疆地区也保有数量较多的鹿石，共计97通，分布于阿尔泰山南麓的阿勒泰地区、准噶尔盆地西部的塔城地区、天山南麓的阿克苏地区、西天山的博尔塔拉蒙古自治州、北天山的昌吉回族自治州及伊犁河谷的伊犁哈萨克自治州等地，其中尤以阿勒泰地区保存鹿石最多，共计71通，其具体分布如下：青河县50通、富蕴县13通、布尔津县4通、福海县3通、吉木乃县1通[2]。青河县的鹿石除了数量众多之外，其雕刻内容也较为多样，其中具有代表性的鹿石如下所示。

1. 什巴尔库勒2号墓地1号墓鹿石

什巴尔库勒2号墓地1号墓鹿石原位于青河县查干郭勒乡三道海子地区中的花海子石堆遗址内，该石堆遗址为青铜时期的墓葬，相当于中原商、西周时期。墓葬有两座，包括石圈石堆墓一座，石堆墓一座。石圈石堆墓，封堆直径长约40米、石圈直径长约76米、石圈宽5—8米，封堆及石堆早年被人为取石破坏，封堆残高仅0.5米。石堆墓封堆以石块堆砌而成，直径长约15米，略高于地表。在石圈石堆墓的西、北及石圈的东面存有鹿石9通，编号为AQS2-1—AQS2-9，其中以AQS2-4号鹿石最为典型（图5-22）。该鹿石碑体左侧面为斜刃状，上部刻圆环纹，代表太阳，象征对太阳的崇拜，因为在先民的认知中，太阳能驱赶严寒，给大地带来生机，在萨满的渲染下，太阳至高无上的地位得以确立[3]。鹿石左侧面的下部依次刻有马、猪及鹿三种动物，其中以鹿的体型最大，其四腿内弯，头部朝向圆环（即太阳）呈狂奔状，头后倾，鹿角多权且与背平行，长度几乎等身。这种对于鹿及鹿角的突出，与先民对鹿的崇拜及"鹿角通天"的宗教观念有紧密的联系。所谓"鹿角通天"是指萨满巫师可以借助鹿角直达天界。在游牧民族所信奉的萨满教中，鹿角被认为是萨满庇护神的储藏所，是萨满装束中最为突出的标志，向上伸展的鹿角被看作通天的象征，像萨满神梯一样是萨满灵魂上行的凭借物[4]，鹿角枝权的不同代表萨满所能到达的天界层次有所区别，权数越多，越能到达更高层次的天界，因此刻有鹿形文案的鹿石是萨满宗教文化的一个重要组成部分。一般而言，鹿石的所在地即萨满祭祀的场所，萨满巫师希望借助鹿石上的鹿角图案，以施展巫术的方式与上天、先祖沟通，希望其能将祝福赐予人间的祭祀者，保佑部族昌盛富庶。

① 僧格：《鹿石与蒙古人的鹿崇拜文化》，《世界宗教文化》2014年第6期，第90—94页。
② 新疆维吾尔自治区文物局：《新疆维吾尔自治区第三次全国文物普查成果集成·新疆草原石人和鹿石》，北京：科学出版社，2011年，第152—201页。
③ 张志尧：《新疆阿勒泰鹿石之管窥》，《新疆师范大学学报》（哲学社会科学版）1988年第1期，第90—100页。
④ 孟慧英：《鹿神与鹿神信仰》，《内蒙古社会科学》1998年第4期，第90—95页。

图 5-22　什巴尔库勒 2 号墓地 1 号墓鹿石中的 AQS2-4 号鹿石
王叶蒙摄

　　AQS2-4 号鹿石除了所刻的鹿形图案之外，其正面刻有三道斜线，右侧面刻有 T 形纹（一种兵器，为管銎斧），是非典型鹿石的图案特征，这也是该鹿石的特殊之处，该鹿石可能是从典型鹿石向非典型鹿石过渡阶段的遗存。

　　2. 托也勒萨依鹿石

　　托也勒萨依鹿石原位于青河县查干郭勒乡三海子托也勒萨依石堆遗址内，该遗址为青铜时期墓葬，共计有 5 通鹿石（编号 1—5）。其中的 1—4 号鹿石为非典型鹿石，其内容基本遵循"圆环纹/三道斜线＋连点纹＋兵器"的雕刻范式，但这 4 通鹿石残缺较为严重，部分图案已无法分辨。5 号鹿石为典型鹿石，体积最大，长 2.1 米，宽 0.41 米，厚 0.3 米，顶部呈斜刃状。

　　5 号鹿石两面所刻内容基本相同，顶部刻有圆环纹和连点纹，连点纹之下为鹿纹，所不同的是鹿石 A 面有鹿四只（图 5-23），而 B 面则为三只（图 5-24）。关于鹿的形态，该鹿石与前文中的 AQS2-4 号鹿石存在较大区别。此鹿石中的鹿并未雕刻腿部，且鹿的嘴部呈现出鸟喙状，研究表明这种鹿身鸟喙的组合不单出现于鹿石之上，在山戎、匈奴、鲜卑等古代北方游牧民族传统装饰图案，尤其是金属类饰牌上也多次出现[1]。之所以如此，是因为鸟同鹿一样是阿尔泰系萨满的主要神偶，有民族学资料表明，阿尔泰萨满曾以鹰、雕、枭、猫头鹰、天鹅、布谷、山鸡等鸟为图腾，其中的鹰更是萨满的标志[2]，因此部分

　　[1] 王其格：《红山诸文化的"鹿"与北方民族鹿崇拜习俗》，《赤峰学院学报》（汉文哲学社会科学版）2008 年第 1 期，第 13—17 页。
　　[2] 王其格：《红山诸文化"神鸟"崇拜与萨满"鸟神"》，《大连民族学院学报》2007 年第 6 期，第 96—99 页。

游牧部族自然会以鸟作为图腾而加以崇拜，当以鸟图腾部族和鹿图腾部族交流结合之时，这种鹿身鸟喙的组合便应运而生，因此鹿身鸟喙的出现可以看作鹿纹的进一步发展，其是部族之间交流、融合的产物。

图 5-23 托也勒萨依鹿石 A 面
王叶蒙摄

图 5-24 托也勒萨依鹿石 B 面
王叶蒙摄

3. 喀让格托海石堆群 3 号鹿石

喀让格托海石堆群 3 号鹿石为非典型鹿石，这类鹿石数量上比典型鹿石更多，分布也更为广泛，但二者功能类似。喀让格托海石堆群 3 号鹿石原位于青河县阿热勒镇喀让格托海村西面的麦田中，同样是位于墓地旁。该墓地在麦田中由北向南分布，面积约 1000 平方米，共有 6 座石堆墓，封堆以石块堆砌而成，直径 5—13 米，高 0.3 米。鹿石立于石堆墓地附近，其石料为砾石，形状呈长椭圆形（图 5-25）。

图 5-25 喀让格托海石堆群 3 号鹿石
王叶蒙摄

该鹿石刻有平行的三道斜线，而这三道斜线代表着人的脸面[1]。斜线之下为一柄长剑，剑首呈圆形。相关研究认为这种类型的鹿石实际上是雕刻的"人形"，是人的化身。它的上段构成了拟人形的头饰和面饰，中下段是脖颈躯干和下肢部分，是一个武士形象，是墓主人的象征[2]，这种鹿石后来逐渐被草原石人所替代，在铁器时代走到了它的尽头。

① 〔蒙古〕C. 巴塔额尔敦、斯林格译：《鹿石及其形态》，《蒙古学信息》1999 年第 3 期，第 27—33 页。
② 王志炜：《新疆鹿石的造型特征及文化解释》，《作家》2011 年第 8 期，第 257—258 页。

综上，鹿石是古人类所遗留下的重要文化遗迹，其图案反映了远古先民万物有灵的原始信仰，同时鹿石的出现也反映了社会结构的变化。鹿石的雕刻、搬运都需要花费大量的人力物力，而将其作为"墓碑"放置于墓葬之侧即说明墓主人并非普通的氏族成员，而应该是氏族中的贵族，因此鹿石是氏族制度瓦解的重要物证。

三、岩画

岩画是珍贵的历史文化遗产，是人类最早的文明结晶和文化符号，被誉为"刻在石头上的人类史书"，其以艺术形式真实记录了早期人类的生存环境、农业生产、农业文化等方面的内容，弥补了历史研究中史前时期文字记载不足的缺陷，为了解史前人类的生产、生活提供了珍贵的资料。中国岩画根据其所在地理位置可以划分为北方、南方两个系统。北方系统的岩画主要分布在黑龙江、内蒙古、宁夏、甘肃、青海、西藏、新疆等省（区），其中新疆地域最为广袤、位于北疆的阿尔泰山、横亘中部的天山，南疆的昆仑山等山系自远古起就为人类活动的重要地区，因此新疆是全国岩画最多的地区[①]。在新疆的各大山系中分布着不同时期，不同风格和内容的岩画，其中以北疆地区的岩画最为丰富。在考察中，我们也对阿尔泰山山区内岩画的空间分布、绘制特点进行了调查。

阿尔泰山岩画几乎遍布整个阿尔泰地区。其中，阿勒泰市 31 处、青河县 31 处、哈巴河县 20 处、富蕴县 19 处、布尔津县 12 处、吉木乃县 9 处、福海县 3 处，共计 125 处[②]。在这些岩画中，青河县的查干郭勒水库岩画及璐干彩绘岩画可作为典型代表。

1. 查干郭勒水库岩画

查干郭勒水库岩画位于青河县查干郭勒乡江布塔斯村查干郭勒水库西岸的山坡上（图 5-26），为新疆维吾尔自治区第六批重点文物保护单位。该水库岩画现存 49 幅，保存较为完好，但年代尚不确定。该处岩画的绘制特点是以点线凿刻成剪影式的图案，题材以动物为主，风格较写实，所刻画的动物种类有大角羊、鹿、骆驼、小羚羊、北山羊等（图 5-27、图 5-28）。其中，羊的数量最多，而对鹿的刻画中，鹿角与鹿身的比例较为夸张，着重突出鹿角的高耸与庞大，似与早期人类对鹿的崇拜有关。除了对于动物的刻画之外，该岩画中还绘制有手持弓箭狩猎的人类形象（图 5-29），反映了当时人类的生产、生活场景。

---

① 苏北海：《新疆岩画》，乌鲁木齐：新疆美术摄影出版社，1994 年，第 1 页。
② 新疆维吾尔自治区文物局：《不可移动的文物·阿勒泰地区卷（1）》，乌鲁木齐：新疆美术摄影出版社，2015 年；新疆维吾尔自治区文物局：《不可移动的文物·阿勒泰地区卷（2）》，乌鲁木齐：新疆美术摄影出版社，2015 年。

图 5-26　查干郭勒水库岩画保护碑
王叶蒙摄

图 5-27　岩画上的骆驼、羊类图案
王叶蒙摄

图 5-28　岩画上的鹿形图案
王叶蒙摄

图 5-29　岩画上的人类持弓图案
王叶蒙摄

2. 璃干彩绘岩画

璃干彩绘岩画位于青河县查干郭勒乡江布塔斯村璃干沟北侧小山包中高 5 米的独立岩石上（图 5-30），推测其年代为元代，属于县级文物保护单位。该岩画为一左手执杖的坐佛形象（图 5-31），其头部轮廓清晰，面白而衣赤，衣服线条勾画细致，褶皱表现得较为明显。岩石东面有藏文六字真言，为白色。藏文下面刻有一只鹿，形态神逸，其鹿角和鹿身还能分辨（图 5-32）。总体来看，该岩画保存较差，岩石表面有崩裂和脱落的现象，近年来为保护该彩绘岩画，当地政府已架设木质圆顶遮阳避雨的敞亭，并建成木梯栈道以便游客参观。该彩绘佛像的存在表明了元朝时期喇嘛教在青河地区的影响力，可为研究喇嘛教的传播过程提供历史参考。

图 5-30　瑙干彩绘岩画观景台
王叶蒙摄

图 5-31　瑙干彩绘岩画中的执杖坐佛
王叶蒙摄

图 5-32　藏文六字真言及鹿形图案
王叶蒙摄

　　阿尔泰山中的岩画有着绵长不断的创作历史，反映了当地先民的生产生活状态、文化信仰、审美观念，对研究特定原始民族的历史和文化等有巨大的影响①，可作为实施"一带一路"倡议中的文化载体，以增强沿线地区的文化交流，增进文化共识，并最终连结成命运共同体，实现共同发展。

---

　　① 童永生：《自然环境与民族文化的双重属性：中国北系岩画中的原始农牧业文化考释》，《中国农史》2020 年第 6 期，第 118—128 页。

第六章

塔克拉玛干沙漠考察

塔克拉玛干沙漠位于北纬 36°50′—41°10′，东经 77°40′—88°20′，面积达 33.7 万平方千米，是我国最大的沙漠，亦为世界著名大沙漠之一。塔克拉玛干沙漠地处我国最大的内陆盆地塔里木盆地中部，北为天山，西为帕米尔高原，南为昆仑山，东为罗布泊洼地，气候极端干旱，年降水量仅 10—60 毫米，而沙漠内部年降水量却超过 80 毫米，高于沙漠边缘的绿洲。热量资源在中国各沙漠中占第一位，10℃ 以上的活动积温一般在 4000—5000℃，无霜期 80—240 天，年日照时数可达 3000—3500 小时。

塔克拉玛干沙漠以流沙占绝对优势，占整个沙漠面积的 85%，且沙丘高大，除边缘外，一般均在 50—100 米。沙漠之下的原始地面是一系列古代河流冲积扇和三角洲所组成的冲积平原和冲积湖积平原。大致北部为塔里木河冲积平原，西部为喀什噶尔河及叶尔羌河三角洲冲积扇，南部为源出昆仑山北坡诸河的冲积扇三角洲，东部为塔里木河、孔雀河三角洲及罗布泊湖积平原。沉积物以不同粒径所组成的沙子为主，沙漠南缘厚度超过 150 米。在沙漠 2—4 米、最深不超过 10 米的地下，有清澈丰富的地下水。

塔克拉玛干沙漠为典型的内流区。区内有我国最长的内流河塔里木河，干旱河床遗迹几乎遍布，湖泊残余主要见于沙漠的东部地区。沙漠中河床沿岸及冲积扇缘分布有以胡杨、红柳等为主的天然植被，形成沙漠中零散状断续分布的"天然绿洲"，如和田河及克里雅河下游等地。在塔克拉玛干沙漠丘间地形成长条形闭塞洼地，其间有沮洳地和湖泊等分布。沙漠东北部湖泊分布较多，但往沙漠中心则逐渐减少，且多已干涸。

2018 年 4 月，课题组赴塔里木盆地东缘开展人类活动遗址、水系考察。主要考察路线为"库尔勒—营盘古城—小河墓地—米兰—楼兰—土垠遗址、壁画墓、方城—瓦石峡—若羌"。2021 年 7 月，课题组再次从青海进入新疆，沿塔里木盆地南缘的交通路线考察丝绸之路南道的沿线城址与水系。这次主要考察路线为"茫崖市花土沟—红柳沟—米兰古渠—若羌县—且尔乞都克古城—来利勒克遗址—扎滚鲁克古墓群—且末县—沙漠公路—塔里木河—柯尤克沁古城—阔纳协海尔古城—轮台县—卓尔库特古城—苏巴什佛寺遗址—克孜尔尕哈烽燧—库车王府—库车市"。下面结合实地考察与历史文献记载，对塔克拉玛干沙漠的城址、水系和交通进行论述。

第一节　塔克拉玛干沙漠东缘古城遗址

一、塔克拉玛干沙漠东缘城址总体地理空间特征

为研究不同时期塔里木河干流沿岸城址分布的空间特点，探析城址与环境演变的具体关系，课题组结合实地考察、文物地图集、文物报告等资料，整理出183个人类活动遗址点，涉及城址、墓葬、军事（含烽燧、戍堡等）、水利与宗教（主要为佛寺、佛教石窟）等类型。数据类目包括遗址名、经纬度、所属时代、今址等条。

由于考察的区域主要涉及今阿克苏、阿拉尔、库车、沙雅、新和、轮台、库尔勒、铁门关、轮台、尉犁、若羌共11个县（市）。阿拉尔、铁门关两地为兵团改设的市，因而在处理DEM与行政区划数据图时，受底图不含此两地的约束，该两地暂做空白处理。不过，由于阿拉尔、铁门关所属面积相对较小，缺少两地的地形数据等资料不会对遗址点空间分布的总体规律产生本质的影响。沿岸的河流主要为塔里木河、孔雀河等。

地理空间分析所使用的30米DEM数字高程数据源自中国科学院计算机网络信息中心地理空间数据云平台（http://www.gscloud.cn），通过ArcGIS空间校准拼合而成。库车、若羌、尉犁、库尔勒4地的城址数据由课题组分两次实地采集，其他地区的遗址点以及部分前述4地未能亲历的点，均由课题组利用文物地图集、天地图网站、考古报告及相关研究论文等获得。

1. 空间聚集度分析

在183处人类活动遗存点中，清代城址仅有尉犁县的都热力城址、库车老城城址2处，汉至唐时期文化遗存156处，汉以前遗址9处，其他各代文化及时代不详遗存共计16处。从塔里木河干流沿岸遗址点的空间分布来看，新和县东部、库车市中部近西侧为文化遗存最为密集的地区，而轮台县西部、若羌县的米兰河绿洲形成了次一级密度点。

清代遗留的城址中，在塔里木河下游地区仅留存都热力古城（亦称蒲昌城）1处。而在塔里木盆地则遗留下来9座清代城址，散布在库车、拜城、温宿、乌什、柯坪诸地。前述清代城址多残存城墙，城内建筑遗址多荡然无存，或已辟为他用。库车城不论是在交通、军事、矿业等社会意义上，还是在水源、绿洲等自然条件上，均占有重要地位，因而仅清代建城就达3座。

由于考古挖掘成果在空间和时间上的偶然性，单纯的遗址数量分布并不能客观地反映历史时期不同地区城市建设与生活的基本面貌。不过，透过不同时期遗址点，特别是城址聚落分布的空间特点，则可一探历史时期城市选址的空间特征及其与水系等自然资源的空间关系。

2. 坡度与坡向分析

通过对汉、唐、清三个时期塔里木河沿岸城址点的坡度分析，可以了解各个时期城址周围环境。通过 ArcGIS 软件运算可知，汉、唐、清各时期的城址、军事堡垒等的坡度均集中在 0°—2.5°，而三个时期的矿业遗址分布在 7°—10° 的山地地区。

在对已知数据的坡向分析及颜色差异化标注后可以看出，由于风力的侵蚀与构造运动，塔里木河干流沿岸地面沟壑纵横，坡向分布面积破碎。其中轮台绿洲、库车绿洲两处则保有一定块状面积的东南向地貌，与该地区西北高、东南低的地势特点相吻合。研究区域内，绝大部分城址、墓葬等遗址居于南坡，处于北坡、西坡的次之，位居东坡的遗址点极少。这一坡向特点，大抵与该地区冬半年盛行风为东北—西南走向有关，也与该地区沙丘多自东北向西南流动互相呼应。

3. 缓冲区分析

通过 ArcGIS 中基于线的缓冲区分析，可以看出遗址点与河流等参照线的空间关系。

根据考古学中依据人一天之中行走的最远路程设定缓冲距离，将距离河道的缓冲区设置为 10 千米[①]。不过，在实际考察中，仅有 17 个汉唐时期遗址点距离今天塔里木河干流 10 千米左右。而进一步将渭干河、库车河、迪那河等塔里木河以北、天山南麓的分支河流的数据导入，同样设置以河流为中心的缓冲区为 10 千米。重新分析之后，落在缓冲区内的各时期人类活动遗址点共有 75 处。将以今天塔里木河干流为中心的缓冲区设置为 20 千米，从汉、唐、清不同时期遗址点的分布与塔里木河河流的比对中可以明显看出，在沙雅、库车、轮台、尉犁境内的汉唐时期的城址聚落点多分布在距今塔里木河 20 千米的缓冲区内，而塔里木河下游、孔雀河下游、罗布泊地区的汉唐遗址点则远超过 20 千米。由此说明，塔里木河下游在唐以后萎缩严重，其中游地区的聚落遗址密集且稳定性较高，清代库车城尽管舍弃了汉唐龟兹古城，但其选址仅与汉唐故城一河相隔，而清代在塔里木河下游修建的都热里城，据文献记载，此处"河流环绕"，但因水源等环境变迁只短暂存用。由是，笔者可以借此探讨清政府在该地区的治理情形及其环境影响。

地形地貌有时会成为左右社会发展和社会安稳的决定因素[②]。天山以南的新疆干旱少雨，地表径流多靠冰川融水补给，沙漠浩瀚连绵，绿洲存在其间。沙漠绿洲社会以季节性农耕为主，精耕细作，是绿洲社会最为经典的形态。这些绿洲地表土壤比较肥沃，适宜进行农业生产，开发得当可以维持农耕定居社会的长期稳定。

尽管南疆地区历来以绿洲农业为主要经济生活方式，但这种绿洲农业深受水源条件的影响，因而其历史空间的演变也可以用"逐水而居"概括。随着塔里木河的"北移西退"与水量萎缩，人类活动遗址也随之相应迁移。

① 余雯晶：《GIS 在石窟寺考古研究中的应用——以山西省中小型石窟及摩崖造像的 GIS 分析为例》，《中国文物报》2010 年 12 月 10 日，第 7 版。

② Kennedy P. M., The Rise and Fall of the Great Powers: Economic Change and Military Conflict from 1500 to 2000, New York: Vintage Books, 2010.

　　在塔克拉玛干沙漠中东部地区，人们活动空间主要分布在绿洲地貌、河流冲积平原地貌上。其中绿洲地貌水源条件、土壤肥力最优，开发历史也最为悠久，而河流冲积平原则是新开垦土地的首要选择。反映在人类活动遗址分布上，则是汉唐时期的人类活动遗址多集中在海拔较低、水源良好的绿洲核心区域，清代的人类活动遗迹或为沿用水源条件仍较好的汉唐旧址，如库车、阿克苏、轮台等地，或为放弃已经沙化的汉唐旧址，在河流冲积平原另觅新地，如库尔勒、尉犁等地。

　　塔里木河干流沿岸的人类活动遗址主要分布在天山以南的洪积冲积扇平原。具体来看，汉代遗址与唐代遗址具有一定的重合度，多分布在今天的洪积冲积扇外围，甚至许多已为今天的沙丘掩埋。尽管整个塔里木河在近200年来呈现出整体旱化萎缩的趋势，但从具体地区上来看，其中游的库车、轮台等地由于有源自天山的河流补给加以人工开渠维护，城址聚落点未发生较大规模的位移。而尉犁、若羌的塔里木河下游地区，则由于塔里木河河道变迁、气候趋干和地区大面积开垦等，分布在冲积扇边缘的弃耕地沙化明显，形成新月沙丘—沙丘链土地和盐碱化土地。

　　综上所述，天山南麓，特别是塔里木盆地历史时期的沙漠化是自然和人文两个方面交互影响的结果。近年越来越多的研究者，通过对自然和人文变迁耦合关系的研究指出，探究人文与自然因素对绿洲—沙漠环境变化的影响，要在不同的时空尺度上进行考量。历史早期，塔里木盆地整体环境的演变更多地受到自然因素左右，距今2000年以来，人类经济活动、战乱等因素越来越影响沙漠绿洲的环境[①]。因而本书在后续章节也会着重探讨百年尺度上塔里木河下游地区的沙漠化与人类地方开发的关系。

二、古代聚落遗址

1. 楼兰 LA 古城

　　LA 古城地处若羌县罗布泊镇西偏北 81.5 千米处，楼兰保护站西南方向。城址大致呈方形，东墙长 333 米，南墙长 329 米，西和北墙各长 327 米。目前大致可以辨别出西边有一座城门。城垣保存状况较差，尚存城墙遗址高 1—6 米，宽 2.5—8.5 米。城墙为夯筑，夹杂红柳枝。

　　根据城内遗存可以分辨出佛寺区、官署区、仓储区和住宅区。佛寺区位于城东北部，以佛塔为主，塔高 10.5 米，方形基座，边长约为 12 米，圆形塔身。佛塔周围散见梁、柱、椽等木质建筑材料，出土过佛教遗物。官署区位于城中偏西南方向，有面积约 2000 平方米的大院子，其中残存的土坯建筑物俗称"三间房"（图 6-1）。建筑面积为 9 米 ×6.7 米，其中西间内宽 1.5 米，中间宽 2.8 米，东间宽 1.2 米，强残高 3.2 米，厚 70—90 厘米；"三间房"东侧残存一道南北向的土坯墙。整体似为一处"四合院"建筑。"三间房"中曾发现许多官

　　① 熊黑钢、钟巍、塔西甫拉提，等：《塔里木盆地南缘自然与人文历史变迁的耦合关系》，《地理学报》2000 年第 2 期，第 191—199 页。

方文书。从地貌学上来看，可以发现一条古河道从"三间房"旁边穿过。另外，还发现一个高台建筑，疑似为当时的粮仓所在地。住宅区主要位于城西南部，残存院落、单间或多间的木构建筑，房间面积多为10平方米左右。城内外的地面上散落着大量黑色夹砂陶片、红色夹砂陶片或者两侧为黑色、中间为红色的夹砂陶片，器型有缸、盘、碗等。出土有汉文文书和佉卢文文书。中国科学院相关考察队在古城周围还发现了古代耕地及灌溉渠道。从地面散落遗物的丰富程度以及楼兰古城的形制和规模来看，这里当属于楼兰国的都城。

图 6-1 楼兰 LA 古城"三间房"
于昊摄

目前，学界争议最多的就是关于楼兰—鄯善国的都城问题，主要有以下几种说法。

（1）楼兰扜泥城即若羌县城附近的且尔乞都克古城。

（2）LA 遗址是楼兰国都扜泥城，楼兰更名鄯善后并没有迁都。

（3）LA 遗址是古楼兰都城，更名为鄯善国后迁都到古伊循城，即现在的若羌县米兰古城。

（4）LA 遗址是楼兰故城，但不是楼兰都城，楼兰都城是若羌县城附近的扜泥城，扜泥城是楼兰国都城也是鄯善国都城，不存在迁都问题。

（5）楼兰都城是 LE（方城），不是 LA 遗址，更名鄯善后迁都扜泥城等。

在经过实地考察以及对资料大量梳理后，课题组倾向于第三种说法，即 LA 古城为楼兰都城，鄯善国都扜泥城为若羌附近的古城，米兰古城为鄯善的依循城。其主要证据如下。

（1）无论从古城规模，还是地表散落遗存情况来看，均可以认为 LA 古城已经达到城邦国家的都城规模。并且发现的汉文文书中 17 件写有"楼兰"字样，6 件佉卢文文书中 6 件有"Kororaina"的文字。而认为 LE 是楼兰国都的观点是很难成立的。因为,现场考察结果发现 LE 古城规模要小很多。同时 LA 遗址的佛塔、"三间房"以及古墓中丝布的测年结果表明其时代为两汉时期。而 LE 城的测年结果在东汉末至三国时期[①]。因此,从测年结果看也不支持 LE 为楼兰都城的观点。第 5 条推论可以排除。

(2)楼兰和鄯善不仅国名不同,都城也发生了变化。《汉书·西域传》记载:"鄯善国,本名楼兰,王治扜泥城,去阳关千六百里,去长安六千一百里。……西北去都护治所千七百八十五里,至山国千三百六十五里,西北至车师千八百九十里。"[②] 从这个位置来看当是现在的 LA 古城比较合适。但是,在同一篇文献中在谈到鄯善的时候则说:"鄯善当汉道,西通且末七百二十里。"[③] 这里如果依然把鄯善都城放到 LA 的话则其距离且末远远超过 720 里。而将其都城放到若羌县附近,这个距离就可以成立。事实上,历史文献中在记载这两个城的时候已经有意做了区分。"扜泥城,其俗谓之东故城"[④],"盖垦田士所屯故城"[⑤]。《魏书·西域传》记:"鄯善国,都扜泥城,古楼兰国也。……所都城方一里"[⑥]。这说明自汉以来鄯善国都一直在扜泥城。斯坦因用了大量篇幅来论证若羌古城(现代若羌县城的东侧)就是当时鄯善国都扜泥城所在地。他认为汉代的鄯善就在现代的若羌县城下面,他在考察时,发现在县城东边有一处古城遗迹,当时尚存在一条南北向的土墙,古城内已被垦耕,住房很少。这一推论目前还需要更多考古学资料来证实,尚没有系统对若羌古城进行发掘,而其具体位置也还需要进行考察和定位。至于陈戈曾发现若羌东北不远的古城,其城墙上部用土坯砌筑,下部为夯土建筑,因此推测其为唐代石城镇,是直接在汉代基址上建造起来的[⑦]。但是,石城镇最可能的位置是若羌县城东南方向的且尔乞都克古城。并且这一古城是否与斯坦因所说古城是同一个,即汉代的扜泥城也不能确定。

(3)至于依循城,更多学者认为其所在地为现在的米兰古城附近。"国有依循城,土地肥美,愿遣将屯田积粟,令得倚威重。遂置田以镇之"[⑧]。然而,从记载来看依循城可能并不是当时鄯善国的都城,而是它的一个重要城镇。同理,将楼兰都城定位在若羌附近的且尔乞都克古城从地理位置及城址规模上都是说不通的。推论 1 可以排除。

(4)鄯善与依循两城唐初还都存在。当地人称依循城为屯城或小鄯善城,又称鄯善城为大鄯善城。大鄯善城在隋末荒乱中被废弃,贞观年间,康居国首领康艳典东来居此,

---

① 吕厚远、夏训诚、刘嘉麒,等:《罗布泊新发现古城与 5 个考古遗址的年代学初步研究》,《科学通报》2010 年第 3 期,第 237—245 页。

② (东汉)班固:《汉书》卷 96 上《西域传》,北京:中华书局,1962 年,第 3875—3876 页。

③ (东汉)班固:《汉书》卷 96 上《西域传》,北京:中华书局,1962 年,第 3879 页。

④ (北魏)郦道元著,陈桥驿校证:《水经注校证》卷 2《河水》,北京:中华书局,2007 年,第 37 页。

⑤ (北魏)郦道元著,陈桥驿校证:《水经注校证》卷 2《河水》,北京:中华书局,2007 年,第 40 页。

⑥ (北齐)魏收:《魏书》卷 102《西域传》,北京:中华书局,1974 年,第 2261 页。

⑦ 陈戈:《新疆米兰古灌溉渠道及其相关的一些问题》,《新疆考古论文集》,北京:商务印书馆,2017 年,第 622 页。

⑧ (北魏)郦道元著,陈桥驿校证:《水经注校证》卷 2《河水》,北京:中华书局,2007 年,第 37 页。

因而形成了聚落。但是，康艳典并没有用旧城，而是在其西邻另外筑了一座城，名典合城，后来改为石城镇①。

LA 废弃的时间：楼兰国在迁都之后，到底是什么时期废弃的还有不同的说法。LA 城出土汉文书有纪年的最晚为建兴十八年（330 年），斯坦因据此推论该城废弃于 330 年。但是，黄文弼据张天锡朝有西域校尉张颀，因而提出楼兰废弃当在前凉末，即 376 年。然而，LA 古城测年成果最晚为 230±66 年。跟斯坦因推测的结果差了几十年，而与黄文弼等推测的结果差了 100 多年。课题组更倾向于 330 年的说法。这些出土文书是最为直接的考古证据。由于 ¹⁴C 测年本身就有误差，测年数据与真实数据相差几十年也是可能的。另外，在都城迁走（前 77 年）之后该城应该还持续了几百年的时间才最终废弃。由此也可以推测，当初楼兰迁都主要是出于躲避匈奴的政治目的，而最终的废弃可能跟沙漠化过程有关。

2. 米兰古城

米兰古城是俄国探险家普尔热瓦尔斯基于 1876 年发现并首次向学界公开报道的，我国最早介绍米兰古城的是清人陶保廉，其在《辛卯侍行记》一书中有记载。该书卷 5 介绍了米兰古城的位置。1906 年和 1907 年斯坦因两次调查米兰古城，并且开展了发掘工作。斯坦因之后，日本的橘瑞超、俄国的马洛夫，以及我国学者黄文弼、新疆博物馆考古队、中国社会科学院考古研究所陈戈先后赴米兰考古调查发掘，相继发现公元 3 世纪左右的佛教寺院、8 世纪至 9 世纪吐蕃控制西域的重镇七屯城及其烽燧遗址、汉唐屯田遗址、居住遗址、陶窑、灌渠和吐蕃古墓群等②。

米兰位于塔里木盆地的东南端，处在阿尔金山北麓冲积扇上，西距若羌县约 73 千米，东可通往甘肃敦煌，南依海拔高度约 3000—4000 米的阿尔金山，北接海拔高度为 780—900 米的罗布泊洼地。由于发源于阿尔金山的米兰河的浇灌，这里形成了一个小小的绿洲，即现在的 36 团所在地。在米兰绿洲之东不远，有一块东西长约 7 千米、南北宽约 5 千米的戈壁上分布着十多处古代遗迹③。2018 年重点对米兰戍堡和佛塔进行了考察。至于大家讨论比较多的米兰灌渠则在 2021 年夏进行了考察。

米兰戍堡修建于一个稍高的土梁上，平面呈不规则四边形（图 6-2），城墙多已坍塌，部分残缺（图 6-3）。东、西、南、北墙长度分别为 70 米、45 米、65 米、74 米。墙垣底部残宽 4—8 米，高 7 米左右。墙体为夯筑，土坯夹红柳枝或者垛泥夹红柳枝筑成。城的四角均有外突的角楼建筑遗迹，四墙外侧有突出的马面。其中南墙中段外突建筑高大，为该城市的最高点，应该为一戍堡。城内的南墙、东墙以及北墙内侧有房屋建筑遗迹，开间

---

① 王北辰：《若羌古城考略》，《干旱区地理》1987 年第 1 期，第 45—51 页。

② 林梅村：《1992 年秋米兰荒漠访古记——兼论汉代伊循城》，《中国边疆史地研究》1993 年第 2 期，第 12—18 页。

③ 陈戈：《新疆米兰古灌溉渠道及其相关的一些问题》，《新疆考古论文集》，北京：商务印书馆，2017 年，第 622 页。

较小，有粪草堆积①。同时城墙内发现毛麻织物、牛粪等。城内外散布有较多的轮制夹砂红陶片。从城内建筑形制、遗物以及测年结果来看，其年代为唐代。在米兰古城出土了大批 8—9 世纪吐蕃文简牍残纸，还发现 7 世纪突厥鲁尼文（占卜书）文书。通过对吐蕃文书的解读可知，这里在 8—9 世纪曾经为吐蕃所控制。

图 6-2　米兰遗址航拍图
于昊摄

图 6-3　米兰古城遗迹
崔建新摄

---

① 新疆维吾尔自治区文物局：《新疆维吾尔自治区第三次全国文物普查成果集成·巴音郭勒蒙古族自治州卷》，北京：科学出版社，2011 年。

考古和文献资料证明：米兰古城不仅仅是唐代的七屯城，还是汉代的依循城。主要证据如下。

（1）《沙州伊州地志》记载："屯城，西去石城镇一百八十里。鄯善王子尉屠耆单弱，请天子，国中有伊循城，城（地？）肥美，愿遣一将屯田积谷，得依其威重。汉遣司马及吏士屯田伊循以镇之，即此城是也。"[1] 这则唐代文献明确指明了七屯城就是汉代的依循城。

（2）考古调查证据：在戍堡和寺院还分布着一些居住遗址，尤以戍堡西北面较为集中。这些居址破坏严重，但灶、灰坑、房址等依稀可辨。陶器主要是夹砂红陶和灰陶的瓮、缸、罐等，有的在上腹部饰有戳印、刻画纹，有的带耳，均平底。除了陶器外，还有石磨盘残块、铜铁残器、石纺轮、装饰品等。从陶器的质地、造型、纹饰来看，该房址大约在唐以前就荒废。同时，在城墙中发现夹杂着灰陶布纹筒瓦，为典型汉代遗物[2]。2012年，新疆文物考古研究所对米兰遗地再次发掘，戍堡内出土了黍、粟、青稞、小麦等植物遗存。出土植物遗存的 ^{14}C 年代为 1200 ± 30 BP，经树轮校正后为 715—940 AD，属于吐蕃时期。

米兰古城相关的重要遗存是佛塔。1906年，斯坦因无意中在一座土坯佛塔的回廊内壁上发现了一幅有翅膀的天使画像，并且保存完好。这幅有翼天使是东西方文化交流的物质证据。1989年，中国考古工作者在一个塔洞中又发现了两幅有翼天使壁画，与之前斯坦因发现的风格一致。课题组2018年考察了米兰3号佛塔，该佛塔正是有翼天使出土的地方。该古城内分布的佛塔形制有两种：第一种为塔体较大，平面呈方形或多边形，里面略呈弧顶梯形的佛塔；第二种为塔体较小，平面呈圆形，立面呈穹顶圆柱形，外有方形小围墙的佛塔。3号佛塔显然属于第二种类型。现在看到的佛塔表面经过了修复处理。

3. 且尔乞都克古城

且尔乞都克古城位于若羌县吾塔木乡依格孜吾斯塘村东南、阿尔金山北麓若羌河下游段的河滩上，距离今若羌县城东南方向5—6千米。遗址外围有残垣痕迹，平面略呈长方形。墙体已坍塌并部分残缺，墙垣基宽3.5—4米，残高0.4—1米，土石垒筑。北墙相对完整，长约200米，中间有一缺口，宽2.5米，似为城门所在。东墙多已残缺，西墙基本已经不存在。城中偏西部隐约见一个边长约为50米的土石围，城中南部有房址基址。北部东北角有一土坯建筑，似为佛塔，底部周长约25米，残高约3米。城中间有一条宽约3米由卵石铺成的道路，将城分成了两部分。因此，该城应该为双城结构。城内偶然可以看到夹砂红陶和夹砂灰陶。且尔乞都克古城测年为公元200年左右，大概形成于东汉晚期。至于内外两城是否为同一期形成尚需更多资料支撑。

斯坦因和黄文弼等考古学家先后对该城进行了考察，认为这里就是唐代的石城镇。《沙州伊州地志》记载："石城镇，本汉楼兰国。隋置鄯善镇，隋乱，其城遂废。贞观中，康

---

① 岑仲勉：《汉书西域传地里校释》，北京：中华书局，1981年，第14页。

② 林梅村：《1992年秋米兰荒漠访古记——兼论汉代伊循城》，《中国边疆史地研究》1993年第2期，第12—18页。

国大首领康艳典东来，居此城，胡人随之，因成聚落，亦曰典合城。上元二年改为石城镇，隶沙州。"《沙州都督府图经》云："石城镇东去沙洲一千五百八十里，去上都六千一百里，本汉楼兰国。"而测年结果却为公元 200 年左右①。实际上，文献记载已经清楚说明该城在汉代的时候属于楼兰国，一直到了隋才废弃。测年数据可能只是在该城较老的材料上取样，而后来唐代新筑的部分并没有采集到样品。

且尔乞都克古城现西临若羌河道，河道中不见有水。城西有一条南北向自县城至若羌河口的公路。城北现建有大片工厂。遗址周边地势北向南稍有倾斜，地表为砂砾、卵石层，城中可见少许陶器碎片。遗址略呈长方形，略为北偏西向，一现代大渠自城中东西向穿过，现已废弃，仅留 2 米许高之土堆痕迹。该遗址保存较差，黄文弼等调查所见之佛塔、台基等建筑痕迹均难寻见，城墙痕迹亦受当代建设活动影响，仅南北城墙之部分及东北角可于航拍图中可见，完整程度远不及 2004 年卫星图所呈现之面貌。

4. LE 古城

LE 古城地处罗布泊西北的荒漠中，为斯坦因 1914 年调查发掘，并且编号为 LE。古城近方形，现存 7—8 层，高 1.7—1.8 米。墙体为内外分体合筑，两侧平齐，中间填充，宽约 1.7 米。东墙长 137.5 米，南墙长 126.5 米，西墙长 139 米，北墙长 126.5 米，城墙周长约为 530 米②。南城墙中部有一个城门，宽约 3 米，北侧也有一个城门但是宽度略小。城墙为夯土和红柳枝交替垒砌而成。LE 古城与相邻的 LK 古城一样，城墙夯筑采取就地取材，为"一层红柳一层土，平整均匀夯筑"的建造工艺。

斯坦因认为该城的城垣营建方式与敦煌汉长城类似。城墙东南和东北角处有斜坡可以通往城墙顶部。靠近北城墙位置有一大型建筑基址，其上有土坯建筑遗迹，周围散落一些木构件。城内采集到红色、灰色或者黑色夹砂陶片，与土垠遗址相同。斯坦因曾经于此发现五铢钱和铜箭头。而这里最为重要的是在北门内垃圾堆中发现了泰始年间的 6 件汉文书。其中两件汉简的年代为公元 266 年和 267 年。与后来的 ¹⁴C 测年结果一致性较高③。另外，有学者认为 LE 城从属于 LA 城。但是测年数据显示 LE 城和 LA 城年代交叉时间较短，如果其从属于 LA 城，则其应该存在更老的遗存。魏坚和任冠考察发现三座汉代古城与 LE 下部的建筑结构相似，但是与上部有差异。因此，很可能 LE 古城从西汉到魏晋时期延续④。从吕厚远等论文中的取样位置的照片来看，他们当时是在城墙顶部取样的，因此是否下部城墙更老有待于进一步证实（图 6-4）。

---

① 吕厚远、夏训诚、刘嘉麒，等：《罗布泊新发现古城与 5 个考古遗址的年代学初步研究》，《科学通报》2010 年第 3 期，第 237—245 页。

② 魏坚、任冠：《楼兰 LE 古城建置考》，《文物》2016 年第 4 期，第 41—50 页。

③ 吕厚远、夏训诚、刘嘉麒，等：《罗布泊新发现古城与 5 个考古遗址的年代学初步研究》，《科学通报》2010 年第 3 期，第 237—245 页。

④ 魏坚、任冠：《楼兰 LE 古城建置考》，《文物》2016 年第 4 期，第 41—50 页。

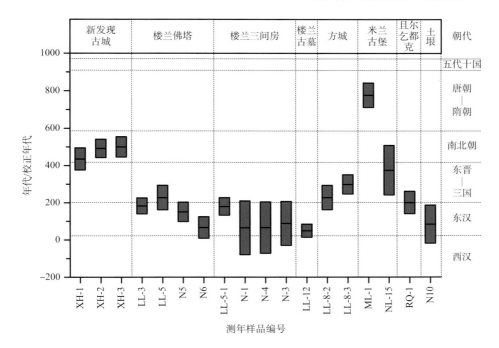

图 6-4　罗布泊主要考古遗址 ^{14}C 年龄与历史年代分布图

注：图中红色条块为测年误差范围

资料来源：吕厚远、夏训诚、刘嘉麒，等：《罗布泊新发现古城与 5 个考古遗址的年代学初步研究》，《科学通报》2010 年第 3 期，第 237—245 页

  LE 古城内地面长有矮小的灌木，并且有多个风蚀洼地。土壤盐碱化程度较高。从地貌上来看该地区仍然属于湖滨相沉积环境。城外地面均为盐碱度较高的盐壳，分布有多个小洼地，在丰水季节会有水存在。在干涸的洼地中普遍有罗布螺的壳体存在。另外，据考察队中的中国科学院新疆生态与地理研究所穆桂金研究员介绍，他在 2000 年到这里考察时城外地面上就已有大量枯死的芦苇。尽管有说法认为这里是楼兰国都，但是该城规模较小，并且发现的遗物非常少，很显然认定其为楼兰国的都城很牵强。有学者推测，LE 城东有土垠，西有 LA 城，皆有烽燧，而 LE 城适居其间，应也有烽燧，可能被毁，但它在此一列烽燧路线上，应为军事要道是无疑的。王炳华先生即持此观点："在楼兰古城南面的 LK 古城，东北方向的 LE 古城，与楼兰成掎角之势，军事上可以互相呼应，成为一个防御整体。逻辑推论，LK、LE，应该是西域长史府属下之戊校尉、己校尉驻地。它们分别控扼自吐鲁番盆地车师王国南下、阿尔金山脚下鄯善王国北进的径道，保证了西域长史府左右的安全。"[①]

  LE 古城除了屯田与戍防的职能外，它在全国交通路线上特别是在西域邮驿系统也占有重要地位。据黄盛璋先生研究，已发现的几件汉文文书正是由 LA 古城发出，寄往 LE 古城的[②]。

  ① 王炳华：《罗布淖尔考古与楼兰—鄯善史研究》，朱玉麒主编：《西域文史》第 5 辑，北京：科学出版社，2010 年，第 1—20 页。

  ② 黄盛璋：《初论楼兰国始都楼兰城与 LE 城问题》，《文物》1996 年第 8 期，第 62—72 页。

5. 瓦石峡古城

从若羌县沿着公路 80 多千米就到了瓦石峡镇，途中经过南北流向的若羌河和瓦石峡河。考察的时候河道均干涸，雨季才有流水。瓦石峡古城即位于瓦石峡镇西南方向的沙地中。从种植大棚蔬菜的一条沙路向南大约 1 千米就到了瓦石峡遗址。由于风沙侵蚀作用，大部分遗址已经面目不清，其中一些人类居住的遗迹已经为沙丘覆盖。据前人调查结果，有遗址和遗物的分布范围大约为 4 平方千米。地表裸露有房屋遗址、烧窑址、冶炼金属遗址、农田和墓葬[①]。残存建筑基址一处，该处有明显火烧过的痕迹，富含炭屑。基址下面为沙层。遗址东部发现大量陶片及瓷片。城内地面目前沙化已经较为严重，在古城废弃后，沙层开始堆积。目前，已经可以看到较为高大的红柳沙包发育。以前的考古调查也发现了大量陶器、石器、铜器、宋元钱币、瓷器及玻璃器等。这些均表现出这个城作为丝绸之路南道上的一个重要经济贸易中心，存在了很长时间。考古工作者曾先后在此采集了汉、唐、宋各朝代的钱币与丝织品，以及元代的汉文文书和陶瓷器皿、玻璃器皿、木器等，发掘者认为遗址时代的上限在鄯善国后期（公元 4—5 世纪），下限在宋元时期，出土的遗物以宋元时期为主[②]。

据历史文献记载：唐初，位于中亚撒马尔罕的康国首领康艳典东来，在此筑"新城"，亦谓之"弩支城"，隶属沙洲都督府，8 世纪之际和东端的米兰遗址一样，均为吐蕃控制的军事据点。五代和北宋，此城虽然不见于汉文资料记载，但是遗址中出土的大量宋元时期的遗物提供了佐证。

6. 营盘古城

从若羌县城沿 218 国道一路向北然后再折向西沿一条土路行驶一小段路程就到了营盘古城。营盘古城处于库鲁克塔格山麓冲洪积扇地带。而开往营盘的东西向土路就由西到东在扇缘地带延伸。由于降雨量少，这里的山麓地带环境为较为恶劣的戈壁沙漠。

营盘古城平面呈圆形，直径约为 180 米，周长约 565 米。由于风雨侵蚀和自然坍塌，目前墙垣底部宽 5—8 米，残高 1.5—6 米。城墙结构为夯筑，但是夯层较为疏松。在夯层间夹有红柳或者芨芨草等。城垣西北段内侧有一段为土坯砌筑，见明显的土坯三层。土坯上面为夯土层。该古城可能被多次使用。古城北面有一座城门。城内采集到夹砂红褐色陶片、陶纺轮等遗物。古城的年代应该在汉晋之间。城外西南约 60 米处有一处佛塔，斯坦因在佛塔内发掘出 4 件佉卢文犍陀罗语文书，说明这座佛塔的年代为 3—4 世纪。

营盘古城周围还有一座烽燧。根据课题组推测这座烽燧刚好处于汉代孔雀河的烽燧线上，应该属于汉代防御系统的一部分。跟古城的年代不一定完全重合。并且属于两种政治

---

① 张平：《若羌瓦石峡遗址调查与研究》，马大正、王嵘、杨镰主编：《西域考察与研究》，乌鲁木齐：新疆人民出版社，1994 年，第 477—493 页。

② 袁晓红、潜伟：《新疆若羌瓦石峡遗址出土冶金遗物的科学研究》，《中国国家博物馆馆刊》2012 年第 2 期，第 141—149 页。

力量控制，前者为古墨山国的都城，而后者是汉王朝所修建。另外，古城周围还有大片的墓葬区，后面将在墓葬部分介绍。城西北两千米左右的孔雀河北岸冲积平原上有大片农田和灌溉渠遗址[①]。从影像地图上可以看到，有两条小河环绕着营盘遗址，一条小河的河水被引入城内，可能是为了给城内供水。这些小河与更南部的孔雀河水相通。因此，当孔雀河下游的径流量发生变化的时候，也会影响到营盘遗址的用水。在营盘古城北边有一条道路，这条道路应该是丝绸之路中路所在的一段。

营盘遗址不仅有颇具规模的古城，面积 2500 多平方米，还有布局规整的佛寺塔院，面积约 600 平方米，以及大面积的公共墓地，该墓地东西长 1.5 千米、南北宽数百米[②]。较大的规模、完整的结构以及所处地理位置使得学者们认定这里为汉代西域三十六国之一的墨山国的都城所在地。《汉书》卷 96 下《西域传》载：

> 山国，王去长安七千一百七十里。户四百五十，口五千，胜兵千人。辅国侯、左右将、左右都尉、译长各一人。西至尉犁二百四十里，西北至焉耆百六十里，西至危须二百六十里，东南与鄯善、且末接。山出铁，民山居，寄田籴谷于焉耆、危须。[③]

东汉初年，墨山国一度为焉耆国占领。公元 94 年，西域都护班超发兵讨伐焉耆，墨山国等西域小国才脱离焉耆的控制。

7. 柯尤克沁古城

柯尤克沁古城位于轮台县大道南乡南 20 千米处的荒漠中。清后期徐松、斯坦因等先后对柯尤克沁古城进行考察。中华人民共和国成立后也对柯尤克沁古城做了一些考古发掘工作。陈琳认为该城的形状为外方内圆的双重城结构，兼备汉族与少数民族特色，和卓尔库特古城、奎玉克协海尔古城相似，因此推测其中之一是汉代西域都护府轮台所在。柯尤克沁古城和卓城是汉代古城，卓城距离柯尤克沁古城 9 千米。

柯尤克沁古城测年最早为公元前 770 年，公元前 550—前 400 开始建造中心高台，此后沿用到西汉早期，其城墙面积为 260 米 ×310 米，形状大致为方形。城墙为 10—15 厘米反复烧制的小泥块堆垒而成，与新疆当地传统的房子所用的垒泥建造方式一样。城墙墙体较宽，目前高出地面 3.4—3.7 米，加上被风沙掩埋的部分，高达 7 米。城中间堆积很厚，城中央高台的东边是排列得很整齐的房址。城门中间有缺口，但是晚期遭到破坏。城内还发现了道路，城外有 10 米宽的壕沟。

中央圆形高台面积 120 米 ×90 米，位于城内正中（图6-5）。据考古发现有 4 次堆泥痕迹，证明中间高台有四五次建筑过程，高台墙内嵌有公元前 50 年的墓葬。考古队在城址周围

---

① 新疆文物考古研究所：《新疆尉犁县营盘墓地 1995 年发掘简报》，《文物》2002 年第 6 期，第 4—45 页。

② 李文瑛：《营盘遗址相关历史地理学问题考证——从营盘遗址非"注宾城"谈起》，《文物》1999 年第 1 期，第 43—51 页。

③ （东汉）班固：《汉书》卷 96 下《西域传》，北京：中华书局，1962 年，第 3921 页。

寻找过墓葬，但原地面上有 3 米厚的淤泥堆积，墓葬又处在原地面大约 1.5 米以下，故工作量较大而未有发现。

图 6-5　柯尤克沁古城
课题组摄

城外地层上有明代淤泥层，证明曾有洪水淹没过城外。但城内较少发现淤泥层，证明城墙防御洪水的功能较强。城内出土文物中石器较多，此外还有陶器、骨器和青铜器。陶器和轮台县最早的器物同代，该遗址出土的器物多为大型器物，与本地扎滚鲁克文化同期，且受北方草原文化的影响，有狼的纹样。考古发现的动物骨头有羊、牛、骆驼和家养动物骨头等。数量上头骨较少，肋骨比较多，动物屠杀在城外完成，证明城内为消费中心。

8. 阔纳协海尔古城

阔纳协海尔古城（图 6-6）位于轮台县南约 30 里处的轮台镇拉帕村，阔纳协海尔意为"汉人之城"。黄文弼据考察时所见该城地表散布的陶片，推测此城建于唐代[①]。该城呈不规则方形，实测南北长 189.7 米，北城墙约 190 米，南城墙仅 115 米。城墙残高 2—7 米，古城西北角有一朝向西方的豁口，应是原城门所在。城门外有城墙残存，为瓮城。城内高低不平，流水侵蚀较为严重，有红柳生长，未见明显沙化，城外有红柳等荒漠植被，干涸河道明显，地面盐碱化明显且严重。城西南为现代聚落区。

9. 卓尔库特城址

卓尔库特城址南部有一文保碑，为 1980 年 9 月轮台县革命委员会立，上名"早尔库提城"，现称卓尔库特城（图 6-7）。

---

① 黄文弼：《塔里木盆地考古记》，北京：科学出版社，1958 年，第 10—11 页。

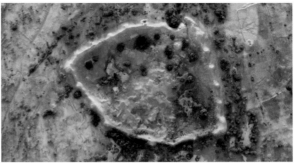

图 6-6　阔纳协海尔古城
王荣煜摄

图 6-7　1980 年立卓尔库提城文保碑
徐建平摄

　　该城靠近克孜勒河沟，卓尔库特城城址南、西、北三侧有现代水渠，均无水，城墙四周已经密布芦苇、柽柳等植物（图 6-8）。由于缺水，芦苇长势低矮，叶子窄短。资料显示，卓尔库特古城是一个周长 1200 余米的略圆形城池，现仅为残高约 3 米的土坝。但由于植被茂盛、沟渠割裂，课题组未能觅得城墙残存。城中高台上有古建筑遗址。南面有两处土坏，东西两边有两座小黄土堆。卓尔库特城中心高台遗址在考察时为保护状态下的考古工地。现场有警察值守，考古工地四角各用铁笼安放了警犬 1 只，故考察队无法进入观察。

　　查阅相关文献资料，最早在卓尔库特开展的考古调查活动，系黄文弼于 1928 年 8 月的调查。此后，中国人对该城的详细调查要晚至 1980 年新疆博物馆的系列活动。1989 年，卓尔库特城在全国第二次文物普查时建档。2018 年，北京大学文博学院与新疆维吾尔自治区考古研究所联合开展的卓尔库特古城、奎玉克协海尔古城的考古工作，是近年来最为系统的挖掘工作。2019 年，卓尔库特古城遗址列入第八批全国重点文物保护单位。

图 6-8　古城周边环境
赵婷婷摄

2018—2021 年的联合考古成果，进一步加深了对卓尔库特城址结构与历史的认识。考古成果显示其城址结构有以下特点。

（1）卓尔库特古城内城城墙东部营建高台城址，形成内、外、高台的三重城结构。这种形制极为特殊，在新疆及中亚地区均较罕见。

（2）高台城址有一横贯南北的中心大墙，城内房址依中心大墙而建，明显分为东、西两区。房址经过多次改建再利用，可能与卓尔库特古城性质、功能的变化有关。高台房屋布局整体呈中部高、南北两头低的层级结构。房址规模体量较大，为目前新疆地区城址中单体最大。

（3）高台城址内房址为土墼棚架式，环城墙外侧搭建木结构棚架房屋，为附属设施。

（4）出土汉代器物具有长安地区典型特征，魏晋时期器物明显受到龟兹影响，可以和文献所记载魏晋时期塔里木盆地北缘的历史变迁相印证。未见唐代以降的遗迹遗物。

（5）根据地层堆积、出土遗物和 ^{14}C 样本判断，高台城址建筑始建于战国，两汉时最盛，魏晋时衰落。遗址主体使用年代为两汉时期[1]。

关于卓尔库特古城对应的历史地名这一问题，黄文弼认卓尔库特城为汉昭帝时赖丹校尉修建的校尉城，而位于阔纳协海尔古城东南 3 千米处的柯尤克沁（今称奎玉克协海尔古城）为仑头城[2]。林梅村认为，奎玉克协海尔古城是乌垒城所在，亦即西汉西域都护府治所，并认为西域都护府为方城[3]。陈凌等则结合最新的考古成果与文献记载，否认了林梅村的推断，认为卓尔库特古城的整体规模、高台城址的建筑体量与用材，足以显示该处城址应为汉晋时期塔里木盆地北沿一处最高等级的中心城址，有助于判定为西域都护府驻地所在[4]。

---

① 北京大学考古文博学院、新疆文物考古研究所：《新疆轮台卓尔库特古城考古收获》，《西域研究》2021 年第 2 期，第 105—112 页。

② 黄文弼：《塔里木盆地考古记》，北京：科学出版社，1958 年，第 10—11 页。

③ 林梅村：《考古学视野下的西域都护府今址研究》，《历史研究》2013 年第 6 期，第 43—58 页。

④ 北京大学考古文博学院、新疆文物考古研究所：《新疆轮台卓尔库特古城考古收获》，《西域研究》2021 年第 2 期，第 105—112 页。

10. 苏巴什佛寺

苏巴什佛寺遗址位于库车西北 20 千米处却勒塔格山南麓库车河东西两岸的冲积台地上。"苏巴什"意为"水源"。苏巴什佛寺遗址群主要包括库车河东、西岸的两片佛寺遗址群。分布面积约 20 公顷，主要由佛塔、庙宇、洞窟、殿堂、僧房等建筑组成，为第四批全国重点文物保护单位。

苏巴什佛寺遗址于 3—10 世纪持续沿用，是西域地区保留至今规模最大、保存最完整、历史最悠久的佛教建筑群遗址。苏巴什佛寺遗址出土文物类型丰富，包括舍利盒、丝织品、古钱币、陶器、铜器、铁器、木器、木简和纸本文书以及壁画碎片、石雕佛像、泥质塑件等。1903 年，日本大谷探险队在苏巴什佛寺遗址发掘的一具舍利盒身绘有一列 21 人组成的乐舞队。舍利盒所绘人物造型是龟兹社会现实生活的真实写照。据研究，该乐舞图表现的是古代西域流行的歌舞戏《苏幕遮》的片断。此外，法国伯希和还在苏巴什佛寺遗址发现 7 件绘有乐舞图像的舍利盒。1958 年，考古学家黄文弼在西寺殿堂内曾发现大量陶器、铜器、铁器、木简、经卷等。1978 年在西寺佛塔后侧，出土一具完整的人骨架，头颅扁平，与《大唐西域记》所载龟兹的"生子以木押头"的习俗完全吻合。遗址发现的丝绸和毛织品残片、东汉至唐的中原铜钱、龟兹等地方政权钱币、波斯银币、琉璃器物以及回鹘文、婆罗米文等多种文字的题记和文书，见证了丝绸之路古龟兹地区所发生的文化与商贸交流。

西寺大殿位于西寺遗址中部，内由佛塔、殿堂及数间房屋组成（图 6-9）。整个佛殿平面略呈长方形，四角突出各有 6 米 ×6 米左右的方形墩台，高度与城墙相仿。现存墙体残高 10.8 米，厚 3 米，周长 318 米。殿堂门向南开。宽 10.6 米。有瓮城，现存三面墙。临河无围墙，东南角有一方形佛塔。残高约 3 米。塔西是正殿。四面墙壁完整。西壁有佛龛。佛殿外墙用土坯垒砌，殿内建筑遗迹较多，其布局大致是以位于城墙内中部的大殿及在殿东侧的佛塔为中心。在主要建筑之间原来都有三合土或白灰路相通。

图 6-9　苏巴什佛寺西寺大殿
课题组摄

西寺中部佛塔是西寺遗址中保存较完好的建筑之一。该佛塔坐北朝南，塔身方形，土坯垒砌，分五级。塔基东西宽 20 米，南北长 40 米、顶宽 3 米、高 11.1 米（图 6-10）。在塔基南面有一斜坡走道，宽 3 米，坡长 14 米。佛塔中部现存一佛寺后室，能依稀看出当时形制（图 6-11）。苏巴什佛寺塔的形制和结构，明显受犍陀罗佛教艺术的影响。龟兹特别突出的加高塔基的特点，则是西域地区自身发展起来的。以佛塔为礼拜中心，四周有围墙的塔院，也是受到了犍陀罗影响形成的，但又有龟兹本地的特色。

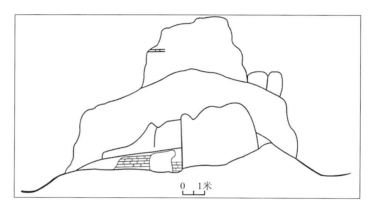

图 6-10　苏巴什佛寺西寺中部佛塔简图

图 6-11　苏巴什佛寺中部佛塔
王翙摄

源出天山山脉的库车河，自北而南，穿过却勒塔格山，在到达库如力地方之前，分为西侧的卡尔诺河与东侧的塔克那克河两支，卡尔诺河为主流。库车河在龙口地区通过水渠引为农田灌溉水源和生活用水，自龙口以下，库车河流入卵砾石锥形洪积扇地区，无明显河道，呈漫流状态。

《水经注》中所载的"东川水"，亦即今天所称之库车河。其云：

> 东川水出龟兹东北，历赤沙、积梨南流，枝水右出，西南入龟兹城，音屈茨也，故延城矣。西去姑墨六百七十里，川水又东南流迳于轮台之东也。①

今日可见之库车河河床宽阔，密布碎石，枝汊较多。主洪蜿蜒随地势而下，水浅流急。

11. 清代库车汉城

库车为汉唐时龟兹故地。关于"库车"城名，周振鹤先生曾考证"龟兹"与"库车"的读音，认为龟兹为译音词，库车的当地读音为 ku qia，汉唐时期"龟兹"的读音与"库车"相去不远，似为 ku ci 或与之相近②。而关于"库车"之内涵，《回疆通志》记载："库车者，译言衚衕也，以其为西南达回部之要路，故名"③，衚衕亦即"胡同"。而在《西域同文志》中，则记载"帕尔西语，库指此地而言，车谓智井也，其地旧有智井，故名"④。帕尔西系波斯语 Parsian 之音译，智井即枯井。《西域同文志》认为"库车"一词源出波斯语，并指出其意为"此地有枯井"，该说与《回疆通志》所载库车之内涵迥异。季羡林先生在《大唐西域记校注》中指出，现代维吾尔语 Kuča（r）的三种内涵：一是 9 世纪中期回鹘高昌王国援引古代龟兹语 kütsi（意为"白"）的形容词形式 kücäññe，称该地为 käsün（一 küšän）；二是据马合木·喀什噶里（Maḥmūd Kashgharī）所著《突厥语辞典》中该地名的两种形式，Kuča 和 küsän；三是来自 Kuča+ri，为古代龟兹语"城市"之意⑤。

尽管"库车"内涵的说法不一，但它们都从不同侧面反映了库车修筑有城、与水密切、民族杂糅的地方特点与历史文化。

清康熙十七年（1678 年），准噶尔占据库车地。乾隆二十一年（1756 年），清平定准噶尔，库车伯克鄂对归附清朝。乾隆二十二年（1757 年），小和卓霍集占杀害清副都统阿敏道等百余人，占据库车。乾隆二十三年（1758 年），清收复库车，并于当年十月委派德舒为库车办事大臣，由此开启清廷在库车开展建设的序幕。乾隆二十八年（1763 年），清廷在库车设立防兵。历清同治三年（1864 年）库车回乱、同治六年（1867 年）阿古柏攻克库车、光绪三年（1877 年）白彦虎控制库车城，直至光绪三年（1877 年）刘锦棠率军克复库车城，收复新和县境地。清光绪八年（1882 年），设库车直隶厅。光绪二十八年（1902 年），改直隶厅为库车直隶州，属阿克苏道。民国二年（1913 年），改库车直隶州为库车县。

清代库车城具有鲜明的双城结构。郭黛姮和贺艳驻扎库车多年，认为库车城为"汉

---

① （北魏）郦道元著，陈桥驿校证：《水经注校证》卷 2《河水》，北京：中华书局，2007 年，第 39 页。

② 周振鹤：《随无涯之旅》，北京：生活·读书·新知三联书店，2007 年，第 278—280 页。

③ （清）和宁：《回疆通志》，台北：文海出版社，1966 年，第 310 页。

④ （清）傅恒等：《西域同文志》卷 2，内部资料，1984 年，第 16 页。另，《清史稿》亦采用此说，"库译言'此地'，车谓'智井'也。参见赵尔巽：《清史稿》卷 76《地理志》，北京：中华书局，1977 年，第 2387 页。

⑤ （唐）玄奘、辩机原著，季羡林等校注：《大唐西域记校注》卷 1《三十四国·屈支国》，北京：中华书局，2000 年，第 55—56 页。

（满）、回（维）"分处的城郭相套格局，城西北角的方形城为子城，内置营房、衙署、祠庙等，外城为维吾尔族生活区[1]。《中国文物地图集·新疆维吾尔自治区分册》记载的库车老城，"平面呈方形，周长约800米，面积约5万平方米"，城墙夯筑而成，基宽约7.5米，高约10米，顶部有雉堞和瞭望孔，四隅有角楼遗迹[2]。通过现场勘察，南墙为林基路从中冲断，以西为库车王府北墙，以东临近民居，夯层清晰可见。

关于库车旧城的建筑材质，除了《回疆通志》所载的"库车城旧以柳条夹沙土筑成，依山为基，四门"之外，清人薛传源在其《竹枝词》中亦载库车城的建筑工艺。薛传源诗言："柳沙密筑库车城，山洞砂光万火明。待得隆冬多大雪，取砂不惮赤身行。"[3] 由此，可以确定清代库车旧城的修筑就地取材，墙体以柳条夹沙土筑就。直到清末民初，库车城几经重筑，一直延续"柳条夹沙"的筑墙工艺。1906年，日本人日野强受日军参谋部的指令前往我国新疆地方勘察。日野强自1907年1月进入新疆地方，历时1年余，历经乌鲁木齐、伊犁、喀什、库车等天山南北主要城市，实地考察并结合史料与西方人游记等资料，记录下了各地的自然条件、城池、人口、风俗等信息。日野强在库车考察时，记载下其所见的库车城，"城名为巩平，据称城墙修筑时用以柳条。墙高基厚，城周长约二十三四町高，高壁重围，可以说是十分坚固"[4]。

库车城外亦分布有两处小型驻扎方城。在1945年的街市图中，清代库车城址以北和铜厂河对岸各有一处筑有围墙的小型建筑，城北一处标注为"连部"，东城一处标注为"种羊场"。

库车王府始建于清光绪四年（1878年）。清乾隆二十二年（1757年），维吾尔头领鄂对因协助清军平定大小和卓叛乱有功，于乾隆二十三年（1758年）获授散秩大臣，次年封辅国公，后又晋封贝子，赐贝勒品级，成为首位"库车王爷"。几经战事后，1878年清政府任命逃亡在外的鄂对后裔米尔扎·阿木提继承爵位，阿木提在城南空地请工匠修建了新王府，以后又陆续扩建，修有凉亭、马号、草料库、勤杂房等。20世纪初，库车王买合甫孜修建仿俄式建筑。而在盛世才时期，库车王府的建筑遭到严重破坏。1942年买合甫孜王三弟之子达吾提·麦合苏提继承库车王位，达吾提之弟在王爷府东面新建小王府的两组院落。2004年，库车县政府出资重建库车王府，并作为旅游景点与地方博物馆对外开放。

从库车王府的总体布局来看，其建筑过程为向南、向东扩展，各时期建筑特色鲜明。王府的建设与布局缺乏统一的整体规划，实用性较强，王府核心区修筑完成后，其后新建诸设施多讲究生活中一时设想和眼前所需，在用地上花园、宗教场所、贮库、房舍混杂。从建筑形式看，王府历史最悠久也是最为核心的部分采用清式官府形制，以后陆续修建的各建筑的立面造型和结构形式多带有鲜明的维吾尔族风俗民情，部分建筑还吸收了俄式民居的采暖方式和居室布置。

---

① 郭黛姮、贺艳主编：《库车历史名城的保护与发展》，上海：中西书局，2013年，第11页。
② 国家文物局主编：《中国文物地图集·新疆维吾尔自治区分册》下册，北京：文物出版社，2012年，第537页。
③ 丘良任、潘超、孙忠铨，等：《中华竹枝词全编》第7册，北京：北京出版社，2007年，第358页。
④〔日〕日野强：《伊犁纪行》，东京：博文馆印刷所，1909年，第250页。

库车王府在 200 余年的修建与扩建过程中，也逐渐成为当时少数民族聚集的心理指向。以库车王府为核心，维吾尔族居民向东、向南聚集，而王府门前的东西向道路热斯坦大街与南北向的林基路交会，是清代汉城外又一中心。同时，受河流与人工涝坝的影响，当地居民建宅以水池为中心，四散成片，居民区道路曲折、宽窄不一。库车王府院内独立配置涝坝，王府专享，而周围居民们仍采取以水池为中心围建住宅的方式，因此清代汉城外的城市布局具有以王府前广场为中心的自由式布局特点。

三、古代烽燧防御系统

1. 孙基汉长城烽燧遗址

该遗址位于新疆尉犁县兴平镇哈拉洪村东，遗址处于库鲁克塔格山山前洪积扇的荒漠地带。遗址位于一处沙梁的南端，土坯砌筑。底部南北长 18 米，东西宽 10.8 米，存高 7.3 米。烽体由内外两部分组成。内芯为一层沙石土一层芦苇的筑法，苇层与土坯层的苇层相接，外包土坯[①]。遗址北面为已经干涸的孔雀河河道。该烽燧属于孔雀河烽燧群。孔雀河沿岸烽燧共 15 座，营盘古城以西沿孔雀河北岸呈东南—西北走向，烽火台之间间距最小的为 5.5 千米，最大的为 22.7 千米，分布线长达 120 千米。包括营盘、兴地山口一号、兴地山口二号、兴地山口三号、脱西克吐尔、脱西克吐尔西、卡勒塔、沙鲁瓦克、萨其该、孙基、雅库伦、苏盖提、库木什、克亚克库都克、阿克吾尔地克等。烽火台修建在地势稍高的滩地或较大的红柳包上，历经千年的风雨侵蚀，均已出现不同程度的坍塌。烽体平面一般为长方形或者正方形，立体为梯形，个别烽火台外有方形围墙，少数为夯筑（一层芦苇，一层土），大部分为土坯砌筑。孙基烽燧即属于后者。过去一直认为孔雀河烽燧群是汉晋时期，但是近期对克亚克库都克的考古发掘工作却打破了以往的认知。结果表明该烽燧是唐代"沙堆烽"故址。该遗址因为丰富的文物资料和重要的研究价值入选 2021 年十大考古发现。烽燧建在红柳沙堆上，灰堆中出土的纸文书和木简上有"先天""开元""天宝""至德"等年号；同时出土有开元通宝、乾元重宝等钱币；[14]C 测年结果也表明时代为公元 700 年左右。发掘者认为该烽燧是为防备吐蕃经青海吐谷浑道进入塔里木盆地偷袭焉耆镇，而在"楼兰路"沿途修筑的军事预警设施，始筑于长寿元年（692 年）王孝杰收复安西四镇后不久，在贞元六年（790 年）吐蕃攻占北庭前后废弃，大致沿用了近 100 年时间。

两汉时期，北方草原的匈奴势力时常从车师故地南下，沿东、中、西三道进袭楼兰、渠犁、焉耆等地，严重威胁了汉朝在西域的统治。为此，汉代以渠犁、焉耆、轮台等西域绿洲农业区为军事供给地，烽燧修筑一直延伸至环塔里木各重要的战略要塞，以防御匈奴的入侵。东道沿柳中往东南行经白龙堆至楼兰城；中道从交河城往南行翻库鲁克塔格山最后至孔雀河中下游；西道从交河向西南行至焉耆、危须、渠犁[②]。汉代罗布泊至渠犁的烽燧主要分

① 陈凌：《丝绸之路的古城》，西安：三秦出版社，2015 年。
② 张安福、胡志磊：《汉唐环塔里木烽燧布局的演变》，《史林》2014 年第 2 期，第 25—33 页。

布在楼兰、山国、渠犁等地，也就是今天所说的孔雀河流域。由于楼兰、姑师等多次派兵攻劫汉使，汉武帝决定发兵讨伐楼兰、姑师。元封三年（前108年），汉武帝派赵破奴领兵俘虏了楼兰王，攻破姑师，威震西域诸国。为稳定统治，西汉在罗布泊至渠犁一带设立烽燧、亭障，设有专门管理烽燧、亭障的"都尉"一职。在烽燧体制下，西汉在此进行大规模屯田，"司马一人、吏士四十人，田伊循以填抚之。其后更置都尉。伊循官置始此矣"。同时，《后汉书·西羌传》记载，汉武帝时期，"通道玉门，隔绝羌胡，使南北不得交关。于是障塞亭燧出长城外数千里"。这说明当时抵御匈奴、防止羌胡之间联合是这些烽燧建造的目的之一。但是，这些烽燧具体位置在哪里？跟已经发现的唐代烽燧又有什么关系，还需要更多考古资料来证实。

唐代，中央政府对西域的管理大为加强，先后设立安西、北庭两大都护府，统辖天山南北。以克亚克库都克烽燧为代表的众多军事设施的修筑，为保障丝绸之路畅通，维护安西四镇军事安全提供了基础。在该遗址出土文书中，还发现大量烽燧、城镇以及道路名称，这也为研究唐代在天山南北的治理措施提供了一手资料。该遗址的发现也一定程度上证明唐代"大碛路"可能持续存在，焉耆镇起到沟通东西的重要作用。并且这些烽燧的设置也是为了与日渐强大的吐蕃势力相抗衡[1]。

2. 克孜尔尕哈烽燧

克孜尔尕哈烽燧（图6-12）位于阿克苏地区库车市西北，217国道东侧，盐水沟河谷的东岸一戈壁平台上（图6-13），距库车市12千米。地理坐标：北纬41°47′25″，东经82°53′55″，海拔1200米。该烽燧于2001年6月被国务院公布为第五批全国重点文物保护单位。

图6-12　克孜尔尕哈烽燧
课题组摄

---

① 党琳、张安福：《克亚克库都克烽燧所见唐代西域治理》，《史林》2021年第5期，第36—45页。

图 6-13　克孜尔尕哈烽燧西侧之盐水沟
课题组摄

　　克孜尔尕哈烽燧是汉唐时期长城防御体系中的组成部分，是边防报警的军事传讯设施。烽燧往往又与政治军事中心的城堡、驿站、交通要隘联络，形成网络。唐太宗贞观十四年（640 年）安西都护府设于西州，高宗显庆三年（658 年），移安西都护府于龟兹。唐政府为了有效地抵御突厥的侵扰，在汉代烽燧的基础上，对克孜尔尕哈烽燧等部分烽燧进行修复并建了部分烽燧驿站。克孜尔尕哈烽燧所处的盐水沟东岸戈壁台地视域开阔，位于西出玉门关通往古龟兹、疏勒及天山北麓乌孙的交通要道。

　　克孜尔尕哈烽燧残高约 13.5 米，基地平面呈长方形，底边东西长 6.5 米，南北宽 4.5 米。由基地往上逐渐收缩为梯形。烽燧采用夯土版筑的构筑方式，层厚 10—20 厘米不等，上部夯层中夹有木骨层，顶部为木坯垒砌，并建有望楼。现顶部仅存木栅。烽燧主体受自然侵蚀与风化作用，南侧中上部已现凹槽。

四、古代人类活动遗迹

1. 小河墓地

　　小河墓地位于罗布泊地区孔雀河下游河谷南约 60 千米的荒漠之中，东距楼兰故城175 千米，西南距阿拉干 36 千米。1934 年瑞典考古学家贝格曼在当地猎人奥尔德克的引导下找到了小河五号墓地。这座墓地位于小河（孔雀河向南流出的一条小支流）以西约 4千米的地方。2002—2005 年新疆考古研究所对小河周边进行了调查和发掘，共发掘墓葬167 座。课题组 2018 年考察也是由阿拉干自驾车营地向东北方向依次穿越塔里木河和高大的数道沙梁之后到达了小河五号墓地。

　　小河墓地位于小河河道 4 千米处的一个椭圆形沙山上，呈东北—西南向。东西长 74 米，南北宽 35 米，实测总面积达 2500 平方米。墓地高出地表 7.75 米，在四周平坦、低矮的沙丘簇拥下显得十分高大。小河墓地最引人注目的部分就是沙包上树立的胡杨木立木，呈菱形、圆形和桨形，大约 140 根（图 6-14）。墓地散落着部分棺板。它由两块制成弧形的胡杨木板相对并合，两端在事先雕好的槽中楔以竖向挡板，盖板由多块小木板拼接而成，木板宽度依棺截取。盖板上再覆以带毛牛皮。牛皮是将活牛屠宰剥皮后湿着盖在棺上，所以它干燥后就紧紧地箍着小块拼成的木盖板，与无底的木棺成为一体。墓地中还有大量牛角散落在地面上。棺内遗物主要有手链、木别针、梳子、羽饰、草篓等，普遍有麻黄以及作物种子。

图 6-14　小河墓地航拍（左）与近景（右）
于昊摄

小河遗址的 ^{14}C 年代为 4000—3500 年。目前研究者已经对小河的谷物遗存、小河泥棺、人骨 DNA、人骨以及动物骨骼的同位素、小河的古环境背景以及生业模式进行了研究。

小河墓地共有五层文化层。其中，最下面两层为泥棺，葬有女性个体，棺内还有用于祭祀的牛角。但上面三层却不见这一特点。在小河墓地所葬人群中，以携带有东部欧亚谱系 C_4 的个体为主，并且个体间有着较近的母系遗传关系，而携带有西部欧亚谱系的个体较少。但又有着随时间推移，小河人群的基因复杂化增加，外来人口不断增多，谱系 C_4 越来越少的特点。这表明从距今 4000—3600 年，小河人群一直在发生着变化，不断有外来人群的渗入，并且随着时间的推移，这种渗入越来越强，甚至改变了小河人群原有的一些文化。总之，遗传学数据表明，小河上下层文化的差异是人群构成改变引起的，而不仅仅是由于不同人群之间的文化交流[1]。

2. 营盘墓地

在营盘古城东北不远的地方还有一片墓地（图 6-15）。墓地东西长约 1.5 千米，南北宽约 0.25 千米，共有墓葬 300 多座。墓葬主要分布在库鲁克塔格山南麓山前台地上，由于洪水的冲刷和风蚀，台地形成许多道戈壁沙梁，墓葬集中分布在靠近佛寺数道沙梁的南端。在沙梁坡地、较平缓的冲沟内和台地下也见有墓葬[2]。

[1] 李春香：《小河墓地古代生物遗骸的分子遗传学研究》，吉林大学 2010 年博士学位论文。
[2] 新疆文物考古研究所：《新疆尉犁县营盘墓地 1995 年发掘简报》，《文物》2002 年第 6 期，第 4—45 页。

图 6-15　营盘古城（左）与营盘墓地（右）
课题组摄

新疆考古研究所先后多次对这里进行了发掘。营盘墓地男性多随葬刀、弓箭、箭镞等。出土器物中，木几、木案和木杯是最常见的组合方式。木几居下，其内置羊骨及面饼之类食物，木杯位于木几一侧，摆放在死者头前端，表明羊肉是营盘人日常生活中的主要食品①。营盘墓地中 M15 的随葬品中有毛麻织品，其中红地对人兽树纹罽袍、毛绣长裤、狮纹地毯和绢面贴金毡袜相当精美。由此可知，营盘人主要从事畜牧业生产。而在营盘古城西南大量古代农田的存在，也表明当时人们还从事农业生产。总之，处于绿洲中的营盘人从事着多种生业模式。

陈靓对营盘墓地群的 38 例人骨资料进行了体质人类学分析，其中男性 17 例，女性 19 例，另有 2 例未成年个体。结果表明这些人种与蒙古人种相差较大，更接近欧洲人种的特征，但是有蒙古人种的特征混入②。这一特点在罗布泊地区古墓沟以及楼兰古城东边墓葬的体质人类学分析中也得到证实。《汉书·西域传》记载："西域诸国大率土著，有城郭田畜，与匈奴、乌孙异俗，故皆役属匈奴。"而营盘聚落遗址所在"山国"与楼兰国、且末扎滚鲁克所在的"且末国"、尼雅遗址所在"精绝国"均属两汉时期西域三十六国，这些墓地所葬人群的体质人类学特征与《汉书·西域传》所记载互为印证。

3. 扎滚鲁克古墓群

扎滚鲁克古墓群为新疆维吾尔自治区文物保护单位，位于来利勒克遗址西，且末县托格拉克勒克乡扎滚鲁克村西绿洲边缘地带的台地上。古墓群由 1 号、2 号、3 号、4 号、5 号墓地组成，可区分为东西两区域，分布总面积约 2.5 平方千米（图 6-16），墓葬上百座。古墓群出土陶器、铜铁器、丝毛织物、骨木器、木竖箜篌乐器等文物 1000 多件。上限年代距今约 3000 年，下限年代至魏晋。

① 周金玲：《新疆尉犁县营盘古墓群考古述论》，《西域研究》1999 年第 3 期，第 59—66 页。
② 陈靓：《新疆尉犁县营盘墓地古人骨的研究》，教育部人文社会科学重点研究基地吉林大学边疆考古研究中心：《边疆考古研究》第 1 辑，北京：科学出版社，2002 年，第 323—341 页。

图 6-16　扎滚鲁克古墓群
课题组摄

　　古墓群以 1996 年出土的 24 号墓葬为主，建有陈列馆，墓室内有干尸 14 具，干化程度良好，保存完整。墓葬属家庭丛葬墓，以仰身屈肢葬为主，亦有未及时屈肢以直肢方式下葬者。随葬有石、陶、木、铜、铁、棉毛服饰及殉牲等，年代距今约 2600 年，约为中原战国时期墓葬。

4. 米兰古城南侧灌溉遗址

　　米兰古城南侧灌溉遗址位于 315 国道北侧，米兰古城南边（图 6-17）。该遗址早已被风沙掩埋，但仍可从高出地表 5—10 米的大沙垄看出其形态。实地观察灌渠应为当时由阿尔金山前洪积扇向米兰古城引水的渠道，横剖面是河流沙砾石层，碎石略有磨圆，分选不佳，属于洪积物，有上下两套，反映二次河流过程。课题组在水渠顶部发现枯死古树的树干，直径超过 0.5 米，反映了环境趋干的变化趋势。

图 6-17　米兰古城南侧灌溉遗址
课题组摄

　　课题组在对米兰遗址进行考察前偶然在遥感影像上发现了大片古水系。在放大的遥感影像图上可以较为清楚地看到树枝状的水系脉络，可清晰分辨出干流和支流以及次级支流。由于塔里木地区气候极度干旱，人类社会对于水系变动的响应更为敏感。河流干涸或者改道后，人类遗址很快就被废弃掉了，并迅速沙化成为戈壁滩，古河道因此得以完整保留下来。著名的米兰古城就分布在这一古水系下游。课题组认为现代绿洲发育在米兰古遗址西侧，而没有向更靠东侧米兰河方向发展的原因是，这里已经处于冲积扇最东侧边缘，向东发展空间几乎没有。在西侧开辟新的绿洲，除了通过灌渠引米兰河水之外，其北侧山地尚有数条河流汇入这里，提供了重要的水源。

　　渠系旁为古河道，目前呈现高出周围地面的垄状地形。从挖开的剖面来看，属于典型冲洪积相沉积（图 6-18），实地踏勘过程中发现枯死的胡杨树（图 6-19）。胡杨树死掉的原因推测为河流改道，失去水源，故将已经获取的胡杨树样本进行 ^{14}C 分析，可大致判断河流改道的时代。

图 6-18　古河道剖面
崔建新摄

5. 来利勒克遗址

　　来利勒克遗址位于琼库勒乡琼库勒村西荒漠，位于扎滚鲁克古墓群东，现为绿洲边缘之风蚀沙地与风蚀残丘地（图 6-20）。遗址地面可见大量夹砂红褐或灰褐陶片，以及黑色炼渣、残铁块，是细石器时期人类活动遗址。自绿洲边缘而南，可见 Y 字形南北向沙梁，高出两侧风蚀洼地 2—4 米，应为古渠道遗迹，时间大致为汉唐时期。渠道周边能见芦苇根等残留。遗址周边不见城址痕迹，周边亦多为现代墓葬，其沙漠化程度可以反映出这一地区沙进人退的状况。

图 6-19 古河道中胡杨树
崔建新摄

图 6-20 来利勒克遗址航拍图
于昊摄

第二节 罗布泊水系变迁考察

塔里木河水系变迁与水流萎缩，直接影响到沿岸自然绿洲和人工绿洲的发展程度[①]。其中尤以罗布泊的历史演变最为显著。

---

① 杨发相、穆桂金、岳健，等：《干旱区绿洲的成因类型及演变》，《干旱区地理》2006 年第 1 期，第 70—75 页。

　　早更新世的罗布泊湖泊面积大于 2 万平方千米，全新世中期以来一直向西南退，在卫星像上表现为同心纹耳轮构造。在 30 ka BP 前后，我国西北干旱地区雨量较高，气候较湿润[1]。近两千年来罗布泊地区发育了两期古绿洲：第一期是楼兰国时期，历史文献记录楼兰文明兴盛时期为公元 1—4 世纪[2]。对楼兰古城建筑材料的 ^{14}C 年代学分析，也指出楼兰遗存的建筑年代集中在公元 1—4 世纪[3]。塔里木河改道致使在 4 世纪以后楼兰古绿洲逐步演变为风蚀地、盐碱荒漠。第二期也是最后一次绿洲发育是在明清小冰期前（1460 年），相比于小冰期内西风环流带来的相对湿润，这次罗布泊地区绿洲荒废更多地源自塔里木河干流来水的增多。此后河道迁移与下游供水不足，进而引发绿洲的萎缩[4]。

　　对于古楼兰衰亡的原因，学术界主要有以下的几种观点。

　　（1）人类活动导致土地退化和沙漠化的发生，最终导致环境恶化，人类不能生存。谢丽认为楼兰地区的环境恶化经历了"荒地遍垦—水源减少撂荒—风沙侵入"的绿洲废弃三部曲，这与汉代屯垦造成自然植被破坏，兼之上游水资源减少，最终导致荒漠化的形成相似[5]。她的这一观点为许多研究所认可[6]。甚至国外的学者也提出了相似的观点。他们认为楼兰衰亡是一种可以与阿拉伯海危机相提并论的人造灾难，而不是气候变化的影响。楼兰衰亡的时期，罗布泊以及一些汉王朝控制区的湖泊正经历着湖面下降甚至是干涸的困境。而周边地区的湖水则处于高湖面时期，代表着湿润的气候条件。说明塔里木河中游地区的水利灌溉导致了罗布泊地区水资源的大幅度减少，沙漠绿洲环境恶化（图 6-21）。这种观点目前有两个缺陷：首先，文章中用于对比的周边地区湖泊范围很广，既有北疆的湖泊又有柴达木盆地以及河西走廊的湖泊。这些湖泊是受到不同气候系统控制的，将这些气候驱动机制不同的湖泊放到一起来对比明显是有问题的。即便它们在气候记录上无一例外指示了高湖面，但是这种湖面状态有各自的原因，不适合放到一起对比来说明大的气候状态在楼兰衰亡时期为湿润的。其次，作者在用于指示博斯腾湖面的时候用到的是生物代用指标藜/蒿的比值，这一指标其实是利用研究区生物分布情况指代区域相对湿度变化，其湖面变化过程只是由湿度过程推演出来的。因此，作者在这里说气候并没有发生干旱，而是其他因素导致湖面变化从逻辑上是讲不通的。

　　（2）河流改道说。该学说以历史地理学家王守春为代表。他在 1996 年的文章中就指出，公元 300—400 年，由营盘向东经楼兰城流入罗布泊西北端的孔雀河下游河道，或

① 杨小平、刘东生：《距今 30ka 前后我国西北沙漠地区古环境》，《第四纪研究》2003 年第 1 期，第 25—30 页。
② 张莉：《楼兰古绿洲的河道变迁及其原因探讨》，《中国历史地理论丛》2001 年第 1 辑，第 87—98 页。
③ 吕厚远、夏训诚、刘嘉麒，等：《罗布泊新发现古城与 5 个考古遗址的年代学初步研究》，《科学通报》2010 年第 3 期，第 237—245 页。
④ 林永崇、穆桂金、李文，等：《小冰期新疆楼兰地区绿洲生态环境变迁事件》，《干旱区资源与环境》2020 年第 7 期，第 125—132 页。
⑤ 谢丽：《绿洲农业开发与楼兰古国生态环境的变迁》，《中国农史》2001 年第 1 期，第 16—26 页。
⑥ 夏训诚主编：《中国罗布泊》，北京：科学出版社，2007 年。

《水经注》中的"北河"断流干枯，河流改道。改道后的塔里木下游河水，可能主要经由铁干里克、阿拉干附近，再向南与且末河相会后，再向东，也就是沿《水经注》中的"南河"流动[①]。不过，他的这一观点主要建立在诸多推测的基础上，并没有有力的证据。首先，河道改道的时间是按照楼兰城大致衰亡的时间推定的。其次，改道后的位置是根据法显从鄯善到焉耆这段道路来推断的。但是，我们在考察中看到的情况是，即便孔雀河下游已经干涸，但由于其河道下切不深，阶地之间高差不大，沿着孔雀河下游河道的道路依然可以使用。而法显没有从敦煌经行楼兰到鄯善这条更近的道路，而是绕道鄯善可能有其他的原因，而不一定是因为河流改道。最后，该文中对楼兰周围其他聚落的废弃时间也是推断的，并没有坚实的历史文献基础。最为明显的错误是将小河遗址群废弃的年代也后推到历史时期。而后来的小河墓地的考古发掘及测年工作均表明这是一个史前时期遗址，其废弃年代距今 3500 年左右。因此，河流改道说还需要进一步论证。

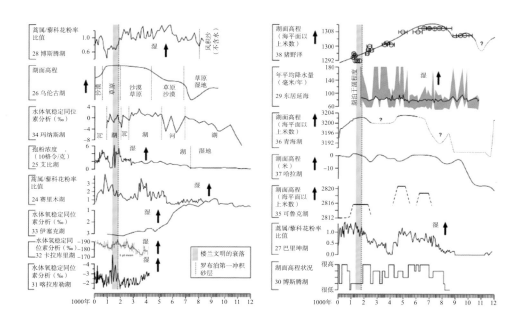

图 6-21 罗布泊及周边地区湖面波动历史

（3）气候变干说。李江风是这个学说的代表。他列举了大量出土文书中的记载，证明了当时楼兰粮食减少、水资源短缺的事实。然后再结合楼兰古城附近发现的古木所显示的该时期树轮偏窄，指出这一时期气候处于相对干旱的状态[②]。然而，限于当时的条件，

① 王守春：《楼兰国都与古代罗布泊的历史地位》，《西域研究》1996 年第 4 期，第 43—53 页；王守春：《历史时期塔里木河下游河道的一次大变迁》，《干旱区地理》1996 年第 4 期，第 10—18 页；王守春：《历史上塔里木河下游地区环境变迁与政治经济地位的变化》，《中国历史地理论丛》1996 年第 3 辑，第 57—70 页。

② 李江风、袁玉江、王承义：《塔里木河中游近 200 年的温度序列和变化》，《地理研究》1988 年第 3 期，第 67—71 页。

李江风并没有对过去 2000 年以来的气候做定量化的重建工作。随着目前研究的深入，已有大量古气候数据可以利用进行气候重建工作。如从昆仑山黄土沉积记录可知，塔里木盆地大约在距今 1500 年前（约 450 年）开始变干（图 6-22）；全新世以来博斯腾湖沉积记录表明距今 1.1—1.9ka 为一个低湖面时期，湖泊内生物量减少，周围碎屑输入增多，土壤侵蚀加剧（图 6-22）。小河剖面在 2.1—0.9ka 气候变干，平均粒径变大，黏土含量降低，指示了干旱的气候条件。而最近 2000 年来高分辨率气候记录显示：在 1500—1650 年，蒿属 / 藜科花粉率比值降低，粒径增加，碳酸盐含量下降，香蒲含量降低，总体指示了变冷变干的气候状态（图 6-23）。显然，气候变干说有相当有力的科学证据。

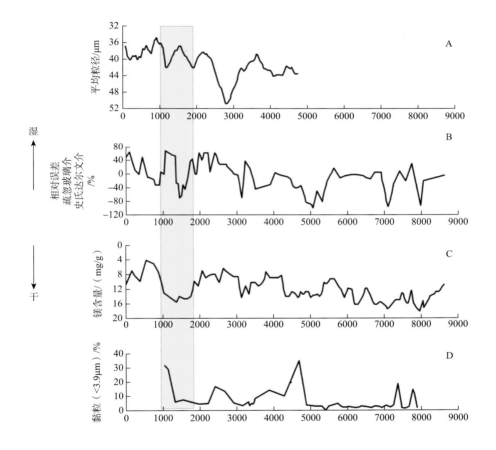

图 6-22 全新世尺度上楼兰衰亡期的干旱气候记录

A 为昆仑山黄土剖面粒度记录；B 为博斯腾湖湖面记录；C 为博斯腾湖镁含量记录（指代湖面碎屑输入量）；D 为小河剖面的黏土含量

　　但是，尽管塔里木盆地东部在这一时期气候变干，可是同一时期的北疆地区以及塔里木盆地西缘却是相对湿润的气候状态。那么，同属于中亚干旱区的新疆为什么在百年纪的时间尺度上表现了不同的气候趋势呢？

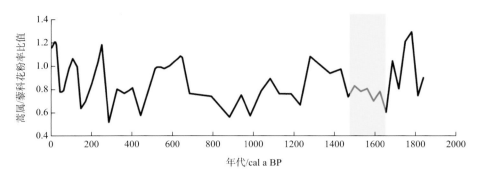

图 6-23　博斯腾湖 2000 年来蒿属 / 藜科花粉率比值

　　根据气象观测数据进行的经验正交函数（empirical orthogonal function，EOF）分析表明：新疆处于西风环流控制区，降水变化具有全疆同步性。但是，蒙古高压的强弱导致了新疆从东北向西南降水的反相变化。新疆东部地区虽然是东亚季风和西风环流影响最弱的过渡区，但二者对抗较强时，可以形成新疆降水的东、西异步变化，甚至东部、南部与西部天山区域的降水异步变化。新疆降水时空分布的影响因子依次是西风环流、东亚季风和高山地形[①]。根据新疆地区 1951—2008 年月降水资料，运用（旋转）经验正交函数（REOF/EOF）分解、主成分分析、分形理论及地统计学等方法进行研究，结果表明：降水空间分布以南疆—北疆相反型、北疆—东疆一致与南疆相反的复杂型为主；北疆降水有增加，而南疆则有相对减少的趋势[②]。现代器测记录也表明：随着温度增高，新疆年降水量普遍呈现出增加的趋势。年降水量增加明显的地区有北疆以及南疆和田地区东部、喀什地区西部和克孜勒苏柯尔克孜自治州阿图什市，增幅中心位于阿图什市。年降水量减少的地方有东疆哈密市东部和南疆巴音郭楞蒙古自治州东部，年降水量减少幅度最大的地区位于淖毛湖。这一情况有力地证明了北疆地区与塔里木盆地西部地区的降水变化趋势相一致，而塔里木盆地东部和哈密地区降水趋势一致[③]。回到历史时期，课题组发现这种干湿空间分布与历史时期的气候状况高度相似，即塔里木盆地东部为暖干，而北疆以及盆地西缘为暖湿。气候变化的区域差异现象是受到环流条件、地形等因素控制的一种自然状态。

　　跟楼兰古城大约同时期废弃的古城还很多，如海头遗址、尼雅遗址、喀拉墩古城、道孜勒克古城等数十个城址，这些古城址现在大部分已经在沙漠之中。这些古城跨越了不同的流域和绿洲，很难用河流改道或者土地利用导致河水减少来解释。而其背后可能为同一因素控制，即相对大空间尺度的自然气候条件变化应该成为首要考虑因素。而学者们之前

---

　　① 南庆红、杨舵、杨青：《应用 EOF 方法分析新疆降水变化特征》，《中国沙漠》2003 年第 5 期，第 554—559 页。

　　② 徐文才、徐利岗：《新疆地区降水空间结构特征及其变异性分析》，《人民黄河》2010 年第 5 期，第 34—35 页。

　　③ 康丽娟、巴特尔·巴克、罗那那，等：《1961—2013 年新疆气温和降水的时空变化特征分析》，《新疆农业科学》2018 年第 1 期，第 123—133 页。

在尼雅、策勒剖面的工作也指示了公元 4—5 世纪的暖干事件[①]。是否这次暖干事件导致了当时的沙漠化过程还需要进一步的研究，课题组发现当前的南疆地区也正在经历着暖干的气候状况，在从若羌到营盘的考察途中经过台特玛湖和孔雀河河道时，发现其现在都处于已经干涸的状态，绿洲生态和绿洲文明同样面临着气候变化的挑战。因此，课题组正是希望通过对历史时期沙漠地区环境变迁进行实证研究，总结历史规律，为当今沙漠地区人类适应气候变化提供历史借鉴。

第三节　丝绸之路中道、南道交通考察

塔克拉玛干沙漠所在的塔里木盆地位于古代丝绸之路上，历史时期丝绸之路的南、中、北道及新北道等均经过其间，并且这些交通路线至少在公元前 2500 年前就已经存在了。因为在干旱地区只有在水分条件较好的地区才能保证交通要道上的人类和役畜的补给需要[②]。而塔克拉玛干东部的罗布泊地区，位于塔里木河下游，与河西走廊地区的疏勒河相距不远，故成为贯穿东西部交通的丝绸之路的枢纽。课题组于 2018 年 4 月和 2021 年 7 月围绕丝绸之路南道和中道开展两次专题实地调研，同时结合历史文献资料和近代考察报告，对这一地区的交通路线进行了研究与分析。

一、清代以前塔里木盆地交通路线

先秦时代，西域地区向中原输出的大宗重要的商品是西域盛产的中原祭祀和礼制活动中必不可少的玉石，这些玉石主要是来自和田的羊脂玉，以及莎车的叶尔羌玉。最典型的是在今安阳殷墟中的妇好墓中出土了很多用新疆和田玉制成的玉器。当时西域玉石的东传路线有两条：一是自莎车、于阗沿昆仑山北麓，经流沙，入甘肃敦煌附近的阳关，到黄河上游一带；二是自疏勒（今喀什）经阿克苏、库车、焉耆、尉犁，出玉门关，经河西走廊进入中原地区。另外，自莎车、于阗沿昆仑山北麓，在今若羌以东进入青海，经过柴达木盆地抵达青海湖，沿湟水东行以抵达渭河流域的这条路也是玉石东传的一条重要路线。

至公元前 3 世纪，丝绸之路已经初具雏形。其中，北路以洛阳、西安为起点，经甘肃的陇西至敦煌，出玉门关，涉流沙沿天山南麓西行，经焉耆、阿克苏至疏勒，西越帕米尔高原进入中亚、西亚，最终抵达地中海沿岸；南路从阳关西南行进入南疆，或经湟水流域穿过柴达木盆地，沿昆仑山北麓，经于阗、叶城、莎车折向南，逾帕米尔高原至

---

① 舒强、钟巍、熊黑钢：《塔里木盆地近 4ka 来的气候变迁与古人类文明兴衰》，《人文地理》2003 年第 3 期，第 87—91 页。

② Frachetti M. D., Smith C. E., Traub C. M., et al, Nomadic Ecology Shaped the Highland Geography of Asia's Silk Roads, *Nature*, 2017, 543: 193-198.

今巴基斯坦境内。

新疆古代交通道路与丝绸之路有着密切的关系。汉唐之间，新疆"三十六国"和聚落城镇主要分布在南疆盆地，丝路自长安起从河西走廊最西端的敦煌经过楼兰进入西域；隋唐以后，楼兰衰亡，天山以北逐渐得到开发，西域交通重心北移，丝绸之路改由敦煌以东的瓜州经今哈密、吐鲁番前往天山南北。新疆交通路线的走向和经过区域，不同的时期往往存在显著差异，但基本方位大体一致。因此，讨论塔里木盆地的交通，必然会提到丝绸之路。但同时也要明确，丝绸之路还有更广泛的内容和外延。

丝绸之路南道与今天通行的若羌、且末、民丰、于阗、策勒、和阗、皮山、叶城、莎车、英吉沙、喀什这一交通线大致平行。今天的交通线应该位于丝绸之路南道更靠南的位置。由于沙漠化的影响，古代道路应该大部分已经被沙漠覆盖。丝绸之路南道主要在山麓地带的绿洲之间分布。首先，这些绿洲主要由山间流出的河流冲积形成。这里既有丰富的水资源，又有肥沃的土壤。其次，沿绿洲的交通线也是最易通行的，在保障供给的情况下避免了跨过大沙漠的艰辛和危险。

丝绸之路中道，处在天山南麓山前地带与塔克拉玛干沙漠北缘之间，汉代时称"北道"，在新北道开通后，这里被称为"中道"。这条道路大致与今天的吐鲁番、托克逊、焉耆、库尔勒、轮台、库车、阿克苏、喀什这条公路相当。

1. 两汉时期

汉代张骞的两次出使西域，为中西交通做出了巨大贡献。《史记》赞其为"凿空"，张骞凿空的往返路线成为丝绸之路最早的南北干线。《汉书》卷96上《西域传》载：

> 自玉门、阳关出西域有两道。从鄯善傍南山北，波河西行至莎车，为南道；南道西逾葱岭则出大月氏、安息。自车师前王廷随北山，波河西行至疏勒，为北道；北道西逾葱岭则出大宛、康居、奄蔡焉。[1]

其中南道由阳关出发，经鄯善（古楼兰，今新疆若羌）向西，经且末、精绝（今新疆尼雅）、扜弥到于阗，又西北至莎车，以西越葱岭，至大月氏，以抵安溪；北道由玉门关出发至鄯善而北，到车师（今吐鲁番），沿天山南麓，塔里木河北岸，经过焉耆、尉犁、库车、拜城、阿克苏、姑墨（今新疆温宿）至疏勒（今新疆喀什），西越葱岭，至大宛、康居一带。亦可自鄯善西行，沿孔雀河至尉犁与北道合。

东汉建立后，丝绸之路"三绝三通"，处于长期的不稳定时期。范晔《后汉书》卷88《西域传》依据班勇撰写的《西域记》记载东汉的丝绸之路路线为：

> 自敦煌西出玉门、阳关，涉鄯善，北通伊吾千余里，自伊吾北通车师前部高昌壁千二百里，自高昌壁北通后部金满城五百里。此西域之门户也，故戊己校尉更互屯焉。……自鄯善逾葱岭出西诸国，有两道。傍南山北，陂河西行至莎车，为南道。……自车师前王庭随北山，陂河西行至疏勒，为北道。[2]

---

① （东汉）班固：《汉书》卷96上《西域传》，北京：中华书局，1962年，第3872页。
② （南朝·宋）范晔：《后汉书》卷88《西域传》，北京：中华书局，1965年，第2914页。

汉代，葱岭地区分布着九个小国家，彼此之间的道路相互连接，构成了丝绸之路的干线和重要分道。

自莎车、皮山等地向南翻越葱岭，可以到达罽宾（今克什米尔地区）国，罽宾国认为自己离汉朝特别远，汉朝军事力量并不能到达其国，反过来，从罽宾前往汉朝，亦有"县度之厄"，非罽宾所能越也。《汉书•西域传》记载其路线之险远曰：

> 起皮山南……又历大头痛、小头痛之山，赤土、身热之阪，令人身热无色，头痛呕吐，驴畜尽然。又有三池、盘石阪，道狭者尺六七寸，长者径三十里。临峥嵘不测之深，行者骑步相持，绳索相引，二千余里乃到县度。畜队，未半坑谷尽靡碎；人堕，势不得相收视。险阻危害，不可胜言。[①]

由上述可知，当时人们视这条道路为畏途。

2. 三国魏晋时期

公元 220 年曹魏统一北方后，西域地方也纳入其管理范围。此时丝绸之路的具体路线已经发生新的变化。由于两汉至魏晋的持续不断的打击，原先游牧于天山南北的匈奴人，西迁而去，经过伊吾沿天山南北麓而行的丝路新北道已畅通无阻。于是，《三国志》卷30《魏书•乌丸鲜卑东夷列传》注引《魏略•西戎传》记载当时的道路曰：

> 从燉煌玉门关入西域，前有二道，今有三道。从玉门关西出，经婼羌转西，越葱岭，经县度，入大月氏，为南道。从玉门关西出，发都护井，回三陇沙北头，经居卢仓，从沙西井转西北，过龙堆，到故楼兰，转西诣龟兹，至葱岭，为中道。从玉门关西北出，经横坑，辟三陇沙及龙堆，出五船北，到车师界戊己校尉所治高昌，转西与中道合龟兹，为新道。[②]

其中，南道的主干线仍如汉时，自敦煌至若羌之间实际有二道：一条后世称为"山道"，自阳关出发，向南进入阿尔金山腹地行走，道路较崎岖，但有水草，气候凉爽，宜夏季行走；另一条为"沙漠路"，自玉门关沿疏勒河西行，傍阿尔金山脚与库木塔格沙漠间的阿奇克谷地行进，西接盐泽（罗布泊），抵达楼兰、若羌等地，道路较为平坦，但少水草，夏季酷暑，宜冬季行走。若羌至莎车段沿昆仑山北麓而行。

自莎车向西抵蒲犁（今塔什库尔干），又分南北二线：北线从叶尔羌河南岸越葱岭后，经费尔干纳盆地抵达西亚地区；南线则由瓦罕走廊到古代的天竺北部罽宾等国，即克什米尔地区。

中道即汉时北道，主干线无变化。至疏勒后，一路西行越帕米尔高原进入中亚草原。

北道即东汉和魏晋时的新北道。此路由敦煌北上，过流沙至伊吾，沿天山南麓，经高昌、龟兹，转入中道。另一道，自伊吾沿天山北麓，经巴里坤至吉木萨尔、乌鲁木齐一带，西至伊犁河流域。

北魏时期，丝绸之路从原先的两道变为四道：

---

① （东汉）班固：《汉书》卷 96 上《西域传》，北京：中华书局，1962 年，第 3886—3887 页。
② （晋）陈寿：《三国志》卷 30《魏书•乌丸鲜卑东夷列传》，北京：中华书局，1959 年，第 859 页。

其出西域本有二道，后更为四：出自玉门，渡流沙，西行二千里至鄯善为一道；自玉门渡流沙，北行二千二百里至车师为一道；从莎车西行一百里至葱岭，葱岭西一千三百里至伽倍为一道；自莎车西南五百里葱岭，西南一千三百里至波路为一道焉。[①]

依其记载，第一道即汉代丝路南道；第二道为汉代丝路北道；第三道的莎车应为疏勒，伽倍当指今阿富汗喀布尔一带，即汉代丝路北道的国外部分；第四道的波路指大勃律，在今巴基斯坦北部，该道即汉代丝路南道的国外部分。丝绸之路的路线实际并无大的变化，只是《魏书·西域传》在路线记载方式上发生了部分变化。而《北史·西域传》与《魏书》记载一致。

3. 隋唐时期

隋代恢复了丝绸之路南道的畅通。当时被派到张掖主持互市贸易的裴炬，写成记载西域 44 国的翔实情况并标绘成图的《西域图记》一书。书中详细记录了隋代丝绸之路的具体路线：

发自敦煌，至于西海，凡为三道，各有襟带。北道从伊吾，经蒲类海铁勒部，突厥可汗庭，度北流河水，至拂菻国，达于西海。其中道从高昌、焉耆、龟兹、疏勒，度葱岭，又经钹汗，苏对沙那国，康国，曹国，何国，大、小安国，穆国，至波斯，达于西海。其南道从鄯善、于阗、朱俱波、喝盘陀，度葱岭，又经护密、吐火罗、挹怛、忛延、漕国，至北婆罗门，达于西海。其三道诸国，亦各自有路，南北交通。其东女国、南婆罗门国等，并随其所往，诸处得达。故知伊吾、高昌、鄯善，并西域之门户也。总凑敦煌，是其咽喉之地。[②]

唐时，西域纳入中原王朝版图之中，丝绸之路再度畅通，并形成完善的交通网络体系。其中，丝绸之路南、中、北道仍为干线，但以天山以北的北道最为繁盛。

唐代西域丝绸之路是由多达 14 条道路组成的交通网络，包括安西道、热海道、南道、拨换城经疏勒至莎车道、焉耆—安西路、银山道、西州道、伊吾至西州道、新开道、伊吾至北庭道、伊吾至长安道、回鹘道、吐蕃道、天山道。其中，途经塔里木盆地的路线有以下几个。

（1）安西道。属丝绸之路中道，由安西都护府驻地（今新疆库车）出发。据《新唐书·地理志》记载，由安西东去，经焉耆、高昌、伊吾，进入河西走廊，通往都城长安；向西前往中亚的道路全长 1600 里。路线走向为自安西西渡白马河（今库车城西 60 里处为渡口），经俱毗罗城（今赛拉木）、阿悉言城（今拜城）、拨换城（今阿克苏），过葫芦河（今托什干河）至大石城（今乌什），转向西北，越拔达岭，到达汉代乌孙治所赤谷城，再西向热海，经碎叶最后抵达怛逻斯城。

（2）南道。汉代丝路南道，沿塔克拉玛干大沙漠自东向西而行。据《新唐书·地理志》

① （北齐）魏收：《魏书》卷 102《西域传》，北京：中华书局，1974 年，第 1261 页。
② （唐）魏征等：《隋书》卷 67《裴矩传》，北京：中华书局，1973 年，第 1579—1580 页。

载：全长 4860 里，路线东自敦煌起，西出阳关，经蒲昌海南岸千里、七屯城（汉代楼兰伊循城）、播仙镇（今且末东北）、于阗东兰城守捉、于阗、郅支满城（今叶城）、演度州（今英吉沙北），过葱岭守捉（今塔什库尔干），通向天竺和波斯。

（3）拨换城经疏勒至莎车道。丝路中、南道相连接的一条道路，汉代就已经存在。据《新唐书·地理志》记载，自拨换城起至疏勒镇止，全长 840 里，途经谒者馆（今柯坪附近）、握瑟德（巴楚西北一带），西行至疏勒、莎车，与丝路南道接通，通往葱岭。葱岭守捉是边境要塞，属安西都护府辖治。此路是安西都护府用兵疏通丝路和西亚商旅东来大唐贸易的捷径，交通繁荣兴旺。

（4）焉耆—安西路。连接高昌和龟兹的唯一道路。《新唐书·地理志》载：自焉耆向南，至铁门关西渡孔雀河，经于术、榆林、龙泉、东夷僻、赤岸等守捉，到安西，全长 630 里。唐代安西都护府曾在两地之间迁移，中途设置六处守捉城，可见此路之重要作用。

（5）银山道。高昌至焉耆的山路，途中有银矿，故取名银山道。据《新唐书·地理志》载，银山道自西州向西南，行经南平、安昌两城，120 里至天山县，向西南进入山谷，220 里至银山碛（今库米什），40 里至焉耆境内的吕光馆，又经盘石路 100 里，到张三城守捉，再前行 145 里至焉耆镇，全长 525 里。银山道是西州东去伊州（今哈密），北往庭州，西至安西的交通要道，也是唐代丝绸之路上政治、经济、文化、艺术、宗教交流最频繁的交通路线。玄奘西行前往印度曾经过该路，并对其进行详细记载。

（6）吐蕃道。西域至吐蕃（今西藏一带）的道路，有两条主要路线：一是由丝绸之路南道或中道经葱岭至小勃律（今巴基斯坦吉尔吉特）通向吐蕃；二是由丝绸之路南道上的于阗南逾昆仑山，经胡弩镇（于阗南 600 里），进入今日的藏北高原。唐代，于阗是安西四镇之一，设置毗沙都督府。《新唐书·地理志》载，自拨换城向南而东渡赤河（塔里木河）穿越塔克拉玛干大沙漠 930 里，到达于阗镇。此路穿行沙海，艰难荒凉，是安西都护府与毗沙都督府相互联系的一条捷径。

（7）天山道。沿途翻越崇山峻岭，冬季冰雪覆盖，难以通行，而夏季沿线水草茂盛，气候凉爽宜人，为南、中、北道所不及。其路线穿越天山腹地，以托克逊为起点，出伊拉里克，由阿拉沟入谷口，经裕勒都斯，抵伊犁。具体路线为，从吐鲁番向西，经托克逊、阿拉沟口、巴伦台、阿克先、巴音布鲁克、那拉提、巩乃斯，过伊犁河至伊犁，再经伊塞克湖至中亚。

4. 五代、宋代道路

五代十国以至宋代，西域各地与中原各封建王朝保持着隶属关系，双方使节往来频繁。

后晋曾派遣高居诲为使臣，前去西域。高氏著作《使于阗记》被《新五代史》收录。据其行记所载，他在灵州（今宁夏灵武西南）渡黄河，向西穿腾格里沙漠，转道经河西走廊的凉州，西出阳关，沿丝绸之路南道前往于阗。高居晦自开封至宁夏平原，经沙漠转至河西走廊的路线反映了丝绸之路的新变化，是前代史书未曾记载的一条道路。

5. 元明时期塔里木盆地的东西交通道路

元代，大量旅行家、宗教僧侣、商人往来于丝绸之路上，从而推动了东西文明的交往，但因蒙古控制了北方草原地区，人们大都途经北疆地区，即草原之路，如丘处机、常德、马可波罗等人均如此。

明代由于最远仅控制到今哈密一带，永乐年间在其地设立哈密卫。但是明代西域与中原的政治联系、商业贸易仍然非常活跃，穿越塔里木盆地的道路仍在运行。据火者·盖耶速丁《沙哈鲁遣使中国记》载，永乐十年（1419 年），帖木儿帝国使团自哈烈启程，沿着天山北麓西行到吐鲁番，后经肃州至北京。而永乐十九年（1421 年）使团返程时却改走丝绸之路南道，自敦煌经且末、于阗、喀什噶尔，越葱岭向西归国。

此外，耶稣会士葡萄牙人鄂本笃于万历三十一年（1603 年），自腊合儿（今巴基斯坦拉合尔）启程，与商队结伴同行，经白沙瓦到可不里（今阿富汗首都喀布尔），向北越过兴都库什山，东北行进入葱岭，经塔什库尔干到莎车。万历三十二年（1604 年），他再从莎车启程，向东北经阿克苏、库车到焉耆，继续东行，经吐鲁番、哈密进入嘉峪关，到达肃州城。不幸的是，他于肃州患病去世，未能达成抵达北京的愿望。

二、清时期塔里木盆地交通路线

清代乾隆至同治年间，清政府设置伊犁将军负责新疆军政事务。其中，交通道路体系以伊犁将军所在地伊犁为中心。其管理体系分军台、营塘两种，而乌鲁木齐等设有州县的地区又设有驿站，负责交通事务。光绪年间新疆建省，乌鲁木齐成为全疆的政治、经济、文化中心和交通枢纽，原有的军台营塘道路体系悉数改为驿路（表 6-1）。至清末，全疆主要有 15 条驿路相互连接。下面从不同区域来描述塔里木盆地交通道路体系。

表 6-1　清代吐鲁番—阿克苏军台变化一览表

原设地点	调整时间	移设地点	归属地
伊拉里克	乾隆三十年（1765 年）	苏巴什台	吐鲁番
博尔图昂阿	乾隆三十年（1765 年）	库木什阿克玛台	吐鲁番
博尔图达巴	乾隆三十年（1765 年）	额克尔齐台	焉耆
鄂博尔博尔图	乾隆三十年（1765 年）	乌沙克塔勒台	焉耆
雅尔干	乾隆三十六年（1771 年）	鄂依斯塔克齐克台	旧属阿克苏。乾隆三十七年（1772 年）归赛喇木辖
雅哈阿里克	乾隆三十六年（1771 年）	哈喇裕勒衮台	阿克苏

1. 塔里木盆地北缘的交通道路

自吐鲁番经喀喇沙尔、库车、阿克苏至乌什的道路。

清代前往南疆，除经伊犁翻越穆素尔冰岭路及其他小路外，其大路起自吐鲁番，向南至焉耆、库尔勒。吐鲁番至焉耆段道路需翻越天山余脉，崇山峻岭，道路难行。过库尔勒之后，道路向西沿天山南麓，塔里木河北岸而行，除部分路段会经过苇湖区域，道路难行外，其余大都经过戈壁、绿洲等地形平坦地区，道路相对易行。

乾隆二十三年（1758 年），靖逆将军雅尔哈善率军行抵库车，围困城中反叛的大小和卓军队。清军在平叛过程中即注意设置军台，保障军队、马匹、物资等的供应。乾隆三十年（1765 年）和乾隆三十六年（1771 年）又根据道路实际应用情况，对吐鲁番至阿克苏的部分军台进行调整。

光绪三年（1877 年），刘锦棠率湘军自吐鲁番南苏巴什起，西至乌什，一月驰三千余里，向西追击已归降阿古柏的回民军首领白彦虎，顺势收复天山南麓各城。湘军贯彻了左宗棠制定的"先北后南，缓进急战"的用兵方针，迅速收复南疆北部区域。由于"往年墩台塘汛，自安逆窃据南疆，概行毁坏"①，新疆设省后，各府县将原设军台大都改为驿站，新设部分驿站，恢复了官方的道路交通体系。

2. 塔里木盆地东缘的交通道路

库尔勒至若羌（卡克里克）新设驿路。

同治年间，南疆大乱，"回民避难者，多杂集蒲昌海左右，流离转徙，死伤过半。大吏劳徕安集，焚灌莽，起屋居，艺树决渠，资牛、种、镪基、纩绩、缉纫之具，教以耕织。行之十年，民乃大殖"②。光绪年间新疆平定后，清政府在蒲昌海即罗布泊西岸筑蒲昌城，设立县治。由此，若羌与库尔勒之间沿塔里木河而行的道路由小路改设为驿路。

据《新疆乡土志稿》婼羌县乡土志图③与《新疆全省舆地图》新平县（即尉犁县）图，驿路自婼羌县底驿，过罗布桥至罗布驿、破城驿、和罕驿，渡阿拉竿河至阿拉竿驿、喀喇台驿，至合什墩驿、乌鲁可立驿、英格可立驿、河拉驿、英气盖河驿、库尔勒。

此后，由于新疆社会趋于稳定，流民逐渐返乡，因战乱而出现的虚假人口"繁荣"消退；而塔里木河上游农业逐渐恢复，农田灌溉体系修复，河流下游接收的水量减少，导致蒲昌城一带水源匮乏，农业无以为继。至民国初年，蒲昌城已经接近废弃，交通亦接近中断。

3. 塔里木盆地西缘的交通道路

（1）叶尔羌军台路。阿克苏至叶尔羌所行的叶尔羌台站路历来是南北通衢。乾隆中设为军台道路。叶尔羌台站路的每个军台各有其编号，叶尔羌底台以北的爱吉特呼台又称头台，赖里克台称二台，迈纳特台称三台，依次类推。嘉庆道光年间，军台道路曾发生过两次改线，部分军台名称也随之发生变化。道光二十七年（1847 年）八月，安集延人窜

---

① 中国社会科学院中国边疆史地研究中心：《新疆乡土志稿》拜城县乡土志，北京：全国图书馆文献缩微复制中心，1990 年，第 468 页。

②谢彬著，杨镰、张颐青整理：《新疆游记·阳关道及缠回风俗》，乌鲁木齐：新疆人民出版社，2001 年，第 188 页。

③ 中国社会科学院中国边疆史地研究中心：《新疆乡土志稿》婼羌县乡土志图，北京：全国图书馆文献缩微复制中心，1990 年，第 544 页。

入南疆，扰乱叶尔羌台站路，加之叶尔羌河洪水威胁，屡屡造成道路毁坏，行旅受阻，导致巴楚至阿克苏段叶尔羌河沿岸台站路被放弃，八台至十二台全部被替换，转设至喀什噶尔河沿岸[①]（表 6-2）。

表 6-2　清代叶尔羌—温宿军台道路、编号与名称变化一览表

编号	乾隆军台名称	嘉庆军台名称	道光军台名称
	叶尔羌底台	同左	同左
头台	爱吉特呼台	同左	同左
二台	赖里克台	同左	同左
三台	迈纳特台	同左	同左
四台	阿朗格尔台	同左	同左
五台	阿克萨克玛拉尔台	阿克萨克	阿克萨克
六台	毕萨克台	辟展里克台	吉格达沙马里克
七台	赛尔古努斯台	海南木桥台	巴尔楚克
八台	哲克得里克托海台	喀喇塔克台	察巴克
九台	巴尔楚克台	同左	图木舒克
十台	库克辙尔台	同左	车底库勒
十一台	汗阿里克台	同左	雅尔库图克
十二台	乌图斯克璊台	同左	色瓦特
	伊拉都台	同左	齐兰台

（2）树窝子路改设为驿路。清初，阿克苏至喀什须绕行叶尔羌的军台路，道路迂曲。自阿克苏沿叶尔羌军台路至巴尔楚克后，向西有树窝子路通往喀什，较为便捷，行人多用之。光绪年间，湘军分道收复喀什噶尔，其正兵由巴尔楚克沿树窝子路而行，偏师由乌什通喀什道路而行。战事结束后，刘锦棠将巴楚至喀什噶尔（后更名疏勒）的树窝子路辟为驿路[②]。

（3）阿克苏经乌什通喀什小路。自乌什西南行经巴什雅哈玛，沿河南岸有间道亦名"树窝子路"通喀什，曾多次作为进兵路线。《乾隆十三排图》8 排西 4 中阿克苏经乌什、巴尔昌至喀什的路径为："自阿克苏西渡特穆尔苏至哲尔格集克得，西渡多什汉必拉至乌什，西经古木克齐克、色博尔拜、松达什，翻越额尔济巴什达巴汉至赫灰尔鄂什谟、库兰齐克、辟展、查木巴里雅苏底、齐都博、哲克得布拉克、哈拉布拉克、索古木、巴尔昌至阿尔图什，渡博尔和什必拉至博什克勒木，抵哈什哈尔（即喀什噶尔）。"

---

① 中国社会科学院中国边疆史地研究中心：《新疆乡土志稿》巴楚州乡土志，北京：全国图书馆文献缩微复制中心，1990 年，第 636—637 页。

② （清）王树枏等纂修，朱玉麒等整理：《新疆图志》卷 82《道路四》，上海：上海古籍出版社，2015 年，第 1559 页。

4.塔里木盆地南缘的交通道路

（1）喀什噶尔经英吉沙尔至莎车的道路。喀什噶尔经英吉沙尔至莎车的道路即汉以来丝绸之路南道，乾隆年间设置军台道路。清代前期自阿克苏至喀什，即须经莎车、英吉沙尔中转。光绪年间新疆设省后，英吉沙尔前往喀什噶尔有大道和古道各一条：大道即驿路，出英吉沙尔城东门北行；古道出城西门。出英吉沙尔城南门前往莎车亦有大路一条[①]。

（2）莎车至于阗的道路。乾隆二十四年（1759年），和阗当地势力归顺清朝。莎车至和阗道路设为军台道路，其路线沿线除莎车与和阗两大绿洲外，其余多为沿塔里木盆地西缘的小绿洲[②]。清末，这一道路改为驿路[③]。

（3）和阗以东至若羌的道路。清代前期，和阗以东至若羌未设为官方道路，《乾隆十三排图》中和阗以东有道路通往嘎顺淖尔。得益于光绪年间的新疆设省和开发，新疆建省初期，各级政权急于了解辖区内外交通状况，新疆巡抚刘锦棠和魏光焘先后三次派郝永刚等人探路，郝永刚自敦煌向西经直抵和阗，其报告中保存了若羌（卡克里克）西至和阗的交通道路的行经点和里程，大致是沿昆仑山北麓塔里木盆地南缘行进[④]。

从史前时期开始，塔里木盆地的文化均是分布在绿洲地带。该地区的绿洲主要分为三种类型：一是扇形地绿洲，分布在出山冲洪积扇的中下部泉水溢出带附近。这里以亚砂土—亚黏土为主，土层深厚，土壤肥沃，地下径流条件畅通，水质好，土壤次生盐渍化现象少。如和田绿洲、若羌绿洲、莎车绿洲等老绿洲，千百年来直至现在仍是重要的农业基地。二是沿河绿洲（河流冲积平原绿洲），分布在水量较大的河流低阶地上，或河流深切不严重，引水较方便的河岸地带。它们沿河流呈狭长分布，伸展范围也不大。三是干三角洲绿洲，分布在较大河流的终点附近，深居沙漠之中。这里地势平坦，冬季比山麓地带更暖和。一些著名的古绿洲如尼雅、喀拉墩、丹丹乌里克、且末等就分布在这里。昆仑山的山体自西向东逐渐降低，由于西部高峻的山体拦截西风流带来的水汽，山区降水较多。因此一些较大河流如叶尔羌河、和田河、克里雅河等主要分布于西部，从而形成面积较大的绿洲。在各种绿洲中，扇形地绿洲相对比较稳定。较大的河流在冲洪积扇上形成较大的绿洲，河流补给来源广泛，水量供给有保证，即使河流改道变幅也不至于过大[⑤]。

尽管历史时期的很多古城都是分布在绿洲地带，但是由于所处的地貌部位不一样，其对于环境的响应过程也不相同。有研究表明在面积大于2000平方千米的绿洲上有更高的

① 中国社会科学院中国边疆史地研究中心：《新疆乡土志稿》英吉沙尔厅乡土志，北京：全国图书馆文献缩微复制中心，1990年，第761—762页。

② 钟兴麒、王豪、韩慧校注：《西域图志校注》，乌鲁木齐：新疆人民出版社，2002年，第446页。

③ 中国社会科学院中国边疆史地研究中心：《新疆乡土志稿》洛浦县乡土志，北京：全国图书馆文献缩微复制中心，1990年，第706页。

④ （清）陶保廉著，刘满点校：《辛卯侍行记》，兰州：甘肃人民出版社，2002年，第350页。

⑤ 俎瑞平、高前兆、钱鞠，等：《2000年来塔里木盆地南缘绿洲环境演变》，《中国沙漠》2001年第2期，第122—128页。

聚落密度，这些绿洲更为稳定，对于气候响应敏感度也较低；而在小绿洲以及河流中下游地区的聚落更容易受到气候波动的影响[①]。楼兰尽管在政治上处于非常重要的地位，但是其地理位置并不占绝对优势。首先，其处于塔里木盆地的东端，西风带的水汽经过西昆仑的阻挡已经大部分降落。因此，楼兰所在位置降雨量极少。其次，楼兰北部的山脉为库鲁克塔格山，其海拔较低也不利于冰川和积雪的形成。因此，冰雪对楼兰的补给量也要小很多。最后，楼兰处于孔雀河三角洲地区，这里的兴衰严重依赖孔雀河水。一旦河水流量减少或者改道发生，楼兰地区的生态环境将迅速恶化。处于库鲁克塔格山南缘的营盘遗址与楼兰拥有相似的地理位置。但是，这两个城在环境较好的时期起到的最大作用是沟通东西和南北的要地，丝绸之路中道途经这里，并且由于库鲁克塔格山在这里的海拔比较低，非常容易翻过山口与吐鲁番的车师相通。最终实现沟通西域诸国的目的。

与楼兰相比，处在丝绸之路南道上的那些绿洲如米兰、若羌、瓦石峡、且末等均属于冲积扇型绿洲。由于补给来源稳定，这种绿洲最为稳定。因此，这些古城所在绿洲从古到今一直存在，古代古城位置和现代绿洲区域相距不远。当年新立的楼兰王主动要求将古都南迁，除了政治因素外，还是对环境的一种择优选择。

同样，丝绸之路的路网也是依靠城市存在的，当一些城市衰落的时候，与其相连的道路也相应衰落。如当楼兰衰落的时候，途经此处的很多道路也相应改道。如玉门关经楼兰到鄯善的道路，如丝绸之路中段的道路。后者在今天仍然有一条道路存在，主要是军事目的，不是正式的民用道路。道路两边为戈壁滩，一路上几乎没有村落，环境已经较为恶劣。

从交通与城址的关系看，在鄯善以东的起始路线有四条，而楼兰正处于重要节点上。第一条是从玉门关向西至楼兰，然后再从楼兰向西南至鄯善。从楼兰至鄯善的一段道路大约是沿罗布泊西岸经海头（LK）、阿不旦到今天的若羌附近。当楼兰城在约4世纪的时候废弃之后，从玉门关到鄯善就不再从楼兰绕行。而第二条路线就发展了起来。这条路线是从玉门关向西经今天的科什库都克，转向西南经今羊达克库都克、库木库都克、科什兰孜、洛瓦寨、墩力克、米兰至鄯善（今若羌）。第三条是从阳关（北距玉门关约70千米）向西南沿阿尔金山北麓直至鄯善，即所谓"阳关路"。第四条是从青海柴达木盆地的北缘或南缘向西经过今天的茫崖、尕斯库勒湖、依勒娃其曼直至鄯善。

考察中的土垠遗址、营盘古城以及楼兰古城均在丝绸之路中道上，其中楼兰古城又是南道和中道的必经之路，处于交通枢纽的地位。课题组在两次考察中发现的孔雀河流域的诸多烽燧遗址也是串成一条线与这条道路大致平行的。当时（汉唐时期）通过这条重要的交通线直接控制西域的很多国家，又在沿线布设很多烽燧以达到（军事）防御、控制西域的目的。由此可见，塔里木盆地聚落、水系、交通路线与自然地理条件紧密相关，同时塑造着这一地区的环境变迁过程。

---

① Jia D., Fang X. Q., Zhang C. P., Coincidence of Abandoned Settlements and Climate Change in the Xinjiang Oases Zone during the Last 2000 Years, *Journal of Geographical Sciences*, 2017, 27(9):1100-1110.

第七章

科尔沁沙地与呼伦贝尔沙地考察

科尔沁沙地位于西辽河平原，地处内蒙古、吉林和辽宁三省区交界地带。科尔沁沙地主体位于我国农牧交错带上，平均降水量可达 300—400 毫米，属于半干旱地区，沙地东南部降水量较高，属于半湿润区。这一地区为典型的季风气候，夏季高温多雨，冬季干燥寒冷，冬春季以西北风和偏北风为主，夏季以东南风为主。

呼伦贝尔沙地位于内蒙古东北部呼伦贝尔高原，东部为大兴安岭西麓丘陵地区，西临达赉湖和克鲁伦河，南与蒙古国相接，北达海拉尔河北岸，地势由东向西逐渐降低，且南部高于北部。与科尔沁沙地相同，呼伦贝尔沙地也处于我国 400 毫米等降水量线附近，气候具有半湿润、半干旱的过渡特点，沙地境内的河流、湖泊、沼泽较多，水分条件优越，年平均气温较低，年降水量多集中于夏秋季，而冬春两季寒冷干燥。

2018 年 10 月、2019 年 8 月和 2020 年 8 月，项目组分别对科尔沁沙地和呼伦贝尔沙地进行了田野考察，着重考察沙地周边的古城址、古遗址以及沙地内的河流水系。

第一节　西辽河水系变迁考察与研究

西辽河是今辽河上游，也是辽河最大的支流。辽河南源老哈河与北源西拉木伦河在内蒙古自治区翁牛特旗大兴乡海流图村汇合后称作"西辽河"。西辽河干流自海流图起向东流经开鲁县、科尔沁区、双辽市、昌图县，在辽宁省昌图县长发镇福德店村与东辽河汇合为辽河干流。

西辽河流域地处内蒙古高原、大兴安岭山脉、冀北山地、西辽河平原、科尔沁沙地多种地貌单元的交接地带，属于北方暖温带半湿润气候向中温带半干旱气候的过渡带，也是半湿润森林景观向半干旱草原景观的生态过渡带。西辽河作为衔接东北平原、华北平原和蒙古高原的三角地带，同时也是中原农耕区与北方游牧区的交错区域，这种特殊的地理位置意味着古代的西辽河地区是连接中国南北和沟通世界东西的交通要冲，因此成为各民族聚居、交流与交融的重要区域。早期有兴隆洼红山文化作为新石器时代文化的典型代表，历史时期又有东胡、乌桓、鲜卑、奚、契丹、蒙古等族轮番登上这个舞台。与此同时，地处半干旱、半湿润地区的地理条件，决定了该地区在历史时期一直是农业经济和游牧经济相互交替的场所，其环境演变受到人类社会的深刻影响。辽代与清代两次农业开发高潮引发了当地自然环境的剧烈变动。中华人民共和国成立以来，一系列水利工程的建设，对西辽河水系和水文特征及区域社会生态发展均产生了重大影响。因此，对其水系及沙漠环境变迁的研究工作，具有重要的历史意义和现实意义。

在本书中，课题组以西辽河两条重要的支流——西拉木伦河和老哈河的水文特征及关键节点作为切入点，在梳理历史文献资料和野外实地考察的基础上，对历史时期西辽河水系变迁展开探讨。

一、西辽河水系历史沿革

西辽河流域南面以燕山支脉的七老图山和努鲁儿虎山为界，北临大兴安岭，东部靠近辽西山地，西部是内蒙古高原和浑善达克沙地，中部以西辽河冲积平原为主，科尔沁沙地横亘其中。流域内地势整体西高东低，海拔从 350 米到 100 米不等，跨度较大。除中部平原外，四周多丘陵。

西辽河按照其主要流路历史时期多将西拉木伦河看作其正源，其河名也基本与西拉木伦河保持一致，而将老哈河作为其支流。

西拉木伦河，秦汉时期称"饶乐水"。《后汉书》卷 90《乌桓鲜卑列传》云："鲜卑者，亦东胡之支也，别依鲜卑山，故因号焉。其言语习俗与乌桓同。唯婚姻先髡头，以季春月大会于饶乐水上……水在今营州北。"[①]《三国志·魏书》载："鲜卑亦东胡之余也，别保鲜卑山，因号焉。其言语习俗与乌丸同。其地东接辽水，西当西城。"[②] 南北朝时称之为"弱落水"。《魏书》卷 2《太祖纪》云："五月癸亥，北征库莫奚。六月，大破之，获其四部杂畜十余万，渡弱落水。班赏将士各有差。"[③] 又《资治通鉴》卷 107《晋纪二十九》"孝武帝太元十三年六月"条载："魏王圭破库莫奚于弱落水南，《新唐书》曰：奚亦东胡种，为匈奴所破，保乌丸山；汉曹操斩蹋顿，盖其后也。弱落水即饶乐水，在奚中。"[④]《北史》卷 94 亦载："奚本曰库莫奚，其先东部胡宇文之别种也。初为慕容晃所破，遗落者窜匿松漠之间。俗甚不洁净，而善射猎，好为寇抄。登国三年，道武亲自出讨，至弱水南大破之，获其马、牛、羊、豕十余万。"[⑤]

隋唐时西拉木伦河或称"弱水"，或称"潢水"。如《新唐书》中称为"弱水"：

---

① （南朝·宋）范晔：《后汉书》卷 90《乌桓鲜卑列传》，北京：中华书局，1965 年，第 2985 页。

② （晋）陈寿：《三国志》卷 30《魏书·乌丸鲜卑东夷列传》，北京：中华书局，1959 年，第 836 页。

③ （北齐）魏收：《魏书》卷 2《太祖纪》，北京：中华书局，1974 年，第 22 页。

④ （宋）司马光：《资治通鉴》卷 107《晋纪二十九》"孝武帝太元十三年六月"条，北京：中华书局，1956 年，第 3384 页。

⑤ （唐）李延寿：《北史》卷 94《奚传》，北京：中华书局，1974 年，第 3126 页。

奉诚都督府，本饶乐都督府，唐初置，后废。贞观二十二年以内属奚可度者部落更置，并以别帅五部置弱水等五州。开元二十三年更名。领州五：弱水州，以阿会部置[1]。

而《旧唐书》中是为"潢水"：

霫，匈奴之别种也，居于潢水北，亦鲜卑之故地，其国在京师东北五千里。东接靺鞨，西至突厥，南至契丹，北与乌罗浑接。地周二千里，四面有山，环绕其境。人多善射猎，好以赤皮为衣缘，妇人贵铜钏，衣襟上下悬小铜铃，风俗略与契丹同[2]。

《旧五代史》也称为"潢水"："契丹者，古匈奴之种也。代居辽泽之中，潢水南岸，南距榆关一千一百里，榆关南距幽州七百里，本鲜卑之旧地也。"[3]

辽金以降则多以"潢河"称之。

老哈河在秦汉至魏晋时称"乌侯秦水"。《后汉书》卷90《乌桓鲜卑列传》载："光和元年冬，又寇酒泉，缘边莫不被毒。种众日多，田畜射猎不足给食，檀石槐乃自徇行，见乌侯秦水广从数百里，水停不流，其中有鱼，不能得之。闻倭人善网捕，于是东击倭人国，得千余家，徙置秦水上，令捕鱼以助粮食。"[4] 又《三国志》称："鲜卑众日多，田畜射猎，不足给食。后檀石槐乃案行乌侯秦水，广袤数百里，渟不流，中有鱼而不能得。闻汗人善捕鱼，于是檀石槐东击汗国，得千余家，徙置乌侯秦水上，使捕鱼以助粮。至于今，乌侯秦水上有汗人数百户。"[5] 隋称之为"托纥臣水"，如《隋书》云："契丹之先，与库莫奚异种而同类，并为慕容氏所破，俱窜于松、漠之间。其后稍大，居黄龙之北数百里。……部落渐众，遂北徙逐水草，当辽西正北二百里，依托纥臣水而居。"[6] 唐称"土护真水"。

辽金时代老哈河称为"土河"。《辽史》云："今永州木叶山有契丹始祖庙，奇首可汗、可敦并八子像在焉。潢河之西，土河之北，奇首可汗故壤也。"[7] 又《契丹国志》中亦称为"土河"[8]。元称"涂河"，《元史》载："哈老温迤东，涂河、潢河之间，火儿赤纳庆州之地。"[9] 清代始称为"老哈河"。

从上述西拉木伦河与老哈河名称变迁可以看出，西拉木伦河自唐时已有"潢水"之名，但亦有称其"弱水"者，辽金以后则多以"潢河"作为西拉木伦河之代称，以水之颜色来指代河流，已凸显出西拉木伦河含沙量的变化。按照今天对西拉木伦河上中下游的分界，

---

[1]（宋）欧阳修、宋祁：《新唐书》卷43下《地理志》，北京：中华书局，1975年，第1126页。

[2]（后晋）刘昫等：《旧唐书》卷199下《北狄传》，北京：中华书局，1975年，第5363页。

[3]（宋）薛居正等：《旧五代史》137《外国列传一》，北京：中华书局，1976年，第1827页。

[4]（南朝·宋）范晔：《后汉书》卷90《乌桓鲜卑列传》，北京：中华书局，1975年，第2994页。

[5]（晋）陈寿：《三国志》卷30《魏书·乌丸鲜卑东夷列传》，北京：中华书局，1959年，第838页。

[6]（唐）魏征等：《隋书》卷84《契丹传》，北京：中华书局，1973年，第1881—1882页。

[7]（元）脱脱等：《辽史》卷32《营卫志中》，北京：中华书局，1974年，第378页。

[8]（宋）叶隆礼撰，贾敬颜、林荣贵点校：《契丹国志》卷22《州县载记》，北京：中华书局，2014年，第220页。

[9]（明）宋濂等：《元史》卷118《特薛禅传》，北京：中华书局，1976年，第2919—2920页。

从源头至白岔河口为上游段，从白岔河口至海日苏为中游段，海日苏以下至西辽河干流为下游段。历史时期，西拉木伦河的河道变迁主要发生在中下游。

西辽河的水系变迁，主要有两大问题，一是木叶山、辽永州城和潢河命名及其相对位置关系之问题引发的辽代西辽河流路问题；二是新开河、北老河是早前时代即已存在，还是在清代光绪二十年（1894年）后才形成的争议。下面就考察所见与历史文献记载进行讨论。

二、辽代西辽河水系

首先是关于辽代西辽河流路及水系之问题。这一问题是与木叶山、辽永州城、潢河命名及其相对位置关系紧密相连的。《辽史·地理志》永州永昌军记载：

> 永州，永昌军，观察。承天皇太后所建。太祖于此置南楼。乾亨三年，置州于皇子韩八墓侧。东潢河，南土河，二水合流，故号永州。冬月牙帐多驻此，谓之冬捺钵。有木叶山，上建契丹始祖庙。奇首可汗在南庙，可敦在北庙，绘塑二圣并八子神像。相传有神人乘白马，自马盂山浮土河而东，有天女驾青牛车由平地松林泛潢河而下。至木叶山，二水合流，相遇为配偶，生八子。其后族属渐盛，分为八部[1]。

《辽史·营卫志中》亦载：

> 契丹之先，曰奇首可汗，生八子。其后族属渐盛，分为八部，居松漠之间。今永州木叶山有契丹始祖庙，奇首可汗、可敦并八子像在焉。潢河之西，土河之北，奇首可汗故壤也[2]。

据上可知，永州东有潢河，南有土河，二河交汇之处即永州城址所在。同时，作为契丹族起源的木叶山也在"二水合流"之处，潢河西面、土河北面则为契丹始祖奇首可汗故壤所在。由此，学术界多年来依据上述两条史料来确定辽代西辽河水系及木叶山的位置。辽之潢河即今之西拉木伦河，土河即今之老哈河，两河汇流之处，则为辽永州城与契丹圣山木叶山所在。依照此种思路，《中国历史地图集》绘制出"辽上京道"及"临潢府附近"之图。

据《中国历史地图集》所示，"木叶山"在潢河（西拉木伦河）与土河（老哈河）汇流处的东面，永州城则在汇流处的西南方向。韩国学者金在满依据苏辙《木叶山》一诗中对木叶山"条干何由作，兹山亦沙阜"的描述，认为木叶山应该在西拉木伦河与老哈河合流处的东部，为今奈曼旗北部沙漠内丘陵状的一个沙丘[3]。孙冬虎亦持此看法[4]。1979年，姜念思、冯永谦对翁牛特旗白音他拉人民公社（今奈曼旗白音他拉苏木）的一座古城进行

① （元）脱脱等：《辽史》卷37《地理志》，北京：中华书局，1974年，第445—446页。
② （元）脱脱等：《辽史》卷32《营卫志中》，北京：中华书局，1974年，第378页。
③ 〔韩〕金在满：《契丹始祖传说与西喇木俗河老哈河及木叶山》，宋德金、景爱、穆连木，等：《辽金西夏史研究》，天津：天津古籍出版社，1997年，第18—28页。
④ 孙冬虎：《宋使辽境经行道路的地理和地名学考察》，《中国历史地理论丛》2004年第4辑，第23—35页。

现场调查之后认为，该古城即辽永州城。至于木叶山之位置，他们认为木叶山应当还是一座比较高大的山峰，由此在两河汇流之处确定了三处可能是木叶山的山峰，并最终通过地貌和相对位置确定翁牛特旗"白音他拉以西的海金山，距永州城址和两河汇合处最近，气势浑雄，并且发现辽代遗物，因此，我们认为海金山即是辽代的木叶山"[①]。

上述论证思路也被称为"二水合流"说，即按照《辽史》中关于潢河、土河、永州城、木叶山相对位置关系的记述，在确定潢河、土河即今西拉木伦河和老哈河的基础之上，再对木叶山和永州城的具体坐落进行考订。其分歧在于木叶山山势特征不同。张柏忠和李鹏在沿袭这一论证思路的基础之上，各自提出两种新的意见。

张柏忠首先对西辽河流域地理概况与河道特征进行了考察，正是由于西辽河平原的地形地貌特征与河道特征，历史时期西辽河水系曾长期频繁改道。在这一前提之下，他首先通过《辽史》中"潢水""潢河"之名的辨析，认为辽代"潢水"当指今乌尔吉木伦河上中游段，辽代的西拉木伦河当汇入乌尔吉木伦河，汇流之后的下游段称为"潢河"，并将《辽史》中"潢水""潢河"混用解释为"以干流称潢河，而支流名潢水，在我国古代，河与水又具有相同的概念"的缘故。他认为西拉木伦河与老哈河、乌尔吉木伦河在辽代中期以前尚属于黑龙江水系，而非今辽河水系，而且西拉木伦河与老哈河都曾改道。辽中期以前，西拉木伦河当在今海拉苏镇以北自西南向东北在巴奇楼子一带（即潢水之曲处）汇入乌尔吉木伦河，老哈河辽代故道也绝非今老哈河下游河道，而是自南向北穿越今科尔沁沙地在巴奇楼子一带与"潢水"合流。由此一来，则木叶山的位置当同时向北推移，并根据文献记载认为"木叶山当在上京之东"，而姜念思、冯永谦所认定的翁牛特旗海金山在上京正南方向，由此他认为今阿鲁科尔沁旗人民政府所在地天山镇南面的天山当为辽木叶山。辽永州城的位置则同时也应相应向北移动，并把阿鲁科尔沁旗白城子乡白城子古城认定为辽永州城所在[②]。

李鹏则在判断老哈河与西拉木伦河河流属性、水文特征的基础上，通过田野调查和遥感考古技术大胆对"二水合流"说进行改进。他认为辽代潢河下游当为今新开河，今西拉木伦河与老哈河在苏家堡汇流后的河段当为老哈河下游，即"西拉木伦河与新开河实为一河"，从而创设性地提出"潢河"与"土河"不是"一点汇流"，而是"两点汇流"，西段汇流点即今老哈河与西拉木伦河在苏家堡汇流之处，东段汇流点则是新开河与西辽河合流处的科尔沁左翼中旗小瓦房村附近。根据其"两点汇流"的结论，则永州城与木叶山的位置也当相应东移至东段汇流点附近。永州城则定位为通辽市科尔沁左翼中旗额伦索克苏木布日顺嘎查（村）西北约 1.2 千米处的布日顺城址，木叶山则当为双辽市东北约 5 千米处的大土山[③]。

针对"二水合流"说的思路，也有学者提出其他意见，即要对文献记载中两河交汇、青牛白马的传说进行重新认识，提出木叶山即辽太祖陵所在之山说，或可称之为"祖陵说"。

---

① 姜念思、冯永谦：《辽代永州调查记》，《文物》1982 年第 7 期，第 30—34、43 页。

② 张柏忠：《辽代的西辽河水道与木叶山、永、龙化、降圣州考》，中国地理学会历史地理专业委员会《历史地理》编辑委员会：《历史地理》第 12 辑，上海：上海人民出版社，1995 年，第 41—53 页。

③ 李鹏：《辽代永州、王子城、龙化州与木叶山通考》，《内蒙古民族大学学报》（社会科学版）2016 年第 6 期，第 1—8 页。

赵评春在全面梳理史料中关于木叶山的记载之后，通过对辽代皇帝行柴册礼、祀木叶山及其从木叶山回到上京的时间进行分析，并通过对宋绶《契丹风俗》记载的驿馆之间的距离进行推算，认为辽太祖陵所在之山就是木叶山，认为仅凭"二水河流"去寻找木叶山的位置是不可取的[①]。陈永志则进一步指出祖陵之山即指祖陵陵园"黑龙"门相对的"漫歧嘎山"[②]。

除了祖陵说之外，葛华廷则对"木叶山"一词的含义与来源进行重新解释，他指出除了青牛白马传说之外，关于契丹族起源还有阴山七骑的传说。宋人王易在《燕北录》中提到，辽道宗举行柴册礼时，除了祭拜山神之外，还要祭拜赤娘子，谓："赤娘子者，番语谓之掠胡奥偌，传是阴山七骑所得潢河中流下之一妇人，因生其族类。"据此传说，阴山七骑从潢河中下游掠夺了一女子，并与她结为家庭，从而繁衍出契丹族。阴山七骑成为契丹族男始祖，赤娘子则成为契丹族女始祖。阴山七骑传说反映的是古代社会群婚制和抢婚这一婚姻形态，而青牛白马则反映的是一夫一妻制的单婚制形态，后者的出现当晚于前者，由此否定了通过传说去确定木叶山、永州、二水位置的做法。接着他通过《辽史·太祖本纪下》中的记载，谓天赞三年（924年）六月，阿保机"大举征吐浑、党项、阻卜等部"，"九月丙申朔，次古回鹘城，勒石记功……丁巳，凿金河水，取乌山石，以示山川朝海宗岳之意"，据此，他认为阿保机以金河水和乌山石为象征遥祭潢河、木叶山，可见木叶山可能有"黑色或青色的山"这层含义，并且与阴山七骑中的"阴山"相吻合。在此基础上，他同意木叶山即辽始祖庙所在之山的观点，并最终将木叶山定位在今敖汉旗境内的大黑山或者努鲁儿虎山的某一段[③]。

此外，刘喜民则主张"两座木叶山"说，他认为辽代存在两座木叶山，一是永州木叶山，其定位与前述姜念思、冯永谦所考一样，认为是在翁牛特旗海金山。永州木叶山代表的是所有契丹人对始祖奇首可汗曾经生活过的山脉的尊称，是契丹族的祖山。一是祖州木叶山，定位在巴林左旗境内辽祖州、祖陵所在的大布拉格山。祖州木叶山代表的是契丹辽王朝耶律氏皇族对祖先出生、生活、发迹之山的尊称，是耶律氏皇族的祖山[④]。可以看作是对"二水合流"说与"祖陵说"的互补调整。另外还有多种关于木叶山定位的考订，因与所论辽代西辽河水系变迁无关，故略置不论[⑤]。

以上关于木叶山、永州所引发的学术争论大体可分为两派，一派是在"二水合流"的前提下去论证具体定位，并形成大体三种意见：第一种意见是认定今西拉木伦河和老哈河即辽代潢河和土河；第二种意见则认为今乌尔吉木伦河为辽代潢河，老哈河为辽土河，但是辽代潢河与土河水系流向大约以辽中期为界，此前属黑龙江水系，此后属辽河水系，二

① 赵评春：《辽代木叶山考》，《北方文物》1987年第1期，第93—95页。

② 陈永志：《关于辽代木叶山的再考察》，中国古都学会、赤峰古都学会：《中国古都研究（上）》，北京：国际华文出版社，2001年，第258—269页。

③ 葛华廷：《辽代木叶山之我见》，《北方文物》2006年第3期，第77—86页；葛华廷：《辽之圣山木叶山、阴山、黑山及三者关系琐考》，辽宁省博物馆、辽宁省辽金契丹女真史研究会：《辽金历史与考古》第11辑，北京：科学出版社，2020年，第105—114页。

④ 刘喜民：《辽代木叶山浅析》，景爱：《地域性辽金史论集》第一辑，北京：中国社会科学出版社，2014年，第99—107页。

⑤ 姜建初、姜维公：《辽代木叶山研究论述》，《长春师范大学学报》2019年第5期，第61—64页。

者在辽代的流路均与今不同；第三种意见则将"二水合流"论证为"两点汇流"，并从河道水文特征和水系特征上判断辽代的潢河流路当是将西拉木伦河与新开河看作一体，将老哈河与今西辽河看作一体。另一派则是在对多种文献综合比对和对契丹族起源传说的解构基础上，得出"祖陵说"，将木叶山、永州城与二水之间的联系予以剥离。

　　本着上述的学术分歧和疑问，课题组将考察重点放在西拉木伦河与老哈河水系变迁上。2019 年 6 月 18 日主要是围绕西拉木伦河大峡谷对该河上游地带展开调查（图 7-1、图 7-2），19 日顺西拉木伦河两岸考察西拉木伦河的一条支流少冷河、西拉木伦河中下游分界点——海拉苏水利枢纽和台河口西拉木伦河与新开河分流处，然后顺流至通辽市。20 日则自通辽市区出发，沿老哈河流路溯流而上，对苏家堡水利枢纽、老哈河与西辽河汇流处、孟家段水库、红山水库等老哈河上标志性节点和水利工程展开考察。

图 7-1　西拉木伦河峡谷航拍图
于昊摄

图 7-2　西拉木伦河上游河道及两岸植被覆盖对比
王翩摄

自少冷河汇入西拉木伦河以下，西拉木伦河自西向东横穿科尔沁沙地，至海拉苏进入河流下游部分。碧流河河口至少冷河河口属于大兴安岭山前丘陵区，海拔在 500—1000 米，相对高度在 50—100 米，是以丘陵地形为主的风沙地貌区。少冷河以下为西拉木伦河下游冲积平原区，河床宽 1000 米左右。这一段的西拉木伦河随着地势的平缓，河流流速降低，泥沙开始逐渐沉积，河道较上游更宽，河床曲折多弯，河流摆动幅度大，造成河道变迁较为频繁，可发现一些已经干涸的河流故道（图 7-3）。1976—1978 年中国草原牧区最大的水利工程——海拉苏水利枢纽（图 7-4）的开工建成，改变了此前自然状态下河道变迁频繁且季节分配不均的弊病。

图 7-3　西拉木伦河中游干涸的支流故道
王嗣摄

图 7-4　海拉苏水利枢纽工程航拍图
于昊摄

与上游段相比，随着河流流速降低和河道变宽，现有的径流量并不能将河道填满，形成大片裸露河漫滩，两岸植被也基本以草本植物为主，支流故道两侧植被覆盖率较低，以裸露沙地为主，间有低矮沙漠植物分布（图 7-5、图 7-6）。

图 7-5　西拉木伦河中游河道
王�摄

图 7-6　西拉木伦河与老哈河汇流处航拍图
于昊摄，左侧一支为老哈河，右侧一支为西拉木伦河

由于西拉木伦河流域地处北方暖温带半湿润气候向中温带半干旱气候的过渡地带，年内降水季节分配不均，年际变化较大，不同河段的水文特征呈现出较大区别。光绪《蒙古志》对西拉木伦河记载如下：

西喇木伦河，辽河西源也，故亦曰西辽河，又曰潢河。西喇木伦系蒙古语，犹汉言黄河也。源出直隶北界克什克腾旗西，东北流，受诸小水，经克什克腾旗北、巴林旗南，北受喀喇木伦河。又东经阿鲁科尔沁旗南、翁牛特旗北，至敖汉旗境，老哈河自西南合诸水来会，水势益盛。又东经札（扎）鲁特旗南、奈曼旗北，折而东南，分为二派，未几复合。经喀尔喀旗北，行科尔沁旗境，而入盛京省，会东辽河。此水下游，河床广阔，夏秋二季，常有渡船，若秋水涨溢，则流势甚急，渡辄往返竟日。而冬季则反之，河冰既坚，人马可行，十分时已达彼岸，其秋冬气候之差，与行路之难易，有如此者，问道者所宜注意也。结冰之期，约自十一月下旬至三月下旬[1]。

课题组的考察正值秋冬之际，河水水量较少属于常态。但与清末相比，仍可看出西拉木伦河的水文状况已发生明显变化，河道干涸，水量远非清末可比。

老哈河的水文特征大体与西拉木伦河相同，据相关数据统计，在1960年红山水库建成之前，天然情况下西辽河的水沙分配如下：西辽河的径流82%来自老哈河，18%来自西拉木伦河；同样地，西辽河的流沙90%也来自老哈河，西拉木伦河仅占10%。红山水库建成之后，来自老哈河的大量泥沙被拦截下来，径流量也由天然转变为人工调节。西辽河流沙来源也发生极大改变，老哈河输沙量仅占西辽河总输沙量的5%，西拉木伦河输沙量却猛增至西辽河年总输沙量的95%。这种状况也使得老哈河下游河道趋于稳定[2]。

从上述西拉木伦河和西辽河不同河段水文特征与河道特征来看，历史时期两河中下游地区之河道虽易于左右摆动，但从前述青牛白马明确提及"二水合流"，且对其源头流路记载颇为清晰，可知辽代西辽河水系与今日西拉木伦河和老哈河河道基本相同。其区别在于汛期与非汛期河道的左右摆动微调和含沙量的不同而已。具体而言，是由于河道受降水的季节性影响而产生的摆动，但整体河流干道基本与今日河道相同。此外，从卫星影像图来看，今西拉木伦河南岸无明显河流故道，而北岸形成弓字形的河道，据邹逸麟先生所述，并结合实地考察的情况，应是乌尔吉木伦河在历史时期汇入西辽河成为其北支来源的缘故。

关于木叶山，近年来新的考古发现，或可为其定位提供新的证据。有学者认为在今巴林左旗林东镇西北25千米处"漫岐嘎山"南麓发现的一处大型遗址，共有九层，与文献中关于木叶山上有九层台和可汗庙的记载相吻合，通过初步的考古调查，判断为疑似辽代契丹祖山木叶山[3]。董新林也指出，综合漫岐嘎山的特殊地理位置，以及遗迹和遗物资料来看，这是一处与辽祖陵密切相关的祭祀性建筑[4]。显然，漫岐嘎山与木叶山在辽代作为

---

① （清）姚明辉：《蒙古志》卷1《河流》，清光绪三十三年（1907年）刊本。

② 李梅园：《关于红山水库修建后下游河道的演变》，《东北水利水电》1988年第5期，第32—43页；赵坤丽、谷笑言、王志刚，等：《对西辽河河道特征的分析》，《内蒙古水利》2007年第3期，第10—12页。

③ 李富：《辽都故地巴林左旗发现疑似契丹祖山的"木叶山"》，《赤峰学院学报》（汉文哲学社会科学版）2020年第5期，第119页。

④ 董新林：《辽祖陵陵寝制度初步研究》，《考古学报》2020年第3期，第369—398页。

辽太祖阿保机所葬之处和其作为祭天地之所也相匹配。因此课题组认为在对青牛白马所描述的"二水合流"传说解构的基础之上，应当放弃以这一传说为依据定位木叶山的位置。此外，元人所绘制的《契丹地理之图》亦将木叶山绘制于祖州附近，故而课题组也认为辽代木叶山当为今漫岐嘎山的看法是恰当的。永州城的定位，则参考《中国文物地图集·内蒙古自治区分册》的定位，与谭图保持一致，即今翁牛特旗白音他拉古城。

综上所述，西辽河水系中，辽代的潢河与土河，即今西拉木伦河与老哈河，其河道没有发生较大的变化，而其北部曾有乌尔吉木伦河汇入西辽河中。此外，以《辽史》中青牛白马说中的"二水合流"去界定木叶山的位置或探讨辽代西辽河水系变迁，可能会陷入历史文献记载的误区。故对西辽河两个重要支流西拉木伦河、老哈河的历史演变，应在结合考古发掘、实地考察和对史料进行辨别的基础上展开分析与论证。

三、新开河、北老河考证

关于西辽河水系变迁的问题中，另一个重要问题是新开河及其南侧的北老河何时出现，即两河是光绪二十年（1894 年）西拉木伦河河水泛滥决口所致，还是在此前即已形成。

对此，李鹏有两文分别就历史时期新开河与北老河河道进行了论证。他认为新开河与北老河在历史时期早已存在，大约距今 1 万年前即已形成，且认为新开河在辽代与西拉木伦河合流并成为辽代潢河下游主河道，北老河在辽代即已存在，土河（老哈河）与西拉木伦河（潢河）合流之后的下游主河道当为"北老河"，而非"西辽河"[①]。

但是李文中对于新开河和北老河近现代记载中所依据的舆图史料在两文中却出现互相矛盾之处。两文中采用的最早记载两河情况的近代舆图文献，为成书于 1913 年间的《哲盟实剂》，其作者王士仁早年间曾随父宦游哲里木盟各旗之间，对各旗山川河流载颇详。李鹏在北老河古道一文中认为："在该书所附的《哲里木盟及索伦山全境河流图》中，首次标出了'北老河'河道的位置，并称之为'新开河'。"然而在新开河古道一文中，他又认为："在该书所附《哲里木盟及索伦山全境河流图》中，就标出了自然状态下'新开河'河道的位置。"由此一来，该图中"北老河""新开河"均为图中之"新开河"。然而北老河与新开河又显系两条河流，故而存在互相抵牾之处。

然而，我们查阅《清史稿·地理志》，其中记载："西辽河即西喇木伦河，导源克什克腾旗，新辽河即大布苏图河，导源札鲁特旗，俱自科尔沁左翼中旗入，合流至三江口，东辽河自怀德入，西南流来汇，以下统名辽河，入昌图。"[②] 其描述正如西辽河、新辽河（大布苏图河）、东辽河于三江口合流。光绪二十年（1894 年）西拉木伦河发生大水，在扎鲁特右翼旗（今开鲁县苏家堡村南，即老哈河与西拉木伦河汇流处下游约 8.5 千米处）横决分支向东北流，到炬兴村后汇入台布根郭勒（即台根河），当地人把此次由苏家堡冲决

① 李鹏：《"新开河"辽代古道考》，《东北史地》2013 年第 2 期，第 33—35 页；李鹏：《辽代"北老河"古道考》，《北方文物》2013 年第 1 期，第 90—94 页。
② 赵尔巽等：《清史稿》卷 55《地理志》，北京：中华书局，1977 年，第 1941 页。

而出的河流叫新开河。在炬兴村以上形成台根河与新开河二河并流的局面，当地蒙古族仍把炬兴村西侧的河道称为台根河，而炬兴村东侧的河道，则称为新开河。其中台根河由今台河口与西拉木伦河分流，东北流，再东流、东南流后在科尔沁左翼中旗小瓦房村入西辽河。而新开河则是从苏家堡村分流，经炬兴村东后东流、东南流至白音太来（通辽市）东乌九营子村重新汇入西辽河，清末文献中将之称为"新开河"，即今"北老河"。这两条河道与西辽河一同构成弓弦状水系结构。

事实上，最早出现关于新开河、北老河的舆图并非 1913 年《哲盟实剂》中的附图，而是 1909 年所绘的《新勘哲里木盟旗简明地图》。该图现收藏于台北"故宫博物院"，反映了光绪二十年（1894 年）以后西辽河水系的状况。据该图所载，今新开河在清末当称"新辽河"，北老河在清末当称"新开河"。在此之前各类历史文献及舆图中，均未发现新开河与北老河的记载，因此课题组认为，新开河与北老河是光绪二十年（1894 年）后逐渐形成的河流。

综上所述，清末西辽河水系在西拉木伦河、老哈河之外，在北侧台河口附近分出新辽河（即今新开河），在苏家堡以下又分出北老河，新辽河北侧又有乌尔吉木伦河汇入，成为西辽河的北支来源。西拉木伦河、老哈河、新辽河（含北老河、乌尔吉木伦河）共同构成清末西辽河水系的三大来源。

第二节　呼伦贝尔沙地水系变迁考察

一、额尔古纳河河源的地理认知

额尔古纳河在历史文献中早有记载。南北朝时称"额尔古纳河"为"完水"[①]；唐代称为"望建河""室建河"[②]；辽代称为"安真河"[③]；元代称为"额泐古涅河"[④]；明代称为"阿鲁兀纳么连"[⑤]；清代开始称其为"额尔古纳河"。

"额尔古纳"一名，系蒙古语，其语义有多种说法[⑥]。但民国《呼伦贝尔志略》云："'额尔古讷'四字，蒙语'以手递物'之谓也。人曲腰以手递物，则成一六十五度之三角形。

① 《北史》卷 94 《乌洛侯传》，北京：中华书局，1974 年，第 3132 页。

② （后晋）刘昫等：《旧唐书》卷 199 下《室韦传》，北京：中华书局，1975 年，第 5358 页；（宋）欧阳修、宋祁：《新唐书》卷 219《室韦传》，北京：中华书局，1975 年，第 6177 页。

③ （元）脱脱等：《辽史》卷 94《耶律世良传》，北京：中华书局，1974 年，第 1386 页。

④ （元）佚名撰：《元朝秘史》卷 6，清道光二十八年（1848 年）灵石杨氏刻连筠簃丛书本。

⑤ 《明实录·太宗实录》卷 73"永乐五年十一月辛酉"条，台北："中央研究院"历史语言研究所，1962 年，第 1015 页。

⑥ 乌云达赉遗稿，乌热尔图整理：《呼伦贝尔历史地名》，呼伦贝尔：内蒙古文化出版社，2003 年，第 73 页；李俊义、黄文博：《内蒙古盟旗名称小考——额尔古纳、根河》，《赤峰学院学报》（汉文哲学社会科学版）2012 年第 1 期，第 10—13 页。

海拉尔河大势西北流至阿巴该图山，忽折向东北流，其折湾处亦成一六十五度之三角形，即如人以手递物之势。蒙人取其意义，故更名曰额尔古讷。是额尔古讷之起点，即海拉尔之终点，同河异名，实因其形势而更定者。"[①]

目前学界对清代中俄界河额尔古纳河的河源没有统一且清晰的认识。杨丽婷通过梳理清代文献发现，额尔古纳河正源的记载存在三种观点：呼伦湖说、克鲁伦河说和海拉尔河说[②]。

1. 以呼伦湖为正源认知的文献记载

清前期无论是官方文献还是私人著述皆认为额尔古纳河源出呼伦湖（文献中或称"枯伦湖""库楞湖""呼伦池"）（表 7-1、表 7-2）。这一观点在清朝官方影响深远，直至光绪二十五年（1899 年）编成的《大清会典图》仍认为呼伦湖是额尔古纳河源头。

表 7-1　以呼伦湖正源说的清代官方文献记载

史籍名称	康熙大清一统志	乾隆续编大清一统志	钦定盛京通志	嘉庆重修大清一统志	光绪会典图
修纂时间	康熙二十五年至乾隆八年（1686—1743 年）	乾隆二十九年至乾隆四十九年（1764—1784 年）	乾隆四十三年（1778 年）	嘉庆十七年至道光二十二年（1812—1842 年）	光绪十二年至光绪二十五年（1886—1899 年）
相关记载	源出枯伦湖，北流八百余里会东来之数水，入黑龙江。河之北岸即鄂罗斯界	源出库楞湖，北流八百余里会东来之数水，入黑龙江。河之北岸即俄罗斯界	源出库楞湖，北流八百余里会东来之数水，入黑龙江。河之北岸即俄罗斯界	源出库楞湖，北流八百余里会东来之数水，入黑龙江。河之北岸即俄罗斯界	呼伦池在城西北……复自池东北出为额尔古纳河，至郭勒特格山东会海喇尔河

表 7-2　持呼伦湖正源说的清代私人著述记载

史籍名称（作者）	异域录（图里琛）	黑龙江外记（西清）	中俄界记（邹代钧）
修纂时间	康熙五十二年至雍正二年（1713—1724 年）	嘉庆十五年（1810 年）	光绪末年
相关记载	根特山之左流出之河，名曰黑鲁伦，向东流入呼伦湖。自呼伦湖流出之河，名曰额尔古纳，向东北流入黑龙江	额尔古纳河，自呼伦池东北流出，受诸河之水，入黑龙江。每岁，齐齐哈尔察边者，卓帐南岸。河之北，俄罗斯地	额尔古纳河自呼伦诺尔溢出，过阿巴海图之东，又流至阿巴海图之东偏北十五度三十分三十里为海拉尔河来入之口

上述官私文献中，最早持呼伦湖正源说的是康熙《大清一统志》。康熙十一年（1672 年），清政府开始纂修《大清一统志》。吴雪娟认为，康熙《大清一统志·黑龙江图》在实地勘查的基础上，同时参考了《黑龙江流域图》与《九路图》（即《吉林九河图》）[③]。这两幅舆图都是尼布楚会议前后，经实地考察而绘制的。

---

① 民国：《呼伦贝尔志略·山水》"海拉尔河"条，民国十一年（1922 年）铅印本。
② 杨丽婷：《清代文献关于额尔古纳河河源的不同记载及其原因》，《中国历史地理论丛》2021 年第 4 辑，第 19—25、39 页。
③ 吴雪娟：《康熙〈大清一统志·黑龙江图〉考释》，《中国地方志》2009 年第 11 期，第 35—39 页。

2. 以克鲁伦河为正源认知的文献记载

克鲁伦河发源于蒙古的肯特山东麓，注入呼伦湖，水量不大，一年中偶有断流，是典型的草原河流。《黑龙江水道提纲》认为，额尔古纳河实际上是克鲁伦河（即古胪朐河）的一段，只是当地人把该段河流称为额尔古纳河："（克鲁伦河）自出枯伦湖（呼伦池），东北流经黑龙江索伦界，两岸无山，土人名曰额尔古纳河，实克鲁伦河也。"[①] 光绪《黑龙江述略》直接表明额尔古纳河上游为克鲁伦河："额尔古纳河，为中俄两国西界分水，其上游曰克鲁伦河，源出蒙古喀尔喀车臣罕部，入呼伦贝尔城境，潴为呼伦、贝尔二湖，城以湖名。湖水东北流溢为额尔古纳河。"[②]

3. 以海拉尔河为正源认知的文献记载

以海拉尔河为额尔古纳河正源的观点，始于光绪末年（表 7-3）。

表 7-3　持海拉尔正源说的清代文献记载

史籍名称	《黑龙江舆图说》	《呼伦贝尔边务调查报告书》	《东三省纪略》	《呼伦贝尔志略》	《黑龙江志稿》
修纂时间	光绪二十五年（1899 年）	光绪三十四年至宣统元年（1908—1909 年）	民国四年（1915 年）	民国十年至十二年（1921—1923 年）	民国二十二年至二十三年（1933—1934 年）
相关记载	水则额尔古纳河为本境东北诸水之经流。其上源曰海喇尔河，亦作哈拉尔，蒙古语，黑也	额尔古纳河之上游在伦城西北三百二十里，逼近阿巴该图山西，即海拉尔河下游。盖海拉尔河由东南来注，至此遂分二派。一支流绕阿巴该图山南，向西南流，为达兰鄂洛木河，流至六十余里，入呼伦池而止。其正流则由阿巴该图山西向东北流，即额尔古纳河	旧籍均谓克鲁伦河为额尔古纳河正源，晚近中俄界务发生，经实地调查，乃谓海拉尔河实为正源	海拉尔河大势西北流，至阿巴该图山忽折向东北流，其折弯处亦成一六五度之三角形，即如人以手递物之势，蒙人取其意，故更名额尔古纳。是额尔古纳河之起点，即海拉尔河之终点。同河异名，实因形势而定者	额尔古纳，上承海拉尔河，折而北趋，如人曲腰以手递物状。蒙古语以手递物曰额尔古纳，塞外河流兼有六书之义，此则象形也。上源曰海喇尔河，挟众水西流，经呼伦贝尔城北

光绪十五年（1889 年），清政府决定在全国范围进行地理测绘以绘制《会典舆图》，黑龙江将军委派屠寄负责黑龙江全境的测绘。屠寄在《黑龙江舆图说》中提出海拉尔河为额尔古纳河上源的观点，而《黑龙江舆图说》中呼伦湖口到海拉尔河口河段，相比海拉尔河口以下的额尔古纳河河道更为纤细，且河道旁标示的箭头表明水流方向自海拉尔河口流向呼伦湖。

其后宣统年间《呼伦贝尔边务调查报告书》，民国年间的《东三省纪略》《呼伦贝尔志略》

---

① （清）齐召南：《黑龙江水道提纲》，李兴盛、全保燕主编：《秋笳馀韵（外十八种）》上册，哈尔滨：黑龙江人民出版社，2005 年，第 665—666 页。
② （清）徐宗亮：《黑龙江述略》，（清）徐宗亮等撰，李兴盛、张杰点校：《黑龙江述略（外六种）》，哈尔滨：黑龙江人民出版社，1985 年，第 22 页。

《黑龙江志稿》等均承袭海拉尔河正源说，其认知一直持续至今。

4. 清代不同河源观点的原因

（1）气候变化。受气候影响，从呼伦湖口到海拉尔河口河段的流向随着呼伦湖水量的变化而变化。当呼伦湖水位高于海拉尔河时，湖水通过木特乃依河（即达兰鄂罗木河）补给海拉尔河；当海拉尔河水位高于呼伦湖时，则由海拉尔河注入呼伦湖[①]。《呼伦湖志》载："呼伦湖水从 1958 年起猛涨，通过达兰鄂罗木河又重新注入额尔古纳河，直到 70 年代初……后因湖水缩小至今不能大量外泄，便又成了半咸水（微咸水）湖。"[②] 黑龙江省博物馆研究人员曾调查发现，呼伦湖水在水量大的季节会注入额尔古纳河[③]。课题组 2020 年 8 月实际考察发现，雨季呼伦湖东北岸有达兰鄂罗木河西南流注入（图 7-7）。当地牧民介绍呼伦湖上游河流 2019 年深度可达膝盖，今年仅到脚踝。这表明湖泊水位下降，海拉尔河河水注入呼伦湖，验证了文献记载的正确性。

图 7-7　呼伦湖东北岸
白壮壮摄

利用高分辨率替代性指标树木年轮资料重建的大兴安岭北部春季降水量发现：大兴安岭北部地区春季在 1827—2007 年大体经历了 2 个偏干和 1 个偏湿阶段。其中，1827—

① 石蕴琮等编著：《内蒙古自治区地理》，呼和浩特：内蒙古人民出版社，1989 年，第 120 页。
② 伊夫：《关于呼伦湖几个问题的考释》，徐占江主编：《呼伦湖志》，长春：吉林文史出版社，1989 年，第 680 页。
③ 刘凤翥、于志耿、孙进己：《辽朝北界考》，冯永谦主编：《东北历史地理论著汇编》第 3 册《辽金元》，内部资料，1987 年，第 240 页。

1865 年偏干，1866—1949 年偏湿，1950—2007 年偏干（图 7-8）。大兴安岭北部地区夏季在 1827—2007 年总体经历了 2 个偏暖和 2 个偏冷阶段。其中，1827—1866 年偏冷，1867—1948 年偏暖，1949—1983 年偏冷，1984—2007 年偏暖[1]。总体上来看，1827—1865 年气候处于冷干阶段，1866—1911 年处于暖湿阶段。在这样的气候条件下，清前期呼伦湖水位高于海拉尔河，湖水通过木特乃依河（即达兰鄂罗木河）补给海拉尔河；清后期海拉尔河等发源于大兴安岭的河流水量增大，其下游通过木特乃依河流入呼伦湖。

图 7-8 大兴安岭北部春季降水量树轮重建序列

（2）政治博弈与地理认知。河源的认知不仅与地理环境相关，也与当时政治背景有密切关系。康熙二十八年（1689 年）清俄签订的《尼布楚条约》规定："流入黑龙江之额尔古纳河亦为两国之界：河以南诸地尽属中国，河以北诸地尽属俄国。"[2] 该条约有满文、拉丁文和俄文三种版本，相比满文和拉丁文本，俄文本规定："左岸所有土地直至河源皆属大清国；右岸所有土地皆属俄罗斯国。"[3] 张丽研究表明，在谈判期间俄国一直致力把额尔古纳河段边界端点定在俄方认为的河源——达赉湖口（即呼伦湖口），但未与清方达成一致，因此满文本和最终双方签字的拉丁文本都未出现"直至河源"的字眼[4]。雍正五年（1727 年）清俄《阿巴哈伊图界约》规定："额尔古纳河右岸，正对海拉尔河口中间，在阿巴哈依图岭之凸出处，设立第六十三号鄂博。"[5] 额尔古纳河上游界点定为海拉尔河口。但负责勘分本段边界的格拉祖诺夫却在报告中提到："把额尔古纳河直至河源的地区也划归俄国；整个划界地段都设立了界标，即石头鄂博，从恰克图至额尔古纳河上游设立了六十三个界标。"[6] 他意图模糊额尔古纳河的河源位置，以此继续扩大俄国利益，导致了清末的划界争议。

① 陶树光：《利用年轮资料重建大兴安岭北部历史气候研究》，内蒙古农业大学 2013 年硕士学位论文，第 34 页。

② 商务印书馆：《中俄边界条约集》，北京：商务印书馆，1973 年，第 1 页。

③ 商务印书馆：《中俄边界条约集》俄文本，北京：商务印书馆，1973 年，第 1—2 页。

④ 张丽：《清代中俄额尔古纳河界段起点之争的历史考察》，《内蒙古师范大学学报》（哲学社会科学版）2020 年第 3 期，第 31—38 页。

⑤ 商务印书馆：《中俄边界条约集》，北京：商务印书馆，1973 年，第 9 页。

⑥〔俄〕尼古拉·班特什-卡缅斯基著，中国人民大学俄语教研室译：《俄中两国外交文献汇编（1619—1792 年）》，北京：商务印书馆，1982 年，第 174 页。

　　1910 年，清俄满洲里会议召开，讨论重勘雍正五年（1727 年）所定的边界鄂博。俄方代表曾援引雍正五年（1727 年）格拉祖诺夫的报告中"把额尔古纳河直至河源的地区也划归俄国"的字句，要求将边界起点定在"河源"达赉湖口，后因中方代表宋小濂的据理力争而作罢。从清俄边界谈判可以看出，额尔古纳河的河源始终是双方博弈的焦点，中国将额尔古纳河河源定为海拉尔河口也是有利的选择。

　　清代文献中额尔古纳河正源的记载存在三种观点：呼伦湖说、克鲁伦河说和海拉尔河说，而这些观点的形成不仅与实地考察的地理认知有关，也是政治博弈的选择。但最重要的是历史气候变化导致了呼伦湖口至海拉尔河口河段流向的变化，进而造成了人们认知中的额尔古纳河正源的变化。

二、额尔古纳河水系考察

　　在呼伦贝尔沙地考察时，我们还对额尔古纳河水系的支流进行了观察，对近年来气候变化导致河流水系变迁进行分析研究。

1. 海拉尔河

　　海拉尔河发源于大兴安岭西麓，是额尔古纳河的上游河段。《蒙古秘史》称之为合泐里，《辽史》称之为凯里，《元史》称之为海喇儿，《盛京通志》称之为开拉河，《黑龙江外纪》称之为海兰儿、凯拉。海拉尔河干流全长 622 千米，河宽 50—200 米，流域面积 5.481 万平方千米。海拉尔河在满洲里市东湖区北部阿巴该图山以南分成两支，其主流在阿巴该图山脚下转向东北，改称额尔古纳河。《呼伦贝尔志略》云："'额尔古讷'四字，蒙语'以手递物'之谓也。人曲腰以手递物，则成一六十五度之三角形。海拉尔河大势西北流至阿巴该图山，忽折向东北流，其折湾处亦成一六十五度之三角形，即如人以手递物之势。蒙人取其意，故更名曰'额尔古讷'。是额尔古讷之起点，即海拉尔之终点，同河异名，实因其形势而更定者。"不知确否。海拉尔河是呼伦贝尔沙地重要的河流之一，也是我们考察的重点内容。下面分述各考察点状况。

　　（1）哈克段。位于 120°4′36.33″E，49°13′0.84″N，该段海拉尔河水流清澈，自东北向西南折向东北流（图 7-9），形成马蹄形河岸，受汛期影响河道宽 99 米，河漫滩淹没河中，发育有二级阶地，一级阶地高出河面 2 米，生长有牛筋草、双穗雀稗等草本植物，有牛群放牧，二级阶地高出 5.2 米，为居民地，有农田与牧场，种有玉米等作物。

　　（2）牙克石段。该段河流流速较急，水色浑浊，自东北向西南折向北流（图 7-10），形成马蹄形河岸，为砾石河岸，河道宽 83 米，一级阶地高出河面 0.7—1 米，生长有芦苇、大籽蒿、杨、柳、山荆子植被等，附近山上生长大片松林。

图 7-9 海拉尔河（哈克段）

图 7-10 海拉尔河（牙克石段）

（3）海拉尔区段。位于 119°43′45.96″E，49°15′38.99″N，河流自东向西流（图 7-11），河道宽 136 米，该处往东 390.5 米处为伊敏河与海拉尔河交汇处，河漫滩受汛期影响大部分没入水中，剩余宽 1 米出露，生长有芦苇、青蒿、大籽蒿、红柳等植物。河流一级阶地高出河面 2.5 米，为草地。河流北侧为呼伦贝尔两河圣山旅游景区。

2. 哈拉哈河

哈拉哈河又名"哈勒欣河"，为乌尔逊河上源，属额尔古纳河水系，其发源于大兴安岭西侧高山北部五道沟东南山地，干流自东南流向西北方向，在西额布都格卡伦附近分为两支，一支向西北经沙尔勒金河流入乌尔逊河，另一支向南流入贝尔湖。全长 399 千米，部分河段为中蒙界河，在我国流域面积 7520 平方千米。哈拉哈河，蒙语为"屏障"之意。在《旧唐书》中称为啜河，《金史》称之为合勒河，《蒙古秘史》称之为合泐合河。

图 7-11　海拉尔河（海拉尔区段）

（1）伊尔施大桥段：地理坐标为 48.643439°N，119.813922°E，高程 666.99 米。此处河流位于伊尔施大桥之下，流向自东向西（图 7-12）。河床宽 127 米，水深 4 米，水中生长有芦苇等植物。受汛期及人类活动影响，河漫滩难以辨认，河流阶地发育不明显。目前河流两岸高出河面 1.7 米，为居住地，其南北两侧为坡度较缓的山丘，植被覆盖较好，长有白桦及草本植物。

图 7-12　伊尔施大桥段的哈拉哈河

（2）哈拉哈河林场段：位于 47.320207°N，119.736149°E，此段河流与省道 203 平行，水流流向自东向西（图 7-13），流经私人承包林地，径流量甚小。地表河道受人工影响分两股，北支宽 7.5 米，南支宽 8 米，两支皆有部分区域被用作人工鱼塘。两支间为碎石铺路，宽 5.4 米，河两岸生长乔木及水生植物。

图 7-13　哈拉哈河林场段

（3）阿尔山口岸大桥段：位于 47.342720°N，119.586632°E。此处河流位于省道 203 以西口岸公路北侧，干流整体自东南向西北，穿阿尔山口岸大桥流经此处，在此处流向自北向南再折向西北，与跨口岸大桥段相连呈 S 形（图 7-14）。河道宽 43.7 米，加河堤 47.3 米，人工河堤高 3—4 米。水中生长芦苇，凸岸生长有落叶乔木及草本植物（图 7-15）。此处发育有一级阶地，高出河面 3.7 米。

图 7-14　哈拉哈河（阿尔山口岸大桥段）航拍

图 7-15 哈拉哈河（阿尔山口岸段）

3. 辉河

辉河是伊敏河一级支流，源出鄂温克族自治旗南部，大兴安岭山脉三角山峰西北麓。西北流折向东北流，穿行新宝力格东沼泽地，在巴彦塔拉达斡尔族乡北侧注入伊敏河。全长 437 千米，流域面积 11470 平方千米，流域地势南高北低，海拔高程 711—1321 米，河道蜿蜒曲折，中下游为湿地沼泽。

（1）辉河林场段：位于 48.071156°N，119.644816°E，高程 776.45 米。此段位于辉河林场区域，干流迂回曲折，形成数处牛轭湖（图 7-16）。其整体自西向东穿过省道 202。河水浑浊。此处河流位于省道 202 北侧，自北向南折向西流，河道宽 19.5 米，北岸滩地有沙化现象（图 7-17），生长有芦苇等植物，南岸修筑护堤，河流阶地高出河面 1.5 米，周围为牧场和林场。

图 7-16 辉河（辉河林场段）航拍

图 7-17　辉河（辉河林场段）

（2）辉河大坝段：位于 119.692612°E，48.926983°N。此处水域位于辉河水坝边（图 7-18），因水坝拦蓄，汊道众多，并淹没周围低地，形成广阔的水面，且无规则，难以测量。水域周围为草场，水边长满水草（图 7-19）。

图 7-18　辉河（辉河大坝段）

（3）草原段：位于 118°53′54.74″E，48°31′24.02″N，自西南向东北流，河道宽 2.7 米，水位很浅，仅有 10 厘米左右。据牧民介绍有时辉河水没膝盖，有时水少只到脚踝，河流滩地草场十分广阔（图 7-20），有大片牛、羊、马放牧。

图 7-19　辉河（辉河大坝段）航拍

图 7-20　辉河（草原段）

（4）巴彦乌拉嘎查段：此处辉河主河道曲流发育，主河道河宽 50.2 米，河流两岸汊道纵横，水草茂密（图 7-21），总宽 691.2 米，其周围为牧场，有马群放牧。公路两侧草地有沙化迹象，牧场处作为牲畜水源的小湖，周围五到十米草场退化严重，出现"裸圈"。可以反映游牧业对当地草原的破坏，使我们直观地理解了呼伦贝尔沙地的形成与人类活动之间的关系。

图 7-21　辉河主河道

4. 伊敏河

伊敏河是海拉尔河一级支流，发源于大兴安岭蘑菇山北麓鄂温克族自治旗红花尔基镇东南部，河长 359.4 千米，流域面积 22640 平方千米。伊敏河自南向北流经鄂温克族自治旗和海拉尔，在海拉尔区城北汇入海拉尔河。

（1）伊敏苏木段：位于 48.405442°N，119.776444°E，高程 691.84 米。此段河道位于伊敏苏木境内。干流迂回、清澈。此处河流自东南向西北流，河道宽 20.1 米，受汛期及人类活动影响，河漫滩不明显。其南侧建有小坝，导致此处径流速度较快。河流东侧是山麓，为大片树林，山腰有沙化现象，西侧是广阔的草地，有牛群放牧（图 7-22）。

图 7-22　伊敏河（伊敏苏木段）

（2）伊敏河大桥段：位于 119.8139222°E，48.643439°N，高程 666.99 米。此处河流位于伊敏河大桥之下，两股河道在此并为一股，干流迂回曲折，整体流势自南向北。此处河道南北向，宽 83.5 米，河漫滩不明显，未有阶地发育，河流两侧为草地，有沙化现象，靠近河流处布满鹅卵石（图 7-23）。

图 7-23　伊敏河（伊敏河大桥段）

（3）海拉尔区段：位于 119°44′58.25″E，49°12′38.64″N，自南向北流，分为三股，最东侧一股河道由于人为固堤河道宽 21.3 米，受汛期影响河漫滩淹没在水中，生长有芦苇、大籽蒿、榆树等植物，河流下切 4 米，发育有一级河流阶地，为海拉尔市区（图 7-24）。

图 7-24　伊敏河（海拉尔区段）

（4）河口段：位于 119°43′45.96″E，49°15′38.99″N，河流自东向西流，河道宽 136 米，该处往东 390.5 米处为伊敏河与海拉尔河交汇处，河漫滩受汛期影响大部分没入水中，剩余宽 1 米出露，生长有芦苇、青蒿、大籽蒿、红柳等植物（图 7-25）。河流一级阶地高出河面 2.5 米，为草地。

图 7-25　伊敏河（河口段）

5. 根河

根河为额尔古纳河支流，发源于大兴安岭北段西坡伊吉奇山西南侧，全长 427.9 千米，流域面积 15796 平方千米，河道平均比降 0.73‰，故蜿蜒曲折，为蒙古高原地区典型的曲流。其自东北向西南流经根河市、额尔古纳市和陈巴尔虎旗，于四卡北 12 千米处汇入额尔古纳河。"根河"为蒙古语"葛根高勒"（亦作"葛根高乐"）的谐音，意为"清澈透明的河""清澈见底的河"。也有人认为"根"为"郭恩"的讹音，意为"深"，即"深河"之意[①]。

（1）额尔古纳段：位于 120°10′47.81″E，50°15′58.19″N。根河在此处河道分为数股，主河道在自北向南折向西流，由于汛期河道宽 38.2 米，河漫滩也受影响大部分没入水中，剩余河漫滩宽 1.2 米，生长有芦苇、大籽蒿、柳、杨等植物，河流发育有一级阶地（图 7-26），高出河面 1.8 米，现为自来水厂地。

---

① 李俊义、黄文博：《内蒙古盟旗名称小考——额尔古纳、根河》，《赤峰学院学报》（哲学社会科学版）2012 年第 1 期，第 10—13 页。

图 7-26 根河（额尔古纳段）

（2）黑山头段：位于 119°32′31.02″E，50°14′13.11″N，河流自西北向东南流，河道宽 46 米，受汛期及降雨影响河漫滩没入水中（图 7-27），河流阶地高出河面 1.7 米，为牧场，有牛群放牧。

图 7-27 根河（黑山头段）

6. 呼伦湖

呼伦湖又名呼伦池、达赉湖、达赉诺尔，与贝尔湖互为姊妹湖。呼伦湖位于内蒙古自治区呼伦贝尔草原西部的新巴尔虎右旗、新巴尔虎左旗和扎赉诺尔区之间，呈不规则斜长方形，最大长度为 93 千米，最大宽度是 41 千米，湖周长 447 千米，面积 2339 平方千米，最大水深为 8 米，平均水深为 5.7 米，蓄水量 138.5 亿立方米，是东北地区最大的湖泊，也是中国第五大湖、第四大淡水湖。

呼伦湖在汉文文献中有着不同的称呼：北齐称大泽，唐朝时称俱伦泊，辽、金时称栲栳泺，元朝时称阔连海子，明朝时称阔滦海子，清朝时称库楞湖，当地牧人称达赉诺尔，意为海一样的湖泊。呼伦湖是我国北方众多游牧民族的主要发祥地，东胡、匈奴、鲜卑、室韦、回纥、突厥、契丹、女真、蒙古等民族曾繁衍生息于此，并对当地的生态环境产生了深刻的影响，故我们此次考察的重点内容是湖泊与沙漠之间的关系。

（1）呼伦湖北侧，位于 117°39′30.62″E，49°19′25.12″N。该处呼伦湖湖面宽阔，湖岸为沙子、砾石构成，湖水碧绿色，有水藻（图 7-28）。东侧为草原，公路北侧有斑块状草地沙化迹象，并逐渐进入呼伦贝尔沙地北沙带，沙带南北狭长，地表有沙裸露出，生长有柠条等（图 7-29）。继续向前为草原，地势低处有水塘，为牧群饮用水源，水塘周边有裸圈，展现了非常明显的草地退化的现象。

图 7-28　呼伦湖北岸

图 7-29 草场沙化

（2）呼伦湖东北岸边，乌尔逊河自东向西注入呼伦湖，该处河道宽 100.5 米，含河漫滩宽 186.1 米，河漫滩长有茂密低湿草丛，河流东南侧有道沙梁，植被覆盖很差（图7-30）。

图 7-30 呼伦湖东北岸

第三节　历史时期人类遗址调查

一、科尔沁沙地古人类遗址

科尔沁沙地是中原农耕文明与北方游牧文明交流的重要地区。近年来科尔沁沙地环境变迁与人类活动关系一直是学者们关注的热点地区。而长期以来人类在该地区活动，留下了大量的历史文献及人类遗迹，为我们研究这一地区环境变迁提供了数据支撑。距今约8000年前科尔沁沙地内兴隆洼文化就出现了原始农业，其后又涌现出赵宝沟文化、红山文化、小河沿文化等原始农业文化。进入历史时期后，科尔沁沙地大部分时间以畜牧业文化为主，先后被匈奴、乌桓、鲜卑、突厥、契丹、女真等游牧民族所占领，到辽金时期建立起了跨越中原农耕区和北方游牧区的强大帝国。辽金两代留下了大量的聚落遗址，是展示历史时期人类建城及开发活动与地区环境之间关系的生动案例。

科尔沁沙地人类活动起源于8000—9000年前的新石器时代早期，当时农牧业规模小，对环境不构成影响。后历经兴隆洼文化、赵宝沟文化、富河文化、红山文化、小河沿文化等新石器时代文化，自然景观仍是疏林草原或森林草原景观。红山时期有磨盘、磨棒出现，说明该时期已有早期农业。进入青铜时代，由遍布科尔沁沙地的夏家店文化遗址中发现有粟、黍等种子，说明农业耕种已有较高水平。进入夏家店上层文化期，在一些河流沿岸和个别地区流沙呈带状或块状分布，到战国时期得到恢复。魏晋及其以后时期又出现过一次沙漠化过程，史书第一次记载了科尔沁沙地流沙的出现，主要分布在西拉木伦河下游以南、老哈河沿岸以及西辽河局部地区，但这一时期总体上还处于疏林草原景观。通过文献、墓葬分析及古城分布发现，从北魏至辽代，科尔沁地区水资源较为丰富，还保持着草原景观。辽代沙漠化扩展。金时期沙漠化进一步加剧，是科尔沁沙地历史上沙漠化最严重时期。元代至明初，科尔沁沙地流沙遍布，人口很少。明代晚期科尔沁沙地植被已经有了很大恢复，又出现了水草丰美的景象。清代前期沙地有波动，但很快恢复，到中期科尔沁沙地植被全面复苏，绝大部分地区水草丰美，虽然也保留了一些农业，但规模很小。清末沙漠化严重发展[①]。然而，对于科尔沁沙地沙漠化的原因，目前主要有三种观点：第一种观点是自然

---

① 张柏忠：《北魏以前科尔沁沙地的变迁》，《中国沙漠》1989年第4期，第37—44页；张柏忠：《北魏至金代科尔沁沙地的变迁》，《中国沙漠》1991年第1期，第36—43页；张柏忠：《科尔沁沙地历史变迁及其原因的初步研究》，内蒙古文物考古研究所：《内蒙古东部区考古学文化研究文集》，北京：海洋出版社，1991年，第140—167页；冯季昌、姜杰：《论科尔沁沙地的历史变迁》，《中国历史地理论丛》1996年第4辑，第105—120页；任鸿昌、吕永龙、杨萍，等：《科尔沁沙地土地沙漠化的历史与现状》，《中国沙漠》2004年第5期，第544—547页。

主导论，认为气候突变等自然条件是辽金时期西辽河流域沙漠化的主要原因[①]；第二种观点是人为主导论，认为辽金时期该流域的沙漠化是由人类活动引起的，具体原因有移民垦荒、人口压力、战争破坏、修建边壕等[②]；第三种观点是自然与人为共同作用论，认为沙漠化的发生是气候突变和人类活动相互叠加、共同作用的结果[③]。

因此，科尔沁沙地经历了夏家店上层文化时期、魏晋（唐）时期、辽金时期、清中期至今四次沙漠化阶段，沙漠化原因则争议比较大，有自然主导说、人类活动主导说、自然—人类活动双重因素说。为了配合科技部基础资源调查专项野外数据采集与分析，项目组于2018年10月赴科尔沁沙地进行历史时期古城遗址考察。考察中选取的古遗址主要基于以下的标准。首先，是对人类文明发展产生重要影响的遗址及部分同时期遗址进行系统考察和研究。其次，选取能反映沙漠化的重要古城址，如位于沙漠深处或者被沙覆盖的城址。最后，为了更加系统了解长时段人类活动过程，选取的遗址涵盖各个时间段，组成一个长时间序列。下面对一些重点遗址的考察和研究现状进行介绍。

1. 承德避暑山庄

承德避暑山庄，又名"承德离宫"或"热河行宫"，是世界文化遗产、全国重点文物保护单位。它位于河北省承德市中心北部，武烈河西岸一带狭长的谷地上，整个山庄东南多水，西北多山，占地564万平方米，几乎是承德市面积的3/5，是清代皇帝夏天避暑和处理政务的场所，也是中国古典园林艺术的杰作。

避暑山庄始建于1703年，历经清康熙、雍正、乾隆三朝，耗时89年建成，分为宫殿区、湖泊区、平原区、山峦区四大部分。避暑山庄的营建，大致分为两个阶段。第一阶段：从康熙四十二年（1703年）至康熙五十二年（1713年），开拓湖区、筑洲岛、修堤岸，随之营建宫殿、凉亭和宫墙，使避暑山庄初具规模。第二阶段：从乾隆六年（1741年）至乾隆十九年（1754年），乾隆皇帝对避暑山庄进行了大规模扩建，增建宫殿和多处精巧的大型园林建筑。清前期重要的政治、军事、民族和外交等国家大事，几乎都在这里处理。因此，承德避暑山庄也就成了北京以外的陪都和第二个政治中心。本次考察由德汇门入，经长观门、钟楼、丽正门、松鹤斋、烟波致爽、金山寺、烟雨楼、文津阁、六合塔，依次考察了宫殿区、湖泊区、平原区、山峦区，登山向东远眺，武烈河自北向南流去，山庄与外八庙隔河相望。

课题组在考察时发现，号称"世界上最短河流"的热河，全长不足90米，而热河最出名的可能并不是它的长度之短，而在于其"热"。热河的源头称热河泉，据称是由于7000万年前火山爆发而形成的，是山庄湖水的主要来源之一，在冬季水温仍能保持8℃左

---

① 王守春：《10世纪末西辽河流域沙漠化的突进及其原因》，《中国沙漠》2000年第3期，第238—242页。

② 冯季昌、姜杰：《论科尔沁沙地的历史变迁》，《中国历史地理论丛》1996年第4辑，第105—120页。

③ Yang L. H., Wang T., Zhou J., et al, OSL Chronology and Possible Forcing Mechanisms of Dune Evolution in the Horqin Dunefield in Northern China Since the Last Glacial Maximum, *Quaternary Research*, 2012, 78(2):185-196.

右，乾隆帝到此山庄就曾留下"荷花仲秋见，惟应此热泉"的诗句。

避暑山庄，从名字的表面来看是清朝皇室避暑的场所，但是清帝兴建避暑山庄的政治意义要远远大于它的避暑用意，山庄的兴建是清政府联络蒙古各部及北部边防的一项重要措施[①]。清朝的康熙、乾隆每年大约有六个月的时间要在承德度过。乾隆在这里接见并宴赏过厄鲁特蒙古杜尔伯特台吉三车凌、土尔扈特台吉渥巴锡，以及西藏政教首领六世班禅等重要人物，还在此接见过以特使马戛尔尼为首的第一个英国访华使团，此外，外八庙（图 7-31）的修建更是清帝拉拢少数民族首领和巩固国家统一的一项重要的政治谋略。

图 7-31　山庄外八庙

2. 平冈古城（宁城县黑城古城）

平冈古城位于内蒙古赤峰市宁城县天义镇西南 60 千米处，地近平泉市界，是今内蒙古自治区赤峰市和河北省的毗邻地区。城址地势平坦，周边山峦起伏，为滦河水系与老哈河水系的分水岭。

平冈古城址附近地势坦夷，土质肥沃，宜于耕种，又为老哈河上流两条重要河源的交汇处：城址南面，老哈河的上源——五十家子河，自南向北流来；一条较大的支流——黑里河，自西向东流去。两河在古城址东南角汇合后，一般始称为老哈河。河距城很近，因此城址东南部被河水冲毁一部分。由古城址南去，过黑里河 2.5 千米就是河北省平泉市北五十家子镇。

平冈古城由外罗城、黑城、花城三重组成（图 7-32）。外面的大城叫作"外罗城"；中城称"黑城"（图 7-33），黑城北壁和外罗城北壁在一条线上，位于外罗城城内的中后部；小城称"花城"，位于外罗城和黑城北墙偏西处，花城南壁与外罗城、黑城南壁位于一条线上。花城应是战国燕修筑的一座军事防御城堡；外罗城是秦汉时期的一座城址，据出土文物及历史文献考证为西汉右北平郡治[②]；黑城为辽至明代古城，为辽劝农县、元富峪驿、明富峪卫[③]。外罗城发现外施绳纹或内施网格纹筒瓦、板瓦、"千秋万岁"瓦当、云卷纹

---

① 于佩琴：《略论避暑山庄的历史地位和作用》，《河北民族师范学院学报》2012 年第 3 期，第 10—17 页。

② 李文信：《西汉右北平郡治平刚考》，《社会科学战线》1983 年第 1 期，第 164—171 页。

③ 赵喜章、吴彦东：《秦代古城——平刚县遗址》，《兰台世界》2004 年第 10 期，第 48 页。

瓦当、羊头纹瓦当等；黑城及花城发现陶器有绳纹陶瓮、陶壶、陶盆、陶罐、陶豆等；窑具有晾瓦圈、陶拍等；钱币有明刀、半两、五铢、大布黄千、货泉、小泉直一等；还有印章、封泥、铁权和铁锄等；抹沟纹板瓦、细绳纹灰陶壶、陶盆残片，数量较大的是含滑石粉粒的红陶锅片[①]。

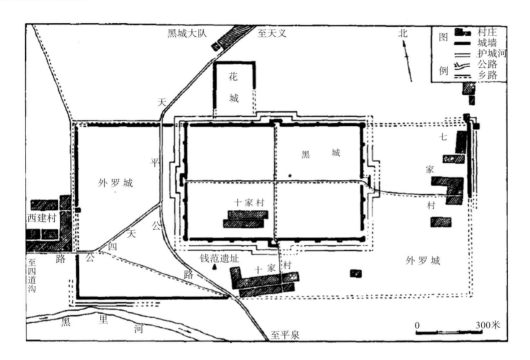

图 7-32　平冈古城遗址复原图[②]

图 7-33　平冈古城（黑城古城）文物保护牌

① 冯永谦、姜念思：《宁城县黑城古城址调查》，《考古》1982年第2期，第155—164页。
② 冯永谦、姜念思：《宁城县黑城古城址调查》，《考古》1982年第2期，第155—164页。

　　现今外罗城几乎不见踪影，据 20 世纪 80 年代调查，其平面长方形，东西较长而南北较短。实测东西长 1800 米、南北长为 800 米。而花城则通过与黑城的相对位置才发现几段残壁。花城平面呈长方形，城址以北壁最为完整，其长 200 米；如果以外罗城和黑城的北墙作为其南壁的话，南北长为 280 米，现西壁北段存长 200 米，东壁北段仅存长 120 米。黑城保存最为完整，只西、北两墙略有颓坍，东、南两墙仍然壁立如削（图 7-34）。20 世纪 50 年代城内有孔庙[①]，现已不存。城有四门，门外接筑瓮城（图 7-35），城壁外侧筑有马面，四角并有角台，马面、角台均高出城壁之上。城墙外面四周围城有护城河。黑城平面亦作长方形，东西长 810 米，南北长 540 米，墙现存高 9.3 米。夯层清晰可见，夯土层上薄下厚，一般 12—16 厘米，厚者达 20 厘米。从黑城西南角进入，沿西城墙—北城墙—东城墙—南城墙绕一周。黑城内已开辟为耕地（图 7-36）并形成村庄。除南墙外，在西墙、北墙均发现马面、城门与瓮城遗存，东墙也发现瓮城残留，城墙内发现有辽金时代陶瓷碎片。

图 7-34　平冈古城城墙

图 7-35　平冈古城瓮城

---

　　① 张郁：《内蒙宁城县古城址的调查》，《考古通讯》1958 年第 4 期，第 60—61 页。

图 7-36　平冈古城城内农田

3. 辽中京遗址

辽中京遗址（图7-37）在今内蒙古自治区赤峰市东南宁城县的大明镇，地处开阔的老哈河北岸冲积平原，遗址东距今叶（叶柏寿）赤（赤峰）铁路天义站15千米，北距辽代上京城址280千米。

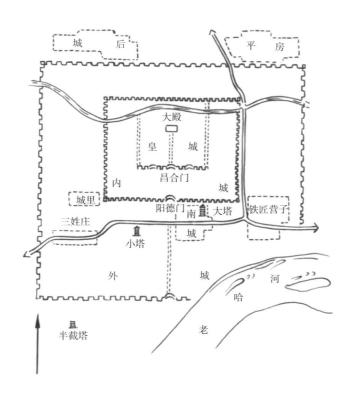

图 7-37　辽中京遗址复原图

辽中京始建于公元 1007 年，为辽代五京之一，也是辽代政治、经济、文化的中心。辽亡后，中京城经金、元、明各代沿用加筑，金代改称其为"北京路大定府"，元代又改称"大宁路"，明代初年在此设大宁卫，永乐元年（1403 年）撤销卫所，从此沦为废墟[①]。中京地区地理位置重要，为历代兵家必争之地。

辽中京遗址周长 15 余千米，城址由外城、内城和皇城 3 重组成。外城东西长 4200 米，南北宽 3500 米，残存高度一般在 4—6 米，基宽 11—15 米，夯土层厚 10—15 厘米（图 7-38），南墙中端有两个高达 6 米的夯筑土堆，呈正方形，南门为朱夏门（图 7-39）。朱夏门往北有一条长达 1400 米的中央干道，道宽 60 余米，两侧有排水沟，与中央干道平行的南北向街道在两侧各有 3 条，另有东西向街道 5 条，还有市坊、廊舍、官署、庙宇及贤馆等建筑，布局严谨，井然有序。内城在外城范围之内，位于正中偏北，构成一个"回"字形建筑群，东西长 2000 米、南北宽 1500 米，东、南、北 3 面城墙保存较好，残高一般约 5 米，基宽 13 米左右，南墙中端也有 2 个高大的土堆，相距 20 余米，残高 6 米，此即内城南门阳德门（图 7-40）。皇城在内城范围之内，位处正中偏北，正方形，长、宽各约 1000 米，城墙多被毁坏，只有西墙残基隐约可见，南墙正中经钻探似有门址，东南角和西南角各有一夯筑封土堆。通过地层沉积挖掘，发现辽中京外城址内普遍存在辽、金、元、明各代的文化层，层层叠压，并有大量陶片、瓷片。钻探后发现辽中京内城和皇城的地层有泥沙淤积，曾被近代洪水冲刷淤积。文化层距今地表 1.5—2.3 米，以辽代的文化遗存为主，金元两代的文化遗存为次[②]。

图 7-38　辽中京城墙夯土层

① 赵永胜：《辽中京衰落的过程及原因》，《赤峰学院学报》（汉文哲学社会科学版）2012 年第 7 期，第 1—3 页。

② 辽中京发掘委员会：《辽中京城址发掘的重要收获》，《文物》1961 年第 9 期，第 34—40 页。

图 7-39　辽中京朱夏门

图 7-40　辽中京阳德门

　　辽中京遗址内存 3 座砖塔，即大塔（大明塔）、小塔（金代小塔）、半截塔（莲花塔）（图 7-41）。大塔是辽塔里的典型代表，在内城阳德门外东南，塔基建在高约 5 米的长方形土台上，塔高 64 米，为八角形 13 层密檐式实心砖塔，塔座作须弥状，座高 17 米、每边宽 14 米，每面中部用砖浮砌 3 个卍字，当为清代修补加砌。小塔位于内城阳德门址西南，八角密檐式，高 24 米，须弥式塔座，塔身东、西、南、北四面各有 1 个佛龛，塔檐 13 层。半截塔又称莲花塔，位于外城城外的西南方，仅存塔身第 1 层以下部分，残高约 6 米[①]。现除了城墙、大塔、小塔，城内为居民点与耕地。外城北墙外有时令河，洪水期时曾冲毁北墙。北墙沙化较南墙严重，可能是河流沉积物的影响。

---

① 内蒙古自治区昭乌达盟文物工作站：《辽中京遗址》，《文物》1980 年第 5 期，第 89—91 页。

（a）大塔　　　　　　　　（b）小塔　　　　　　　　（c）半截塔

图 7-41　辽中京遗址砖塔

辽代五京中，中京大定府名列其一，但皇帝一年四季都巡幸于捺钵之间。《辽史·营卫志中》载：

> 长城以南，多雨多暑，其人耕稼以食，桑麻以衣，宫室以居，城郭以治。大漠之间，多寒多风，畜牧畋渔以食，皮毛以衣，转徙随时，车马为家。此天时地利所以限南北也。辽国尽有大漠，浸包长城之境，因宜为治。秋冬违寒，春夏避暑，随水草就畋渔，岁以为常，四时各有行在之所，谓之"捺钵"[①]。

《大金国志》载："主谕尚书省，将循契丹故事，四时游猎，春水秋山，冬夏刺钵。"[②]表面看来这些记载中所称辽金时期的四时捺钵与春水秋山只是为了避寒避暑以及游玩田猎，但其实不然，辽金时期的捺钵习俗同样有着十分重要的政治意义。辽代南北臣僚会议是最高决策机构，每年定期于夏、冬捺钵期间开会议政，一切重大的军国大事都要在会议上讨论决定。此外，辽帝还会在捺钵期间接见来自各方的使节，巡视地方。在一次次的"捺钵"中，许多军国大事被处理，加强了对地方的统治，促进了与少数民族之间的交流与融合，从而进一步巩固了国家的统一。

4. 牛河梁遗址

牛河梁遗址（图 7-42）位于辽宁省朝阳市下辖的凌源市及建平县境内，因牤牛河源出山梁东麓而得名。牛河梁遗址地处半山地半丘陵地貌，海拔 600—650 米，地表覆盖厚 1—5 米的黄土，冲沟发育，水土流失严重，中华人民共和国成立后大面积植树造林，现周围遍布针叶林。

---

① （元）脱脱等：《辽史》卷 32《营卫志中》，北京：中华书局，1974 年，第 373 页。
② （宋）宇文懋昭撰，崔文印校证：《大金国志校证》卷 11《纪年》，北京：中华书局，1986 年，第 166 页。

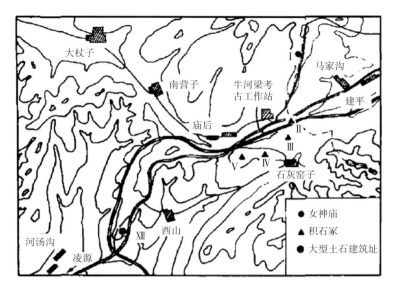

图 7-42　牛河梁遗址分布示意图[①]

　　牛河梁遗址是一处遗址群，分布面积达 1.2 平方千米，重要发掘地点包括女神庙与积石冢，发现有大量陶片、泥塑、玉器，属新石器时代晚期的红山文化遗址，距今 5500—5000 年。牛河梁遗址于 1988 年被国务院公布为第三批全国重点文物保护单位。2003 年第十六地点的发掘被评为年度全国十大考古新发现。该次考察主要是对女神庙与积石冢进行调研。

　　女神庙是中国迄今发现最早的史前神殿遗址。1983 年 10 月人们在凌源县（今凌源市）林场大杖子工区林带内北山冲沟中，发现大量红烧土和泥塑人像的残块。其中，有一个女性头像面朝上，头顶和左耳残缺，鼻脱落，眼内嵌圆形玉片。该头像相当于真人大小，面涂红彩，出土时仍很鲜艳[②]。正因为出土了该头像（图 7-43），故此地称为女神庙。女神像出土过程也说明仅需要揭去冲沟东部山坡 0.25—0.5 米厚的表土，就可以使该庙址露出地面。

图 7-43　牛河梁女神头像

---

　　① 辽宁省文物考古研究所：《辽宁凌源市牛河梁遗址第五地点 1998—1999 年度的发掘》，《考古》2001 年第 8 期，第 15—30 页。

　　② 辽宁省文物考古研究所：《辽宁牛河梁红山文化"女神庙"与积石冢群发掘简报》，《文物》1986 年第 8 期，第 1—17 页。

　　女神庙遗址南北长 22 米，东西宽 9 米，主体为七室相连的布局，结构为半地穴式土木结构，其周围散布大量红烧土块，庙由一个多室和一个单室两组建筑物组成（图 7-44）。出土的文物可分为建筑构件、泥塑造像、陶制祭器三类。

图 7-44　牛河梁遗址女神庙考古工地

　　积石冢位于牛河梁主梁顶南端斜坡上，地势北高南低，东西一行排列，范围总长 110 米。积石冢为石室墓葬，距今 5000 年左右，数量众多，仅一号冢就有 21 座墓。考察地点发现 5 座积石冢，1 座圆形祭坛，合计发掘红山文化墓葬 46 座，牛河梁地区的绝大部分玉器和陶器出自该地点（图 7-45）。其中第二地点一号冢 M4 号墓出土了两件玉猪龙。通过了解，这里的墓葬应该都是贵族墓葬，因为出土的物品均为祭祀用品，而无生活用品。这里的墓葬已经体现出等级形式，墓葬规格已有高低之分，随葬玉器的多寡与规格也各不相同。同时我们也在冢界周围看到了极具特色的陶筒形器，上文说到这种"上无盖、下无底"的器物有沟通天地的作用。

　　利用考古发现结合 ^{14}C 测年发现，牛河梁早期就有红山文化先民居住，距今 5000 年前后牛河梁遗址祭祀由第二期祭祀坑发展到第三期的庙、坛形式，墓葬和祭祀礼仪的等级化表明社会结构复杂化，红山文化先民在牛河梁遗址第三期时有了等级差别观念[1]。作为红山文化的典型遗址之一，牛河梁遗址内的神庙、祭坛、积石冢群形成了一个有机整体。牛河梁遗址多种形式的礼仪建筑、精雕细琢的随葬玉器和纹饰绚丽的彩陶祭器引起了学者的广泛关注和深入研究，学者普遍认为红山文化已经产生阶层分化和社会分工，积石冢墓葬的主人被认为不仅掌握神权，而且还掌握政权，红山文化可能具有高度的统一性[2]。

---

　　[1] 索秀芬、李少兵：《牛河梁遗址红山文化遗存分期初探》，《考古》2007 年第 10 期，第 52—61 页。
　　[2] 辽宁省考古研究所、中国人民大学历史学院：《2014 年牛河梁遗址系统性区域考古调查研究》，《华夏考古》2015 年第 3 期，第 3—8、62 页。

图 7-45　牛河梁遗址积石冢考察现场

5. 西土城子古城

西土城子古城（图 7-46、图 7-47）位于通辽市奈曼旗土城子镇土城子村西南 0.5 千米处，地处西辽河平原南端，北距燕长城 10 千米，东 4 千米处有牤牛河，东南 20 千米处是善宝营子古城。城内有大量战国和秦汉时代的陶片和建筑构件。该古城于 1972 年和 1973 年进行文物调查时发现。从形制和城内采集的遗物看，当始建于战国时代的燕国，秦和西汉时代沿用，东汉时废弃[①]。西土城子古城也是迄今为止在燕北长城沿线发现的规模最大、保存基本完整的一处城郭遗址。

图 7-46　西土城子古城

---

① 李治亭：《关东文化大辞典》，沈阳：辽宁教育出版社，1993 年，第 333 页。

图 7-47　西土城子古城全景

　　古城东、北、西面均为山地，平面近方形，城墙残高 4—7 米，周长 1419 米（图 7-48），城垣四角在东南西北方向线上，南北各一城门，城门遗迹仍能分辨，且南门有瓮城。据史料考证，此城为汉代新安平县治所。据旗文物局工作人员介绍，此城建于战国时期燕国，属燕国辽西郡，古城及其附近地区原属东胡之地，当是燕昭王时燕将秦开退东胡、拓边地时所设，被秦汉沿用。目前古城内被开辟为耕地（图 7-49），主要种植玉米，遗迹不存。城内西角有内城，呈方形，南北长 63 米，东西宽 60 米，据文物局工作人员介绍为放马圈。

图 7-48　西土城子古城城墙遗迹

　　《汉书·地理志》新安平县下注有"夷水东入塞外"。此处夷水即渝水，新安平县应在渝水之西。在辽西郡北部渝水之西唯有奈曼旗西土城子古城最为适宜。渝（夷）水恰好在古城东八里自塞外夷地流入塞内，与《汉书·地理志》新安平县相符[①]。但《水经注》

---

　　① 李殿福：《西汉辽西郡水道、郡县治所初探——兼论奈曼沙巴营子古城为西汉文成县》，《辽宁大学学报》（哲学社会科学版）1982 年第 2 期，第 51—55 页。

图 7-49　西土城子内的放马圈

又称："新河自枝渠东出合封大水，谓之交流口。水出新安平县，西南流迳新安平县故城西，《地理志》：辽西之属县也。"[①] 故《中国历史地图集》将西汉新安平县定位于今河北省唐山市东北，与西土城子古城相距甚远。西土城子古城虽被列入文化保护名单，但一直没有发掘，故不能确定其是否为汉新安平县址。

6.善宝营子（沙巴营子）古城

善宝营子古城也称沙巴营子古城（图 7-50），位于通辽市奈曼旗青龙山镇善宝营子村东南面 500 米处，北距燕长城址有 30 余千米。古城四周为起伏不平的丘陵地带，牤牛河在古城西南自西北向东南流过。1972—1974 年吉林省文物工作队和吉林大学历史系发掘了善宝营子古城，总发掘面积近 5000 平方米。出土 2000 余件燕、秦、汉等朝代历史遗物，尤其在城内主要建筑址中，出土刻有秦始皇二十六年（前 221 年）统一度量衡诏书文字的陶量等珍贵文物。

图 7-50　善宝营子古城全景

① （北魏）郦道元著，陈桥驿校证：《水经注校证》卷 14《濡水》，北京：中华书局，2007 年，第 347 页。

　　善宝营子古城近方形，四角正处东、西、南、北方位线上。现存东北、东南、西北三面墙垣，西南墙垣被牤牛河水冲刷殆尽，所剩三面墙残高 2—4 米。墙系夯土版筑，细密坚实，周长 1350 米。东南垣南段有一豁口，宽 3.5 米，应为门址。东北和西北二墙无门，西南垣有无门址，今已不好辨认。城内布局井然，北部居中有一高台建筑址，刻有秦始皇二十六年（前 221 年）诏书文字的陶量，即在此处出土。从遗址所处位置和规模形制，以及发现珍贵的陶量来看，此高台遗址可能是官署所在。在该遗址的西南部位，经钻探和发掘证明是手工业作坊区，东、南两面是普通住宅区。在主要高台建筑址的北面未发现居住遗址，遗物也少见。从城的形制及遗存建筑饰件大小看，可以推想出城内建筑规模比较壮观。

　　在善宝营子古城发掘有秦至西汉的陶量、五铢，建筑用的板瓦和筒瓦，其上纹饰多为绳纹。瓦当有卷云纹、柳叶纹半瓦当和圆瓦当。可知，该古城最初建于战国时代的燕国，秦和西汉继续沿用。古城内没见东汉时代任何遗物，因此说该城在东汉时已废弃。

　　目前，善宝营子古城城内为耕地（图 7-51），地表为砂质土壤，极易被风吹蚀。城墙保存得不算很完整，南城墙被牤牛河冲毁（图 7-52），现在的河道摆动到距离南城墙较远的地方。李殿福从形制、调查发掘认为，善宝营子古城为西汉辽西郡文成县[①]。张博泉则通过文献考证，认为这是西汉辽西郡狐苏县故城[②]。

图 7-51　善宝营子古城内现状

---

　　① 李殿福：《西汉辽西郡水道、郡县治所初探——兼论奈曼沙巴营子古城为西汉文成县》，《辽宁大学学报》（哲学社会科学版）1982 年第 2 期，第 51—55 页。
　　② 张博泉：《汉辽西郡狐苏县城址初探》，《吉林大学学报》（社会科学版）1979 年第 2 期，第 71—73、92 页。

图 7-52　善宝营子古城城墙

7. 黑城子古城

黑城子古城（图 7-53、图 7-54）位于通辽市库伦旗西部与奈曼旗交界地带，行政区划属库伦旗扣河子镇黑城子村。城址东北距库伦旗库伦镇 54 千米，东南距扣河子镇 8 千米。该城址正处科尔沁沙地与辽西山地过渡地带，海拔 300 米左右。城址周围群山起伏，西、南为青龙山，辽河支流柳河发源于此。柳河上游新开河的两条支流就在黑城子古城东侧交汇。这一带地势比较开阔平坦，土质肥沃，水草丰美，是一处宜农宜牧的地区。因为在城中出土了一方辽代"灵安州刺史印"，由此可以确定此城址即辽代灵安州。2013 年被国务院核定公布为第七批全国重点文物保护单位。

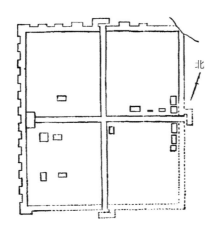

图 7-53　黑城子古城位置及平面复原图[①]

---

① 贾鹤龄：《内蒙古库伦旗发现辽代灵安州城址》，《考古》1991 年第 6 期，第 522—527 页。

图 7-54　黑城子古城全景

　　总体来看，此城规模较大，平面略呈方形，东西长 600 米，南北长 680 米。城墙底部宽约 6 米。由于城内土地长期耕种，南墙已被村落民宅占用，东墙破坏较重，北墙也因风蚀和流水破坏而断断续续，北墙残存的几座马面和瓮城保存尚好，最高者可达 20 米。西墙保存甚好（图 7-55），但城墙也因西城外风沙淤积而失去了原来的高度。从现存遗迹来看，大致可看到该古城为军事防御性城市：东、南、北城墙各辟一城门，部分城墙的瓮城和马面尚可分辨。其中，北墙有 6 座马面，南墙有 2 座，西墙达 10 座。马面高 10—18 米，宽 30 米。不过，由于城内被长期开辟为耕地，所以遗迹破坏严重。在古城的西南隅和西北隅各有一片低洼地，无任何遗物和遗迹，推断可能是当时的湖泊。

图 7-55　黑城子古城西墙

　　根据出土的遗物推测，此城建于辽代，金沿用[1]。据文物部门调查，城内遗物相当丰富，青砖、灰瓦及其他建筑构件俯拾皆是，铜器、瓷器器物残片亦随处可见[2]。目前，在北墙南侧，陶片随地可见。随机选了一个地方进行简单发掘，土质较为疏松，为沙土。挖

① 贡鹤龄：《内蒙古库伦旗发现辽代灵安州城址》，《考古》1991 年第 6 期，第 522—527 页。
② 贡鹤龄：《内蒙古库伦旗发现辽代灵安州城址》，《考古》1991 年第 6 期，第 522—527 页。

了约 40 厘米，发现一块黑色陶片，继续下挖约 10 厘米，又发现一块黑色陶片。据此初步判断，距离地面 40—50 厘米的深度位置，就是辽代的文化层。而文化层以上为沙质土壤，结合西段城墙的长期流沙淤积，表明辽金时期灵安州发生过明显的沙漠化现象。这也与科尔沁沙地地层剖面显示的沙漠化时期一致[①]。

8. 库伦三大寺

库伦三大寺分别为兴源寺、福缘寺和象教寺，位于库伦旗库伦镇中心街与兴源路交汇口（图 7-56）。库伦三大寺范围南起库伦河北，北至北山顶，东起后府沟，西至今糖业北沟之间的阳坡台地上，占地面积约 3 万平方米，共有建筑 32 座，现存的建筑面积为 5371.57 平方米。整个建筑群分为三个大的院落，皆以中轴对称平面布列，根据前低后高的地形分层递进而布，南面是福缘寺，北面是兴源寺和象教寺并排分布，其中，兴源寺居左、象教寺居右，整体建筑前后基础高差约 9 米。建筑形制以地形决定，为高台基大木构架，分布建筑风格有藏汉结合式、重檐庑殿式、歇山、硬山和勾连搭多种[②]。

图 7-56　库伦三大寺位置示意图

---

① Li J., Han L., Liu Y., et al, Insights on Historical Expansions of Desertification in the Hunlun Buir and Horqin Deserts of Northeast China, *Ecological Indicators*, 2018, 85:944-950.

② 崔宁:《库伦喇嘛教寺庙文化历史沿革与现状》,《内蒙古民族大学学报》（社会科学版）2018 年第 2 期，第 32—37 页。

　　库伦，蒙古语为城市之意，建于 17 世纪。库伦旗是清代内蒙古唯一实行政教合一的喇嘛旗，是蒙古族崇尚的宗教圣地。兴源寺（图 7-57）始建于顺治六年（1649 年），象教寺始建于康熙九年（1670 年），福缘寺（图 7-58）则建于乾隆七年（1742 年）[①]。兴源寺是政教中心，福缘寺为财政中心，象教寺为喇嘛住所。

图 7-57　库伦兴源寺

图 7-58　库伦福缘寺

　　库伦三大寺是内蒙古现存较为完整的一组融蒙、藏、汉风格为一体的格鲁派召庙建筑群，有较高的历史、科学和艺术价值。其中，象教寺玉柱堂门楣上镶嵌的四十幅戏曲彩绘，已有 350 多年的历史，这些彩绘采取虚实相间的手法，既有明显的舞台痕迹，又随时根据内容跳出舞台限制，不拘一格，灵活多变，可以从中看出早期蒙古族戏曲舞台以及服装、化妆等原始形态，为研究戏曲发展史提供了鲜活的样本。1986 年，库伦三大寺被内蒙古自治区人民政府公布为"第二批自治区重点文物保护单位"。2006 年，库伦三大寺被国务院列入第六批全国重点文物保护单位名单。

---

① 陈宇：《通辽市库伦三大寺寺院景观研究》，内蒙古农业大学 2013 年硕士学位论文。

9. 下扣河子古城

下扣河子古城位于库伦旗库伦镇下扣河子村西 200 米，西北距三家子镇 10 千米，南距厚很河 2.5 千米，北距养畜牧河 2 千米，地处二河交汇处的冲积平原上，城内地势平坦（图 7-59）。

图 7-59　下扣河子古城全景

该古城略呈正方形，开东、南二门，有瓮城。城门宽 13 米，瓮城宽 30 米，长 46 米。南墙长 550 米，北墙长 500 米，东西二墙长 450 米（图 7-60）。城内可辨七排东西走向的建筑遗迹。在第三排到第七排建筑上多散布陶片，瓷片较少。从遗址上散布的遗物看，第一、二排建筑为城内主要建筑，或为官署；三至七排，或是平民住宅。从这七排建筑遗址的分布来看，整个建筑偏居城东侧。城西侧，约占全城四分之一的面积，极少见到遗物。城内有两口井，1 号井位于二、三排建筑间的东部；2 号井位于四、五排建筑间的东部，二井均未垒筑井壁。

图 7-60　下扣河子古城城墙遗迹

目前，下扣河子古城内已被开辟为耕地，有一条纵贯东西的沟渠（图 7-61），城内沙化较为严重，仍有大量辽金时期陶瓷碎片残留；沿城墙周围有树林，其中南墙与西墙保存较好，北墙已不存。西墙有很好的断面，可以看到清晰的夯土层。课题组在西墙采集了土样以测年。从城内散布遗物看，此城应为辽代城池。由规模看，此城可能是辽代的投下州城。有学者认为此城可能是辽代的徽州或睦州故址①。

图 7-61　下扣河子古城内的沟渠

10. 哈民忙哈遗址

哈民忙哈遗址位于科尔沁左翼中旗，地处西辽河及其支流新开河之间，西辽河平原东部科尔沁沙地腹心地带。哈民忙哈遗址距今 5500—5000 年，相当于红山文化晚期，遗址面积 17 万平方米，出土有陶器、石器、骨器、蚌器以及精美的玉器数百件（图 7-62）。出土器物中，陶器以"麻点纹"为其特色（图 7-63）。哈民忙哈遗址中出土的器物，确认了一种有别于红山文化的新的考古学文化——哈民忙哈文化，并为了解和研究 5000 多年前新石器时代晚期，中国东北和科尔沁地区的社会形态、经济生活、聚落结构、建筑艺术、制陶工艺、宗教习俗等提供了鲜活的例证。

图 7-62　哈民忙哈遗址中出土的陶猪

① 薛彦田、乔子良编著：《科尔沁史话》，呼和浩特：内蒙古人民出版社，2008 年。

图 7-63　哈民忙哈遗址中出土的麻点纹陶罐

　　哈民忙哈遗址的房屋结构和文化形式比较特殊，遗址的房址大多为半地穴式，房室灶台靠前，房址平面呈"凸"字形，呈东南朝向，疑为信仰崇拜。室内面积 10—30 平方米，一般多在 15 平方米以内[①]。遗址中木头多为榆木，动物遗骨有鱼蚌、鹿等，也有大量农业器具的出土，说明哈民忙哈遗址为采集、狩猎、农耕一体，而农业生产在哈民忙哈先民的生活中占有较大的比重。

　　哈民忙哈遗址中，最令人震撼的是，在考古现场看到一个面积仅 15 平方米的房址内竟有 97 具人骨遗骸（图 7-64）。据工作人员说，遗址中大多房屋内都有多具人体遗骸，以妇女、儿童居多，并存在人骨堆弃叠压、姿态凌乱等现象，且骨骼有火烧痕迹。

图 7-64　哈民忙哈遗址中房址人骨遗存

　　课题组在考察中注意到，哈民忙哈遗址坐落在沙岗上，四周皆为固定沙丘，无陡峭山石，东南地势平坦，西北部环绕有古河道，在发掘现场并未发现淤土、水渍层或被洪水裹挟的堆积物，也未发现泄洪沟壑，或因地壳运动造成的层面结构痕迹，因此可初步排除遗

---

　　① 内蒙古文物考古研究所：《内蒙古科左中旗哈民忙哈新石器时代遗址 2012 年的发掘》，《考古》2015 年第 10 期，第 25—45 页。

址中的遗骸为自然灾难所造成的群体死亡现象。此外，出土人骨中并未发现有明显的肢解、创伤、钝器砸击等痕迹，也可排除暴力冲突与祭祀行为所造成的群体死亡现象。目前的有关研究，大多推测哈民忙哈先民群体性死亡的原因可能是瘟疫的爆发[①]。

哈民忙哈遗址地处内蒙古科尔沁沙地，近代以来这里一直是鼠疫的流行区。鼠疫是由鼠疫耶尔森菌感染引起的烈性传染病，是我国法定传染病中的甲类传染病，且位居首位。结合哈民忙哈遗址的动物考古学研究可知，该遗址出土所有动物标本均为野生动物。而通过对该遗址动物资源的利用方式进行统计后，研究者推测该遗址居民经常捕食周围地区的中小型哺乳动物和水生动物，其中野兔数量占哺乳动物总数的 75%，东北鼢鼠和其他啮齿类动物比例也相对较高，而这些野生动物正是鼠疫杆菌的主要宿主。这些野生动物被人捕食后或鼠蚤直接叮咬人类后，可直接将鼠疫杆菌转移给人类宿主。同时，鼠疫患者或动物的呼吸道分泌物中含有大量鼠疫菌，呼吸所形成的细菌微粒及气溶胶则容易造成更多人感染。史前人类一旦感染鼠疫，很容易迅速传播，必然会导致大量社会成员发病甚至死亡[②]。而这可能进一步影响到辽西地区新石器文化的变迁。

哈民忙哈遗址是我国在北纬 43° 以北地区，首次大面积发掘保存最完整的史前聚落遗址。"哈民忙哈文化"的发现，在空间上填补了以往区域考古工作的空白，在时间上充实和完善了新石器时代晚期考古学文化研究的薄弱环节，在聚落考古方面取得了突破性的进展[③]。而聚落环境由狩猎兼农业的景观到如今的沙地，也为古今环境变迁提供了例证。

11. 福巨古城

福巨古城（图 7-65）位于通辽市科尔沁区莫力庙苏木福巨嘎查北约 2.5 千米，海拔 210 米。城址南距西辽河（土河）约 19 千米，北距新开河（潢河）约 35 千米，北距北老河古道约 2.5 千米。

由于 20 世纪 70 年代大规模农田基本建设的破坏以及风积沙土的掩埋，福巨古城城墙遗址已经从地表消失。根据工作人员介绍，经过一些勘探发现，福巨古城城址由外城、西北内城和东南内城三部分组成，属内外城双城式结构，城址面积 160 余万平方米。内城靠东，呈长方形，周长约 1 千米，总面积约为 6.28 万平方米，东、南两门各有瓮城，东北、东南、西南角各有角楼。北墙有两个马面，西、南城墙各一个马面。城墙为外运来黑褐色冲积土，经过人工夯制而成的夯土城墙，层次分明，厚 8—11 厘米。在方圆 4 平方千米的范围内，地表分布有大量的遗物，有建筑构件、陶瓷残片、金属器、石器、铜器等。

---

① 朱永刚、吉平：《内蒙古哈民忙哈遗址房址内大批人骨遗骸死因蠡测——关于史前灾难事件的探索与思考》，《考古与文物》2016 年第 5 期，第 75—82 页。

② 朱泓、周亚威、张全超，等：《哈民忙哈遗址房址内人骨的古人口学研究——史前灾难成因的法医人类学证据》，《吉林大学社会科学学报》2014 年第 1 期，第 26—33 页。

③ 朱永刚、吉平：《探索内蒙古科尔沁地区史前文明的重大考古新发现——哈民忙哈遗址发掘的主要收获与学术意义》，《吉林大学社会科学学报》2012 年第 4 期，第 82—86 页。

图 7-65　福巨古城内部

　　李鹏研究认为，福巨古城为辽代龙化州[1]，其理由如下。

　　第一，福巨城的城市格局符合史籍所载的龙化州城市格局。《辽史·地理志》载："龙化州，兴国军，下，节度。本汉北安平县地。契丹始祖奇首可汗居此，称龙庭。太祖于此建东楼。唐天复二年，太祖为迭烈部夷离堇，破代北，迁其民，建城居之。明年，伐女直，俘数百户实焉。天祐元年，增修东城，制度颇壮丽。"[2] 可知龙化州为内外双城式结构，且内城居东，而今福巨城址由外城、西北内城和东南内城三部分组成，属内外城双城式结构（图 7-66）。

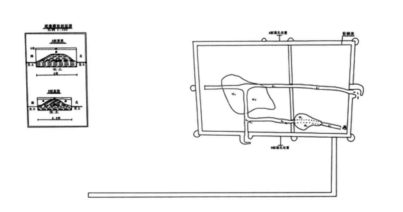

图 7-66　福巨古城平面勘探复原图[3]

　　第二，福巨城址与周围水系的关系也符合史料当中有关龙化州与西辽河关系的记载。

① 李鹏：《辽代永州、王子城、龙化州与木叶山通考》，《内蒙古民族大学学报》（社会科学版）2016 年第 6 期，第 1—8 页。

② （元）脱脱等：《辽史》卷 37《地理志》，北京：中华书局，1974 年，第 447 页。

③ 李鹏：《辽代永州、王子城、龙化州与木叶山通考》，《内蒙古民族大学学报》（社会科学版）2016 年第 6 期，第 1—8 页。

福巨城址北距新开河约 35 千米,南至西辽河约 19 千米,处于两河之间的冲积平原之上。《辽史》记载:"(唐天复二年)九月,城龙化州于潢河之南,始建开教寺。"[1] 这里所谓的"潢河",即今西辽河支流乌力吉木伦河(又称乌力吉沐沦河)下游及其支流新开河(见前文)。

第三,根据金宝屯墓葬出土文物中的记载,龙化州城地望与福巨古城的位置相符。2016 年 8 月,内蒙古考古队在开鲁县东风镇金宝屯村附近,发掘两座被盗的辽墓,其中发现了墨字题书百余字,有"葬□龙化州西□二里"等文字。由此可将龙化州的地理位置锁定在布日顺城址(永州)以西、金宝屯辽墓以东、西辽河(土河)以北、新开河(潢河)以南的区域内,而福巨古城是唯一符合这一地理位置条件的大型辽代城市遗址[2]。这一结论否定了之前西孟家段古城为辽代龙化州的论断[3],解决了辽史研究中长期悬而未决的重大问题,极大地推动了辽代地理的研究。

12. 辽上京遗址

辽上京遗址位于内蒙古自治区巴林左旗东南郊,林东镇东南,今白音戈勒河与乌力吉木伦河相交之处西北岸的洪积台地之上,南临潢水,是中国古代契丹政权辽王朝开国皇都上京的遗址(图 7-67)。

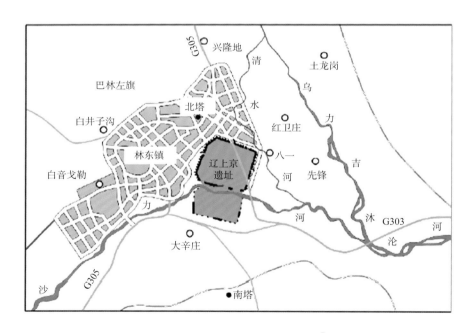

图 7-67 辽上京遗址位置示意图[4]

① (元)脱脱等:《辽史》卷 1《太祖本纪上》,北京:中华书局,1974 年,第 2 页。

② 李鹏:《松漠访古——辽上京道历史地理新考》,长春:吉林大学出版社,2018 年,第 5 页。

③ 郝维彬:《辽代龙化州调查记》,《内蒙古文物考古》1991 年第 1 期,第 64—67 页。

④ 中国社会科学院考古研究所内蒙古第二工作队、内蒙古文物考古研究所:《内蒙古巴林左旗辽上京宫城东门遗址发掘简报》,《考古》2017 年第 6 期,第 3—27 页。

上京是契丹建国之初设立的都城，为辽朝早期的政治、经济、文化中心，辽上京作为辽都城历经 200 余年，至元代才逐渐被废弃，因此它是中国历史上使用时间较长的草原都城之一。遗址中出土的辽代遗物以瓦当、筒瓦、板瓦、沟纹砖等建筑构件为主，金代遗物有布鞋、陶器、瓷器、铜铁器、铜钱和砖瓦建筑构件等。其中，辽上京汉城出土一窖铜钱，有 6 万多枚，以唐宋钱币为主，其中有辽钱 9 种 11 枚[①]。

1962 年考古队曾对辽上京皇城遗址开展重点钻探试掘，对遗址中现存城阙、宫殿、官署、坊、司、寺院、街道等建筑遗迹，以及不同时期的遗存已有初步了解。1997 年考古队对遗址原皇城内、今城内南北向公路两侧进行试掘，发现该处均为单纯的辽代文化层，并推断其为驻兵营区。2001 年考古队对辽上京遗址内连接皇城南门和大内宫殿区的南北大街进行挖掘，清理出近十层路面，认为该路经过 4 次大规模修缮。2011 年，再次对辽上京皇城西门遗址进行大规模的考古发掘，明确乾德门形制结构和历史沿革。2013—2015 年的辽上京考古工作重新对辽上京宫城范围进行全面的考古钻探，寻找并确认辽上京宫城范围及其沿革。课题组去考察时，正遇到中国社会科学院考古研究所在发掘，他们对辽上京的形制又有了更为清晰的认识。

根据上述考古发掘结果，辽上京分为南城（汉城）与北城（皇城），平面略呈"日"字形，总面积约 5 平方千米。皇城为宫殿衙署所在，是皇亲国戚达官贵族住地；汉城是汉及其他少数民族集居区，作坊遍布[②]。辽上京的这一形制带有鲜明的仿古色彩，受到先秦时期的"两城制"思想影响[③]。宫城位于皇城中部偏东，平面略呈长方形，南北长约 770 米、东西宽约 740 米，总面积约占皇城面积的五分之一。南墙中部偏西辟有南门，东墙和西墙中部各辟一门，北墙没有发现城门。北墙、南墙外局部发现了壕沟[④]。现汉城被毁严重，皇城南墙受潢水影响有损毁。西墙保存较好，墙体高大，夯土版筑，夯土层较厚，为 10—12 厘米。整体来看，城墙保存比较低矮，城墙两面多生长不同类型的植物，在表面覆盖植被的地方，城墙表面土壤化，但是其他病害不多；未覆盖植被的区域，遭受雨蚀破坏严重。

《辽史》中详细记载了上京的城市格局（图 7-68）：

> 城高二丈，不设敌楼，幅员二十七里。门，东曰迎春，曰雁儿；南曰顺阳，曰南福；西曰金凤，曰西雁儿。其北谓之皇城，高三丈，有楼橹。门，东曰安东，南曰大顺，西曰乾德，北曰拱辰。中有大内。内南门曰承天，有楼阁；东门曰东华，西曰西华。此通内出入之所。正南街东，留守司衙，次盐铁司，次南门，龙寺街。南曰临潢府，其侧临潢县。县西南崇孝寺，承天皇后建。寺西长泰县，又

---

① 单颖文：《辽上京遗址考古现场探访记》，《文汇报》2016 年 8 月 26 日，第 11 版。

② 宋鸽、巩玉发：《辽上京城布局探讨与推想——基于重要建筑与城门、城墙形制》，《建筑与文化》2017 年第 11 期，第 171—173 页。

③ 董新林：《辽上京城址考古发掘和研究新识》，《北方文物》2008 年第 2 期，第 43—45 页。

④ 中国社会科学院考古研究所内蒙古第二工作队、内蒙古文物考古研究所：《内蒙古巴林左旗辽上京宫城城墙 2014 年发掘简报》，《考古》2015 年第 12 期，第 78—97 页。

西天长观。西南国子监，监北孔子庙，庙东节义寺。又西北安国寺，太宗所建。寺东齐天皇后故宅，宅东有元妃宅，即法天皇后所建也。其南贝圣尼寺，绫锦院、内省司、曲院，赡国、省司二仓，皆在大内西南，八作司与天雄寺对。南城谓之汉城，南当横街，各有楼对峙，下列井肆。东门之北潞县，又东南兴仁县。南门之东回鹘营，回鹘商贩留居上京，置营居之。西南同文驿，诸国信使居之。驿西南临潢驿，以待夏国使。驿西福先寺①。

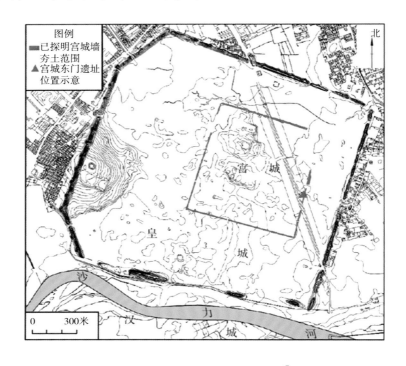

图 7-68　辽上京遗址平面复原图②

　　辽上京遗址现已被严密保护，遗址四周围有栏杆围墙。由于遗址面积大，课题组在考古队的带领下，首先到达的是所谓"日月宫"遗址（图 7-69）。

　　"日月宫"最早出现在《辽史·太宗本纪》中："（天显五年）八月丁酉，以大圣皇帝、皇后宴寝之所号日月宫，因建《日月碑》。丙午，如九层台。"③ 可见，日月宫遗址是大辽皇帝、皇后的宴寝之所。但是考古人员介绍，原来推测的该处为日月宫是错误的，因为考古队在这里挖掘后发现底下有一个塔基，所以判断这里应该是一座塔，而不是日月宫。目前该遗址已被回填。

　　① （元）脱脱等：《辽史》卷 37《地理志》，北京：中华书局，1974 年，第 441 页。
　　② 宋鸽、巩玉发：《辽上京城布局探讨与推想——基于重要建筑与城门、城墙形制》，《建筑与文化》2017 年第 11 期，第 171—173 页。
　　③ （元）脱脱等：《辽史》卷 3《太宗本纪》，北京：中华书局，1974 年，第 32 页。

图 7-69　辽上京"日月宫"遗址

在宫城考古挖掘工地现场，已经发掘包石、夹缝土以及慢道。而在一个深度两三米的坑底下埋藏着三具小孩尸骨，一具的头骨被割开，一具的腿骨缺失，第三具则较为完整。三具孩童尸骨旁散有牛头骨、羊头骨，均有被锯的痕迹，目前未能确定是否与建筑始建时的奠基活动有关，其性质、年代须待考古鉴定之后进一步确认。宫城东南角的城墙残存，可以看到鲜明的夯土层（图 7-70）。

图 7-70　辽上京城墙夯土层

辽上京的道路体系是东西向的道路要远宽于南北向的道路，而且南北向的轴线上未发现大型建筑遗址。同时，从城门规模来看，皇城东门为三门道格局，而皇城西门、北门均为单门道格局[①]。这说明辽代与其他草原民族一样，以东为尚，城市的朝向也是向东的。

13. 辽祖陵、祖州古城

辽祖陵及祖州古城位于巴林左旗石房子村西北（图 7-71）。公元 926 年，辽太祖在东征途中驾崩，皇后述律氏主持修建了祖陵，并设立奉陵邑祖州。1115 年，耶律章奴叛乱，

---

① 中国社会科学院考古研究所内蒙古第二工作队、内蒙古文物考古研究所：《内蒙古巴林左旗辽上京遗址的考古新发现》，《考古》2017 年第 1 期，第 3—8 页。

祖州遭到破坏，1119 年女真攻陷祖州，大肆抢掠，焚烧殆尽，并纵兵发掘金银珠宝。金代一度在这里设奉州，不久即废弃、荒芜。

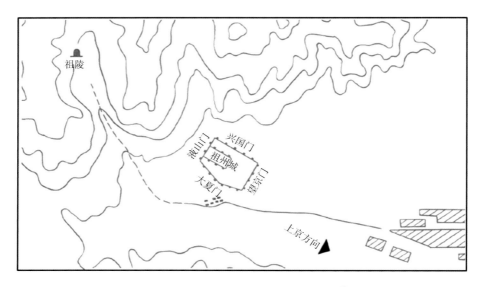

图 7-71　辽祖陵、祖州古城位置示意图[①]

《辽史》载："（天显）二年八月丁酉，葬太祖皇帝于祖陵，置祖州天城军节度使以奉陵寝。"[②] 可知辽祖陵是辽朝开国皇帝耶律阿保机的陵寝，祖州为奉陵邑，但长期以来对祖陵的位置无法确定。2007—2010 年，中国社会科学院考古研究所与内蒙古文物考古研究所组成联合考古队，持续开展祖州附近的发掘工作，先后发掘了一号陪葬墓、龟趺山建筑基址、甲组建筑基址等，基本确定了辽祖陵的范围与遗址构成[③]。2010 年考古队又继续发掘四号建筑基址和黑龙门址，系国内辽代帝陵陵门遗址考古，为复原与研究筑法独特的辽代帝陵建筑提供考古凭证[④]。不过，祖陵墓道一直未发现。

辽祖陵遗址坐落于一处口袋形山谷中，四面环山，仅在临近祖州城的东南方向存在一处直线距离 80 多米的山口，为祖陵陵园唯一的出入口，呈现出以自然山脊为墙的独特的陵园结构。祖陵南侧有一座孤山——漫岐嘎山，其南侧地势平缓，沙力河由西向东经过。

离祖陵东南 2 千米的山谷中便是辽祖陵的奉陵邑祖州。祖州城背靠祖陵，居高临下，地势险要。据辽史《地理志》记载，祖州"城高二丈，无敌棚，幅员九里。门，东曰望京，南曰大夏，西曰液山，北曰兴国"[⑤]。察见，祖州北靠祖陵，东北西三面环山，居高临下，

---

① 冯珊珊：《辽上京城市形态研究》，西安建筑科技大学 2013 年硕士学位论文，第 65 页。

② （元）脱脱等：《辽史》卷 2《太祖本纪下》，北京：中华书局，1974 年，第 24 页。

③ 中国社会科学院考古研究所内蒙古第二工作队、内蒙古文物考古研究所：《内蒙古巴林左旗辽代祖陵陵园遗址》，《考古》2009 年第 7 期，第 46—53 页。

④ 中国社会科学院考古研究所内蒙古第二工作队、内蒙古文物考古研究所：《辽祖陵黑龙门遗址发掘报告》，《考古学报》2018 年第 3 期，第 373—405 页。

⑤ （元）脱脱等：《辽史》卷 37《地理志》，北京：中华书局，1974 年，第 442 页。

地势险要。古城保存完好，北高南低，略有坡度，呈不规则的五边形。南墙有弧度，其余城墙较为规整。东墙多石块，北墙夯土层较为明显（图7-72）。

图 7-72　祖州古城考察现场

祖州城分内外两城，外城周围约 2 千米，残墙高约 6 米，4 个门址尚存，东门和北门还可见到瓮城痕迹。内城位于外城北部，呈南北长方形状，南北长 280 米，东西宽 150 米，高 3 米。内城只筑有南墙，略高于外城墙，墙上正中开设大门，门内有几处高大的享殿、祭殿基址。目之所见，内外城的分界并不明显。城内现为放牧草场，间有树林，牲畜有马、牛、羊等。沿着城墙，辽代的陶片、瓦片碎片随处可见。

祖州城最为出名的不是它作为辽太祖的奉陵邑，而是位于城内西南隅的石房子。石房子由七块巨大的花岗岩石板垒砌，每块石板重达 32 吨。石房子高 3.5 米，宽 6.7 米，进深 4.8 米，7 块巨型石板拼构得很严密，石缝不见露光，接口处原有铁锔连接，今已不存。石房子建造年代不详，有人考证为 947—960 年[1]。绕石房子的外围观察，后墙上有似契丹字的刻凿符号，有待辨认。这种结构的石室，为我国古代建筑物中所少见，也是辽代建造石室中仅存的一座。对石房子的考证由来已久，它的功能也众说纷纭，主要有囚室说、阿保机权殡之所说、祭祀说、西楼说等，还有认为它是阿保机父亲的陵寝——辽德陵[2]。至今尚无定论。

祖州城大夏门外的大道宽 25 米左右，在大道两侧，分布有南北两组建筑群，其总体

---

① 王襄平：《祖州石房子考证》，《昭乌达蒙族师专学报》（汉文哲学社会科学版）1990 年第 2 期，第 23—27 页。

② 葛华廷：《辽祖州石室考》，《北方文物》1996 年第 1 期，第 29—35 页；刘喜民：《辽祖州石室新考》，《北方文物》2013 年第 1 期，第 84—89 页。

面积与祖州的城垣总面积相当。北面的建筑物都是些有围墙的以石块垒砌的小房子；南面的建筑物为形制相同、东西排列的一组建筑物，在建筑形式上与北面的建筑基本一致。有人认为这些建筑物就是长霸县和咸宁县所辖的渤海人和汉人的住所。由于是被掠来的人口，身份低下，所以他们只能住在城外简陋房舍内，为辽太祖守陵，成为祖州的守陵户。城外有市肆存在，这种将城和市分开的方式，反映了奉陵州中城和市分别具有不同的功能，这也正是奉陵邑不同于一般州县城的基本特点。

14. 饶州古城

饶州古城位于林西县城西南60千米新城子镇樱桃沟村南，西拉木伦河北岸之台地上，南距西拉木伦河仅254米，为辽代古城遗址。据考古发掘，这里出土有马俑、铡刀、镐、铲、铁矛、箭簇、瓷片、陶片等物品[1]。但由于城址被严重破坏，文物考古资料较为匮乏（图 7-73）。

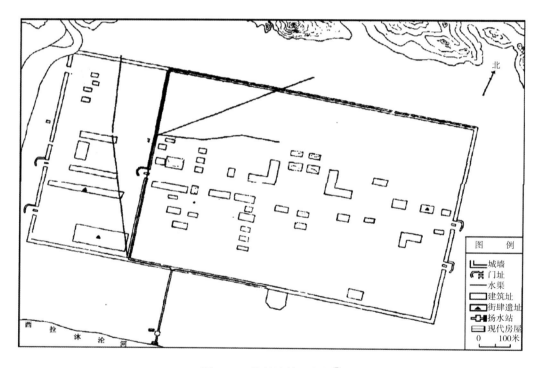

图 7-73　饶州遗址示意图[2]

《辽史·地理志》中记载：

　　饶州，匡义军，中，节度。本唐饶乐府地。贞观中置松漠府。太祖完葺故垒。有潢河、长水泺、没打河、青山、大福山、松山。隶延庆宫。统县三：长乐县。本辽城县名。太祖伐渤海，迁其民，建县居之。户四千，内一千户纳铁。临河县。

---

① 林西县文化馆：《辽饶州故城调查记》，《考古》1980 年第 6 期，第 512—514 页。
② 林西县文化馆：《辽饶州故城调查记》，《考古》1980 年第 6 期，第 512—514 页。

本丰永县人，太宗分兵伐渤海，迁于潢水之曲。户一千。安民县。太宗以渤海诸
邑所俘杂置。户一千[1]。

由于《辽史》明确记载饶州位于西拉木伦河（即潢河）岸边，这为该遗址的确定提供
了确凿的证据。

该城址虽保存不良，但城址大致清晰可辨。城呈长方形，分东西二城，东大西小，东
城为主城，西城为附城。两城东西全长 1400 米，南北宽 700 米，周长 4200 米，面积约 100
万平方米。其中，东城东西长 1050 米，南北宽 700 米，周长为 3500 米，面积约为 73 万平方
米。西城紧邻东城，东西长 350 米，南北宽 700 米，周长 2100 米，面积约为 25 万平方米。
考察发现，饶州西城的东墙即东城的西墙（图 7-74），二城合二为一。由于山谷中长年有
洪水流向西拉木伦河，现在西城的西北角已经形成了数十米宽的豁口，被附近村民当作便
道使用，导致豁口不断加宽[2]。东城东门附近有 1 处建筑遗址，城址西南方 100 米处，有
石庙 1 座，当地人称"白庙子"。

图 7-74　饶州古城东城西墙

饶州古城城内现为耕地（图 7-75），四周则为牧场（图 7-76）。现古城仅东城东墙
保存较为完整，而北、西、南三面城墙由于近百年来修筑水渠用以灌溉耕地，大部分已经
坍塌，仅存墙基部分。观察被毁坏的城墙断面，可见较为清晰的夯土层，每层夯土的厚度
不等，在 7—13 厘米。大城西城墙外侧有马面遗迹，并且四角存在着角台，所以西城应该
是在东城筑成后加筑的[3]。东墙、西墙各有两门，考察时仍能看到其遗迹，东城南墙中
部土岗疑为南门遗址（图 7-77）。由于这一地区属科尔沁沙地范围，盛行风与人类活动
影响叠加，导致饶州古城城墙地表裸露，沙漠化程度较为严重，在考察中发现流沙已越

---

① （元）脱脱等：《辽史》卷 37《地理志》，北京：中华书局，1974 年，第 448 页。
② 李非：《辽代饶州相关问题研究》，辽宁师范大学 2014 年硕士学位论文。
③ 李非：《辽代饶州城址相关问题》，《赤峰学院学报》（汉文哲学社会科学版）2014 年第 1 期，第
16—20 页。

过南墙进入城内。

图 7-75　饶州古城耕地

图 7-76　饶州古城城内放牧

图 7-77　饶州古城东城南墙

　　城墙的外侧有护城河遗迹，部分地方河床变化比较明显，可以比较清楚地看出护城河的走势。其中，保存最为完好的是南城墙外的护城河，其内岸距离南城墙的外壁约为 19 米，现存河身长度约 26 米，深度 0.8 米左右，大部分河床已被泥沙淤平，由此看来，辽时饶州的护城河规模还是比较可观的。

饶州城址的"日"字形格局，可能与辽代实行民族分治的政策有关，东城居民以契丹族为主，而西城则以汉人、渤海人等被契丹征服的民族为主。此外，考古人员在饶州古城还发现了冶铁遗址，地面上散布许多铁器，表明这里曾是辽代重要的冶铁中心。

15. 二道井子遗址

二道井子遗址位于赤峰市红山区文钟镇二道井子行政村打粮沟门自然村北侧的山坡上（图7-78），周围为连绵的浅山丘陵，西北距赤峰市约15千米，为夏家店下层文化时期遗址。该遗址因其隆起于地表高达6米且多由灰土堆积构成，当地居民俗称"大灰包"。早在全国第二次文物普查期间，二道井子遗址就已经被发现并登记在册，后为了配合赤峰市到朝阳市的高速公路建设施工，组织考古人员对该遗址进行抢救性发掘，并在遗址上修建二道井子遗址博物馆（图7-79）。该博物馆是我国首个气膜屋顶建筑博物馆，展馆内比室外低3个大气压，可以更好地对遗址加以保护。

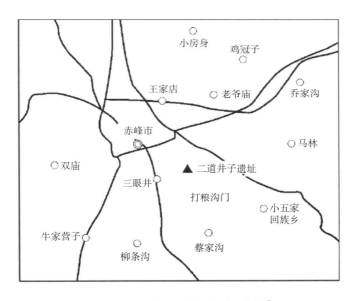

图 7-78　二道井子遗址位置示意图①

二道井子遗址南北长190米、东西宽140米，面积近2.7万平方米，是目前保存最好的夏家店下层文化遗址。该遗址属于中小型聚落遗址，南北两侧地势凹陷，环壕遗迹依稀可见。东侧为缓坡，西侧濒临一季节性河流，河槽距遗址地表深约10米。整座遗址由居住区、作坊区、墓葬区三部分组成。

① 内蒙古文物考古研究所：《内蒙古赤峰市二道井子遗址的发掘》，《考古》2010年第8期，第13—26页。

图 7-79　二道井子遗址博物馆

　　居住区位于城内，共有不同时期的房址 149 座。房址（图 7-80）的建筑形式有两种：一种是地面式建筑，一种是半地穴式建筑，前者占绝大多数。地面式房址多呈圆形，在整个遗址中，编号为 F8 的房址面积最大，呈外圆内方形，位于遗址最高处，门前有广场，可推断这是一个具有特殊性质的场所[1]。二道井子出土的遗物较多，有陶器、石器、骨器、玉器、青铜器等。其中以陶器和石器居多，青铜器数量较少，出土器物以日常生活器具为主。遗址共发现窖穴 153 座，建造形式以圆形袋状居多，多为地穴式，部分窖穴中发现了大量的碳化粟、黍、大豆、大麻等农作物遗存，可以推测此遗址的先民们以农业生产为主[2]。

图 7-80　二道井子遗址房址

---

　　[1] 刘国祥、栗媛秋、刘江涛：《赤峰二道井子聚落的形制布局与社会关系探讨》，《南方文物》2020年第 4 期，第 59—65 页。
　　[2] 孙永刚、赵志军、曹建恩，等：《内蒙古二道井子遗址 2009 年度浮选结果分析报告》，《农业考古》2014 年第 6 期，第 1—9 页。

　　在文化层发掘方面，二道井子遗址 T1707、T1708 北壁剖面（图 7-81）在地层堆积发掘过程中较具代表性。对其进行观察，可发现 F45—F14B—F14A—F9 是在原地由早及晚依次营建，这说明晚期房屋往往以早期废弃的房屋为地基。这种营建方法的大范围使用势必造成当时整个聚落内的活动面不断抬升，同时也是遗址堆积深厚的根本原因[①]。

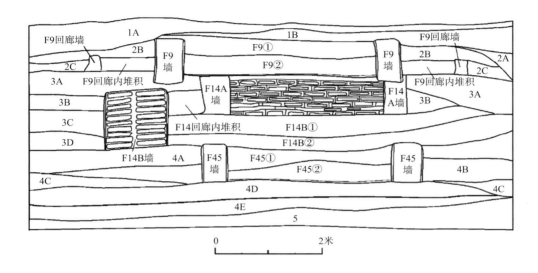

图 7-81　二道井子遗址 T1707、T1708 北壁剖面图[②]

16. 兴隆沟遗址

　　兴隆沟遗址位于内蒙古赤峰市敖汉旗东部，大凌河支流上游，从距今 8000—7500 年延续至公元前 1735—1463 年，属于新石器时代遗址[③]。遗址分为三个地点，分别属于兴隆洼文化、红山文化和夏家店下层文化聚落。2001—2003 年，中国社会科学院考古研究所内蒙古第一工作队对兴隆沟遗址进行了三次发掘，在房屋形制、聚落布局、居室葬俗、经济形态、原始宗教信仰、环境考古等方面取得了重大成果。

　　兴隆沟聚落遗址，总面积约 5 万平方米，是目前所知规模最大的一处，距今 8000—7500 年。地表分布有房址灰圈 150 余座，自东向西分成三区。三年共发掘房址 37 座、居室墓葬 26 座、灰坑 50 余座，出土遗物有陶器、石器、玉器、骨器、蚌器、动物骨骼、自然石块等。其中，房址平面均呈长方形或近方形，皆为半地穴式建筑，可分为大、中、小三型。房址均呈东北—西南向排列，布局规整。从出土遗物的特征看，已发掘的东、中、

　　① 内蒙古文物考古研究所：《内蒙古赤峰市二道井子遗址的发掘》，《考古》2010 年第 8 期，第13—26 页。

　　② 内蒙古文物考古研究所：《内蒙古赤峰市二道井子遗址的发掘》，《考古》2010 年第 8 期，第13—26 页。

　　③ 中国社会科学院考古研究所内蒙古第一工作队、敖汉博物馆：《内蒙古敖汉旗兴隆沟遗址第三地点夏家店下层文化聚落》，《考古》2021 年第 12 期，第 3—9 页。

西三区房址间无明显的年代差异，聚落布局经过统一规划，推断为一次性布局而成。房址呈三区分布的格局代表了兴隆洼文化聚落形态中的一种新的类型。墓穴在房址中有固定的位置，墓口均呈长方形，墓壁竖直，底部平整。房址堆积层内和居住面上出土较多的动物骨骼，以猪、马鹿和狍子为主，可以看出，狩猎经济在兴隆沟先民的经济生活中占有十分重要的地位；20 号房址西部堆积层内集中出有 10 余枚碳化的山核桃，是兴隆沟先民从事采集经济的重要证据；通过对房址和灰坑内发掘土样进行系统浮选，获得一批植物遗骸资料，10 号和 31 号房址内发现有碳化的粟，是中国目前所发现的年代最早的粟，也是兴隆沟先民从事原始农耕生产的实证；发掘所获较多蚌壳和少量鱼骨资料显示，捕捞经济也是兴隆沟先民经济生活的重要组成部分①。

此次考察的地点是兴隆沟遗址第二地点，遗址已经回填，仅保留了出土号称"中华祖神"陶人的半地穴房址，并在此基础上建起了"中华祖神展馆"。展馆呈现为半地穴式房址形态，出土的陶人是一尊距今 5300 多年、属于红山文化时期的精美陶塑人像，是中国迄今首次发现的一件史前陶塑人像，也正因此它被称作"中华祖神"（图 7-82）。由此证明，地处科尔沁沙地的敖汉旗是红山文化的核心区域。

图 7-82　兴隆沟遗址与"中华祖神"考察现场

17. 兴隆洼遗址

兴隆洼遗址（图 7-83）位于内蒙古赤峰市敖汉旗兴隆洼镇兴隆洼村，地处大凌河支流牤牛河上游右岸一东西向低丘岗地上，总面积约两万余平方米，它是西辽河流域和内蒙古地区最早的新石器时代文化遗址，距今 8200—7400 年，是目前国内保存最好、规模最大、时代最早的新石器时代遗址。

① 叶雅慧、孙国军：《赤峰市全国重点文物保护单位（第七批）之六：兴隆沟遗址》，《赤峰学院学报》（自然科学版）2014 年第 5 期（下），第 277 页。

图 7-83　1992 年兴隆洼遗址发掘现场①

　　目前兴隆洼遗址早已回填，只是在地表用石砖将房址、环壕等建筑的轮廓勾勒出来
（图 7-84）。兴隆洼遗址出土的房址大多为半地穴式，有的穴壁经过火烧处理，因此更加坚固，
没有门道，应是用梯子出入房间。房址的特点为面积都较大，每间房址的面积为 50—80
平方米不等，位于聚落中心位置的 F184，是发掘区内面积最大的房址，达 140 余平方米。
面积最大又位于聚落中心，该房子的主人可能具有特殊的地位②。前文哈民忙哈遗址房址
面积在 10—30 平方米，一半多在 15 平方米以内，而哈民忙哈遗址处于新石器时代晚期，
生产力应较兴隆洼遗址为高，而为什么兴隆洼遗址的房址面积更大呢？可能的解释是新石
器时代早期先民以群居生活为主，而随着时间的演变、生产力的发展，以家庭为单位的生
活开始得到普及，所以房屋面积反而变小了。

（a）兴隆洼遗址文物保护碑

（b）遗址回填

图 7-84　兴隆洼遗址考察现场

---

　　① 中国社会科学院考古研究所内蒙古工作队：《内蒙古敖汉旗兴隆洼聚落遗址 1992 年发掘简报》，
《考古》1997 年第 1 期，第 1—26、52 页。
　　② 刘国祥：《兴隆洼文化聚落形态初探》，《考古与文物》2001 年第 6 期，第 58—67 页。

遗址中的墓葬大多为居室墓，皆为长方形竖穴土扩墓，葬式为仰身直肢单人葬[①]。大多数墓葬有随葬品，数量不等。出土的遗物很丰富，有陶器、石器、骨器、玉器、牙器和蚌器等，其中兴隆洼文化玉器的发现，为红山文化玉器群找到了直接源头，是迄今中国所知年代最早的真玉器，把我国使用玉器的年代上推到距今 8000 年左右的新石器时代中期[②]。根据考古发现推测，兴隆洼文化的经济形态以狩猎采集为主，农业经济虽已出现，但还处于相当原始阶段[③]。

在史前时期，自然环境对原始居民的生业模式影响几乎是决定性的，在不同的自然环境下，会产生与之相适应的不同的生业模式。史前居民通过扩大食谱、强化利用和专业分工来不断适应自然资源的时空变化。兴隆洼文化作为东北地区早期新石器文化，在其分布的地域范围内，地理气候条件有着较大的差异，在此基础上产生不同的生业模式是可以理解的，在研究中，这种差异应该被注意，而不是模糊地称为采集、渔猎或者农业经济。在兴隆洼文化时期，没有任何一种单一的生业模式能够独立地支持人类生存，而且不同的遗址间虽然都存在采集、狩猎两种传统和原始的生业手段，但是应该看到其占生业模式的比重的差异和除此之外的其他生业手段。除兴隆洼文化以外，对于其他早期新石器时期文化，我们也应该注意到因为地域环境不同而产生的不同的生业模式构成。

18. 吐列毛都 1 号城址

吐列毛都 1 号城址位于 120.89°E，45.54°N，海拔 412 米，地处霍林河北侧，兴安盟科尔沁右翼中旗北部吐列毛杜镇内，北依北山，城东有小溪东哲里木沟（霍林河支流），水量较小。东西两侧为大兴安岭余脉，位于交通要冲。

城址呈南北向长方形，城墙为砾石黑沙土分层夯筑，目前根据残存的城墙测得东墙 703 米，西墙 682 米，南墙 504 米，北墙 493 米，周长 2382 米，墙基宽约 8 米，残高 1.5—2 米。南墙、东墙各有一门，宽度 10 米左右，隐约可见椭圆形瓮城。目前能够辨别的墙外马面约为 27 个，四角有角台。根据考古发掘，城墙外原有壕沟围绕，宽 5 米。目前南墙附近为现代居民点，搭建院落、牲畜棚，无法通行，农田主要种植玉米（图 7-85）。

城内有金代器物发现，根据考古发掘，城址有灰陶罐、盆等残片。吐列毛都遗址距金界壕东仅 5 千米，其马面数量众多，且间隔为 30 米左右，可见该城作为军事堡垒的主要功能。

---

① 中国社会科学院考古研究所内蒙古工作队：《内蒙古敖汉旗兴隆洼聚落遗址 1992 年发掘简报》，《考古》1997 年第 1 期，第 1—26、52 页。

② 刘国祥：《兴隆洼文化玉器初论》，《东北文物考古论集》，北京：科学出版社，2004 年，第 166—180 页。

③ 孟庆旭、刘肖睿：《兴隆洼文化生业模式与环境关系》，中国人民大学北方民族考古研究所、中国人民大学历史学院考古文博系：《北方民族考古》第 5 辑，北京：科学出版社，2018 年，第 1—8 页。

图 7-85　吐列毛都遗址今景（自西北角台向城内拍摄）

19. 腰伯吐城址

腰伯吐城遗址位于 122.12°E, 43.79°N，海拔 180 米，地处通辽市辽河镇西北约 9 千米处，国道 111 西侧。

城址内城大致为方形，边长 250 米，砖包墙，基宽 6—8 米，残高 2—4 米，四角有角台，东、西、北各有马面，南墙设门，宽 3.5 米，西、北墙外有壕沟，东、南墙外有河沟（图 7-86），1989 年发掘，内城有文化层 1.5—2 米，出土有白瓷碗、瓶罐及八思巴文"至元通宝"铜钱等，腰伯吐城始建于辽，金、元、明仍有沿用。

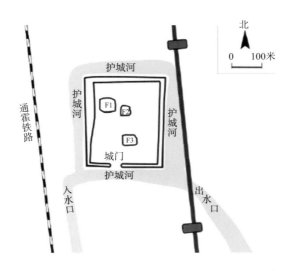

图 7-86　腰伯吐城遗址 2012 年古城调查时的房址示意图

目前城垣保存状况较差，除南墙基本可见外，东西两侧城墙靠北部分已经不存，城址北部现已全部变为玉米种植地。东城墙可见三处建筑基址，可能是马面的遗迹。外城已看不清，西南依稀可见护城河痕迹。城内现在大部为荒草地，东墙中部也种有玉米。城墙上长有狗尾草、虎尾草、黄茅等植物（图 7-87）。

图 7-87　腰伯吐城址

内城中可见两处高地，由于北墙已完全不存，推断西北侧高地为房址，偏南高地也为房址。两处房址现残高约为 5 米，被风积沙土包围，侧面可见裸露土层，植物生长茂盛，大约半米高。房址未发现明显痕迹，但在推测房址的位置仍可见方砖残块，厚 6 厘米，表面附着白色料浆。

20. 金界壕

金界壕始建于金朝初期，止于 1198 年前后，历时 70 余年，大部分横贯内蒙古东北至西南草原地带，被称为"草原万里长城"。根据遗迹相关调查，金界壕由外壕、主墙、内壕、副墙组成，主墙墙高 5—6 米，界壕宽 30—60 米，主墙每 60—80 米筑有马面，每 5—10 千米筑一边堡。副墙一般高 1.5—2.5 米[1]。金界壕遗址主要分布在中国内蒙古自治区境内，还有一小部分在俄罗斯和蒙古国，主要目的是防御北方游牧民族骑兵的南下。

金界壕可分为岭北线、北线和南线。我们分两次考察了金界壕遗址。2018 年 10 月考察的一段是金界壕的南线（图 7-88），即从满族屯满族乡开始，向南入突泉县，西南经科尔沁右翼中旗、扎赉特旗、赤峰市阿鲁科尔沁旗，折向西经巴林左旗、巴林右旗、林西县、克什克腾旗，再折向西南入锡林郭勒盟正蓝旗，再西至乌兰察布市四子王旗查干敖包苏木与北线相连，经包头市达尔罕茂明安联合旗入呼和浩特市武川县上庙沟村止。在考察点处已见不到完整的墙体、马面等防御设施，只能见到一段土垄明显高出两侧，一侧有壕沟。此时正值秋冬之际，山上风雪很大，由此可以猜测，在修筑金界壕后，这一带地表植被遭到破坏，砂质土壤在大风环境下极易就地起沙。

① 李鸿宾：《金界壕与长城》，《中国边疆史地研究》2008 年第 3 期，第 1—9 页。

图 7-88　2018 年 10 月金界壕考察现场

　　2019 年 6 月考察的金界壕段（图 7-89），是自突泉县进入科尔沁右翼中旗的吐列毛杜镇内，西南行经巴尔罕查干、巴仁巴彦乌兰，折向东南至坤都冷苏木赛音花，再折向西南行，在北地宫花西南进入扎鲁特旗境内。此段全长约 60 千米。考察点位于海林扎拉格城区东北侧，120.95°E，45.63°N，海拔 515 米。此段界壕轮廓清晰，由围栏保护，表面为草地，植被覆盖较好。目前残高 0.8 米，基宽约 17.2 米。

图 7-89　2019 年 6 月金界壕考察点（自西北角台向城内拍摄）

　　对科尔沁沙地古遗址的考察，除了避暑山庄外，其他地点都分布在科尔沁沙地中西部，涉及新石器时代遗址、秦汉及辽金时期古城遗址。古城聚落的考古发掘，真实地再现了中华民族多元一体的特点，较为完整地记录了中华文明在辽西地区的演变轨迹。在聚落的选址环境上，我们可以明显看到，水源是古城选址的重要因素。如平冈古城位于老哈河上游五十家子河、黑里河的交汇处，辽中京遗址位于北小河与老哈河交汇处，辽上京遗址位于沙里河、清水河之间，饶州古城南为西拉木伦河。但早期的人类居住遗址，如牛河梁、二道井子、兴隆沟、兴隆洼等新石器时代遗址却位于地势较高处，居高临下，更多考虑的是居住安全因素。

在沙漠化程度上，黑城子古城、下扣河子古城、四方城、饶州古城等沙化程度较为严重，尤其是黑城子古城与饶州古城，目前地表仍有流沙。黑城子古城主要是人为修路导致植被破坏，进而沙地活化；饶州古城风沙活动强烈，南墙甚至出现沙波纹。实地考察发现，这些古城遗址土壤也基本为沙质土壤，若地表植被破坏，冬季风沙活动强烈，极易就地起沙。因此古城内野草、耕地庄稼秸秆保留都有一定的防风固沙作用。

从实地考察和考古遗址来看，科尔沁沙地历史早期环境条件相对较好[1]，因此在石器时代发现了众多的文化遗存，从兴隆洼文化、赵宝沟文化、富河文化、红山文化、哈民忙哈文化、小河沿文化、夏家店文化，序列完整，遗址遍布整个科尔沁沙地。根据环境考古，此时科尔沁地区自然景观主要为疏林草原或森林草原景观，但由于第四纪以来沉积的沙质土壤，地表裸露时遇上干旱大风天气，极易就地起沙，所以在局部应有流沙存在。进入秦汉以后，随着人类活动不断加剧，尤其是辽金时期农业生产的发展和人口的增长，加之气候干旱，科尔沁沙地不断扩展[2]。

二、呼伦贝尔沙地古人类遗址

呼伦贝尔沙地地处横贯欧亚大陆的草原带的东端，为中温带向寒温带过渡气候特点，因此，这一地区在我国历史上长期为游牧民族生活的区域，一直没有形成有规模的农业。这一特点使得历史时期当地人类遗址数量减少，分布零散，尤其是大规模的城址较为少见。与南部的科尔沁沙地形成了鲜明的对比。

1. 哈克遗址

哈克遗址博物馆位于 120°4′36.33″E，49°13′0.84″N，临近海拉尔河，是中国北方地区原始社会新石器时代的聚落遗址。遗址的发现与命名由裴文中、佟柱臣、安志敏、杨虎、乌恩等数代考古工作者完成，填补了呼伦贝尔地区及周边广阔森林草原新石器时代考古学文化的空白[3]。

该遗址于 1985 年文物普查时进行发掘工作，是距今 7000—5000 年前的新石器遗址。该遗址已出土文化遗物 1 万余件，其中新石器时代遗物 5000 余件，包括精美的细石器、玉器、古角器、陶片、装饰品、象牙人面雕等。博物馆目前展出哈克遗址出土的玉器、骨器、陶器、石镞等细石器文物超过 2000 件，生动再现了呼伦贝尔草原先民们生产生活、环境变迁、文化起源、社会发展的历史场景，为中华文明起源多元论提供了珍贵的实证。

① 任国玉：《科尔沁沙地东南缘近 3000 年来植被演化与人类活动》，《地理科学》1999 年第 1 期，第 42—48 页。

② 任鑫帅：《辽金时期西辽河流域聚落分布变迁及其驱动力分析》，陕西师范大学 2021 年硕士学位论文。

③ 赵艳芳、哈达：《哈克文化的发现与研究——纪念哈克遗址发掘二十周年》，《草原文物》2019 年第 2 期，第 39—45 页。

从地理位置来看，哈克遗址（图7-90）位于大兴安岭西麓的低山丘陵与蒙古高原东部边缘接合地带的高平原冲湖积融冻平原区，地势东高西低，东南侧为大兴安岭山脉向呼伦贝尔草原过渡的低洼丘陵地貌，海拔高度在620—700米，地貌类型多样，给在此区域栖息的人类提供了相对丰富的食物资源。哈克为蒙古语，意为低洼草甸子上的"塔头墩"。从空间范围来看，哈克文化集中在黑龙江上游额尔古纳河流域，东至嫩江流域与昂昂溪文化为邻；南与西拉木伦河流域的兴隆洼文化、富河文化、赵宝沟文化、哈民忙哈文化范围相接；北至黑龙江；西到额尔古纳河。

图 7-90　哈克遗址俯瞰图
于昊摄

现有研究表明，哈克文化先民为北亚蒙古人种，历经东胡、鲜卑、契丹、室韦等民族的融合与发展，几千年间一直保持着渔猎和游牧业，以采集业为补充，没有农耕的经济形态，生产工具也是以细石器为主，还有骨器、木器及少量陶器等。遗址内玉器的发现，也说明哈克文化与辽西地区、东北亚地区的文化存在一定的联系，是中华文明起源多元一体的重要组成部分。

2. 浩特陶海古城

浩特陶海古城（图7-91）位于119°36′34.00″E, 49°19′2.00″N，其向南200米为海拉尔河，东、北为浩特陶海牧场五队，西为牧场，古城略呈方形，南北各有城门，有马蹄形瓮城，朝东方向，马面相距33米，城墙外有护城河，护城河壕沟距墙19.8米。西墙长463米，北墙宽467.9米，基宽19米，顶宽3—4米，残高3—4米，西南墙内42.5米为高0.3—0.5米的土墙。南墙外牧场有沙化现象，城内现为牧场，北部部分地段无植被覆盖，有沙化迹象，地势低处有积水（水塘）。

图 7-91　浩特陶海古城（照片上东下西）

3. 黑山头古城

黑山头古城（图 7-92）位于 119°29′14.25″E，50°17′46.50″N，根河河口的沼泽地边缘，东距拉布达林 5 千米，东南距海拉尔 150 千米。古城周长近 5 里，有马面、角楼。城内出土遗物很多，有巨大的柱础石，彩釉琉璃瓦极多，有龙纹瓦当、绳纹瓦滴，巨大的板瓦，彩色凤凰形鸱吻、屋脊蹲兽、覆盆以及其他龙形饰件，此外，还有大量的青砖、灰瓦残片。黑山头古城为元代的建筑物，已为出土文物所证实。但是，黑山头古城究竟为何人所建，却有多种不同意见。《黑龙江志稿》称作宏吉剌氏故城，《呼伦贝尔志略》称之为铁木哥斡赤斤城，《蒙兀儿史记》则认为是札木合城。这些说法均不确，其实，黑山头古城当是成吉思汗次弟拙赤哈撒儿故城。

4. 蘑菇山北遗址

蘑菇山北遗址（图 7-93）位于 117°42′20.52″E，49°29′29.14″N。2019 年 8 月，内蒙古博物院对蘑菇山北遗址进行了新的调查和试掘，获得石制品近 400 件，主要分布于地表和地层表土的角砾堆积中，全部为打制品。原料为就地取材的安山岩，类型包括石核、石片、断块和石器等；石器器型较大，技术成熟，主要属于石片石器工业。试掘的 T3 探方出土了丰富的打制石制品，以小型石片为主，是该遗址的新收获[1]。根据石制品的技术特点和类型组合分析，蘑菇山北遗址的年代应为旧石器时代晚期。

---

[1] 汪英华、孙祖栋、单明超，等：《内蒙古扎赉诺尔蘑菇山北遗址 2019 年调查报告》，《人类学学报》2020 年第 2 期，第 173—182 页。

图 7-92　黑山头古城遗址

图 7-93　蘑菇山北遗址
于昊摄

　　蘑菇山西侧、东南侧则有鲜卑墓葬。2011 年发现并对其进行了发掘清理，共分两次抢救清理了 12 座墓葬。初步清理出的墓葬形制基本相同，均为长方形竖穴土坑二层台式，填土内均见掺杂大量石块。墓向基本一致，朝北偏西，均为仰身直肢葬。墓穴北端（头部）宽，南端（脚部）窄，出土随葬品丰富，且具有鲜明的地域和时代特征。生活日用品多置于墓主人头部周围，按质地分主要有陶器、金器、铜器、铁器、石器、骨器、玻璃珠饰以及麻、毛织品。蘑菇山地区的鲜卑墓与呼伦贝尔地区其他的鲜卑墓葬比较，既存在一定共性，又有明显的差异。在墓葬回填土中大量堆放石块在以往发现的两汉时期鲜卑墓葬中少见，是其最显著的特征之一[①]。虽然墓地没有出土具有明确纪年的文物，但是从出土器物类型和纹饰内容所反映的文化信息来看，学界认为墓地主人当为东汉时期的拓跋鲜卑。

5. 扎赉诺尔墓葬群与巨母古城

扎赉诺尔墓葬群（图 7-94）位于 117°44′9.13″E，49°24′47.23″N，为东汉拓跋鲜卑墓葬。1959 年被发现时，扎赉诺尔墓葬群初步统计有三百余座。其后考古工作者陆续对其进行过 5 次挖掘，分别为 1959 年挖掘 2 座，1960 年挖掘 31 座，1984 年挖掘 1 座，1986 年挖掘 15 座，1994 年挖掘 3 座。目前学界绝大多数认同他们属于鲜卑早期文化遗存[②]。

图 7-94　扎赉诺尔墓葬群
于昊摄

---

① 呼伦贝尔民族博物馆：《内蒙古满洲里市蘑菇山发现古墓群》，《草原文物》2012 年第 2 期，第 26—28 页；中国社会科学院考古研究所内蒙古工作队、呼伦贝尔民族博物馆、满洲里市文物管理所、等：《满洲里市蘑菇山墓地发掘报告》，《草原文物》2014 年第 2 期，第 21—35 页。

② 郑隆：《内蒙古扎赉诺尔墓群调查记》，《文物》1961 年第 9 期，第 16—18 页；内蒙古文物工作队：《内蒙古扎赉诺尔古墓群发掘简报》，《考古》1961 年第 12 期，第 673—680 页；王成：《扎赉诺尔圈河古墓清理简报》，《北方文物》1987 年第 3 期，第 19—22 页；内蒙古文物考古研究所：《扎赉诺尔古墓群 1986 年清理发掘报告》，王巍、孟松林主编：《呼伦贝尔民族文物考古研究》第三辑，北京：科学出版社，2015 年，第 36—57 页；陈凤山、白劲松：《内蒙古扎赉诺尔鲜卑墓》，《内蒙古文物考古》1994 年第 2 期，第 27—30 页。

从扎赉诺尔墓葬群出土文物可见，其埋葬制度和木棺的用材结构都是以往较为少见的。墓中出土箭镞、矛和弓囊数量较多，且有大量的牛、马、羊殉葬，说明此为游牧民族墓葬。同时还出土了鱼刺簪、蚌壳等，也说明渔猎经济仍然是此时拓跋鲜卑生活的重要组成部分。且木棺和陪葬品多以桦木和桦树皮制成，具有鲜明的呼伦贝尔地区地方特色。墓葬多为长方形土坑竖穴一次葬，木质葬具，不少木棺有盖无底，个别墓葬无葬具，有些有盖有底，墓葬方位大体都是头北脚南。这与《宋书·索虏传》之中有关拓跋葬俗，"死则潜埋，无坟垄处所，至于葬送，皆虚设棺柩"[①] 的记载可互证。

扎赉诺尔墓葬群和陈巴尔虎旗完工墓群相比，同属南迁鲜卑的遗迹，都有大量埋殉马、牛、狗等牲畜。扎赉诺尔墓葬群东距完工墓群约 40 千米，除上述殉葬品中有大量骨镞之外，与完工墓葬不同的是，这里铁器、陶器数量增加，而完工墓群中大量出土的石器已经消失。妇女墓中同样随葬有铁刀、骨镞、铁镞、弓弭等。由此考古学家推断，在南迁拓跋鲜卑部落中，铁器作为主要的猎牧工具是在扎赉诺尔时期才登上历史舞台的，其游猎畜牧经济在此阶段有了显著的发展，反映的经济水平明显高于完工墓葬时期[②]。

也有学者对扎赉诺尔墓葬群出土人骨展开人种学的研究。通过对扎赉诺尔汉代颅骨进行体质类型划分，将其与完工墓群、南杨家营子遗址墓群出土的古代颅骨组展开比较，可以得出扎赉诺尔墓葬群的鲜卑族居民的体质特征。结果显示，一组与外贝加尔地区的匈奴人最为相似，且接近程度甚至超过了与同片墓地另一组鲜卑族成员之间的关系；另一组则具有西伯利亚、北极人种的混血特征。所以，扎赉诺尔的鲜卑族居民似乎处于一种介于完工居民和匈奴人之间的过渡位置上[③]。此研究不仅表明了扎赉诺尔居民种系成分的复杂性，也可佐证拓跋鲜卑在族属上为北匈奴和鲜卑族融合的结果。

离扎赉诺尔墓葬群不远处是辽代的巨母古城（图 7-95），该古城内发现蓖纹瓦片，城址呈方形，边长 227.7 米，为驻兵之所，与金界壕一道防御蒙古乌古烈部，现在城内为草地，有居民建筑一处。

6.甘珠尔花遗址

甘珠尔花遗址（图 7-96）位于 117°44′47.08″E，48°58′2.73″N，古城呈"日"字，分为南北两城，南北 306.4 米，东西 91.2 米，现为草地，长有大量芨芨草，该处西向 1.2 千米为乌尔逊河，注入呼伦湖，南城西北部有房址 3 座，圆形基台 1 个，东南向为现代居民地，出土有辽代蓖纹瓦、黑釉陶片。

①（南朝·梁）沈约：《宋书》卷 95《索虏》，北京：中华书局，1974 年，第 2322 页。

② 宿白：《东北、内蒙古地区的鲜卑遗迹——鲜卑遗迹辑录之一》，《文物》1977 年第 5 期，第 42—54 页。

③ 朱泓：《从扎赉诺尔汉代居民的体质差异探讨鲜卑族的人种构成》，《北方文物》1989 年第 2 期，第 45—51 页；朱泓：《人种学上的匈奴、鲜卑与契丹》，《北方文物》1994 年第 2 期，第 7—13 页。

图 7-95 巨母古城

图 7-96 甘珠尔花遗址

7. 赫热木图古城

因赫热木图古城遗址（图 7-97）所在地为牧民草场，未能进入。根据航拍情况，赫热木图古城位于新巴尔虎左旗阿拉达尔图嘎查。包括古城在内及城东、西、北三个方向现为牧民草场，植被覆盖较好。城址南向为湖泊，现为牧民共有的牲畜饮水水源；东及东北方向为水泡，湖及水泊附近地表裸露。古城呈长方形，东北—西南向，根据奥维地图测量：西墙长 355.3 米，北墙长 343.2 米，东墙长 368.2 米，南墙长 345.3 米。东、西墙中段各有城门，有方形瓮城，瓮城城门朝南向。其中城西侧瓮城保存较好，东侧瓮城保存较差。根据《中国文物地图集·内蒙古自治区分册》：赫热木图古城年代为辽代，长约 360 米，宽约 340 米，与奥维地图测量结果基本一致。

图 7-97　赫热木图古城遗址

8. 巴彦乌拉古城

巴彦乌拉古城（图 7-98）位于内蒙古鄂温克族自治旗辉苏木西北 17 千米处辉河新、旧两条河道之间的河谷平原，东距辉河主流 10 余千米，西距辉河旧河道 2 千米。古城背靠巴彦山，旁流辉腾河，地势平坦。周边植被覆盖较好。城内植被覆盖一般，有较多裸露地表。古城平面布局呈"回"字形，由内城、外城两部分组成。外城墙边长 410—420 米，周长 1700 余米。城墙均为夯筑，顶宽约 4 米，残高 1.5—2 米。四角有角楼。四墙各设一城门，无瓮城。南城门为正门，门址两侧有高大的土包，为门楼遗址。外城墙外有护城壕。内城位于外城中部，呈方形，南北长 270 余米，东西宽 230 余米，周长 1000 余米。城墙残高约 0.3 米，顶宽约 4 米。内城墙四面均设有城门，与外城两两相对，无瓮城。城墙无马面、角楼等设施。古城从南门至北门呈一条中轴线，建筑基址贯穿于此条中轴线上。内城中央有一座高大的大殿及配套的三座小建筑基址。大殿台基高约 3 米，南北长约 45 米，东西宽约 30 米。大殿北侧东西向一字排开三座小型建筑基址，中间一处基址位于中轴线上，正对大殿，其余两处分列左右对称。大殿的东、西、南三面有砖铺甬路经内城门通向外城门，北侧有砖铺甬路通向中间的方形建筑基址。巴彦乌拉古城 GPS 数据表见表 7-4。

图 7-98　巴彦乌拉古城全景

表 7-4　巴彦乌拉古城 GPS 数据表

测量位置	GPS 编号	测量位置	GPS 编号
外城东南角	GPS1293	内城南墙	GPS1298
外城南墙中段高点 1	GPS1294	内城东南角	GPS1299
外城南墙中段高点 2	GPS1295	内城东墙中段道路	GPS1300
外城西南角	GPS1296	内城东北角	GPS1301
内城西南角	GPS1297		

目前学界对该城始建年代及该城在蒙古汗国时期的归属存在争议，主要有以下两种说法。

一是该城初建年代为蒙古汗国初期，为成吉思汗四弟斡赤斤的故城。

二是该城初建年代为辽代，最初为辽代乌古敌烈统军司所在地；蒙古汗国时期为成吉思汗三弟合赤温及其子按赤台的故城。

本次考察的重点为历史时期呼伦贝尔地区的古城遗址、古墓葬和水系，对其中辽金元时期的关键遗址进行了系统的调查。通过野外考察和资料整理发现还有以下的问题需要继续深入调查和研究。

（1）古城的考订以及它们之间的关系尚有待进一步研究。呼伦贝尔地区的古城多建于辽金元时期,尽管多数古城已有测年数据和相关的考古工作,但和历史文献记载之间不能完美匹配,因而还存在一定的争议,需要通过进一步的考古工作解决这些问题,如本次考察所含的巴彦乌拉古城遗址、赫热木图古城。另外,关于历史时期重要古城的定位还没有确切的考古学证据,只停留在推论层面,如巨母古城等。

（2）人口迁移和交通线变迁过程尚需要更多的考察。大兴安岭文化圈具有草原文化、森林文化、农耕文化相结合的复合文化的特点。呼伦贝尔地区作为多民族聚居区,其漫长历史进程中的民族迁徙与融合都对当地地方文化的形成发挥了极大的作用,因而需要更多系统性的考察与研究。

（3）呼伦贝尔及毗邻地区农牧交错带的变迁及其驱动因素值得进一步研究。长期以来,中国北方农牧交错带的研究受到农业地理、自然地理、历史地理、环境演变等专业学科的关注,划界标准也在学术界内存在着广泛的讨论。总的看来,其划界标准均是以降水量为中心,并辅以年降水变化率、湿润度指数、大风日数或土地利用空间数据等指标。目前较通用的主导指标为年降水量 ≥ 400 毫米出现频率为 20%—50%,以风速等气象要素或风沙日数作为辅助指标[1]。而根据现有研究可知,北方农牧交错带形成于第四纪早期的更新世中期[2]。目前其位置大致北起大兴安岭西麓的呼伦贝尔,向西南延伸,经过内蒙古东南、冀北、晋北而至鄂尔多斯及陕北等地的一条广阔地带。交错带有农也有牧,而且时农时牧,是我国生产最不稳定的地方[3],也是半干旱、半湿润地区沙漠化形成的主要地区。

呼伦贝尔沙地的形成和变迁,既有自然因素发挥着基础和前提性的作用,也有经济、人口等人为因素。其中,人口的迁徙与增长使得粮食的需求增加,继而加大对土地的压力,草原的开垦使农牧界限北移深入草原腹地。而土地的过度垦殖加剧了呼伦贝尔地区人地矛盾,致使当地草场退化,土地沙化,进而逼退农耕。从我们考察的情况来看,呼伦贝尔地区众多的细石器遗址已表明,史前时代这里已有农耕活动。到了辽代已相当发达,契丹人曾在此兴修大型水利设施,而辽代的城镇和遗址也有很多,显然是农业经济繁荣的结果。《辽史》中亦有"凡十四稔,积粟数十万斛,斗米数钱"[4]的记载,说明当时这里农业生产已达到一定的规模。但正是大规模发展农耕业,使得辽金之后沙漠化导致当地农业生产的衰退。当然这一时期气候的变干变冷也是造成农业减产歉收,进而弃耕后形成沙地的重要原因。

总体而言,直到清代之前,呼伦贝尔地区的农耕规模有限,多以游牧民族的辅助产业形式出现,对环境的影响也局限在一定的范围。但 20 世纪初近代农业发展后,这一情况

<hr />

① 李世奎、王石立:《中国北部半干旱地区农牧气候界限探讨》,中国自然资源研究会、中国地理学会、中国农学会,等:《中国干旱半干旱地区自然资源研究》,北京:科学出版社,1988 年,第108—124 页。

② 赵哈林、赵学勇、张铜会,等:《北方农牧交错带的地理界定及其生态问题》,《地球科学进展》2002 年第 5 期,第 739—747 页。

③ 张兰生:《以农牧交错带及沿海地区为重点开展我国环境演变规律的研究（代序）》,《干旱区资源与环境》1989 年第 3 期,第 1—2 页。

④ （元）脱脱等:《辽史》卷 91《耶律唐古传》,北京:中华书局,1974 年,第 1362 页。

有了根本的改变。沙俄修筑中东铁路时，便在铁路沿线开垦耕地，种植蔬菜和饲料，使得呼伦贝尔地区的农业规模不断扩大。1911 年，沙俄又策划将本国居民迁移到根河流域拓垦，进一步加大了对当地环境的压力[①]。课题组在考察中，注意到这一地区无论是民族构成，还是建筑风格都有俄罗斯文化的影响。在哈民遗址博物馆参观时，其工作人员就是俄罗斯族，而额尔古纳市的建筑和城市景观也带有浓厚的俄罗斯风情，这些显然是上述历史事件的影响。因此，历史时期农牧交错带的环境变迁及其与人类社会之间的互动关系还值得进一步深入研究。

三、从古人类遗址看呼伦贝尔地区人地关系的特点

我们通过对呼伦贝尔沙地人类活动遗址和水系进行考察，结合环境考古证据，对全新世以来呼伦贝尔沙地演变进行总结，试图发现人类活动与环境变迁之间的相互关系。

1. 全新世时期气候特点

全新世时期呼伦贝尔地区气候可分为 3 个时期。这一时期的环境特点对历史时期呼伦贝尔沙地环境变迁与人类活动的关系产生了深刻的影响。

（1）全新世早期（12000—9000 a BP）。这一时期对应于新巴尔虎左旗底部第一层古土壤，仅含有零星的桦、麻黄、藜、蒿、苔草以及稍多的苔藓孢子。因为该区自晚更新世至全新世初，气候显著变冷，进入全新世后，气候虽然转暖，但仍相对温凉，一些耐干冷的植物，如沙米、差巴嘎蒿开始生长，形成半荒漠的自然景观，呼伦贝尔全新世以来最早的古土壤也于此时形成。

（2）全新世中期（9000—2500 a BP）。对应于新巴尔虎左旗第二至三层古土壤中，赫尔洪德中的第一及第二层古土壤。孢粉组合反映当时自然景观是以蒿为主的蒿类草原和以榆为主的疏林草原，由于全新世中期是气候最宜期。海拉尔东山底部的第一层古土壤及北山水坑的第二层、第三层古土壤均是该时期形成的，因而该古土壤是温暖气候的象征。

（3）全新世晚期（2500 a BP 以来）。对应于鄂温克族自治旗底部的古土壤层。其下部蒿占优势，上部是以藜为主的杂类草草原，它与表土分析结果相吻合，即随着沙丘被固定，植物种类增多，差巴嘎蒿在群落中重要性逐渐缩小，在非差巴嘎蒿占优势的群落中，藜科及杂类草逐渐取代蒿的优势。

在上述三个时期之间，全新世以来呼伦贝尔沙地经历了四次逆转期，即距今 12000—9000 年、6000—5000 年、3400—2500 年、1000 年左右四次固定期，以及距今 9000—6000 年、5000—3400 年、2500—2000 年、1000 年以后的四次扩大期[②]。沙地草场形成则是由半荒漠草原—以蒿为主的蒿类草原—以榆为主的疏林草原—以藜为主的杂类草草原逐步演替。

---

① 郭来喜、谢香方、过鉴懋：《呼伦贝尔经济地理》，北京：科学出版社，1959 年。
② 汪佩芳：《全新世呼伦贝尔沙地环境演变的初步研究》，《中国沙漠》1992 年第 4 期，第 13—19 页。

杨湘奎等对更新世晚期至全新世早期的孢粉组合研究同样也揭示末次冰期极盛期结束后呼伦贝尔地区的气候便逐渐变暖，1.1 万 a BP 开始了全新世的温湿期，0.9 万—0.5 万 a BP 为全新世的变温高湿期，呼伦贝尔地区年平均气温比现在高 2—4℃。与末次冰期极盛时比较，多年冻土带的面积大大缩小，已退缩到北纬 49° 以北。温带森林的界线从北纬 28° 扩大到北纬 52°，直接取代了广阔的多年冻土带。该地区干旱荒漠植被群落被半干旱草原与森林草原群落所取代。在中全新世（0.5 万 a BP）高湿高温期结束后，气候则向干冷方向变化，导致了该区的生态环境恶化。其特点表现为多年冻土南界南移，从 50° 移至 47°，该区几乎全部为干旱荒漠—草原所占据，当时的年均气温至少低于现在 10—12℃，降水量减少 50%。当时气候环境相当于末次冰期极盛期，但较中全新世高湿高温期的气候环境还要恶化许多，这也是该地区生态环境脆弱，多发生荒漠化的主要原因[①]。

而温锐林等人通过钻孔研究内蒙古呼伦湖 HL06 岩芯沉积的孢粉组合，定量重建了全新世呼伦湖区降水和气温的变化历史。结果表明，11000—8000 a BP，湖区植被以蒿、藜占优，为干草原景观，气候暖干；8000—6400 a BP，湖区禾本植物扩张，山地桦林发育，降水显著增加，气温逐渐降低；6400—4400 a BP，湖区旱生草本植物增加，降水减少，气温继续下降；4400—3350 a BP，耐旱藜科植物大量生长，湖区荒漠化，气候极端干旱；3350—2050 a BP，湖区草原植被有所恢复，降水略有增加，气温有所回升；2050—1000 a BP，湖区蒿属植物减少，山地松林发育，气温降至全新世最低；最近 1000 年，藜科、禾本科等伴人植物大量出现，反映出人类活动对湖区自然环境的影响[②]。

2. 环境变迁与人类活动之间的相互关系

综上可知，从气候环境上看，坐落于欧亚草原最东缘的呼伦贝尔地区全新世以来的湿度呈较干燥到湿润再到干燥的趋势，温度呈偏凉到温暖再转凉的趋势。这一气候变化特点深刻地影响了人类活动，并且在人类遗址上也有明显的反映。

通过对蘑菇山的石器制造厂遗址的地表关系勘测，可以确认人类制造的石器埋藏在晚更新世末期的地层中，晚更新世以来气温升高，气候温暖，古人类便已进入呼伦贝尔地区。据呼伦湖和扎赉诺尔露天煤矿东南角的孢粉记录，全新世大暖期呼伦贝尔地区以森林草原植被为主，尤其是在 8—6.4ka，降水显著增强，气候相对温暖湿润。呼伦贝尔沙地在该时期发现有哈克文化人类遗址 42 个[③]。赵越则通过统计得出呼伦贝尔地区与哈克文化同类的

---

① 杨湘奎、杜绍敏、张烽龙：《呼伦贝尔高原晚更新世以来的古气候演变》，《自然灾害学报》2006 年第 2 期，第 157—159 页。

② 温锐林、肖举乐、常志刚，等：《全新世呼伦湖区植被和气候变化的孢粉记录》，《第四纪研究》2010 年第 6 期，第 1105—1115 页。

③ Wen R. L., Xiao J. L., Chang Z. G., et al, Holocene Climate Changes in the Mid-high-latitude-monsoon Margin Reflected by the Pollen Record from Hulun Lake, Northeastern Inner Mongolia, *Quaternary Research*, 2010, 73(2): 293-303；Xiao J. L., Chang Z. G., Wen R. L., et al, Holocene Weak Monsoon Intervals Indicated by Low Lake Levels at Hulun Lake in the Monsoonal Margin Region of Northeastern Inner Mongolia, China, *The Holocene*, 2009, 19(6): 899-908.

文化遗存有 280 多处[①]。此时，人们的经济生活以渔猎为主，细石器制作技术已达到较高水平。在呼伦贝尔草原上，目前发现的细石器遗址已有数十处之多，广泛分布在海拉尔河、乌尔逊河、伊敏河、克鲁伦河沿岸。这些细石器遗址，大多分布在河岸或湖滨台地上，表明在史前时期这里已是狩猎民族活动的地区。

在 6.4—4.4ka，呼伦湖地区的气候逐渐干冷，在 4.40—3.35ka 达到极端干旱。此时的人类可能因无法适应冷干的气候环境，致使哈克文化逐步消亡或迁移。我们通过遗址点的考察可知，此阶段呼伦贝尔沙地的人类活动极大减弱，甚至在部分地区绝迹。在此之后，至两汉时期，呼伦贝尔地区发现了能够明确其族属的较大规模的古代人类遗存就是拓跋鲜卑墓葬。目前呼伦贝尔地区经过科学清理的鲜卑人墓葬已在百座以上，且分布很广，在呼伦湖、海拉尔河、伊敏河、根河及额尔古纳河沿岸都有发现，表明这一时期拓跋鲜卑族广泛定居于此。

据史料记载，拓跋鲜卑在"大泽"地区即呼伦湖沿岸居住的时间有 200 年左右。在此期间，鲜卑人大量砍伐桦树林，剥取桦树皮。因而目前呼伦贝尔所见的鲜卑墓中，最常见的随葬品是桦皮器，几乎在所有的墓葬中都有发现。另外，在扎赉诺尔的墓葬中多次发现粮食的残迹，证明鲜卑人已有一定规模的农业种植。作为畜牧业的补充，这是一种社会的进步。然而农业耕种的出现也意味着有相当多的森林、草场遭到破坏，这便进一步加剧了生态环境的恶化。故而《魏书·序纪》称："有神人言于国曰：'此土荒遐，未足以建都，宜复徙居'"[②]，于是才有了拓跋鲜卑的第二次南迁。"此土荒遐"，实际上便是指环境恶化而不适宜族群的居住与扩张。

至辽、金、元时期，又陆续大规模修建城池，游牧和垦殖也得到进一步发展。从呼伦贝尔地区的各类遗迹可以看出这一时期人类活动的强度大大强于以往。在逐渐冷干的气候环境状况下，人类活动的增强实际上反映的是适应能力的提高。此时的生产力水平相对于此前有了质的飞跃，农作物的种植和家畜的饲养能力也不断提高，此时气候环境对人类活动的影响程度则相对降低。而军民的生活、耕地的灌溉都离不开水源，故目前发现辽代的城堡、耕地主要是在河流、湖泊沿岸。正因如此，河流、湖泊沿岸环境破坏最为严重，沙漠化最先在河流、湖泊沿岸出现。呼伦贝尔沙带多分布在河流、湖泊沿岸是有历史原因的。

卓海昕等基于《中国文物地图集》和文献调研，通过提取中国北部沙地考古遗址点（包括洞穴遗址、聚落遗址、石刻、城址、窖址、墓葬、寺庙等）的位置信息，并同 DEM 数字高程底图（30 米）相匹配，对比气候变化时期不同沙地间的人类活动情况。研究表明：全新世大暖期（9—4ka），呼伦贝尔沙地遗址点密度为 0.16 个 /（千年·1000 平方千米）。晚全新世气候转型期（4—2ka），呼伦贝尔沙地的遗址点密度有所下降，仅

———————————

① 赵越：《哈克文化在呼伦贝尔史前诸考古学文化中的特殊地位》，《文化学刊》2010 年第 2 期，第 104—108 页。

② （北齐）魏收：《魏书》卷 1《序纪》，北京：中华书局，1974 年，第 2 页。

为 0.057 个 /（千年·1000 平方千米），为前一时期的 1/3。2ka 以来，各沙地遗址点密度
均显著增长，呼伦贝尔沙地遗址点密度为 0.64 个 /（千年·1000 平方千米），密度虽不如
其南部的科尔沁沙地、浑善达克沙地、毛乌素沙地，但相对增长率最高[①]。

---

① 卓海昕、鹿化煜、贾鑫，等：《全新世中国北方沙地人类活动与气候变化关系的初步研究》，《第
四纪研究》2013 年第 2 期，第 303—313 页。

第八章

浑善达克沙地与乌兰布和沙漠考察

2018 年 11 月、2019 年 6 月、2020 年 7 月，项目组对浑善达克沙地和乌兰布和沙漠进行了考察，着重考察这两个沙区周边的古城址以及水利工程设施，以期反映人类活动与沙漠地区环境演变之间的关系。

第一节　浑善达克沙地城址考察

浑善达克沙地处于内蒙古高原中部，东起大兴安岭南段西麓达里诺尔，向西一直延伸到集二铁路沿线，总面积约 7.10 万平方千米，占内蒙古自治区沙漠化总土地面积的 9.48%。其地势由东南向西北逐渐降低，地面起伏不大，沙地边缘为剥蚀低山、丘陵，境内为沙丘、湖泊、盆地及剥蚀高原交错分布。气候属温带大陆性气候，因受东南季风的影响，降水量自东南向西北递减，东南部年降水量可达 350—400 毫米，西北部仅为 100—200 毫米；年蒸发量为 2000—2700 毫米，干燥度 1.2—2.0。冬春季节，风力强大且发生频繁，年平均风速 3.5—5.0 米 / 秒，大风日数 50—80 天，是华北地区沙尘暴的策源地之一。由于浑善达克沙地降雨较多，植物生长良好，以禾本科和蒿属植物为主，植被覆盖度一般为 30%—50%，因此固定沙地占其总面积的 67.5%，主要分布在东部地区；半固定沙地占 19.6%，流动沙丘仅占 12.9%。浑善达克沙地水资源较为丰富，地表径流主要分布在沙地的东中部，其中东南部主要有闪电河、滦河等，东部和中部有公格尔音郭勒河、锡林河、高格斯台河等。另外还有 110 余个积水面积不等的内陆湖泊[①]。

一、多伦县——正蓝旗周边城址考察

"多伦"原称"多伦诺尔"，"多伦"（doloon）系蒙古语"七"，"诺尔"系蒙古语

---

① 吴新宏：《浑善达克沙地植被快速恢复》，呼和浩特：内蒙古大学出版社，2003 年，第 1—7 页。

"湖"之意，因而"多伦诺尔"即七个湖之地。多伦县位于浑善达克沙地南缘，地处内蒙古高原南缘，阴山山地东北麓，冀北山区西北端的三山末端汇处，曾是元朝时期上都所在之地，为蒙古族重要聚集区和政治中心。1691 年，清朝康熙皇帝举行了"多伦诺尔会盟"，漠北蒙古正式归附清朝中央政府，改变了当时东北亚的政治格局，为我国统一的多民族国家的形成和发展做出了历史性贡献。康熙三十六年（1697 年）蒙古藏传佛教格鲁派活佛章嘉呼图克图驻锡多伦汇宗寺，并于四年后开设司掌寺院行政的喇嘛印务处。章嘉成了多伦的最高活佛，掌有教权，获颁康熙帝授予的札萨克喇嘛的印缓，同时还担任行政执行机关的印务处的总管，多伦成为藏传佛教格鲁派的天下[1]。因此，课题组重点考察了多伦县的宗教文化遗存汇宗寺、善因寺以及内地移民遗存山西会馆等处。与此同时，还考察了正蓝旗元上都遗址及元上都南侧的砧子山墓葬群遗址。

1. 汇宗寺

汇宗寺（图 8-1）位于锡林郭勒盟多伦县县城北部，位于 42°2′22″N、116°2′05″E，海拔高度 1244.2 米，是藏传佛教格鲁派寺庙。汇宗寺蒙语为"呼河苏默"，意为青庙，又称章嘉活佛庙或东大仓[2]。2009 年，内蒙古文物考古研究所对汇宗寺主大殿基址上层堆积进行了考古清理，发掘出土少量残铁器、小块残建筑构件、铜钱及陶器等文物[3]。

图 8-1　多伦县汇宗寺
于昊摄

---

① 房建昌：《内蒙多伦县的历史沿革、宗教及其外文史料》，《中国边疆史地研究导报》1989 年第 6 期，第 28—31 页。

② 高亚利、刘清波：《多伦汇宗寺的兴建及其演变》，《文物春秋》2004 年第 5 期，第 14—19 页。

③ 杨星宇、吴克林：《多伦县汇宗寺考古发掘纪要》，《内蒙古文物考古》2010 年第 2 期，第 13—17 页。

汇宗寺始建于康熙三十年（1691 年），曾于咸丰六年（1856 年）遭火灾，后于咸丰十一年（1861 年）重建。现今汇宗寺建筑群中仅存活佛仓中的"章嘉仓"以及汇宗寺寺庙中心建筑大经堂建筑群等部分建筑，遗址面积仅为原汇宗寺面积的 1/20。

汇宗寺建筑群包括四部分：第一部分是主庙，即汇宗寺和善因寺；第二部分是十三处转世活佛仓，当年每一处寺院居住一位活佛，是来自西藏、青海、蒙古等各地的高级僧侣，各表一方，接受章嘉活佛的管理；第三部分是十座官仓，汇宗寺和善因寺各五处；第四部分即四合院式的当子房，蒙古各旗分别占据一处院落，作为各旗与清政府取得联系的办事机构，形成一个集权力与财产为一体的佛教寺庙城。其中，章嘉仓最为庄严（图 8-2），供奉的分别是阿弥陀佛、燃灯佛、弥勒佛、药师佛、佛祖如来及其两位弟子、宗喀巴大师师徒三尊及章嘉活佛。

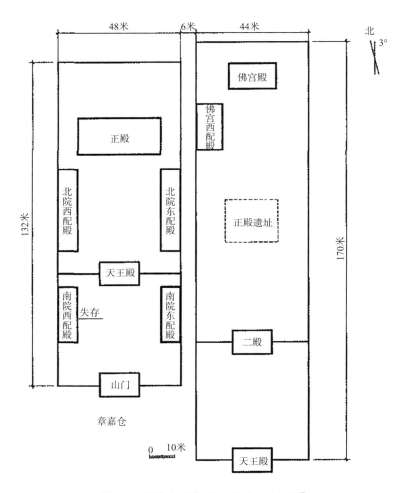

图 8-2 汇宗寺及章嘉仓总平面示意图[①]

汇宗寺为木质结构，殿高为 15 米，坐落在条石基上，殿体前后是包厦。殿分为上下两层，

---

① 高亚利、刘清波：《多伦汇宗寺的兴建及其演变》，《文物春秋》2004 年第 5 期，第 15 页。

由 1 米粗的 20 根大梁柱支撑。整体筑造精致，殿顶为蓝琉璃瓦衮龙脊造型，塑有相当黄金价值的一吨半金黄色风磨铜庙顶一个，八卦图一个，羚羊两只，在主殿院落内有五层殿院，南北长达 800 米左右，东西宽有百米左右。

康熙二十九年（1690 年），准噶尔部落的噶尔丹声称追赶喀尔喀的军队，出兵进犯内蒙古东部地区，康熙帝应喀尔喀蒙古的请求出兵援助，在乌兰布通地区打败噶尔丹军队，促使噶尔丹立下誓约，不再侵犯喀尔喀，而喀尔喀各部也在土谢图汗和一世哲布尊丹巴呼图克图等人的率领下归顺清朝，这就是著名的多伦诺尔会盟。而汇宗寺作为会盟的标志，也有安抚喀尔喀各部的重要意义。故汇宗寺于康熙五十一年（1712 年）春完工后，曾树立汉满蒙藏四体文的御制碑。目前，满蒙汉三体文字的碑文都已发现，其中满文文本 1 种、蒙文文本 2 种、汉文文本 5 种，而藏文碑文尚未被发现。所发现的汇宗寺满蒙汉三体的御制碑文，虽然各文本之间存在些微差异，比如"多伦诺尔会盟"的时间相差一年，但各碑内容都反映了"多伦诺尔会盟"的背景、经过、意义以及汇宗寺修建过程与管理等情况。现录汉文碑文全文如下：

御书汇宗寺碑文

我国家承天顺人，统一寰宇，薄海内外，悉宾悉臣。自太祖、太宗握枢秉轴，驾叙风云，蒙古诸部，相继效顺。既于朕躬，克受厥成，前所未格，罔不思服，惟喀尔喀，分部最多，而又强盛。

朕绥德辑成，熏陶渐革。二十余载，七家之众，既震且豫，咸来受吏。乃除其顽梗，扶其良弱，锡之封爵，畀以疆土。朕亲北巡，以镇扶之。于康熙庚午年之秋，大宴赉于多伦诺罗，四十八家名王君长，世官贵族，靡不毕集。拜觞起舞，稽首踊跃。盖至是而要荒混同，内外一家矣。脯赐既毕，合辞请曰："斯地川原平衍，水泉清溢，去天闲刍牧之场甚近，而诸部在瀚海龙堆之东西北者，道里至此，亦适相中。而今日之筵赏敷锡，合万国以事一人，又从古所无也。愿建寺以彰盛典。"

朕为之立庙一区，令各部落居一僧以住持。

朕或间岁一巡，诸部长于此会同还职焉。至于今，又二十余载矣。殿宇廊庑，钟台鼓阁，日就新整，而居民鳞比，屋庐望接，俨然一大都会也。先是寺未有额，兹特允寺僧之请，赐名曰"汇宗"。盖四十八家，家各一僧，佛法无二，统之一宗。而会其有极，归其有极。诸蒙古恪守侯度，奔走来同，犹江汉朝宗于海，其亦有宗之义也。夫是为之记，以垂永久云。

康熙五十三年五月初一日[①]

从汉文碑文来看，康熙帝自称"中国"，并视归顺的喀尔喀部为一家，即其所称"中外一家"语。而选择在多伦诺尔修建寺庙，既是因为该地"川原平衍，水泉清溢"，具有良好的水土条件，适宜休养生息，更是因为多伦诺尔的交通之便，地居通往蒙古各部的"道里相中"。清代学者魏源亦曾强调多伦地理位置优越："康熙三十年，围场在多伦泊。出古北口三百余里。泊南有汇宗寺，以绥黄教四十八部，部各一刺（喇）麻住持。御制寺碑，谓

---

① 吴元丰：《汇宗寺满蒙汉三体碑刻文本比较》，《满语研究》2018 年第 2 期，第 37—45 页。

诸部在瀚海龙堆之东西北者，道里适中。"① 而关于康熙帝于多伦建寺，以宗教笼络喀尔喀等蒙古各部的政治意图十分明显，清人对此多有议论。王之春曾在《国朝柔远记》卷 2 中云：

> 上以新附喀尔喀众数十万，宜训以法度，先檄内、外札萨克各蒙古皆预屯多伦泊百里外，车驾临莅，上三旗亲军营居中，八旗前锋营二、护军营十、火器营四分二十八汛环御营而列，传谕内、外蒙古移近御营五十里，不得入哨内，届期陈卤簿，御帐殿于网城南，受朝赐宴。次日，上躬擐甲胄大阅，申严约束。土谢图汗等具疏请罪。宣敕谕分左、右、中三路为三十七旗，割内蒙古水草地，俾游牧近边，仍留其汗号，比内札萨克各旗，而建汇宗寺于其地，以安其剌（喇）麻②。

俞正燮亦在《癸巳类稿》中亦记：

> （康熙）三十年四月丁卯，圣祖出塞，五月，驻跸独石口外多伦诺尔，喀尔喀三汗、哲卜尊丹巴胡图克图及各台吉朝见，皆还其职，以其七部为三部，东路曰车臣汗乌巴什，中路曰图舍图汗察珲多尔济，西路曰札萨克图汗策妄札布，为三十七旗，暂指游牧地。使比内札萨克四十九旗，复诏建汇宗寺，以示兴黄教③。

而在汇宗寺的具体谋划、建设与管理的过程中，康熙帝对汇宗寺的建设及其所需陈设的佛像、供器、经文多加关照。敕建汇宗寺一事不仅增进了清廷对蒙古地区的统治和维系蒙古地区的社会安定，同时也促进了多伦诺尔地区与内地的人口交流和地区经济发展。

汇宗寺建立时应较今环境优良。魏源曾援引《御赐汇宗寺记》的相关内容称："多伦泊者，清淑平旷，饶水草，而内外札萨克之来朝者，道里适中，故期会于此。"④ 多伦泊，亦为多伦诺尔，即今天的"多伦"，诺尔为蒙古语"湖泊"的音译。当时多伦地界有峒干诺尔、依克达汗诺尔、巴汗达诺尔、空儿鬼诺尔、巴彦诺尔、乌木克诺尔等湖泊，同时上都河、黑风河、蛇皮河、吐力根河在此地汇合后称为滦河，滦河由北向南经承德、滦州等地流入大海。这些地名都反映了清代多伦地区水资源丰富。但随着宗教功能带动城市和区域经济的发展，多伦地区人口大量集中，对环境破坏加剧，在一定程度上助推了这一区域的沙漠化⑤。

2. 善因寺

善因寺（图 8-3），俗称西大仓，蒙古语称"锡拉苏莫"（黄顶庙）。"善因"之汉名，取因教鉴善之义。该寺位于多伦县城北 1.5 千米处，汇宗寺西南侧。

---

① （清）魏源：《圣武记》卷 3《外藩·国朝绥服蒙古记》，《魏源全集》第 3 册，长沙：岳麓书院，2011 年，第 106 页。
② （清）王之春撰，赵春晨、曾主陶、岑生平校点：《王之春集》第 1 册《国朝柔远记》卷 2，长沙：岳麓书院，2010 年，第 176—177 页。
③ （清）俞正燮撰，涂小马、蔡建康、陈松泉等校点：《癸巳类稿》，沈阳：辽宁教育出版社，2001 年，第 266 页。
④ （清）魏源：《圣武记》卷 3《外藩·国朝绥服蒙古记》，《魏源全集》第 3 册，长沙：岳麓书院，2011 年，第 108 页。
⑤ 郭美兰：《康熙帝与多伦诺尔汇宗寺》，《内蒙古大学学报》（人文社会科学版）2004 年第 3 期，第 60—65 页。

图 8-3　多伦善因寺
徐建平摄

　　善因寺具有鲜明的仿西藏达赖喇嘛所居都纲之式的建筑特点，正殿建造尤为精美。《口北三厅志》记载如下：

　　　　仿西藏达赖喇嘛所居都纲之式建置——都纲者，华言经楼也。其制：门二重，左右钟鼓楼各一，御书清、汉碑亭各一；正殿二重，前殿为楼，共八十一间。其中柱皆中空以泄水，制作工巧。殿皆覆以黄琉璃瓦，周以缭垣，巨丽无比。赐额曰"善因"[①]。

　　善因寺的建筑包括舞场、石狮子、大山门、钟鼓楼、天王殿、石亭、正大殿、释迦佛殿、东西配殿等建筑，设官仓五、佛仓三（图 8-4、图 8-5）。善因寺的布局同汇宗寺一样，划分中、东、西三个区域。寺庙院墙以内的主体庙建筑为中区，寺庙东墙以外的建筑为东区，寺庙西墙外边的为西区。中间为庙区，左右两区为佛仓、官仓莲房，以及其他办事机构。

　　中区，即主体庙大院。它包括沿南北中轴线建造起来的几座大殿和庑殿。从主体庙最南端东西并立的照壁开始，向北依次有广场、山门、天王殿、大正殿、佛殿、章嘉行宫，最北面有一座白塔。最南端的照壁和山门之间为广场，亦称舞场，是举行庙会跳查玛[②]的地方。广场北缘山门前有一对石狮。大山门上方有雍正亲书"敕建善因寺"额，并"慈云广被"匾。步入山门，距天王殿前的空场里有钟、鼓二楼，天王殿里供四大天王。出天王殿，见竖碑亭两座，勒雍正皇帝御制善因寺碑文。出天王殿北去，即大经堂。大经堂前面的空场中，钟楼和鼓楼分立两侧。善因寺楼二重。出正大殿北去为佛殿，两侧有东西配殿。佛殿的后院为章嘉行宫。中轴线的最北端建有一座白塔，塔北即寺院北墙。西区，即主体庙西墙外建筑群。西区内有雍正行宫、那木喀佛仓、桑兑仓以及众多档子房。东区，即主体庙东墙外建筑群。东区内建筑有却拉仓、大吉瓦仓、额木齐活佛仓、东克尔活佛仓、土

木图仓、农乃仓，以及大片档子房。

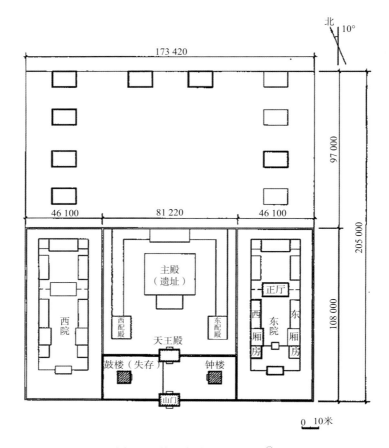

图 8-4 善因寺总平面示意图[①]

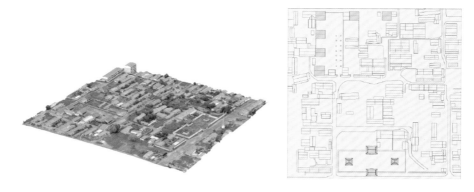

图 8-5 善因寺现状总体布局示意图[②]

注：左图为善因寺遗址整体倾斜摄影模型截图；右图为善因寺现存古建筑示意图

① 高亚利、刘清波：《多伦汇宗寺的兴建及其演变》，《文物春秋》2004 年第 5 期，第 16 页。

② 张沛鑫：《内蒙古多伦善因寺大殿数字化探原设计研究》，内蒙古工业大学 2021 年硕士学位论文，第 19、31 页。

　　雍正九年（1731 年）四月，善因寺竣工，雍正皇帝为其敕名"善因寺"。他题写的"敕建善因寺"匾，用汉白玉玉刻后，镶在寺庙山门之上；题写的"善因寺"额，以满汉蒙藏四种文字，悬挂在善因寺大殿二楼正中的位置；书写的"御制善因寺碑文"，用满汉蒙藏四种文字雕刻在两块汉白玉碑上，并各建碑亭，立于善因寺大经堂前两侧。其御制善因寺碑文如下：

御制善因寺碑文

　　洪惟我

　　皇考圣祖仁皇帝，恩被九有，威加八纮。曩岁，厄鲁特噶尔丹跳梁朔漠，扰乱喀尔喀诸部，喀尔喀七旗数十万众，怀德慕义，稽首内附。

　　皇考躬率六军，远行天讨，驻跸多伦诺尔之地。受喀尔喀诸部郡长朝谒，锡之封爵，为我屏垣。既翦凶渠，藩定朔漠，抚安藩服。允从诸部所请，爰于斯地创建汇宗寺，俾大喇嘛张家胡土克图居之。张家胡土克图道行高超，证最上果，博通经品，克臻其奥，有大名于西域诸部，蒙古咸所遵仰。今其后身，秉质灵异，符验显然，且其教法流行，徒众日广。朕特行遣官，发帑金十万两，于汇宗寺西南里许复建寺宇，赐额曰"善因"。俾张家胡土克图呼毕勒汗主持兹寺，集会喇嘛，讲习经典，广行妙法。蒙古汗、王、贝勒、贝子、公、台吉等俱同为檀越主人。前身后身，敬信无二，自必率其部众，听从诲导，胥登善域。稽古圣王之治天下，因其教，不易其俗，使人易知易从，此朕继承先志，护持黄教之意也。况此地为我皇考驻跸之所，灵迹斯存，惟兹两寺，当与漠野山川并垂无极。诸部蒙古台吉属下，永远崇奉，欢喜信受，熏蒸道化，以享我国家亿万年太平之福，朕深有望焉。

雍正九年四月初二日①

　　这段汉文碑文的记载，直陈清廷对治理蒙古各部以及其他少数民族地区的核心思想"因俗而治"。如碑文所言：

　　　　稽古圣王之治天下，因其教，不易其俗，使人易知易从，此朕继承先志，护持黄教之意也。②

　　至于为何在汇宗寺西南里许另造善因寺，除雍正御赐碑所载的"因其教，不易其俗"外，显然也受到了活佛转世的现实因素影响。魏源认为：

　　　　章嘉胡图克图者，其先于康熙中自藏来朝，乃第五辈达赖之大弟子也。圣祖优礼之，命住持蒙古多伦泊之汇宗寺。章嘉通宗乘，为世宗藩邸时所敬。逮其第二世呼毕勒罕转生于多伦泊，诏造善因寺居之③。

　　至晚清时期，善因寺管事人除了参与宗教事务外，也承担一定的茶叶等商品的转运事务。如光绪十八年（1892 年），俄商茶叶在多伦被人焚毁，在商议赔偿俄人损失时，总理中外交涉的李鸿章曾下令"由揽运俄茶之善因寺管事人吐都布巴咱尔，及承运之脚户巴

---

　　① 任月海：《多伦汇宗寺》，北京：民族出版社，2005 年，第 51—52 页。
　　② 任月海：《多伦汇宗寺》，北京：民族出版社，2005 年，第 52 页。
　　③ （清）魏源：《圣武记》卷 3《外藩·国朝抚绥西藏记》，《魏源全集》第 3 册，长沙：岳麓书院，2011 年，第 222 页。

林王旗黑人嘎勒第、车布克、达克巴等各半分赔"[1]。这说明善因寺承接中俄之间的茶叶贸易，并从中获益，所以才会分担俄商茶叶的经济损失。

3. 山西会馆

山西会馆（图 8-6）位于多伦旧城西南。清乾隆十年（1745 年），会馆由旅居多伦的山西商人集资兴建，是多伦地区的晋商进行结社、议事、集会、娱乐的场所。

图 8-6　多伦县山西会馆
于昊摄

明朝弘治年间，多伦便定期开互市，互市为期一个月，蒙汉人民以物易物。清代商贾聚集更多，渐成集市。"多伦会盟"以后，河北、山西、山东等地商人云集，多伦由此成为牲畜及皮毛等商品集散地。清乾隆十年（1745 年），山西商人集资创建山西会馆。因其供奉的主神是关公，所以人们多称之为"关帝庙"。清道光二年（1822 年）重修会馆，仅这次捐款的山西商号就达 1000 多家。1913—1914 年，山西会馆再次修葺和扩建。多伦县人民政府于 20 世纪 90 年代多次修复。1996 年，多伦山西会馆被列为自治区级重点文物保护单位，2006 年被列为全国重点文物保护单位。

山西会馆位于多伦县城南，建筑规模宏大，总占地面积原有 1 万多平方米，现存5201.7 平方米。会馆坐南朝北，是一座典型中原文化建筑风格建筑，其主要建筑均布局在一条中轴线上，中轴线为四进院落，建有大殿 4 座，还有牌楼、戏楼、钟鼓楼、厢房等建筑物。

山门为山西会馆的主入口。山门南侧为广场，广场东西各有一处小牌楼，广场中间为

---

[1]（清）李鸿章：《议俄茶在戈壁被焚案》，顾廷龙、戴逸主编：《李鸿章全集》第 35 册，合肥：安徽教育出版社，2007 年，第 383 页。

一大牌楼。大牌楼南侧为照壁。山门殿宽 40 米，进深 10.50 米，六架梁，梁架施彩绘。山门门道两侧塑有彩绘马匹，各置马童塑像一个。殿前石雕雄狮矗立两旁，东西各配有碑房一间。

穿过山门，便是戏楼。戏楼坐南朝北，正对大殿，台基高约 1.9 米。戏台梁架、斗拱均施彩绘，台前檐正中悬挂雕刻鎏金花边的长方形匾额，上书"水镜台"三个大字。戏台底座由长方形条石砌成，高约 8 尺，呈"凸"字形，两旁有阶梯上下。台上只用两根大红明柱支撑着台顶的前半部分。明柱上施有木雕、彩绘。戏台屏风上端写有"紫金东来"四字。戏台楼顶四角飞檐，斗拱的顶端刻绘有麒麟图案。戏台的两侧分别建有小排楼，前侧立有两根高大的旗杆，下为石狮底座，上为铜顶①。

戏楼所处第一进院落，正北为仪门。仪门东西两侧分别为钟鼓楼。仪门南侧树一对石狮子。第一进院落西侧为一排配殿，现为察哈尔抗战纪念馆。第一进院落东侧为墙壁，有侧门同进一处四合院。

过仪门向北，进入第二进院落。第二进院落正北居中为议事厅，厅门牌匾上书"千秋俎豆"。院落东西两侧为配殿。过议事厅向北，即进入第三进院落。第三进院落正北居中为正殿，亦即关帝庙。正殿建于 0.54 米的高台之上。大殿九架梁，内塑关圣帝君坐像，身着战袍，手持长髯，神态庄重，关羽塑像前摆有香案一个，香炉一个，供瓶两个。两侧分别陈设着十八般兵器。院中还建有小戏台一座。第三进院落东西各为厢房。西厢房西侧为第四进院落，三圣殿所在。

关帝庙前的东厢房内现已清空，东北南三面墙壁为清代彩绘壁画（图 8-7）。壁画以关羽一生的业绩为主线，勾连起三国时期的若干重大事件，如"桃园结义""大破黄巾"等场景。可惜的是，由于年久失修，壁画出现不同程度的裂纹、褪色与脱落。

图 8-7　关帝庙前东厢房内清代壁画局部图
王翯摄

① 谷建华：《多伦县山西会馆》，《内蒙古文物考古》1999 年第 2 期，第 86 页。

4. 砧子山墓地

砧子山墓地，位于元上都城址东南约 7 千米，为元代上都城内的居民从葬区域。砧子山是位于滦河南岸的一座高山，山顶较为平整，周围山坡陡直，远眺犹如锻铁所用铁砧子，故以得名。

砧子山墓地所见的石碑、砖铭、买地券以及器物款识上，均记有汉字姓氏和名字，大多数墓葬都有用石块垒砌的茔墙。1990 年，考古学家对砧子山墓地 49 座墓葬进行考古发掘，确定其埋葬方式有火葬骨灰和埋葬尸体两种形式，每座墓茔内埋葬的葬穴数量和方位各不相同，但多盛行一种安放朱红色镇墓石和涂彩铜钱的葬俗[1]。其中，有 29 座墓内有随葬钱币，共计出土 1563 枚，除有银钱 1 枚外，其他都是铜钱。这批铜钱中，除少部分锈损严重，难辨纹饰外，其他都可以辨识出其铸造年代，大致起自唐代，晚至元代[2]。10 号墓曾出土"至元通宝"，但无法确定是铸于元世祖至元年间（1264—1294 年），还是元顺帝至元年间（1335—1340 年），且根据其出土于骨灰中，推测其为仿制钱或非行用钱[3]。

1998 年，内蒙古文物考古研究所又对砧子山西区墓地进行小规模清理。1999 年，内蒙古文物考古研究所联合吉林大学考古学系，对砧子山西区墓葬再次进行发掘，先后清理、发掘了 33 座墓茔，计 73 座墓葬。这次考古发掘，进一步证实砧子山墓葬与元上都的兴衰相始终。其墓茔与墓葬形式、葬俗形式均与 1990 年的考古发掘特征一致，但在一些较大的墓葬中出土了更为丰富的陪葬品[4]。砧子山墓地是内蒙古地区目前发现的规模最大延续时间最长的一处元代墓葬区[5]。

此外，对砧子山墓地 10 个古代个体的 mtDNA 多态性分析研究表明，埋葬在砧子山墓地的元代居民为汉族人，且主要是来自中国北方地区的汉族[6]。

5. 元上都

元上都（图 8-8）在锡林郭勒盟正蓝旗人民政府所在地以东 25 千米，闪电河北岸 1 千米，金莲川草原之上。元上都位于 116°09′50″—116°11′40″E，42°20′52″—42°22′13″N，海拔高度在 1256—1281 米。当地牧民称之为"北奈曼苏默"城，意为一百零八庙。2012 年，元上都遗址被批准列入《世界文化遗产名录》。目前，元上都遗址原址已经被辟为严加保护的文物场所和展示教育基地，而有关元上都的历史沿革、考古发掘等内容则全部转移至元

① 内蒙古文物考古研究所、锡林郭勒盟文物管理站、多伦多文物管理所：《元上都城南砧子山南区墓葬发掘报告》，《内蒙古文物考古》1999 年第 2 期，第 92—124 页。
② 李逸友：《元上都城南砧子山墓地出土的钱币》，《内蒙古金融研究》2003 年第 3 期，第 99—106、96 页。
③ 李逸友：《内蒙石砧子山墓地出土至元通宝银钱》，《中国钱币》1992 年第 2 期，第 80 页。
④ 内蒙古文物考古研究所、吉林大学考古学系：《元上都城址东南砧子山西区墓葬发掘简报》，《文物》2001 年第 9 期，第 37—50 页。
⑤ 魏坚：《元上都及周围地区考古发现与研究》，《内蒙古文物考古》1999 年第 2 期，第 21—28 页。
⑥ 付玉芹、许雪莲、王海晶，等：《内蒙古砧子山墓地古人的线粒体 DNA 多态性分析》，《东北师大学报》（自然科学版）2006 年第 2 期，第 122—125 页。

上都南侧的元上都遗址博物馆。考虑到该地的气候条件以及为了不破坏草原风貌，元上都遗址博物馆的大部分建筑掩藏在山体之内，仅半露一小段长条形体正对原址中轴线起点明德门，供来访人眺望。

图 8-8　元上都
于昊摄

元上都的建设始于蒙哥汗宪宗六年（1256 年）。宪宗五年（1255 年），宪宗命忽必烈居于滦水一带。次年，忽必烈即命汉人刘秉忠择地建开平府。《元史》卷 4《世祖本纪》云："（宪宗六年）岁丙辰，春三月，命僧子聪卜地于桓州东、滦水北，城开平府，经营宫室。"[1]子聪即刘秉忠，《元史》卷 157《刘秉忠传》载："初，帝命秉忠相地于桓州东滦水北，建城郭于龙冈。三年而毕，名曰开平。"[2]开平府在忽必烈即位后更名为上都。

中统元年（1260 年）升为开平王府，中统四年（1263 年）以阙廷所在，加号上都，改置上都路。因上都地近滦河，故上都当时还有"滦京"之别称。元人杨允孚有《滦京杂咏》一诗曰："今朝建德门前马，千里滦京第一程。"[3]此诗主要内容涉及上都纪行，而其旁的滦河上游闪电河，因此被后人称为上都河。

忽必烈营建上都时，这里自然环境相对优越，"开平，元之上都也，滦水绕南，龙冈奠北，盖形胜之地也"[4]。元代著名学者王恽撰写文章称赞上都形胜云：

---

① （明）宋濂等：《元史》卷 4《世祖本纪》，北京：中华书局，1976 年，第 60 页。
② （明）宋濂等：《元史》卷 157《刘秉忠传》，北京：中华书局，1976 年，第 3693 页。
③ （元）杨允孚：《滦京杂咏》，《全元诗》第 60 册，北京：中华书局，2013 年，第 402 页。
④ （明）严从简著，余思黎点校：《殊域周咨录》，北京：中华书局，1993 年，第 555 页。

龙冈蟠其阴，滦江经其阳，四山拱卫，佳气葱郁。都东北不十里，有大松林。
异鸟群集，曰"察必鹘"，盖产于此者。山有木，水有鱼，盐货狼藉，畜牧蕃息，
大供居民食用。然水泉浅，大冰负土，夏冷而冬冽，东北方极高寒处也[1]。

可知这里林木葱郁、水流环绕。考察时所见上都遗址一带也是周围地区水分条件最好
的区域，湿地遍布，牧草生长良好，当地有金草滩之誉。

在忽必烈的主持下，上都城增修过若干次。最终，元上都形成自外而内由外城、皇城
与宫城构成的三重城垣的都城，并以宫城正北大殿、南城门（御天门）和皇城南门（明德
门）为城市南北中轴线，方向与真子午线平行（图8-9）[2]。

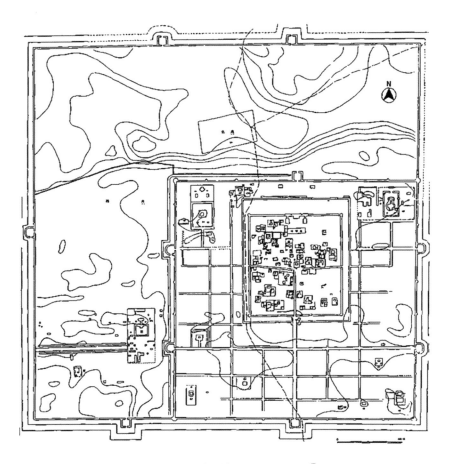

图 8-9　元上都城址总平面示意图[3]

元上都平面略呈方形，外城东墙约 2225 米，西南北各墙约 2220 米，总面积近 20 万
平方米[4]。外城墙没有马面、交楼等军事防御性设施。考古证据表明，开平城最早的平面

① （元）王恽撰，顾宏义、李文整理点校：《中堂事记》，上海：上海书店出版社，第 108 页。
② 魏坚：《元上都及周围地区考古发现与研究》，《内蒙古文物考古》1999 年第 2 期，第 21—28 页。
③ 魏坚：《元上都的考古学研究》，吉林大学 2004 年博士学位论文，第 81 页。
④ 魏坚：《元上都及周围地区考古发现与研究》，《内蒙古文物考古》1999 年第 2 期，第 21—28 页。

设计仅有宫城和皇城两重，外城应是在元上都皇城和城外西关关厢形成之后加筑的[①]。

　　皇城位于外城的东南部，其东、南墙与外城东墙南段和南墙东段重合。皇城形状近方，东南西北各墙长度分别为 1410 米、1400 米、1415 米、1395 米。皇城城墙采用基础墙体夯筑、内外两侧以石块包砌的铸造方法。皇城正中偏北处即宫城所在。宫城平面略呈长方形（图 8-10），东南西北诸墙长度分别为 605 米、542.5 米、605.5 米、542 米。墙体以泥土夯筑为基础，外部用 34 厘米×19 厘米×7 厘米的青砖横竖错缝包砌，以白灰坐浆[②]。在宫城中，今仍有一高台，从考古遗迹看，该高台应为一座阙式建筑。1973 年的元上都调查显示，"这座建筑台基与城墙等高，外包青砖，东西长约 75 米，中间凹入部分宽 25 米，两观（翼）长宽约 28 米，与正殿相连部分有束腰，殿后亦有牙角伸出。其形式类似北京清故宫的午门，但无门洞"[③]。而关于该处阙式建筑对应实际当中元上都的何处建筑，曾有过"大安阁"与"穆清阁"两类说法[④]。

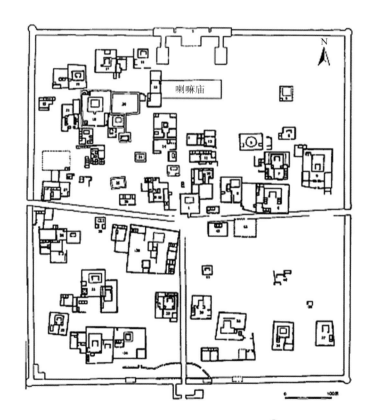

图 8-10　元上都宫城平面示意图[⑤]

---

　　① 魏坚：《元上都的考古学研究》，吉林大学 2004 年博士学位论文，第 30 页。

　　② 魏坚：《元上都的考古学研究》，吉林大学 2004 年博士学位论文，第 21 页。

　　③ 贾洲杰：《元上都调查报告》，《文物》1977 年第 5 期，第 65—74、101 页。

　　④ 李逸友：《元上都大安阁址考》，叶新民、齐木德道尔吉：《元上都研究文集》，北京：中央民族大学出版社，2003 年，第 80—84 页。

　　⑤ 魏坚：《元上都的考古学研究》，吉林大学 2004 年博士学位论文，第 83 页。

目前，元上都城中最高处为大安阁遗址。大安阁居宫城正中，是举行礼仪与议事的重要场所。大安阁取材于汴京熙春阁。《题大安阁图》载："取故宋熙春阁材于汴，稍损益之，以为此阁，名曰大安。"[1] 根据现场出土的遗物与文献资料，学界推测，大安阁基座宽30余米，高60余米，重檐叠压，纯木构造。如今登上大安阁遗址，便可俯瞰都城遗址全貌。宫殿衙署的遗址多数未经揭露，埋于地下；宫墙尽数坍塌，只留几道略微隆起的土坎。游人与访客在这偌大的上都城内，星星点点，秋风吹过，荒草萋萋，不免让人感叹日月无情。

关于上都宫殿之华美，马可波罗曾在游记中这样描述：

> 从上述之城首途，向北方及东北方间骑行三日，终抵一城，名曰上都，现在在位大汗之所建也。内有一大理石宫殿，甚美，其房舍内皆涂金，绘种种鸟兽花木，工巧之极，技术之佳，见之足以娱人心目。此宫有墙垣环之，广袤十六哩，内有泉渠川流草原甚多。亦见有种种野兽，惟无猛兽，是盖君主用以供给笼中海青、鹰隼之食者也[2]。

元上都遗址位于内蒙古高原多风地区。年风期为36—61天，大风天集中在三到七月间，平均风速4.7米/秒，最高风速可达40米/秒。大风天气尤以春季明显，且风速较快。处于平台开阔草原上的元上都易受风蚀侵害。课题组考察时正处于秋冬交替季节，但风力仍很大，可知春季风力的情况。与此同时，该地雨水充沛，降水集中在7到8月份，年平均降水量为370.7毫米。这些自然因素为元上都遗址的保存提出挑战。

但目前来看，元上都遗址整个格局保存良好，三重城垣与重要建筑遗迹清晰可辨。现三重城垣其基底一般宽在8—10米，高度在3—6米，夯层结实。局部有破坏，如流水冲蚀、盗墓挖断等。城内的建筑遗址中，如穆清阁、大安阁及皇城内的大龙光华严寺、乾元寺、孔庙等建筑，因其台基较高、夯筑结实，保存较为完好。

汇宗寺、善因寺是清朝入关定鼎中原，经历了平定三藩和征剿准噶尔部噶尔丹的叛乱后，在北疆局势得以稳定，大漠南北蒙古诸部归附清廷并形成北方民族空前团结的历史背景下，于"多伦诺尔会盟"期间，康熙皇帝应蒙古王公之"愿建寺以彰盛典"的请求，在内蒙古兴建的首座喇嘛教寺庙，是体现民族团结的历史见证。而清代山西会馆的营建，尽管是以地缘为基础，以凝聚乡人为目的，但其背后的内地与边地的人口交流、"万里茶路"的经济连接，亦是人文荟萃、开放互融的历史注脚。

元上都的营建，亦是在多元文化融汇、多民族融合的理念指导下完成的。在总体布局上，元上都既具备中原城市的营造传统与理念，又体现蒙古族游牧生活的特色，具有鲜明的开放与包容的文化特点，展示游牧文明与农耕文明、东西方文明相交融的魅力。此外，分布在皇城之内的各类宗教、儒学等建筑，散布在以砧子山墓地为代表的元上都周围墓葬，都直观地说明了中华民族的多元一体特点。

---

① （元）虞集著、王颋点校：《题大安阁图》，《虞集全集》，天津：天津古籍出版社，2007年，第406页。

② 〔意〕马可波罗著，冯承钧译：《马可波罗行纪》，北京：东方出版社，2007年，第189页。

二、锡林浩特——克什克腾旗周边城址考察

课题组在锡林郭勒盟周边的考察路线为：锡林郭勒盟锡林浩特市→贝子庙→巴彦锡勒古城→金界壕遗址→应昌路故城（鲁王城），现分述如下。

1. 巴彦锡勒古城

巴彦锡勒古城位于巴彦希勒街道所在的巴彦锡勒牧场（图 8-11）。据当地学者介绍，古城为辽金时期所建，平面呈长方形，南北约 500 米，东西约 400 米，城墙土筑，基宽约 8 米，残高约 2 米。南墙中部设门，宽约 25 米。从卫星图片也能清晰观察到古城轮廓，现为内蒙古自治区重点文物保护单位。

图 8-11 巴彦锡勒古城城墙
王翀摄

因古城坐落于牧场，周遭均有牧民居住，故近年来对古城旧有遗迹的保存影响颇大。与此同时，古城周边草场退化严重，据带我们考察的文物馆人员介绍，这一地区可以根据牧草状况判断是否有古代遗址。因为古代遗址的地方，原始草原生态被破坏，随后是耐旱的先锋植物——梭梭占据退化的草场。故只要有大面积的蒿属植物分布，下面一定有古代人类遗存。我们也发现这一特点。此外，该古城附近就有小面积的流动沙丘。但大部分地区为固定沙地，沙质偏硬，表层沙下为潮湿沙子。

2. 金界壕遗址

金界壕，又称金长城，是金代为抵御蒙古骑兵入侵而修筑的军事防御工程，又称"长城""旧寨""兀术长城""明昌长城"。始建于金太宗天会年间，全长 5000 余千米。它的修筑，是金朝防御北方游牧民族的一种新的尝试。

金界壕可分三段，分别是岭北段、漠南段和界壕沟主线。界壕沟主线北起嫩江右岸，西至阴山山脉大青山北麓。赤峰市界内的金界壕就是主线的一部分，它建于金章宗明昌、

承安年间，全长580余千米，界壕由土筑墙体与壕堑组成，沿线保存马面2079座，堡104座，关1座，刻石1处，为研究古代军事史与辽金史的重要资料。

内蒙古锡林郭勒盟、赤峰市境内有数段金界壕遗迹，大体可分为北线、中线和南线。气势磅礴、规模巨大的金界壕，是古代北方游牧民族创造的珍贵文化遗存。金界壕之南线界壕的内侧主线大致上也是自然地理分界线，该界壕之北是牧区、之南是农区，流传在锡林郭勒盟南部农耕地区的谚语"三道边外少有人，黑色土地难耕耘"就是真实写照。由北往南，北线界壕是一道边，南线界壕的外侧主线是二道边，内侧主线是三道边。我们考察的金界壕（图8-12）位于达里诺尔西北部的克什克腾旗烧锅木地段。该段金界壕保存较为完整，而且靠近达里诺尔和应昌路故城，看上去颇为壮观。

图 8-12　金界壕实地照片
王翀摄

虽然无法与长城相比，对蒙古骑兵的抵御作用也明显有限，但金长城在我国长城发展史上处于秦汉长城和明长城之间一个承上启下的重要阶段，其也是我国悠久历史和文化代表性建筑之一。历经800多年风霜雪雨，成为一个古老民族的象征，它逶迤于广阔草原，见证了历史沧桑。毁坏、占用金界壕的现象时有发生，使珍贵的金长城受到威胁。

3. 应昌路故城遗址

应昌路故城，又名鲁王城。《元史》卷118《特薛禅传》载：

至至元七年，斡罗陈万户及其妃囊加真公主请于朝曰："本藩所受农土，在上都东北三百里答儿海子，实本藩驻夏之地，可建城邑以居。"帝从之。遂名其城为应昌府。二十二年，改为应昌路。元贞元年，济宁王蛮子台亦尚囊加真公主，复与公主请于帝，以应昌路东七百里驻冬之地创建城邑，复从之。大德元年，名其城为全宁路[①]。

---

① （明）宋濂等：《元史》卷118《特薛禅传》，北京：中华书局，1976年，第2920页。

答儿海子即今达里诺尔，所建之城即今应昌路故城。元顺帝北溃时曾避逃到应昌路城，并病故于此。明朝改为清平镇，明中叶之后因遭火焚而废弃。

应昌路故城整个城池由内、外城及关厢部分组成。外城平面呈长方形，南北 800 米，东西 650 米，城墙由黄土夯筑而成，基宽约 10 米，顶宽 2 米，残高 3—5 米，东、西、南墙各开一门，宽 12 米，外加筑方形瓮城。内城位于外城中北部，平面呈长方形，南北 240 米，东西 220 米，黄土版筑城墙，内、外包砖，白灰抹面，四角有角楼，建筑遗存较为明显（图 8-13）。附属的展室内收藏有著名的"元应昌府儒学碑"，反映了元代作为统一王朝，以儒学统率王朝意识形态的努力。

　　东城无树起西风，百折河流绕塞通。河上驱车应昌府，月明偏照鲁王宫[①]。

这是元诗人杨允孚对应昌路故城（鲁王城）地理环境及其宏伟建筑真实而生动的写照。烟方岁月瞬时去，斗转星移千秋过，如今的应昌路故城，仅剩梭梭、青草和不时的"精灵"闯入与之相伴，向外来之客讲述着昔日的故事。

图 8-13　应昌路故城城墙遗址
王翩摄

第二节　乌兰布和沙漠考察

乌兰布和沙漠地处内蒙古自治区西部巴彦淖尔市和阿拉善盟境内。乌兰布和沙漠北至狼山，东北与河套平原相邻。东与毛乌素沙地以黄河为界，南至贺兰山北麓，西至吉兰泰盐池。南北最长 170 千米，东西最宽 110 千米，总面积 1500 多万亩，约 1 万平方千米，海拔 1028—1054 米，地势由南偏西倾斜。气候终年为西风环流控制，属中温带典型的大陆性气候，降水稀少，年均降水量仅 102.9 毫米，是典型的干旱气候区。

乌兰布和沙漠临近黄河的地区早在新石器时期就有人类活动遗迹，汉代时移民屯垦发

---

① （元）杨允孚：《滦京杂咏》，《全元诗》第 60 册，北京：中华书局，2013 年，第 407 页。

展灌溉农业，因此这一地区的人地关系以及引发的环境变迁早就成为历史地理学者关注的问题。著名历史地理学家侯仁之先生早在 20 世纪 60 年代就对乌兰布和沙漠变迁展开了研究，乌兰布和沙漠也因此成为我国最早开始沙漠历史地理研究的区域之一。

课题组于 2021 年 7 月对乌兰布和沙漠的汉代古城遗址和磴口地区的水利工程进行实地考察，以研究该地区人类活动与环境变迁之间的关系。

一、乌兰布和沙漠汉代古城遗址

在乌兰布和沙漠东部，分布有三座汉代古城遗址，分别为汉代朔方郡的临戎、三封、窳浑。1963 年历史地理学家侯仁之和考古学家俞伟超两位先生曾对上述古城遗址及周边环境进行实地考察，为学术界认识汉代朔方郡城址分布及历史时期乌兰布和沙漠的环境变迁提供了重要参考。2020 年 7 月，课题组对乌兰布和沙漠东部的三座汉代古城遗址进行了考察，通过对比侯仁之、俞伟超两位先生在 20 世纪 60 年代对同一地区的考察记录，分析近半个世纪以来该地区的人类活动与环境变化之间的关系。

1. 补隆淖古城

补隆淖古城，又称布隆淖古城，即汉代临戎城遗址（图 8-14），位于今磴口县补隆淖镇，是本次考察的三座古城遗址中距离黄河最近的一座。根据侯仁之、俞伟超两位先生于 1963 年的考察记录，补隆淖古城城垣由黄土筑成，南、北两垣均长约 450 米，东垣长约 637.5 米，西垣长约 620 米，城垣宽约 10 米。当时古城的北部，地面上还保留着高 0.5—2 米的残垣；南北部则除少量段落外，已被流沙所湮。城内未被流沙湮盖的地面上，散布着汉代的绳纹砖、瓦等器物①。

图 8-14　临戎城遗址保护碑
于昊摄

① 侯仁之、俞伟超：《乌兰布和沙漠的考古发现和地理环境的变迁》，《考古》1973 年第 2 期，第 92—107 页。

　　然而，根据课题组 2020 年实地对补隆淖古城遗址（图 8-15）所进行的考察，该古城遗址地表已无明显痕迹，根据无人机实地航拍照片，考察队员在实地仍难以判断古城城址轮廓。一方面是古城遗址周边为农田，考察时值夏季，农作物生长茂盛，另一方面也与古城保存不佳有关。本次考察在补隆淖古城遗址北侧发现冶铁遗址，与侯、俞二先生考察时所发现的吻合。

图 8-15　临戎城遗址周边环境
于昊摄

　　该城作为汉代朔方郡临戎县县治，始建于汉武帝元朔五年，即公元前 124 年，至东汉后期废弃。根据文物保护碑上的相关介绍，古城保护区范围以古城四界为准，南至林场路，西过高速公路 3 千米，北 500 米，东至河壕村西缘为保护范围。但根据课题组的实地考察，补隆淖古城遗址东侧为巴彦淖尔总干渠及支渠，显然，古城遗址受人为扰动较大。此外，根据侯仁之、俞伟超两位先生当年考察的判断，补隆淖古城应位于汉代古黄河河道以东，如今黄河河道已处于古城遗址以东，且距城址较近，可以推测自汉代以来，该段黄河出现过多次较大改道现象，主泓道变动不居，应对古城遗址有所损毁。

　　民国时期的补隆淖即磴口地区重要的引黄灌溉农业垦区，随着 20 世纪后半叶巴彦淖尔总干渠的修筑，该地区灌溉条件良好，农田密布，这与侯仁之、俞伟超两位先生在 1963 年考察时所看到的部分城址被流沙湮没的情形相比有了很大的改变。

　　2. 保尔浩特古城

　　保尔浩特古城遗址（图 8-16）位于今磴口县沙金套海苏木境内，该城遗址是课题组考察的乌兰布和沙漠境内三座古城遗址中，保存最为完好的一座。根据 1963 年侯仁之、俞伟超两位先生的考察记录，该城是一座很小的、形状不规则的土城，东西最长处不过 250 米，南北最宽处亦仅 200 米。西垣有些弯曲，其西北隅有一些流沙覆盖。当年全城城垣保存较好，绝大部分城墙遗迹清晰可辨，有的地方宽 9—13 米，有的地方还可看到清晰的夯层，据北垣中的一处测量，夯土每层厚 10—12 厘米[①]。

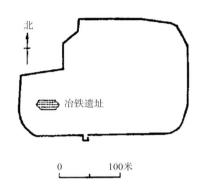

图 8-16 保尔浩特古城遗址（汉窳浑城故址）示意图[②]

　　然而近半个世纪过后，即便保尔浩特古城在三座古城遗址中保存情况最好，也较侯、俞两位先生考察时的情况发生了很大变化。从实地考察并结合无人机航拍情况（图 8-17）看，今日保尔浩特古城遗址周边皆为农田，农作物长势良好，城内亦为农田及屋舍。与半个世纪前该古城西北部存在流沙的情况差别较大。

图 8-17 保尔浩特古城遗址航拍图
于昊摄

　　保尔浩特古城始建于汉武帝元朔二年，即公元前 127 年，至东汉时期废弃。根据古城遗址文物保护碑的介绍，现将其城四界外延 100 米作为城址保护区，向西、南、北外延 2 千米作为墓葬保护区。需要注意的是，20 世纪 60 年代保尔浩特古城遗址西南部存在冶铁遗址，同时该古城的唯一城门位于古城遗址南侧，有瓮城结构。但在本次考察中冶铁遗址与南侧城门遗址均已被灌渠及道路所埋压。
　　当年侯仁之先生认为在今日保尔浩特古城遗址北侧的水体，为史籍所记载的屠申泽的

　　[①] 侯仁之、俞伟超：《乌兰布和沙漠的考古发现和地理环境的变迁》，《考古》1973 年第 2 期，第 92—107 页。
　　[②] 转引自侯仁之、俞伟超：《乌兰布和沙漠的考古发现和地理环境的变迁》，《考古》1973 年第 2 期，第 92—107 页。

遗迹。在本次考察中，我们通过无人机航拍发现在今保尔浩特古城以北仍有水体存在，周边植被茂盛。其更北处为狼山山脉及山前的乌兰布和沙漠。

3. 陶升井古城

陶升井古城，即汉代三封城遗址（图8-18），位于今磴口县沙金套海苏木。该古城遗址为汉代朔方郡属县三封县故城，始建于汉武帝元狩三年，即公元前120年，至东汉后期废弃。据当年侯仁之、俞伟超两位先生的考察记录，当时陶升井古城的土垣几乎被刮完。该古城仅仅存一个长、宽均约118米的方形内城，还可在沙丘之中依稀找出范围。在内城外的东北方及西南方，也还分别找到各长约100余米的土垣痕迹，可能是外城的残留（图8-19）。同时推测这是一座有大、小两重城垣相套的土城[①]。

图8-18 陶升井古城遗址保护碑
于昊摄

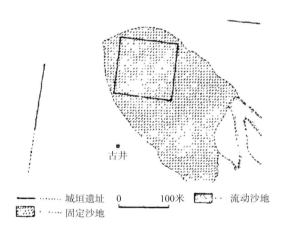

图8-19 陶升井古城（汉三封城故址）内城及外城墙残存部分平面图[②]

[①] 侯仁之、俞伟超：《乌兰布和沙漠的考古发现和地理环境的变迁》，《考古》1973年第2期，第92—107页。

[②] 转引自侯仁之、俞伟超：《乌兰布和沙漠的考古发现和地理环境的变迁》，《考古》1973年第2期，第92—107页。

然而在本次考察中，无论从无人机航拍，抑或是考察队员现场寻找，均未能发现古城城墙或其他遗迹。看来经过半个世纪的变迁，原本当年侯先生只能依稀看出其范围的陶升井古城的城址轮廓已完全湮灭。根据陶升井古城文物保护碑上记载，现以古城四界向外100 米为城址保护范围，外延 500 米并向西南和东北 2 公里为墓葬保护区。

无论是相较侯仁之、俞伟超两位先生在 1963 年的考察记录，还是 2009 年张晓虹、杨晓光、曹典对磴口县乌兰布和沙漠的考察，我们发现不仅上述位于沙漠中的三座古城遗址今日都被农田所包围，自然环境明显改善，就是磴口地区的乌兰布和沙漠也在过去半个世纪的植树造林活动中不断退缩。另外，农业垦殖的发展对周边环境的变化也发挥着重要的作用。在乌兰布和沙漠东部这样的干旱地区，无论是植树造林还是垦殖都需要以大量水资源作为基础和保障。而中华人民共和国成立后，对这一地区的水利工程建设十分重视，三盛公水利枢纽工程的建成，以及该地区灌渠数量、长度和覆盖范围的增加及灌溉技术的改善，成为磴口地区植树造林和垦殖活动的重要保障，也成为乌兰布和沙漠东部地区环境变化的重要因素。

二、乌兰布和沙地的引黄灌溉渠系

磴口位于乌兰布和沙漠东缘，河套平原西部，今属内蒙古自治区巴彦淖尔市，县域北与内蒙古杭锦后旗、乌拉特后旗相连，东与东南隔黄河与杭锦旗和鄂托克旗相望，西与阿拉善盟阿拉善左旗相接。县域沙漠面积 426.9 万亩，占全县总面积的 68.3%，约等于乌兰布和沙漠的 1/3[①]。

近代磴口县域形成之初，其县域呈狭长状分布于宁夏平原以北、乌拉河以南的黄河西岸，南北连接起河套平原和宁夏平原两大西北灌溉农业区。该时期的磴口县域以北为阴山山脉西段支脉狼山，由东北向西南延伸；东北部为河套平原西缘；中部及南部狭长状地带为乌兰布和沙漠；县域西南方向为贺兰山向北延伸部分。狼山山脉与贺兰山山脉之间在磴口地区西侧形成一个巨大缺口，乌兰布和沙漠在风力作用下通过缺口向东延伸，直达磴口地区中南部的黄河河岸，近代磴口县域内的农业垦区主要分布于县域北部[②]。

由于磴口地区是典型的温带干旱气候，天然降水不足以支撑雨养农业的发展。而黄河在其东境穿流而过，可为其提供充足的灌溉用水，使灌溉农业在当地发展成为可能[③]。在历史时期，这一地区黄河河道曾自西向东不断迁移[④]，汉代临戎城即在今补隆淖附近，窳浑、三

---

① 磴口县地方志编纂委员会：《磴口县志》，呼和浩特：内蒙古人民出版社，1998 年，第 68 页。

② 于昊：《民国时期边疆政区的内地化——以磴口设县为例》，《历史地理研究》2021 年第 3 期，第 79—90 页。

③ 于昊：《民国时期边疆政区的内地化——以磴口设县为例》，《历史地理研究》2021 年第 3 期，第 79—90 页。

④ 侯仁之、俞伟超：《乌兰布和沙漠的考古发现和地理环境的变迁》，《考古》1973 年第 2 期，第 92—107 页。

封两城则位于今沙金套海苏木境内，这可以说明今磴口北部地区两千多年前就是农业垦区。

课题组于 2018 年 11 月与 2020 年 7 月先后两次赴磴口地区进行考察，并通过实地考察对近代磴口地区的开发过程，以及垦殖经济与乌兰布和沙漠之间的相互关系进行探究。

1. 三盛公水利枢纽工程

乌兰布和沙漠东濒黄河，与河套平原相接。历史时期在乌兰布和沙漠东部即存在垦殖经济。但由于水利条件的限制，该地区的垦殖经济始终未能出现大规模的发展，加之历代疆域范围及政策不同，乌兰布和沙漠东缘在多数历史时期都处于以牧业为主要生产方式的状态。

今日乌兰布和沙漠东缘，毗连河套平原的地区已形成连片的农业垦区，而这些变化得益于 20 世纪 60 年代建成的黄河水利工程——三盛公水利枢纽工程（图 8-20）。课题组于 2018 年 11 月和 2020 年 7 月曾先后两次考察三盛公黄河水利枢纽工程。该水利枢纽位于内蒙古河套灌渠总干渠渠口，于 1959 年动工，1961 年成功截流。

图 8-20　夏季三盛公水利枢纽
于昊摄

从清道光年间（1821—1850 年）至民国初期，河套地区十大灌渠逐步开发完成，且各干渠都从黄河直接引水灌溉[①]。1946 年编制完成的《绥远省后套灌溉区初步整理工程计划概要》载："各渠皆系平口承流，无进水闸用资操纵，水小时苦于引水不足，水大时则漫溢成灾。"[②] 正是基于上述原因，修建黄河水利枢纽设施成为保障河套地区农业灌溉的重

---

① 许大俊：《记黄河三盛公水利枢纽工程的建设》，中国人民政治协商会议磴口县委员会：《磴口文史资料辑》第 4 辑，内部资料，1987 年，第 50 页。

② 《绥远省后套灌溉区初步整理工程计划概要》，1946 年，转引自许大俊：《记黄河三盛公水利枢纽工程的建设》，中国人民政治协商会议磴口县委员会：《磴口文史资料辑》第 4 辑，内部资料，1987 年，第 50 页。

要措施。1956 年，经水利部批准，将原"四首制"引水规划改为"一首制"引水方案，并决定将引水枢纽建于黄河主槽。而之所以选择在三盛公建设水利枢纽，主要是由于三盛公一段黄河两岸河滩地较高且河道稳定，此外该地施工场地开阔、交通便利，故最终将引水枢纽定于三盛公[①]。

课题组于 2018 年 11 月考察三盛公水利枢纽时正值初冬，黄河三盛公段水势依然很大，且尚未结冰（图 8-21）。经水利枢纽分流后，一部分黄河水进入河套灌溉总渠，当地俗称"二黄河"，在冬季观察时含沙量相对较小。2020 年 7 月再次考察三盛公地区时，观察到该段黄河含沙量明显增加。从无人机拍摄的照片观察到，沿河套灌溉总渠的农田，作物长势良好，与缺乏灌溉用水的狼山山前地区形成鲜明对比。三盛公水利枢纽建立后不仅改变了河套地区无坝自流引水的局面，同时统筹了工农业用水和上下游用水之间的关系[②]。

图 8-21　冬季三盛公水利枢纽
于昊摄

2. 乌兰布和沙漠东部引黄灌溉渠系

乌兰布和地区的农业垦殖历史可以追溯到两千多年前，即汉代临戎、窳浑、三封三县的设立。由于该地北临狼山山脉，黄河在此由北流折向东流，历史时期改道频繁，因而在该地留下大量自然水体，为两千多年前的农业垦殖提供了保障。清代中叶，靠近内蒙古地区的部分汉族农业人口进入蒙地谋生，该地区农业生产方式悄然出现。至乾隆四年（1739年），清廷准许将磴口地区水分条件最好的四坝乌拉河一带辟为阿拉善王爷的菜园地，阿

① 许大俊：《记黄河三盛公水利枢纽工程的建设》，中国人民政治协商会议磴口县委员会：《磴口文史资料辑》第 4 辑，内部资料，1987 年，第 51 页。

② 许大俊：《记黄河三盛公水利枢纽工程的建设》，中国人民政治协商会议磴口县委员会：《磴口文史资料辑》第 4 辑，内部资料，1987 年，第 79 页。

拉善王府随即开始招徕汉族农业人口在四坝地区进行垦种[1]。

嘉庆、道光年间，磴口地区的新开辟农田已扩展至道蓝素海、哈拉和尼图、沙金套海及黄河西岸等各处。但受清廷的政策限制，磴口地区新垦种的土地所有权仍属阿拉善王府，而汉族佃农则需春来冬归[2]，这种租种与迁徙模式史称"雁行"。故此时磴口地区的农业生产与农业人口规模始终处在小规模、不稳定的状态[3]。

这一时期在磴口地区开挖的灌渠包括从黄河引水的三盛公渠、申家河、公众渠、大滩渠、渡口堂渠、协成丰渠；从乌拉河引水的麻迷兔渠、祥泰成渠、大柜渠等[4]。伴随着农业灌渠的延伸，耕地面积迅速扩大。据统计，自嘉庆元年（1796 年）至道光三年（1823 年），磴口地区开成熟地共 1190 余顷[5]。

据 1950 年的调查，此前的三四十年间，流沙由西向东移动了四五华里。1949 年以前的 30 年间，沈家河干渠因沙压改道 7 次，支渠、毛渠因沙掩埋改道的情况更加频繁。期间被流沙压埋的农田达 4 万余亩，连年减产的沙边地约 5 万余亩，被流沙埋没的村庄有圣母堂、大兰粮台、归房村等 14 处[6]。

在今磴口主要垦区以南，即民国时期磴口县域的中部及南部地区，沙漠化情况更加严重，乌兰布和沙漠直达黄河河岸（图 8-22）。近代以来这一地区存在的零星村庄时常受到沙漠的侵扰。据记载，1947 年的春季风沙，使该地沿沙边种植的夏季作物全部受灾，颗粒无收。在老磴口至二子店之间的地带，流沙侵入黄河岸边，形成沙水互争，造成河水泛滥。沿河的傅家湾子、河拐子、二子店等村庄的居民被流沙全部赶走[7]。

上述地区较磴口北部垦区更易受风沙的袭扰，首先该地区缺乏大型山脉的阻挡，乌兰布和沙漠在风力作用下，不断向东延伸，直至黄河河岸；其次由于该地缺少磴口北部垦区因黄河改道而留下的大量天然水体，无法形成较大的绿洲，已开垦的农田极易受到沙漠的影响。但即便如此，该地仍可凭借临近黄河的地理位置，利用黄河水进行农业灌溉，在考察过程中我们发现位于黄河西岸的这一地区仍然有零星绿洲分布。

[1] 郑世芬整理：《解放前阿拉善旗王府在磴口地区的地租征收》，朝格图主编：《阿拉善往事：阿拉善盟文史资料选辑甲编（上）》，银川：宁夏人民出版社，2007 年，第 459 页。
[2] 郑世芬整理：《解放前阿拉善旗王府在磴口地区的地租征收》，朝格图主编：《阿拉善往事：阿拉善盟文史资料选辑甲编（上）》，银川：宁夏人民出版社，2007 年，第 460 页。
[3] 于昊：《民国时期边疆政区的内地化——以磴口设县为例》，《历史地理研究》2021 年第 3 期，第 79—90 页。
[4] 郑世芬整理：《解放前阿拉善旗王府在磴口地区的地租征收》，朝格图主编：《阿拉善往事：阿拉善盟文史资料选辑甲编（上）》，银川：宁夏人民出版社，2007 年，第 459 页。
[5] 郑世芬整理：《解放前阿拉善旗王府在磴口地区的地租征收》，朝格图主编：《阿拉善往事：阿拉善盟文史资料选辑甲编（上）》，银川：宁夏人民出版社，2007 年，第 459 页。
[6] 赵钟贤、魏卫君、居正：《苦战十年、制伏黄龙——记磴口县解放初期的治沙造林》，中国人民政治协商会议磴口县委员会文史资料委员会：《磴口县文史资料》第 7 辑，内部资料，1990 年，第 2 页。
[7] 赵钟贤、魏卫君、居正：《苦战十年、制伏黄龙——记磴口县解放初期的治沙造林》，中国人民政治协商会议磴口县委员会文史资料委员会：《磴口县文史资料》第 7 辑，内部资料，1990 年，第 3 页。

图 8-22　黄河与乌兰布和沙漠
于昊摄

对于近代磴口地区的垦殖过程，张晓虹、杨晓光、曹典研究认为磴口地区的垦殖经历了三个阶段：第一阶段为天主教势力进入磴口前，该地农业垦殖情况表现为沿河分布的小型垦殖农业，对生态环境干扰微弱；第二阶段为在天主教组织动员下，磴口地区农业人口迅速扩大，土地利用强度逐步提高，灌渠对地下水补给量增大，并向荒漠区侧渗，使周边天然植被覆盖率提高；第三阶段为垦殖地域迅速扩大，引发土地的次生盐碱化和土地沙化[①]。

通过课题组对磴口地区的两次实地考察，该地区农业垦殖与沙漠变迁的关系有如下几个特点。

其一，垦殖区域具有历史传承性。课题组在考察磴口地区汉代三城时发现，上述三城位置都位于今日的农业垦区内。以窳浑城为例，附近存在天然水体，自然条件较好。值得注意的是，这里在 20 世纪 60 年代后成为内蒙古生产建设兵团的农业团场。可见两千多年间，垦殖的地点保持了某种程度的一致性。

其二，磴口位于河套灌区的最西端，事实上处于河套灌溉农业区向绿洲农业区的过渡地带，由于缺乏大型山脉的阻挡，乌兰布和沙漠对磴口地区的侵袭较为严重，因此磴口地区未能像河套地带那样形成面积广阔的农业垦区。但由于紧邻黄河以及由黄河引出的灌渠维持了该地的农业发展，当地的农业垦殖形式具有绿洲农业的特点（图 8-23）。

其三，与东部地区的科尔沁沙地和浑善达克沙地不同，对于乌兰布和沙漠而言，历史时期人类活动对乌兰布和沙漠的影响仅限于边缘地区。从磴口地区的案例来看，这种影响往往出现于水热条件较适宜农业垦殖的地带。

① 张晓虹、杨晓光、曹典：《社会、技术、环境：近代内蒙古磴口地区生态环境演化研究》，《白沙历史地理学报》2011 年第 11 期，第 89—138 页。

图 8-23　三盛公水利枢纽
于昊摄

第九章

历史时期中国沙漠地区人地关系特征

　　地球表层系统（the earth surface system）的演化机制可分为物理过程、化学过程、生物过程、人文过程等[①]。随着人类历史的发展，人类通过越来越剧烈地改变土地覆盖以影响地球表层系统中的碳循环以及大气中的二氧化碳浓度，进而改变全球大气循环[②]。

　　在全球变化的视角下讨论干旱半干旱地区的环境演化，近年来一直是学术界的热点问题，也已取得了相当丰富的成果[③]。这是因为干旱半干旱区域的生态平衡脆弱，对全球气候变化较为敏感。不仅如此，这一区域内的人类活动历史悠久，与自然环境的关系复杂多样。因而使得研究全球变化的学者们更加关心这样一个问题：在一个以自然因素为主要驱动力的环境变化过程中，人类在该区域内的活动可能产生怎样的影响？进而在全球气候变化中有什么样的贡献？

　　对于这样一个重要的科学问题，国内外学者对当代干旱半干旱地区的环境变迁研究都表明，人类活动会加剧或减缓土地退化。然而学者们也意识到，对于环境变化中的人类因素，特别是人类活动与土地退化问题，需要置于一个更长的时段中考察，方能在准确复原其环境演化过程的基础上揭示其特点并总结出其中的规律。这说明研究千年尺度下的人地关系，对总结沙漠地区的环境演变规律有着重要的学术意义。

　　事实上，我们在对中国北方沙漠地区进行系统的资料整理与野外考察工作基础上，对历史时期中国北方沙漠地区环境变迁与人地关系确实有了较以往更为深入的认识与理解。

---

　　① Turner II B. L., Skole D. L., Sandlerson S., et al, IGBP Report No. 35 and HDP Report No. 7: Land-Use and Land-Cover Change,Science/ Research Plan, Stochkholm: IGBP,1995；李秀彬：《全球环境变化研究的核心领域——土地利用 / 土地覆被变化的国际研究动向》，《地理学报》1996 年第 5 期，第 553—558 页；宋长青、冷疏影：《当代地理学特征、发展趋势及中国地理学研究进展》，《地球科学进展》2005 年第 6 期，第 595—599 页。

　　② Vitousek P. M., Mooney H. A., Lubchenco J., et al, Human Domination of the Earth's EcoSystems, *Science*, 1997, 277:494-499；Goldewijk K. K. and Ramankutty N., Land Cover Change Over the Last Three Centuries due to Human Activities: The Availability of New Global Data sets, *GeoJournal*, 2004,61:335-344；Butzer K. W., Collapse, Environment, and Society, *Proceedings of the National Academy of Sciences*, 2012,109(10):3632-3639.

　　③ Foley J. A., DeFries R., Asner G. P., et al, Global Consequences of Land Use, *Science*, 2005, 309:570-574.

这些认识不仅是对中国北方沙漠地区自然环境变迁的具体过程形成新的知识，也对我国沙漠地理研究理论与方法有进一步的思考。

第一节 历史时期中国沙漠地区环境变迁的基本特征

自 20 世纪 60 年代起，历史地理学界开始对中国北方沙漠地区的环境演变进行研究之初，就奠定了利用历史文献资料和野外实地考察以复原我国沙漠地区环境变迁过程的基础[①]。尽管受限于资金和其他多种因素，野外考察难以大规模展开，但对沙漠地区展开的历史地理考察一直持续不断，对研究和总结历史时期沙漠化过程有着重要的意义[②]。近年来，大量地质时期和当代沙漠地区环境演化规律的研究成果面世，这为我们理解历史文献和考古遗址中所保存的沙漠地区环境信息提供了新的研究资料和研究思路，并成为复原历史时期沙漠地区环境变迁的基准[③]。因此，现在有必要在充分尊重前人研究成果的基础上，利用近年来我们通过野外考察所获取的环境变迁信息，并结合对历史文献的重新解读，对历史时期我国沙漠地区环境变迁规律进行归纳与总结。

一、历史时期中国北方沙漠地区的环境演变始终处于动态平衡状态中

在对历史时期有关文献进行详细分析后，我们发现历史时期人类活动对沙漠环境变迁的影响主要发生在沙漠边缘地区。换言之，即无论是人类活动所导致的沙漠化还是绿洲化，都不会影响到沙漠整体面积的剧烈变化，更多是在气候摆动过程中沙漠周边地区在受到人类活动的扰动下而发生局部变化。而人类活动在当地土地退化后也会退缩，一旦人类活动影响减弱，自然植被又逐渐恢复为地带性植被，不会导致长期稳定的沙漠化过程。这一认识在我们对沙漠地区考察过程中得到验证。

在位于陕西省靖边县杨桥畔的秦汉阳周古城遗址中，我们发现古城墙有被古沙层掩埋的遗迹。但根据考古证据与学者论证，该古城在秦汉时代仍在使用，并因遗址中发现有秦砖，以及印有"阳周塞司马"铭文的器物，可知该城在秦汉时期为陕北地区政治中心阳周城所在[④]。据历史文献记载，该地为从关中北上经营河套地区的军事重镇，显然不可能建在沙漠中。可见古沙层应该是在秦汉时期该城修筑之后形成的。鉴于目前阳周古城周边地区均为耕地环绕，林木茂盛，自然环境相对较好。这说明该区域虽然在秦汉之后出现过土地沙化，但一旦导致土地沙化的因素消失，该地的自然环境仍维持与秦汉时期相近的状况。这一案例或可说明，

---

① 邹逸麟：《中国历史地理概述》，上海：上海教育出版社，2013 年。

② 李并成：《河西走廊历史地理》第 1 卷，兰州：甘肃人民出版社，1995 年。

③ 吴正：《中国沙漠与治理研究 50 年》，《干旱区研究》2009 年第 1 期，第 1—7 页。

④ 张泊：《上郡阳周县初考》，《文博》2006 年第 1 期，第 56—60 页。

历史时期沙漠地区在环境演变过程中一直维持着一种在气候主导下的动态平衡状态。

不仅古城遗址中所保留下的环境信息透露出这一信息，从对沙漠环境演化的实地考察中，我们也可以发现类似的案例。2017 年毛乌素地区正处于连续三年的降水量较多的时期，即使是在沙漠腹地的巴彦呼日呼古城四周，牧草也较往年生长良好。这就给我们一个基本认识，即当降水条件较好时，沙漠地区的生态系统会发生短期的逆转。而一旦降水减少，生态系统就向沙漠化的方向发展。由于我国北方沙漠地区为大陆性气候，降水的年差比较大，沙漠地区的环境演变也会出现较大的年际差异，这就使得古人对沙漠地区自然环境的观察与认知，会受到当年降水量的影响，这也是历史文献会对某一区域自然环境留下截然不同的记载的原因。正因为此，一方面需要我们从长时段历史去考察沙漠地区的生态系统演变过程，另一方面在研究过程中，需要将散点式的历史记载通过一定的学术研究范式转化为对区域环境变迁过程的整体认识。事实上，我们的研究证明历史时期中国北方沙漠区域的盈缩与年降水量成正相关，其环境变化存在明显的年际波动。但通过长时段、大区域考察，我们发现历史时期我国沙漠基本维持与年均降水量适应的较为稳定的动态平衡状况。而这一观点也为历史文献记载和前人的研究成果所证实。

二、不同时空尺度下沙漠地区环境演变的主导因素不同

在讨论历史时期我国沙漠地区环境演变时，早期的观点大多认为沙漠是在自然条件下不合理的人类活动所造成的[①]。然而，近年来对沙漠地区环境变迁进行的大量个案研究告诉我们，就干旱半干旱地区环境变迁过程的长时段大区域考察而言，自然因素是沙漠地区环境变迁的主导要素：当魏晋及唐代中期气候变冷变干时，我国北方地区出现大规模的土地退化，沙漠面积有扩大的趋势；而秦汉时期气候较为温暖湿润，沙漠地区的环境演化也向逐渐缩小的方向发展。但在短时段、小区域范围，人类活动的介入或加剧该地区自然环境朝着消极方向演化，即土地沙化[②]，或通过调配水资源而使局部地区绿洲化[③]。正是在此种意义上，我们认为总结历史时期北方沙漠地区环境变迁的规律需要考虑不同的时空尺度问题[④]。

通过对比历史时期气候和人类活动可知，自然环境是古人类生产生活的基础，气候温暖湿润时，文化发展较为稳定，在气候变凉变干之后，人类活动遗址明显减少。故而 9—4ka 期间良好的气候条件，促进了呼伦贝尔新石器时代文化的出现和发展，使人类活动初

---

① 侯仁之：《乌兰布和沙漠北部的汉代垦区》，《历史地理学的理论与实践》，上海：上海人民出版社，1979 年，第 69—94 页；邹逸麟：《中国历史地理概述》，上海：上海教育出版社，2013 年。

② 韩昭庆：《清末西垦对毛乌素沙地的影响》，《地理科学》2006 年第 6 期，第 728—734 页。

③ Zhang X. H., Sun T. and Zhang J. S., The Role of Land Management in Shaping Arid/Semi-arid Landscapes: The Case of the Catholic Church (CICM) in Western of Inner Mongolia from the 1870's (Late Qing Dynasty) to the 1940s (Republic of China), *Geographical Research*, 2009, 47(1) : 24-33.

④ 张晓虹、庄宏忠：《天主教传播与鄂尔多斯南部地区农牧界线的移动——以圣母圣心会所绘传教地图为中心》，《苏州大学学报》（哲学社会科学版）2018 年第 2 期，第 167—181 页。

具规模。晚全新世气候转型期，呼伦贝尔沙地的气候变化超过了人类的生存阈值，导致人类活动强度减弱甚至在部分地区绝迹。而相对于呼伦贝尔地区，南部的科尔沁沙地与毛乌素沙地因地处季风区边缘，环境条件相对适宜，不同时期均有大规模人类活动存在，区域发展具有延续性。历史时期，尤其至辽金时代后，人类适应环境的能力加强，气候变化对人类的影响在逐渐减弱，活动的强度更多与政治环境、经济发展及政策有关。因此，这一时期呼伦贝尔地区同中国北方其他沙地相同，人类活动均表现出了大幅增强的趋势。

从我们对塔里木河下游的调查与研究来看，孢粉证据表明自距今 200 年以后，塔里木盆地南缘的干旱化程度进一步加剧，这一气候的波动奠定了历史时期塔里木河下游水系变迁的气候基础，进而影响到这一区域人类活动的范围与强度：首先，清中期至清末，因气候变干，上游来水减少，塔里木河下游河段不断向西、向北退缩；其次，河道变迁不仅使得晚清在此建立的罗布淖尔垦区很快废弃，而且造成了当地严重的土地退化。因此，从长时段、大尺度来看，沙漠内部地区环境演化的主导因素是自然条件。

然而，当我们在考察具体的沙漠环境变迁时，也就是当我们把时空尺度缩小时，就会发现人类活动在沙漠地区生态环境演化过程中发挥着十分关键的作用[①]。

20 世纪大量的沙漠历史地理研究，将沙漠地区人地关系中的人类活动直接指向生产方式的改变，即农耕业与游牧业之间的转换，认为人类活动是历史时期沙漠地区生态系统演化的关键，或进一步明确将生态脆弱的沙漠地区环境恶化的原因归咎于农耕业的发展[②]。历史文献记载确实也证明科尔沁沙地周边、浑善达克沙地以及毛乌素沙地南缘地区、河西走廊黑河、石羊河下游地区的土地沙化，与人类不合理的土地垦殖存在一定的因果关系。

然而，我们的研究也发现在干旱、半干旱地区发展农耕业并不都会遭遇土地退化，进而导致沙漠化的困境，甚至还有不少区域由游牧业转变为农耕业并形成了绿洲农业，进而阻止了沙漠化的进一步发展，即造成绿洲化。如秦汉时期的河西走廊各大绿洲的形成、宁夏平原的绿洲化等。即便稍晚近的明清时期，在毛乌素沙地南缘、浑善达克地区发展农耕业也并未导致当地出现大规模的土地沙化[③]。尤其是当我们面对晚清时期大量汉人越过长城，在长城以外的河套地区形成了大面积阡陌纵横、村落相接的农业生态系统这样的历史事实时，就需要考虑到时空间尺度对沙漠地区环境演变的机制问题[④]。

因此，随着对历史文献资料的深入解读，并在实地考察不同区域沙漠环境变迁的历史过程后，我们发现仅用概念化的农牧关系表达极为复杂的干旱、半干旱地区人地关系过于简单，而需要将人地关系中的人类活动因素进一步细化为社会组织架构、文化行为方式和

① 侯仁之：《从人类活动的遗迹探索宁夏河东沙区的变迁》，《科学通报》1964 年第 3 期，第 226—231 页。
② 陈育宁：《鄂尔多斯地区沙漠化的形成和发展述论》，《中国社会科学》1986 年第 2 期，第 69—82 页。
③ 邓辉、舒时光、宋豫秦，等：《明代以来毛乌素沙地流沙分布南界的变化》，《科学通报》2007 年第 21 期，第 2556—2563 页；张萍：《谁主沉浮：农牧交错带城址与环境的解读——基于明代延绥长城诸边堡的考察》，《中国社会科学》2009 年第 5 期，第 168—188 页。
④ Zhang X. H., Sun T. and Xu J. P., The Relationship Between the Spread of the Catholic Church and the Shifting Agro-pastoral Line in the Chahar Region of Northern China, *Catena*, 2015, 134:75-86.

经济驱动因素等。如东汉末年和明末清初时期，由于没有强大的中央政府进行组织与管理，流散到农耕区边缘的干旱、半干旱区域的民众难以适应严酷的自然环境，更无法抵御游牧民族的劫掠。因此一旦中央政府势力削弱，政府主持下的农田水利设施失修，当地的农耕社便会迅速瓦解，导致耕地废弃、土地荒芜。与此同时，没有产权保障的土地，农民自然也不会对土地大量投入，农耕区的精耕细作的生产方式往往为简单粗放的休耕制或轮耕制所代替，这样对干旱、半干旱地区的生态系统极为不利：因为翻耕过的土地在撂荒后很快退化，为沙漠的形成与扩大提供了充足的物质基础。我们在考察中遇到不少遗散在沙漠地区的古城遗址，通过查阅历史文献记载和对古城内遗物进行考察后，发现它们大多是在中央王朝兴盛时出于政治原因由政府组织修建的，但其中很多在朝代衰弱时被废弃，这说明区域社会组织结构是沙漠地区环境演化中人类因素的重要组成。

不仅社会组织结构对沙漠地区的环境演变有着重要的影响，人类的文化行为也会在沙漠区域环境演化中扮演重要的角色。如西汉时期在河西走廊地区确立的农耕社会，之所以在魏晋南北朝的社会纷乱中仍维持稳定，得益于当地豪绅对中原文化的坚守，使得儒家文化赖以依存的农耕社会得以维持[①]。再如晚清长城沿线地区农耕业的发展，没有引发大规模的土地退化，反而使新开垦的土地成为支撑这一区域农耕社会发展的基石。这与天主教在这一区域的传播有着密切的关系[②]。因为清代大量进入蒙古高原的汉族移民形成了相对无序的移民社会，本应积极承担起社会组织与秩序建构作用的中央政府及地方政府在内忧外患下却力所不逮，而实际拥有土地所有权的蒙古王公又没有相应的责任与权力。在这样的权力真空状态下，使得不少移民游离于正常社会秩序之外，形成匪患严重的无序状态。因此，在这一地区能够承担正常社会秩序建构职责的只有内聚力强大的天主教会。当时天主教会在管理、组织及动员教民方面都有着无法比拟的权威和效率，因而使得传教士们在宗教事务之外，还能够兼办治安等社会工作。更为关键的是，天主教社区的稳定存在还有一个重要的环境学意义，即在晚清民国时期边疆地区土地产权剧烈变动过程中，一旦教会牢固地控制住土地权属，客观上可以保障这一区域在政局动荡的时局下得以维持生态环境的可持续发展。因此，天主教这一文化行为在干旱半干旱地区环境演化中起到了一定的作用[③]。

第二节　人类活动对沙漠历史环境变迁的影响

土地退化导致的沙漠化是干旱及半干旱区人类过度经济活动加诸地球表层系统演化过

---

① 李智君：《关山迢递——河陇地区历史文化地理研究》，上海：上海人民出版社，2011 年。

② Zhang X. H., Sun T. and Xu J. P., The Relationship Between the Spread of the Catholic Church and the Shifting Agro-pastoral Line in the Chahar Region of Northern China, *Catena*, 2015, 134:75-86.

③ 张晓虹、庄宏忠：《天主教传播与鄂尔多斯南部地区农牧界线的移动——以圣母圣心会所绘传教地图为中心》，《苏州大学学报》（哲学社会科学版）2018 年第 2 期，第 167—181 页。

程中的极端负面产物①。但这一影响往往与人类活动的频度与强度成正相关。因此，对历史时期地球表层系统的人文过程进行深入细致的研究，可以清晰地揭示干旱半干旱地区土地盐碱化、沙漠化发生、发展的过程，并为当今的土地利用及荒漠化治理提供科学依据。

在对历史时期沙漠地区环境演化中的人类因素进行深入研究后，我们发现历史时期沙漠地区人类活动的空间分布存在着显著的地域差异，这不仅与中国沙漠地区自然环境的地域差异有一定的关系，而且与中国历史时期政治格局密切相关。

一、沙漠地区人类活动的地域差异

历史时期人类活动对沙漠地区的环境演化确实产生了深刻的影响，但这些影响存在着明显的空间分布差异。具体而言，人类活动对我国沙漠地区的影响主要集中在以下两类区域。

1. 水分条件较好的区域

干旱、半干旱地区限制人类活动的主导因素是水分的缺乏。但因自然地形与河流水系分布的不均衡，区域内部水分条件呈现明显的地域差异。这就使得在一些水分条件较好的区域，如河流沿岸或地下水出露的区域成为干旱、半干旱地区人口最为集中的区域。如内流河所形成的绿洲地区，人口分布呈现出"河流→河流交汇处→山前洪积扇中部"三段式空间格局。而其中，河流交汇处一般会成为游牧民族的定居点，河流沿线与山前洪积扇中部则可以引水灌溉发展农耕业。这些区域人类活动强度较大，故对自然生态系统的影响也最为剧烈，因而成为研究历史时期沙漠地区环境演变中人类因素的主要区域。

我国沙漠地区几乎横亘整个北方，从东部的大兴安岭，一直到西部的准噶尔、塔里木盆地地区，但沙漠历史地理研究却相对集中在东部的毛乌素沙地、科尔沁沙地、浑善达克沙地以及西部的河西走廊与塔里木盆地绿洲地区，这是因为这些区域或降水量稍多，或有冰川融水形成的内流河穿过，水分条件较好，人类活动集中。但东、西部人类活动对区域环境演变的影响却表现出明显的地域差异：东部地区因地处 400 毫米等降水量线附近，属于半干旱地区，农业以雨养农业为主，人类活动表现为在政治或自然因素主导下游牧业与农耕业的交替转换。在转换过程中，因草原开垦为耕地而破坏的表土层，在弃耕后导致土地退化。这一点以毛乌素沙地和科尔沁沙地最为典型。西部地区为典型的内陆干旱地区，降水量多在 200 毫米以下，没有灌溉就没有农业，因此，这里发育的绿洲农业更仰赖地表水的稳定，人类活动高度集中在内陆河形成的绿洲地区，这一地区历史时期人口密度较大，土地退化主要发生在河流或水源变动所引致的土地弃耕，以及不合理的用水引发的土地盐碱化区域。

2018 年 4 月，我们在考察塔里木河下游罗布泊地区的环境变迁时，注意到位于今新

---

① 朱震达、刘恕：《中国沙漠及沙漠化的防治》，中国科学院兰州沙漠研究所：《中国科学院兰州沙漠研究所集刊》第 1 号，北京：科学出版社，1982 年，第 1—18 页。

疆生产建设兵团农二师 34 团 5 连地界的清代蒲昌城遗址。该遗址城垣平面呈长方形，南北约 350 米，东西约 300 米。城墙下部为夯筑，上部为土坯砌筑。城东、西、南三面各辟一门，四面城墙均附设 4 座马面，从城垣形制来看，这是一座典型的军事型城市。目前城内为土沙地，种植有林木，无民居。在核查历史文献后，发现该城建于光绪十年（1884 年）清政府设立新疆省后不久。当时为稳定新疆地方局势，新疆省政府在天山南北开始移民屯垦。光绪十六年（1890 年），新疆地方政府在塔里木河下游地区设置罗布淖尔垦区，以塔里木河为核心发展灌溉农业，并在"河流环绕，形势扼要，地土尤为平衍"的都纳里兴建蒲昌城作为垦区的管理中心①。但由于塔里木河中游兴建大量垦区，来水减少，加之气候持续变干，当地河流水系不断萎缩。与此同时，当地使用的"泡冻水"的耕作方式，致使土地排水困难，很快引发严重的土地盐碱化②，进而引发沙漠化。

同样，位于乌兰布和沙漠东缘的内蒙古磴口县，地处荒漠草原地带，无法形成雨养农业。不过，穿越该区域的黄河所带来的丰富地表水资源，成为当地发展灌溉农业的基础。尤其是黄河至磴口一带为平原河段，河床坡度小，水流平稳，加之沿岸为土质阶地，十分有利于引水灌溉。据史料记载和出土文物考证，磴口地区早在西汉时期就已发展了相当规模的种植业，人口也曾达到 7 万余人。晚清以后进入蒙古高原的汉族农民再次开垦了这一区域，他们先是在水分条件较好的黄河两岸土质阶地上发展少量的种植业，随后便开始兴修引黄灌溉渠道以扩大耕地面积。但由于采用大水漫灌式的耕作方式，引发了当地严重的土地盐碱化，进而导致沙化与乌兰布和沙漠的东进。

由上述案例可知，干旱半干旱地区人类活动高度集中在水分条件较好的地区，人类活动引发的土地退化或沙漠化大多也发生在河流或沙漠周边地区。

2. 政治、军事重镇所在

历史时期中央政府对干旱半干旱地区的开发，其基本考量是保障中原地区农耕社会的安全和稳定。因此，在原本并不具备农耕条件的干旱、半干旱地区发展种植业或农牧兼营，显然是知其不能而强为之的政治经济策略。由此可见，在干旱半干旱地区，政治因素主导下的屯垦是当地生态环境演变的驱动力之一。

秦汉建立中央集权制国家后，为了抵御北方游牧民族的侵扰，中央政府一般在地处其边界的军事、交通要塞实行军屯制度，建立起农战型社会以保障内地的安全。这主要是因为干旱地区远离农耕区，为解决驻守军队的粮食供给问题只能采取就地屯垦的方式。

历史时期中央政府一般在农牧交错带上水分条件和地形条件得到基本保障的地点设置军事要塞，在沙漠周边地区形成岛式人类活动集聚的区域。而在生态环境十分脆弱的沙漠地区建立农耕社会而不致使其瓦解，不仅需要在早期有大量的人力与资金的投入——开垦荒土、兴修水利，而且需要后期持续的投入，以达到建立起以农耕业为基础的新的生态系统的目标，如此才能建立起稳定的农耕社会。因此军事聚落所在的河流沿岸和地下水出露

---

① 王翩：《晚清塔里木河中下游城市地理研究》，复旦大学 2021 年博士学位论文。
② 王翩：《晚清塔里木河中下游城市地理研究》，复旦大学 2021 年博士学位论文。

的山前平原也就成为人类活动对干旱、半干旱地区自然环境扰动最为剧烈的区域。

如在毛乌素沙地和库布齐沙漠地区，不仅有秦汉直道沿线的麻池古城、杨桥畔阳周古城，还有明代兴修的大量长城堡塞，它们都是为了屏障关中而形成的军事型聚落，这一地区是人类活动对沙漠地区环境演化影响最大的地带。如明代常乐堡有新旧两个城址，就是因为旧的常乐堡距离毛乌素沙地较近，加之军屯引发了周边地区的土地沙化，其城址现大部分掩埋在流沙中。而东部的科尔沁、浑善达克沙地一带则在辽、金以后成为中原王朝与游牧民族交流和交融的主要区域，并成为游牧民族，如契丹、女真和蒙古人南下控制汉地的通道，修建有辽上京、中京，元上都等大型政治、军事中心，其周边地区被开垦为农田，自然环境演变受到人类活动的深度影响，形成沙漠化比较严重的区域。

河西走廊地区各大绿洲的农业，是汉武帝时期为控制西域、断匈奴右臂而设置的军事要塞促成的。而两汉时期中央政府对西域地区实施军屯，也主要以政治、军事为目的。如元封六年（前105年），汉"以公主妻乌孙王，以分匈奴西方之援国。又北益广田至眩雷为塞，而匈奴终不敢以为言"。事实上，对农耕区以外的干旱半干旱地区实施军事控制的成败，就在于军屯的顺利与否。因此，中央王朝多在其战略要地经营农垦。如西汉以来，历代在新疆的屯垦主要分布在天山以南各绿洲，天山以北地区屯垦很少；再如唐朝11个大垦区中，天山以南占了6个。这是因为当时中央政府经营的重点区域是在天山以南地区。但到了清代，开始将屯垦的重点放在天山以北地区，这是由清朝政府统一西域的战略大局决定的：清朝政府在天山以北长期布防军队，这批驻防大军需要大量军粮，因此清朝政府把屯垦重点放在天山以北的准噶尔盆地。

此外，西汉张骞所谓的"凿通西域"，形成中西贯通的丝绸之路，其沿线重要的交通城市大多是位于干旱半干旱地区的绿洲上，而交通的畅通和经济的发展也使得大量人口聚集，进而影响到当地环境的自然演化过程，导致绿洲环境恶化，甚至使得交通路线被迫改道。丝绸之路中道和南道的交通枢纽楼兰正是因为环境恶化而绿洲废弃，使得丝绸之路被迫改道走南边的若羌一带。

二、水利工程、耕作技术与土地退化

我国沙漠地区因地处干旱半干旱区域，降水稀少，由于游牧方式对土地利用的强度较低，历史时期这一地区人地关系的紧张更多地表现为由游牧生产方式转变为农耕生产方式后给土地利用带来的压力。

由于干旱半干旱地区发展农耕业的限制性因素是水分的缺乏，传统时代解决这一矛盾的主要方式，就是兴修水利工程以缓解地区水资源空间分布不平衡。与此同时，当地社会也会利用耕作技术以处理小尺度的农田水分不足状况。因此，在研究人类活动对沙漠地区环境演变过程中，需要具体考虑水利工程与耕作技术对当地环境变迁的影响。

塔里木盆地深处我国内陆地区，降水量不足200毫米。当地河流多依靠冰川融水补给，径流年内分配不匀，夏季洪水占全年径流量的60%—70%，而春水比例只有5%—15%，而按当地农耕条件，若达到农田用水供需平衡，春水必须占到 35% 才能满足需要。因此，要解决当地农田用水，尤其是春水缺乏的问题只能从水利工程和耕作技术两个方面考虑。在晚清新疆地方政府的主持下，为使所垦土地都可得到灌溉，罗布淖尔垦区在塔里木河支流、东通孔雀河的阿拉铁里木河上筑堤以拦截河水，蓄水用以灌溉农田。这一水利工程在一定程度上缓解了因塔里木河水量年际变化和季节变化大对垦区农业发展造成的不利影响①。事实上，这一现象并不仅仅发生在塔里木河流域。我们梳理发现两千年来我国沙漠地区的土地垦殖过程，发现沙漠地区农业发展无一不与水利工程的修建与维护有密切的关系。秦汉时期的宁夏平原开发、西汉以后河西走廊地区的土地垦殖，以及新疆东部吐鲁番地区的绿洲农业，都建立在当地水利工程的兴建与维护基础上。

然而，在干旱半干旱地区，仅凭水利工程并不能完全保障农业的顺利完成，还需要有一定的水利制度和农田耕种技术的支撑。这是因为在干旱地区，年蒸发量远大于降水量。而在地下水埋深比较浅、植被少、地表裸露的地方，地表积盐极为迅速。加上这一地区地广人稀，往往形成较为粗放的耕作方式，如重灌轻排、有灌无排和大水漫灌的方式，这种用水方式虽然会使耕地因灌溉而脱盐，但这些盐分再通过地下水循环进入荒地中积累，形成盐分的空间再分配。由于干旱地区，特别是沙漠地区耕地多在沿河低地，洼地相对脱盐，高地相对积盐。这种现象在我们考察过的许多古城遗址中都有发现，如位于乌兰布和沙漠中的磴口就是如此。

磴口地区的开发早在西汉时期就已开始②。晚清以后这里再次被开垦为农田。随着人口的增加，为扩大生产规模，远离黄河河床的较高处的荒地始被大量开垦为耕地。高处原本积盐的老盐荒滩垦殖为农田后，在灌溉水的作用下，盐分被淋洗，由盐荒地变成盐斑耕地，并且盐斑由多到少、由大变小，逐渐脱盐。而原来集中分布在低处的耕地，却因为新垦高地中的壤中流抬升了地下水位，矿化度较高的潜水上升到接近地表的高度，因此盐分在该处土壤表层集聚，发生次生盐碱化。同时，耕地的不断扩大，洗盐和积盐量都不断加大，在没有或缺少排水的条件下，已耕地内部也产生了灌水与未灌水地段盐分的再分配。结果便是大水漫灌下耕地土壤盐碱化的不断发展③。

同样，这一状况也发生在晚清塔里木河流域。罗布淖尔垦区中以来自河湟的移民为主。他们将自己在家乡灌溉农业的种植经验带到这一地区，发展出"泡冻水"的耕作方式，用以解决春耕灌溉来水量不足的问题："泡冻水者，以春夏上游农作群兴，水不下流。须至秋间，水始上地。围而蓄之，至冬成冻，来岁冰解，水皆入地。犁而种之，遂不灌水，坐待收获。"④ 这种耕作方式，亦被称为"种闷田"，广泛分布在黄土高原、河西走廊、新疆

---

① 王翮：《晚清塔里木河中下游城市地理研究》，复旦大学 2021 年博士学位论文。

② 侯仁之：《乌兰布和沙漠北部的汉代垦区》，《历史地理学的理论与实践》，上海：上海人民出版社，1979 年，第 69—94 页。

③ 张晓虹、杨晓光、曹典：《环境、技术、社会：近代内蒙古磴口地区生态环境演化研究》，《白沙历史地理》2011 年第 11 期，第 89—138 页。

④ 王翮：《晚清塔里木河中下游城市地理研究》，复旦大学 2021 年博士学位论文。

等干旱少雨的农耕地区。这种适宜干旱区水资源特点的农业耕作方式，在塔里木河流域一直延续至今。然而，"泡冻水"式的粗放农业耕作方式，使得在蒸发量远大于降水量的罗布泊地区，造成严重的土壤盐碱化，不仅导致农作物低产，甚至绝产，而且盐碱化的土壤和被破坏了表层的沙土撂荒后，在当地少雨多风的干旱气候下极易就地起沙[1]。因此，罗布淖尔垦区粗放的"泡冻水"耕作方式，虽然是为了适应当地干旱少雨以及塔里木河水量季节变化大的自然条件，但这种耕作方式造成大量已垦土地迅速盐碱化，迫使当地农民不得不弃耕，进而转向开垦新的土地。正是干旱半干旱地区大面积无主荒地为这样粗放的耕作方式提供了条件，造成这一地区不断陷入开垦—抛荒—再开垦—再抛荒的恶性循环过程，加剧了土地退化的速度，影响了沙漠地区环境演变。

但历史时期我国北方沙漠地区并非所有的土地垦殖都指向土地退化，相反还有绿洲化的正面案例。如上述碛口地区，由于中华人民共和国成立后人口增加，耕作制度逐渐改变，形成"轮歇制"，当地俗称"晒地"，并有"晒地顶放帐"之说。这就是由人力资源投入带动的干旱半干旱地区农耕业由极为粗放的游耕制逐渐转变为相对精细的轮耕制。而轮耕制起到熟化土壤、维护地力的作用，有利于土壤肥力的恢复。同时当地所种植的农作物中，豌豆、黑豆、扁豆等豆类作物占耕地的四分之一甚至三分之一，糜子占二分之一，而小麦仅占四分之一或更少，且多数与扁豆混种。这样的作物种植结构十分有利于土地肥力的恢复，最终使这一地区绿洲化，成为富庶的后套平原的一部分。

三、强大的社会组织直接影响沙漠地区环境演变

一般而言，干旱半干旱地区灌溉农业的成败，在于灌溉渠道的修建与维护管理。这项工作不但需要较高的水利技术及对生态环境的把握，还需要有将水利制度与乡村基层社会进行复合协调的能力[2]。换言之，这是一项兼具技术、环境、社会综合能力的工作。而对基层社会有效的组织与成功的控制又是其中最关键的部分。因此，干旱地区农耕业的稳定持续需要一个强大有力的组织机构支撑。

虽然在气候变干的背景下，清代罗布泊地区生态环境演化是因为塔里木河尾闾分汊繁复，形成许多宽浅湖泊，增加了水面蒸发和地表水入渗量，而孔雀河向塔里木河补给的水源，亦因边缘湖与河汊漫流而大为削减，但真正加剧塔里木河水量损耗的诱因是新疆建省后，为加强南疆地区的社会稳定，增加地方财赋收入，新疆地方政府在塔里木河中下游新设多个垦区进行开发。其结果是塔里木河干流水量通过新建的灌溉渠系层层截流，塔里木河下游河段水量迅速减少，直接导致罗布淖尔垦区的废弃，进而引发土地退化。显然，晚清塔里木河水系的变迁是在自然与人类的合力下完成的，但其中为保障地方稳定的政治因

① 王翩：《晚清塔里木河中下游城市地理研究》，复旦大学 2021 年博士学位论文。
② 王建革：《定居游牧、草原景观与东蒙社会政治的构建（1950—1980）》，《南开学报》（哲学社会科学版）2006 年第 5 期，第 71—80 页。

素主导了这一过程①。

政治因素对干旱半干旱地区生态环境的影响不限于改变水系和将未开垦土地转变为垦殖土地等方面。事实上，政治因素还体现在对沙漠地区农田水利工程的修建与维护中。干旱地区农业生态系统的维持，严重依赖于一个能够有效地动员基层社会、调配各种必要资源的社会组织机构。因为在干旱半干旱地区，自然条件相对恶劣，生态系统极为脆弱，人地关系中人的这一方面，必须拥有足以与自然环境相抗衡的强大力量才可以对抗严酷的自然环境。其表现在灌溉渠道的兴修与维护上是因为无论修建渠道还是清除泥沙，都需要动员大量资金、劳动力，还需要有效的组织工作。而只有结构化的社会组织才能拥有这样强大的力量，维护地方社会和生态系统的可持续发展。在历史上，强势的中央政府支撑下的组织化的郡县制与屯田制具备这样的能力，在干旱半干旱地区建立农耕社会，也愿意在土地上投入更多的劳动与资金以维护农耕生态系统的安全与稳定。而稳定的农耕社会自然会在改良土壤、兴建水利等方面增加投入，导致沙漠地区环境演化向良性的方面发展。相反，在中央权力被削弱、地方社会不靖的情况下，干旱半干旱地区农田生态系统赖以维持的灌溉渠道得不到足够的人力与财力加以维修，已开垦的土地无法得到灌溉而不得不逐渐废弃，进而导致农耕社会崩溃、土地退化。

历史时期乌兰布和沙漠和毛乌素沙地的环境演化正是这一规律的注脚：西汉时期，强有力的中央政府，通过有组织的移民政策，以及兴修水利等人力和财力的投入，使这一区域土地得到垦殖与维持，较高效的农田生态系统取代较低效的牧业生态系统，生态环境向绿洲化演进；而东汉时期中央政府的衰弱，对边疆地区的控制不力，大量人口内徙，已垦土地得不到持续的投入而被废弃，环境演化自然导向沙漠化②。也就是说，在环境演化过程中有序且有度的人类活动是可以起到积极的作用的，而无序与过度的人类活动都会对沙漠地区的环境演化产生消极的影响。

可见，如若揭示人类活动在干旱区环境演化中的影响，必须综合考虑自然环境与社会组织的结构性作用。干旱地区人类活动与生态环境演化的互动关系并非呈现一种线性的过程，而是与人类活动的强度及土地利用方式密切相关。因此，历史时期沙漠地区人地关系的讨论需要特别注意土地利用方式与环境演化之间的关系，而其中人类活动的作用也需要置于具体的时空间过程中才能加以正确的认识。

---

① 王翾：《晚清塔里木河中下游城市地理研究》，复旦大学 2021 年博士学位论文。
② 侯仁之：《乌兰布和沙漠北部的汉代垦区》，《历史地理学的理论与实践》，上海：上海人民出版社，1979 年，第 69—94 页。

参考文献

一、古籍

（西汉）司马迁：《史记》，北京：中华书局，1959年。

（东汉）班固：《汉书》，北京：中华书局，1962年。

（晋）陈寿：《三国志》，北京：中华书局，1959年。

（北齐）魏收：《魏书》，北京：中华书局，1974年。

（北魏）崔鸿撰，（清）汤球辑补：《十六国春秋》，北京：中华书局，2020年。

（后魏）郦道元注，（清）杨守敬、熊会珍疏，段熙仲点校：《水经注疏》卷3，南京：
    江苏古籍出版社，1989年。

（北魏）郦道元撰，陈桥驿校正：《水经注校正》，北京：中华书局，2007年。

（南朝·宋）范晔：《后汉书》，北京：中华书局，1965年。

（唐）杜佑撰，王文锦等点校：《通典》，北京：中华书局，1988年。

（唐）房玄龄等：《晋书》，北京：中华书局，1974年。

（唐）李吉甫撰，贺次君点校：《元和郡县图志》，北京：中华书局，1983年。

（唐）李延寿：《北史》，北京：中华书局，1974年。

（唐）令狐德棻等：《周书》，北京：中华书局，1971年。

（唐）魏征等：《隋书》，北京：中华书局，1997年。

（唐）玄奘、辩机撰，季羡林等校注：《大唐西域记校注》，北京：中华书局，2000年。

（后晋）刘昫等：《旧唐书》，北京：中华书局，1975年。

（宋）杜大珪编，顾宏义、苏贤校证：《名臣碑传琬琰集校证》，上海：上海古籍出版
    社，2021年。

（宋）江少虞：《宋朝事实类苑》，上海：上海古籍出版社，1981年。

（宋）孔平仲原著，李辉校注：《续世说》卷9，济南：山东人民出版社，2018年。

（宋）乐史撰，王文楚等点校：《太平寰宇记》，北京：中华书局，2007年。

（宋）李焘撰，上海师范大学古籍整理研究所、华东师范大学古籍整理研究所点校：
    《续资治通鉴长编》，北京：中华书局，2004年。

（宋）欧阳修、宋祁：《新唐书》，北京：中华书局，1975年。

（宋）欧阳修：《新五代史》，北京：中华书局，1974年。

（宋）司马光：《资治通鉴》，北京：中华书局，1956年。

（宋）王称：《东都事略》，台北：文海出版社，1979年。

（宋）王溥：《唐会要》，北京：中华书局，1955年。

（宋）王钦若等：《册府元龟》，北京：中华书局，1960年。

（宋）王禹偁：《小畜集》，上海：商务印书馆，1937年。

（宋）徐梦莘：《三朝北盟会编》，北京：国家图书馆出版社，2013年影印本。

（宋）薛居正等：《旧五代史》，北京：中华书局，1976年。

（宋）杨仲良撰，李之亮点校：《皇宋通鉴长编纪事本末》，哈尔滨：黑龙江人民出版社，2006年。

（宋）叶隆礼撰，贾敬颜、林荣贵点校：《契丹国志》，北京：中华书局，2014年。

（宋）宇文懋昭撰，崔文印校证：《大金国志校证》，北京：中华书局，2011年。

（宋）曾公亮等：《武经总要》，《景印文渊阁四库全书》第726册，台北：商务印书馆，1986年。

（宋）章如愚：《山堂考索》，北京：中华书局，1992年。

（宋）赵汝愚：《宋朝诸臣奏议》，上海：上海古籍出版社，1999年。

（金）王寂撰，张博泉注：《辽东行部志注释》，哈尔滨：黑龙江人民出版社，1984年。

（金）元好问编，张静校注：《中州集校注》，北京：中华书局，2018年。

（元）李志常：《长春真人西游记》，上海：上海书店出版社，2013年。

（元）刘郁：《西使记》，上海：上海书店出版社，2013年。

（元）脱脱等：《金史》，北京：中华书局，1975年。

（元）脱脱等：《辽史》，北京：中华书局，1974年。

（元）脱脱等：《宋史》，北京：中华书局，1985年。

（元）熊梦祥：《析津志辑佚》，北京：北京古籍出版社，1983年。

（元）佚名：《元朝秘史》，清道光二十八年（1848年）灵石杨氏刻连筠簃丛书本。

（明）陈邦瞻：《元史纪事本末》，北京：中华书局，1979年。

（明）陈子龙等：《经世文编》，明崇祯平露堂刻本。

（明）方孔照：《全边略记》，明崇祯年间刻本。

（明）何景明纂修，吴敏霞、袁宪、刘思怡，等校注：《雍大记校注》，西安：三秦出版社，2010年。

（明）焦竑：《国朝献征录》，明万历四十四年（1616年）徐象云曼山馆刻本。

（明）宋濂等：《元史》，北京：中华书局，1976年。

（明）魏焕撰，薄音湖、王雄点校：《九边考（节录）》，《明代蒙古汉籍史料汇编》第1辑，呼和浩特：内蒙古大学出版社，2006年。

（明）徐日久：《五边典则》，北京：中国书店，1985年。

（清）毕沅：《续资治通鉴》，北京：中华书局，1999年。

（清）毕沅撰，张沛点校：《关中胜迹图志》，西安：三秦出版社，2004年。

（清）陈梦雷：《古今图书集成》，上海：中华书局，1934年。

（清）董诰等：《全唐文》，北京：中华书局，1983年。

（清）傅恒等：《西域同文志》，内部资料，1984年。

（清）葛士浚：《皇朝经世文续编》，清光绪石印本。

（清）顾炎武撰，谭其骧、王文楚、朱惠荣，等点校：《肇域志》，上海：上海古籍出版社，2004年。

（清）顾祖禹撰，贺次君、施和金点校：《读史方舆纪要》，北京：中华书局，2005年。

（清）和宁：《回疆通志》，台北：文海出版社，1996年。

（清）李慎儒：《辽史地理志考》卷5，二十五史刊行委员会：《二十五史补编》第6册，上海：开明书店，1937年。

（清）刘厚基：《图开胜迹》，清光绪元年（1875年）刻本。

（清）穆彰阿、潘锡恩等纂修：《大清一统志》卷543《鄂尔多斯》，上海：上海古籍出版社，2008年。

（清）彭定求等：《全唐诗》，北京：中华书局，1960年。

（清）齐召南撰，胡正武校注：《水道提纲》，杭州：浙江大学出版社，2021年。
（清）乾隆：《御批通鉴辑览》，《景印文渊阁四库全书》，台北：商务印书馆，1986年。
（清）陶保廉著，刘满点校：《辛卯侍行记》，兰州：甘肃人民出版社，2002年。
（清）屠寄撰：《蒙兀儿史记》，北京：中华书局，1962年。
（清）王树枬等纂修，朱玉麒等整理：《新疆图志》，上海：上海古籍出版社，2015年。
（清）吴广成撰，龚世俊等校证：《西夏书事校证》，兰州：甘肃文化出版社，1995年。
（清）徐松：《西域水道记（外二种）》，北京：中华书局，2005年。
（清）许鸿磐：《方舆考证》，清济宁潘氏华鉴阁本。
（清）张廷玉等：《明史》，北京：中华书局，1974年。
道光《榆林府志》，清道光二十一年（1841年）刻本。
磴口县地方志编纂委员会：《磴口县志》，呼和浩特：内蒙古人民出版社，1998年。
光绪《靖边县志稿》，清光绪二十五年（1899年）刻本。
光绪《绥德州志》，清光绪三十一年（1905年）刊本。
弘治《延安府志》，西安：陕西人民出版社，2012年。
嘉靖《宁夏新志》，银川：宁夏人民出版社，1982年。
嘉庆《定边县志》，清嘉庆二十五年（1820年）刻本。
嘉庆《葭州志》，民国二十二年（1933年）石印本。
刘琳、刁忠民、舒大刚，等校点：《宋会要辑稿》第6册，上海：上海古籍出版社，
　　2014年。
民国《葭县志》，民国二十二年（1933年）石印本。
民国《神木乡土志》，台北：成文出版社，1970年。
民国《续陕西通志稿》，民国二十三年（1934年）铅印本。
万历《延绥镇志》，西安：三秦出版社，2006年。
雍正《陕西通志》，清雍正十三年（1735年）刻本。
雍正《神木县志》，清抄本。
《榆阳文库》编纂委员会：《榆阳文库·榆林县志卷》，上海：上海古籍出版社，2016年。
赵尔巽等：《清史稿》，北京：中华书局，1977年。
中国社会科学院中国边疆史地研究中心：《新疆乡土志稿》，北京：全国图书馆文献缩
　　微复制中心，1990年。
钟兴麒、王豪、韩慧校注：《西域图志校注》，乌鲁木齐：新疆人民出版社，2002年。

二、文书地图

《明残本陕西四镇图说》。
《沙州都督府图经》。
《沙州伊州地志》。

三、档案

《本旗三盛公教堂赔款五万两事致宁夏将军色》，阿拉善左旗档案馆藏，档案号：101-8-
　　281-42。
《理藩院札开所有每年呈报文件年终例应清查汇报事致宁夏部院全》，阿拉善左旗档案
　　馆藏，档案号：101-8-255-113。

《绥远城将军贻谷奏报达拉特旗教案完结赔款一律交清折（光绪三十年七月十八日）》，《清末教案》第三册，北京：中华书局，1988年。

四、学术著作

阿勒泰地区地方志编纂委员会：《阿勒泰地区志》，乌鲁木齐：新疆人民出版社，2004年。

曹子正等：《横山县志》，台北：成文出版社，1969年。

陈启厚主编：《鄂尔多斯通典》第1分册，呼和浩特：内蒙古大学出版社，1993年。

陈述主编：《辽金史论集》第5辑，北京：文津出版社，1991年。

陈垣：《元也里可温教考》，《陈垣学术论文集》，北京：中华书局，1980年。

崔建新：《气候与文化——基于多源数据分析方法的环境考古学探索》，北京：科学出版社，2012年。

戴应新：《赫连勃勃与统万城》，西安：陕西人民出版社，1990年。

《定边县志》编纂委员会：《定边县志》，北京：方志出版社，2003年。

凤凰出版社：《民国续修陕西通志稿》，南京：凤凰出版社，2011年。

复旦大学历史地理研究所《中国历史地名辞典》编委会：《中国历史地名辞典》，南昌：江西教育出版社，1986年。

傅朗云：《东北民族史略》，长春：吉林人民出版社，1983年。

葛剑雄：《黄河与中华文明》，北京：中华书局，2020年。

葛剑雄主编：《中国人口史》，上海：复旦大学出版社，2005年。

郭黛姮、贺艳主编：《库车历史名城的保护与发展》，上海：中西书局，2013年。

郭来喜、谢香方、过鉴懋：《呼伦贝尔经济地理》，北京：科学出版社，1959年。

郭声波：《中国行政区划通史·唐代卷》，上海：复旦大学出版社，2017年。

国家文物局主编：《中国文物地图集·甘肃分册》下册，北京：测绘出版社，2011年。

国家文物局主编：《中国文物地图集·内蒙古自治区分册》，西安：西安地图出版社，2003年。

国家文物局主编：《中国文物地图集·陕西分册》下册，西安：西安地图出版社，1998年。

何彤慧、王乃昂：《毛乌素沙地历史时期环境变化研究》，北京：人民出版社，2010年。

黑龙江省文物考古工作队编著：《黑龙江古代文物》，哈尔滨：黑龙江人民出版社，1979年。

侯仁之、邓辉：《中国北方干旱半干旱地区历史时期环境变迁研究文集》，北京：商务出版社，2006年。

黄建英：《北方农牧交错带变迁对蒙古族经济文化类型的影响》，北京：中央民族大学出版社，2009年。

黄委中游水文水资源局：《黄河中游水文：河口镇至龙门区间》，郑州：黄河水利出版社，2005年。

黄文弼：《罗布淖尔考古记》，北京：北京大学出版社，1948年。

黄文弼：《塔里木盆地考古记》，北京：科学出版社，1958年。

贾敬颜：《民族历史文化萃要》，长春：吉林教育出版社，1990年。

贾慎修主编：《中国饲用植物志》第1卷，北京：农业出版社，1987年。

景爱：《沙漠考古通论》，北京：紫禁城出版社，1999年。

马啸、雷兴鹤、吴宏岐：《秦直道线路与沿线遗存》，西安：陕西师范大学出版总社，2018年。

秦晖、韩敏、邵宏谟：《陕西通史·明清卷》，西安：陕西师范大学出版社，1997年。

丘良任、潘超、孙忠铨，等：《中华竹枝词全编》第7册，北京：北京出版社，2007年。

陕西省地方志编纂委员会：《陕西省志·地理志》，西安：陕西人民出版社，2000年。

陕西省考古研究院：《李家崖》，北京：文物出版社，2013年。

陕西省考古研究院：《陕西省明长城资源调查报告·营堡卷上》，北京：文物出版社，2011年。

神木县志编纂委员会：《神木县志》，北京：经济日报出版社，1990年。

史念海：《河山集》，上海：生活·读书·新知三联书店，1981年。

水利电力部水管司科技司、水利水电科学研究院：《清代黄河流域洪涝档案史料》，北京：中华书局，1993年。

苏北海：《新疆岩画》，乌鲁木齐：新疆美术摄影出版社，1994年。

绥远通志馆：《绥远通志稿》第1册，呼和浩特：内蒙古人民出版社，2007年。

塔拉、张海斌、张红星主编：《包头燕家梁遗址发掘报告》下册，北京：科学出版社，2010年。

谭其骧主编：《中国历史地图集》，北京：中国地图出版社，1982年。

谭其骧主编：《中国历史地图集释文汇编·东北卷》，北京：中央民族学院出版社，1988年。

汪前进、刘若芳：《清廷三大实测全图集》，北京：外文出版社，2007年。

王晗：《生存之道：毛乌素沙地南缘伙盘地研究》，北京：中国社会科学出版社，2021年。

王开：《陕西古代道路交通史》，北京：人民交通出版社，1989年。

王晓琨：《战国至秦汉时期河套地区古代城址研究》，北京：社会科学文献出版社，2014年。

夏训诚主编：《中国罗布泊》，北京：科学出版社，2007年。

新疆维吾尔自治区博物馆、新疆社会科学院考古研究所：《建国以来新疆考古的主要收获》，文物编辑委员会：《文物考古工作三十年（1949—1979）》，北京：文物出版社，1979年。

新疆维吾尔自治区文物局：《新疆维吾尔自治区第三次全国文物普查成果集成·新疆草原石人和鹿石》，北京：科学出版社，2011年。

新疆维吾尔自治区文物局：《不可移动的文物·阿勒泰地区卷（1）》，乌鲁木齐：新疆美术摄影出版社，2015年。

新疆维吾尔自治区文物局：《不可移动的文物·阿勒泰地区卷（2）》，乌鲁木齐：新疆美术摄影出版社，2015年。

徐君峰：《秦直道考察行纪》，西安：陕西师范大学出版总社，2018年。

薛平拴：《陕西历史人口地理》，北京：人民出版社，2001年。

薛英群：《居延汉简通论》，兰州：甘肃教育出版社，1991年。

闫德仁、王玉华、姚洪林，等：《呼伦贝尔沙地》，呼和浩特：内蒙古大学出版社，2010年。

严耕望：《唐代交通图考》第一卷，上海：上海古籍出版社，2007年。

杨正泰：《明代驿站考》，上海：上海古籍出版社，2006年。

伊克昭盟地名委员会：《伊克昭盟地名志》，呼和浩特：内蒙古人民出版社，1986年。

余蔚：《中国行政区划通史·辽金卷》修订本，上海：复旦大学出版社，2017年。

榆林地区地方志指导小组：《榆林地区志》，西安：西北大学出版社，1994年。

榆林市志编撰委员会：《榆林市志》，西安：三秦出版社，1996年。

张博泉、苏金源、董玉瑛：《东北历代疆域史》，长春：吉林人民出版社，1981年。

张修桂：《中国历史地貌与古地图研究》，北京：社会科学文献出版社，2006年。

张玉坤、陈海燕、刘思怡，等：《中国长城志（边镇·堡寨·关隘）》，南京：江苏凤凰科学技术出版社，2016年。

张郁：《鄂托克旗大池唐代遗存》，《鄂尔多斯文物考古文集》，鄂尔多斯：鄂尔多斯
　　文物工作站，1981年。

中国社会科学院考古研究所：《北庭高昌回鹘佛寺壁画》，沈阳：辽宁美术出版社，
　　1990年。

周振鹤：《随无涯之旅》，北京：三联书店，2007年。

朱震达、刘恕、邸醒民：《中国的沙漠化及其治理》，北京：科学出版社，1989年。

〔英〕奥雷尔·斯坦因著，赵燕、谢仲礼、秦立彦译：《从罗布沙漠到敦煌》，桂林：
　　广西师范大学出版社，2000年。

〔英〕奥雷尔·斯坦因著，巫新华、秦立颜、龚国强，等译：《亚洲腹地考古图记》，
　　桂林：广西师范大学出版社，2004年。

〔美〕马丁·道尔著，刘晓鸥译：《大国与大河：从河流的视角讲述美国史》，北京：
　　北京大学出版社，2021年。

〔日〕日野强：《伊犁纪行》，东京：博文馆印刷所，1909年。

Trigger B.G., *A History of Archaeological Thought*, Cambridge: Cambridge University
　　Press,1989.

Willey G.R., *Prehistoric Settlement Patterns in the Viru Valley, Peru*, Washington,D.C.: Bureau
　　of American Ethnology, No.155,1953.

五、期刊文集论文

安介生：《"奢延水"与"奢延泽"新考》，苗长虹主编：《黄河文明与可持续发展》
　　第19辑，开封：河南大学出版社，2022年。

安介生：《统万城下的"广泽"与"清流"——历史时期红柳河（无定河上游）谷地环
　　境变迁新探》，中国地理学会历史地理专业委员会《历史地理》编辑委员会：《历史
　　地理》第23辑，上海：上海人民出版社，2008年。

白桦、穆兴民、王双银：《水土保持措施对秃尾河径流的影响》，《水土保持研究》
　　2010年第1期。

白壮壮、崔建新：《近2000a毛乌素沙地沙漠化及成因》，《中国沙漠》2019年第2期。

白壮壮、崔建新：《清代以来鄂尔多斯高原的沙漠化及其驱动机制》，《中国历史地理
　　论丛》2022年第2辑。

包头市文物管理处、达茂旗文物管理所：《包头境内的战国秦汉长城与古城》，《内蒙古
　　文物考古》2000年第1期。

曹大志：《李家崖文化遗址的调查及相关问题》，《中国国家博物馆馆刊》2019年第7期。

长海、包金泉、马健，等：《巴彦乌拉古城——铁木哥·斡赤斤的王府》，《大众考
　　古》2018年第10期。

陈栋栋、赵军：《我国西北干旱区湖泊变化时空特征》，《遥感技术与应用》2017年第
　　6期。

陈凤山、王瑞昌、哈达：《满洲里市蘑菇山墓地发掘报告》，《草原文物》2014年第2期。

陈戈：《唐轮台在哪里》，《新疆大学学报》（哲学社会科学版）1981年第3期。

陈靓、熊建雪、邵晶，等：《陕西神木石峁城址祭祀坑出土头骨研究》，《考古与文
　　物》2016年第4期。

陈靓、张旭慧、孙周勇，等：《中国北方早期农业生产模式下的人群营养与健康——以
　　陕西靖边五庄果墚遗址的生物考古为例》，《第四纪研究》2020年第2期。

陈梦家：《汉简考述》，《考古学报》1963年第1期。

陈渭南、高尚玉、邵亚军，等：《毛乌素沙地全新世孢粉组合与气候变迁》，《中国历史地理论丛》1993年第1辑。

陈渭南：《无定河流域黄土区的侵蚀速率》，《干旱区地理》1989年第1期。

陈相龙、郭小宁、王炜林，等：《陕北神圪垯墚遗址4000a BP前后生业经济的稳定同位素记录》，《中国科学：地球科学》2017年第1期。

陈宜瑜：《中国全球变化的研究方向》，《地球科学进展》1999年第4期。

陈育宁：《鄂尔多斯地区沙漠化的形成和发展述论》，《中国社会科学》1986年第2期。

陈育宁：《论秦汉时期鄂尔多斯地区的经济开发》，《内蒙古师大学报》（哲学社会科学版）1984年第4期。

陈志凌、李晓宇、陈卫：《黄河中游窟野河"7·21"暴雨洪水特性简析》，《人民黄河》2013年第6期。

成一农：《近70年来中国古地图与地图学史研究的主要进展》，《中国历史地理论丛》2019年第3辑。

成一农：《宋元日用类书〈事林广记〉〈翰墨全书〉中所收全国总图研究》，《中国史研究》2018年第2期。

戴应新：《银州城址勘测记》，《文物》1980年第8期。

邓飞、全占军、于云江：《20年来乌兰木伦河流域植被盖度变化及影响因素》，《水土保持研究》2011年第3期。

邓辉、舒时光、宋豫秦，等：《明代以来毛乌素沙地流沙分布南界的变化》，《科学通报》2007年第21期。

董光荣、李保生、高尚玉：《由萨拉乌苏河地层看晚更新世以来毛乌素沙漠的变迁》，《中国沙漠》1983年第2期。

董玉祥、刘毅华：《内蒙古浑善达克沙地近五千年内沙漠化过程的研究》，《干旱区地理》1993年第2期。

杜林渊、张小兵：《陕北宋代堡寨分布的特点》，《延安大学学报》（社会科学版）2008年第3期。

樊星、叶瑜、罗玉洪：《从〈清实录〉看清代1644—1795年中国北方农牧交错带东段的农业开发》，《干旱区地理》2012年第6期。

樊自立：《塔里木盆地绿洲形成与演变》，《地理学报》1993年第5期。

费杰、何洪鸣、杨帅，等：《公元前221年—公元1911年陕甘地区堰塞湖成因浅析》，《中国地质灾害与防治学报》2019年第6期。

冯季昌、姜杰：《论科尔沁沙地的历史变迁》，《中国历史地理论丛》1996年第4辑。

冯绳武：《河西黑河（弱水）水系的变迁》，《地理研究》1988年第1期。

甘肃省文物工作队：《额济纳河下游汉代烽燧遗址调查报告》，甘肃省文物工作队、甘肃省博物馆：《汉简研究文集》，兰州：甘肃人民出版社，1984年。

高俊：《地图学四面体——数字化时代地图学的诠释》，《测绘学报》2004年第1期。

葛全胜、郑景云、郝志新，等：《过去2000年中国气候变化研究的新进展》，《地理学报》2014年第9期。

郭超、马玉贞、胡彩莉，等：《中国内陆区湖泊沉积所反映的全新世干湿变化》，《地理科学进展》2014年第6期。

郭兰兰、冯兆东、李心清，等：《鄂尔多斯高原巴汗淖湖泊记录的全新世气候变化》，《科学通报》2007年第5期。

郭蓉蓉：《中营盘水库大坝除险加固方案探析》，《陕西水利》2014年第4期。

韩茂莉：《历史时期黄土高原人类活动与环境关系研究的总体回顾》，《中国史研究动态》2000年第10期。

韩茂莉：《辽代西拉木伦河流域聚落分布与环境选择》，《地理学报》2004年第4期。

韩昭庆：《明代毛乌素沙地变迁及其与周边地区垦殖的关系》，《中国社会科学》2003年第5期。

韩昭庆：《清末西垦对毛乌素沙地的影响》，《地理科学》2006年第6期。

郝文军：《1650—1850年伊克昭盟人口复原研究——以蒙古人为研究对象》，《中国历史地理论丛》2007年第2辑。

何彤慧、王乃昂、黄银洲，等：《毛乌素沙地古城反演的地表水环境变化》，《中国沙漠》2010年第3期。

贺清海、王开：《毛乌素沙漠中秦汉"直道"遗迹探寻》，《成都大学学报》（社会科学版）1989年第1期。

侯仁之、俞伟超：《乌兰布和沙漠的考古发现和地理环境的变迁》，《考古》1973年第2期。

侯仁之：《从红柳河上的古城废墟看毛乌素沙漠的变迁》，《文物》1973年第1期。

侯仁之：《从人类活动的遗迹探索宁夏河东沙区的变迁》，《科学通报》1964年第3期。

侯仁之：《乌兰布和沙漠北部的汉代垦区》，《历史地理学的理论与实践》，上海：上海人民出版社，1979年。

侯甬坚、周杰、王燕新：《北魏（AD386—534）鄂尔多斯高原的自然-人文景观》，《中国沙漠》2001年第2期。

胡珂、莫多闻、毛龙江，等：《无定河流域全新世中期人类聚落选址的空间分析及地貌环境意义》，《地理科学》2011年第4期。

胡珂、莫多闻、王辉，等：《萨拉乌苏河两岸宋（西夏）元前后的环境变化与人类活动》，《北京大学学报》（自然科学版）2011年第3期。

胡孟春：《全新世尔沁沙地环境演变的初步研究》，《干旱区资源与环境》1989年第3期。

胡松梅、杨苗苗、孙周勇，等：《2012—2013年度陕西神木石峁遗址出土动物遗存研究》，《考古与文物》2016年第4期。

黄健英、薛晓辉：《北方农牧交错带变迁对蒙古族社会经济发展的影响初探》，《中央民族大学学报》（哲学社会科学版）2008年第2期。

黄银洲、王乃昂、冯起，等：《统万城筑城的环境背景——河流、湖泊及沙漠化程度》，《中国沙漠》2012年第5期。

蒋庆丰、钱鹏、周侗，等：《MIS—3晚期以来乌伦古湖古湖相沉积记录的初步研究》，《湖泊科学》2016年第2期。

景爱：《额济纳河下游环境变迁的考察》，《中国历史地理论丛》1994年第1辑。

景爱：《古居延绿洲的消失与荒漠化——从考古和卫星遥感观察》，《中国历史文物》2003年第2期。

景爱：《关于呼伦贝尔古边壕的探索》，《历史地理》1983年第3辑。

景爱：《黑山头古城考》，《吉林大学社会科学学报》1980年第6期。

景爱：《平地松林的变迁与西拉木伦河上游的沙漠化》，《中国历史地理论丛》1988年第4辑。

阚耀平：《历史时期塔里木盆地水资源的调控过程》，《中国历史地理论丛》2003年第2辑。

赖小云：《清末塔里木河下游蒲昌城相关问题考述》，《西域研究》2006年第1期。

蓝勇：《中国古代图像史料运用的实践与理论建构》，《人文杂志》2014年第7期。

冷疏影、宋长青：《陆地表层系统地理过程研究回顾与展望》，《地理科学进展》2005年第6期。

李保生、靳鹤龄、吕海燕，等：《150ka以来毛乌素沙漠的堆积与变迁过程》，《中国科学（D辑：地球科学）》1998年第1期。

李并成、贾富强：《侯仁之先生与沙漠历史地理研究》，《地理学报》2014年第11期。

李并成：《汉居延县城新考》，《考古》1998年第5期。

李大海：《明代榆林城市空间形态演变研究——以"三拓榆城"为中心》，《陕西师范大学学报》（哲学社会科学版）2014年第5期。

李大海：《明清时期陕北宁塞营堡城址考辨——兼及明代把都河、永济诸堡的定位》，侯甬坚主编：《鄂尔多斯高原及其邻区历史地理研究》，西安：三秦出版社，2008年。

李辅斌：《唐代陕北和鄂尔多斯地区的交通》，《中国历史地理论丛》1990年第1辑。

李嘎：《〈榆林府城图〉与清代榆林城水患》，《中国历史地理论丛》2021年第3辑。

李海俏：《关于圆阳地望所在》，《文博》2006年第1期。

李俊义、黄文博：《内蒙古盟旗名称小考——额尔古纳、根河》，《赤峰学院学报》（汉文哲学社会科学版）2012年第1期。

李世奎、王石立：《中国北部半干旱地区农牧气候界限探讨》，中国自然资源研究会、中国地理学会、中国农学会，等：《中国干旱半干旱地区自然资源研究》，北京：科学出版社，1998年。

李舒、李宁波、齐青松，等：《基于DTW算法的窟野河流域水文情势相似度研究》，《人民黄河》2021年第4期。

李树辉：《乌拉泊古城新考》，《敦煌研究》2016年第3期。

李秀彬：《全球变化研究的核心领域：土地利用/土地覆被变化的国际研究动向》，《地理学报》1996年第6期。

李炎臻、刘小慧、李毓炜，等：《基于多源遥感数据的乌伦古湖面积动态变化分析》，《水利水电快报》2021年第3期。

李逸友：《内蒙古托克托城的考古发现》，文物编辑委员会：《文物资料丛刊》第4辑，北京：文物出版社，1981年。

李长傅：《罗布淖尔的历史地理问题》，《开封师院学报》1957年第2号。

林必成：《唐代"轮台"初探》，《新疆大学学报》（哲学社会科学版）1979年第4期。

林占德：《呼伦贝尔考古二则》，《内蒙古社会科学》（汉文版）2000年第4期。

卢卓瑜、崔建新、张晓虹，等：《清至民国毛乌素沙地佟哈拉克泊复原及演变研究》，《干旱区地理》2021年第4期。

鲁挑建、郑炳林：《晚唐五代时期金河黑河水系变迁与环境演变》，《兰州大学学报》（社会科学版）2009年第3期。

罗凯、安介生：《清代鄂尔多斯水文系统初探》，侯甬坚主编：《鄂尔多斯高原及其邻区历史地理研究》，西安：三秦出版社，2008年。

吕智荣：《从石峁到李家崖》，《榆林学院学报》2018年第5期。

马雪芹：《历史时期黄河中游地区森林与草原的变迁》，《宁夏社会科学》1999年第6期。

马正林：《人类活动与中国沙漠地区的扩大》，《陕西师大学报》（哲学社会科学版）1984年第3期。

满绰拉：《呼伦贝尔巴彦乌拉古城遗址》，《内蒙古社会科学》（文史哲版）1993年第6期。

满志敏、葛全胜、张丕远：《气候变化对历史上农牧过渡带影响的个例研究》，《地理研究》2000年第2期。

孟慧英：《鹿神与鹿神信仰》，《内蒙古社会科学》1998年第4期。

米文平：《斡赤斤故城的发现与研究》，中国地理学会历史地理专业委员会《历史地理》编辑委员会：《历史地理》第10辑，上海：上海人民出版社，1992年。

穆渭生：《唐代宥州变迁的军事地理考察》，《中国历史地理论丛》2003年第3辑。

内蒙古文物考古研究所：《内蒙古朱开沟遗址》，《考古学报》1988年第3期。

倪绍祥：《论全球变化背景下的自然地理学研究》，《地学前缘》2002年第1期。

聂红萍：《论光绪朝对罗布淖尔垦区的开发》，《民族历史研究》2015年第4期。

牛东风、李保生、王丰年，等：《微量元素记录的毛乌素沙漠全新世气候波动——以萨拉乌苏流域DGS1层段为例》，《沉积学报》2015年第4期。

潘威、王哲、满志敏：《近20年来历史地理信息化的发展成就》，《中国历史地理论丛》2020年第1辑。

〔韩〕朴汉济著，李椿浩译：《唐代"六胡州"州城的建置及其运用——"降户"的安置和役使的一个类型》，《中国历史地理论丛》2010年第2辑。

任宝磊：《略论新疆地区突厥石人分布与特征》，《西域研究》2013年第3期。

任冠、戎天佑：《新疆奇台县唐朝墩古城遗址考古收获与初步认识》，《西域研究》2019年第1期。

任冠、魏坚：《2021年新疆奇台唐朝墩景教寺院遗址考古发掘主要收获》，《西域研究》2022年第3期。

任冠、魏坚：《二〇一八—二〇二〇年唐朝墩古城遗址考古发掘的主要收获》，《文物天地》2021年第7期。

任国玉：《全新世东北平原森林—草原生态过渡带的迁移》，《生态学报》1998年第1期。

任宗萍、谢梦瑶、马勇勇，等：《乌兰木伦河1960—2015年水沙周期性分析》，《水土保持研究》2018年第6期。

阮浩波、王乃昂、牛震敏，等：《毛乌素沙地汉代古城遗址空间格局及驱动力分析》，《地理学报》2016年第5期。

僧格：《鹿石与蒙古人的鹿崇拜文化》，《世界宗教文化》2014年第6期。

陕西省考古研究院：《陕西靖边五庄果墚遗址发掘简报》，《考古与文物》2011年第6期。

陕西省考古研究院、榆林市文物保护研究所、榆林市文物考古勘探工作队，等：《统万城遗址近几年考古工作收获》，《考古与文物》2011年第5期。

陕西省考古研究院、榆林市文物考古勘探工作队、神木县文管办：《陕西神木县神圪垯梁遗址发掘简报》，《考古与文物》2016年第4期。

陕西省考古研究院、榆林市文物考古勘探工作队、神木县文体局：《陕西神木县石峁遗址》，《考古》2013年第7期。

沈永平、王国亚、丁永建，等：《百年来天山阿克苏河流域麦茨巴赫冰湖演化与冰川洪水灾害》，《冰川冻土》2009年第6期。

生膨菲、尚雪、张鹏程：《榆林地区龙山晚期至夏代早期先民的作物选择初探》，《考古与文物》2020年第2期。

史念海：《历史时期黄河中游的森林》，《河山集（二集）》，北京：生活·读书·新知三联书店，1981年。

史念海：《论历史时期黄土高原生态平衡的失调及其影响》，《生态学杂志》1982年第3期。

史念海：《论历史时期我国植被的分布及其变迁》，《中国历史地理论丛》1991年第3辑。

史念海：《以陕西省为例探索古今县的命名的某些规律（上）》，《陕西师大学报》（哲学社会科学版）1979年第4期。

史培军、哈斯：《中国北方农牧交错带与非洲萨哈尔地带全新世环境变迁的比较研究》，《地学前缘》2002年第1期。

舒培仙、李保生、牛东风，等：《毛乌素沙漠东南缘滴哨沟湾剖面DGS1层段粒度特征及其指示的全新世气候变化》，《地理科学》2016年第3期。

舒时光、邓辉、吴承忠：《明后期延绥镇长城沿线屯垦的时空分布特征》，《地理研究》2016年第4期。

斯琴朝克图、房艳刚、乌兰图雅：《内蒙古农牧交错带聚落的格局特征及其形成过程研究——以扎鲁特旗为例》，《干旱区资源与环境》2016年第8期。

松迪、丽娜：《呼伦贝尔辉河流域古城群落遗址考》，《北方文物》2010年第4期。

松迪：《关于黑山头古城》，《北方文物》2000年第4期。

宋德辉：《吉林省白城市城四家子古城应为辽代长春州金代新泰州》，《博物馆研究》2008年第1期。

宋乃平、张凤荣：《鄂尔多斯农牧交错土地利用格局的演变与机理》，《地理学报》2007年第12期。

苏北海：《唐轮台城位置考》，《中国历史地理论丛》1995年第4辑。

苏都尔、那顺达来、东方杰，等：《1635—2019年通辽地区聚落变迁研究》，《地理科学》2021年第11期。

孙继敏、丁仲礼、袁宝印：《2000a B.P.来毛乌素地区的沙漠化问题》，《干旱区地理》1995年第1期。

孙锡芳：《明代陕北地区驿站交通的发展及其对军事、经济的影响》，《长安大学学报》（社会科学版）2010年第4期。

孙秀仁：《黑龙江历史考古述论（上）》，《社会科学战线》1979年第1期。

谭其骧：《何以黄河在东汉以后会出现一个长期安流的局面——从历史上论证黄河中游的土地合理利用是消弭下游水害的决定性因素》，《学术月刊》1962年第2期。

童永生：《自然环境与民族文化的双重属性：中国北系岩画中的原始农牧业文化考释》，《中国农史》2020年第6期。

汪佩芳：《全新世呼伦贝尔沙地环境演变的初步研究》，《中国沙漠》1992年第4期。

王北辰：《毛乌素沙地南沿的历史演化》，《中国沙漠》1983年第4期。

王博、祁小山：《新疆石人的类型分析》，《西域研究》1995年第4期。

王芳、潘威：《三维技术在历史地貌研究中的应用试验——1935年以来新疆博斯腾湖变化》，《地球环境学报》2017年第3期。

王富春：《榆林境内秦直道调查》，《文博》2005年第3期。

王刚、刘翠萍：《明代榆林城的初建与扩建——兼论"三拓榆城"》，《榆林学院学报》2019年第1期。

王晗：《1644—1949年毛乌素沙地南缘水利灌溉和土地垦殖过程研究——以定边县八里河灌区为例》，《社会科学研究》2016年第1期。

王晗：《清代毛乌素沙地南缘伙盘地土地权属问题研究》，《清史研究》2013年第3期。

王晗：《清代陕北长城外伙盘地的渐次扩展》，《西北大学学报》（哲学社会科学版）2006年第2期。

王晗：《晚清民国时期蒙陕边界带"赔教地"研究》，《中华文史论丛》2019年第2期。

王洪波：《半干旱地区历史时期沙漠化成因研究进展》，《干旱区资源与环境》2015年第5期。

王建莹、王双银、杨会龙，等：《陕北秃尾河流域水土保持措施径流效益研究》，《人民长江》2013年第15期。

王乃昂、何彤慧、黄银洲，等：《六胡州古城址的发现及其环境意义》，《中国历史地理论丛》2006年第3辑。

王其格：《红山诸文化"神鸟"崇拜与萨满"鸟神"》，《大连民族学院学报》2007年第6期。

王其格：《红山诸文化的"鹿"与北方民族鹿崇拜习俗》，《赤峰学院学报》（汉文哲学社会科学版）2008年第1期。

王其格：《浅论北方草原民族的图腾信仰》，马永真、巴特尔、邹万银主编：《论草原文化》第7辑，呼和浩特：内蒙古教育出版社，2010年。

王守春：《辽代西辽河冲积平原及邻近地区的湖泊》，《中国历史地理论丛》2003年第1辑。

王涛：《干旱区主要陆表过程与人类活动和气候变化研究进展》，《中国沙漠》2007年第5期。

王伟、阿里木·赛买提、马龙，等：《1986—2019年新疆湖泊变化时空特征及趋势分析》，《生态学报》2022年第4期。

王晓飞、黄粤、刘铁，等：《近60 a伊塞克湖水量平衡变化及影响因素分析》，《干旱区研究》2022年第5期。

王兴锋：《汉代美稷故城新考》，《中国边疆史地研究》2016年第1期。

王雪樵、王铎：《"居延泽"即"碱泽"说》，《中国历史地理论丛》2008年第4辑。

王有德：《再谈唐代轮台问题——兼与林必成同志商榷》，《新疆大学学报》（哲学社会科学版）1980年第3期。

王钰、李小妹、冯起，等：《窟野河流域河岸沙丘地貌格局及变化》，《中国沙漠》2019年第1期。

王志炜：《新疆鹿石的造型特征及文化解释》，《作家》2011年第8期。

王子今：《交通史视角的秦汉长城考察》，《石家庄学院学报》2013年第2期。

王子今：《西河郡建置与汉代山陕交通》，《晋阳学刊》1990年第6期。

魏坚、郝园林：《秦汉九原—五原郡治的考古学观察》，《中国历史地理论丛》2012年第4辑。

温锐林、肖举乐、常志刚，等：《全新世呼伦湖区植被和气候变化的孢粉记录》，《第四纪研究》2010年第6期。

吴镇烽：《秦晋两省东汉画像石题记集释——兼论汉代圜阳、平周等县的地理位置》，《考古与文物》2006年第1期。

奚国金：《近二百年来塔里木河下游水系变迁的探讨》，《干旱区地理》1985年第1期。

奚秀梅、赵景波：《鄂尔多斯高原地区清代旱灾与气候特征》，《地理科学进展》2012年第9期。

萧凌波、方修琦、叶瑜：《清代东蒙农业开发的消长及其气候变化背景》，《地理研究》2011年第10期。

解哲辉、崔建新、常宏：《黄土高原历史时期沟谷侵蚀量计算方法探讨》，《地球环境学报》2014年第1期。

薛宗正：《唐蒲类诂名稽址——庭州领县考之二》，《新疆社会科学》1984年第2期。

闫建飞：《元祐年间宋廷对四寨问题的讨论》，折武彦、高建国主编：《陕北历史文化暨宋代府州折家将历史文化学术研讨会论文集》，西安：陕西人民出版社，2017年。

颜廷真、陈喜波、韩光辉：《清代热河地区盟旗和府厅州县交错格局的形成》，《北京大学学报》（哲学社会科学版）2002年第6期。

杨帆、靳鹤龄、李孝泽，等：《中晚全新世毛乌素沙地东南部气候变化过程》，《中国沙漠》2017年第3期。

杨建林：《宁夏明代兴武营城调查与研究》，《西部考古》2018年第1期。

杨丽：《汉代云中郡的交通及其军事战略价值》，《兰州学刊》2013年第11期。

杨利普：《"塔里木"作为地名的几个地理概念》，中国科学院新疆地理研究所：《杨利普地理论文选集》，乌鲁木齐：新疆科技卫生出版社，1997年。

杨蕤：《宋夏沿边人口考论》，《延安大学学报》（社会科学版）2007年第4期。

杨湘奎、杜绍敏、张烽龙：《呼伦贝尔高原晚更新世以来的古气候演变》，《自然灾害学报》2006年第2期。

叶笃正、符淙斌、董文杰：《全球变化科学进展与未来趋势》，《地球科学进展》2002年第4期。

于昊：《民国时期边疆政区的内地化——以磴口设县为例》，《历史地理研究》2021年第3期。

袁国映、袁磊：《罗布泊历史环境变化探讨》，《地理学报》1998年增刊。

袁水龙、谢天明：《窟野河暴雨洪水泥沙特征分析》，《陕西水利》2018年第1期。

岳够明、陈虹、方梦霞，等：《内蒙古辉河水坝细石器遗址1996年发掘简报》，《人类学学报》2016年第3期。

昝婵娟、黄粤、李均力，等：《1990—2019年咸海水量平衡及其影响因素分析》，《湖泊科学》2021年第4期。

曾琳、鹿化煜、弋双文，等：《末次盛冰期和全新世大暖期呼伦贝尔沙地的环境变化》，《第四纪研究》2013年第2期。

张柏忠：《科尔沁沙地历史变迁及其原因的初步研究》，内蒙古文物考古研究所：《内蒙古东部区考古学文化研究文集》，北京：海洋出版社，1991年。

张昌民、郭旭光、刘帅，等：《现代乌伦古湖滨岸沉积环境与沉积体系分布及其控制因素》，《第四纪研究》2020年第1期。

张兰生：《以农牧交错带及沿海地区为重点开展我国环境演变规律的研究（代序）》，《干旱区资源与环境》1989年第3期。

张力仁：《清代伊克昭盟南部"禁留地"新探》，《中国历史地理论丛》2018年第4辑。

张莉：《楼兰古绿洲的河道变迁及其原因探讨》，《中国历史地理论丛》2001年第1辑。

张萍：《边疆内地化背景下地域经济整合与社会变迁——清代陕北长城内外的个案考察》，《民族研究》2009年第5期。

张萍：《谁主沉浮：农牧交错带城址与环境的解读——基于明代延绥长城诸边堡的考察》，《中国社会科学》2009年第5期。

张泊：《上郡阳周县初考》，《文博》2006年第1期。

张世明：《清代"烧荒"考》，《清史研究》2005年第3期。

张文平：《遮虏障、居延都尉府与居延县》，《草原文物》2016年第1期。

张晓虹、庄宏忠：《天主教传播与鄂尔多斯南部地区农牧界线的移动——以圣母圣心会所绘传教地图为中心》，《苏州大学学报》（哲学社会科学版）2018年第2期。

张在明、喻鹏涛：《陕西秦直道遗址调查发掘简报》，梁安和、徐卫民主编：《秦汉研究》第9辑，西安：陕西人民出版社，2015年。

张志尧：《新疆阿勒泰鹿石之管窥》，《新疆师范大学学报》（哲学社会科学版）1988年第1期。

赵春燕、胡松梅、孙周勇，等：《陕西石峁遗址后阳湾地点出土动物牙釉质的锶同位素比值分析》，《考古与文物》2016年第4期。

赵哈林、赵学勇、张铜会，等：《北方农牧交错带的地理界定及其生态问题》，《地球科学进展》2002年第5期。

赵松乔：《罗布荒漠的自然特征和罗布泊的"游移"问题》，《地理研究》1983年第2期。

赵松乔：《内蒙古东、中部半干旱区——一个危急带的环境变迁》，《干旱区资源与环境》1991年第2期。

赵永复：《历史上毛乌素沙地的变迁问题》，中国地理学会历史地理专业委员会《历史地理》编辑委员会：《历史地理》第1期，上海：上海人民出版社，1981年。

赵永复：《再论历史上毛乌素沙地的变迁问题》，中国地理学会历史地理专业委员会《历史地理》编辑委员会：《历史地理》第7辑，上海：上海人民出版社，1990年。

赵越：《哈克文化在呼伦贝尔史前诸考古学文化中的特殊地位》，《文化学刊》2010年第2期。

郑红莉：《试说统万城遗址的三重城垣》，《江汉考古》2018年第3期。

郑隆：《内蒙古扎赉诺尔发现一座古城》，《考古》1961年第11期。

中国社会科学院考古研究所新疆工作队：《新疆吉木萨尔高昌回鹘佛寺遗址》，《考古》1983年第7期。

钟巍、熊黑钢、塔西甫拉提·特依拜，等：《策勒绿洲塔格勒剖面孢粉分析的初步结果》，《干旱区研究》1998年第3期。

周清澍：《从察罕脑儿看元代的伊克昭盟地区》，《内蒙古大学学报》（哲学社会科学版）1978年第2期。

周廷儒：《论罗布泊的迁移问题》，《北京师范大学学报》（自然科学版）1978年第3期。

朱刚、高会军、曾光：《近35a来新疆干旱区湖泊变化及原因分析》，《干旱区地理》2015年第1期。

朱泓：《从扎赉诺尔汉代居民的体质差异探讨鲜卑族的人种构成》，《北方文物》1989年第2期。

朱泓：《人种学上的匈奴、鲜卑与契丹》，《北方文物》1994年第2期。

朱士光：《内蒙城川地区湖泊的古今变迁及其与农垦之关系》，《农业考古》1982年第1期。

朱士光：《评毛乌素沙地形成与变迁问题的学术讨论》，《西北史地》1986年第4期。

朱士光：《遵循"人地关系"理念，深入开展生态环境史研究》，《历史研究》2010年第1期。

朱震达、刘恕：《中国沙漠及沙漠化的防治》，中国科学院兰州沙漠研究所：《中国科学院兰州沙漠研究所集刊》第1号，北京：科学出版社，1982年。

朱震达：《塔克拉玛干沙漠地区沙漠化过程及其发展趋势》，《中国沙漠》1987年第3期。

卓海昕、鹿化煜、贾鑫，等：《全新世中国北方沙地人类活动与气候变化关系的初步研究》，《第四纪研究》2013年第2期。

邹逸麟：《明清时期北部农牧过渡带的推移和气候寒暖变化》，《复旦学报》（社会科学版）1995年第1期。

Bard E., Raisbeck G., Yiou F., et al, Solar Irradiance during the Last 1200 Years Based on Cosmogenic Nuclides, *Tellus B*,2000,52(3):985-992.

Butzer K.W., Collapse, Environment, and Society, *Proceedings of the National Academy of Sciences*,2012,109(10): 3632-3639.

Cai Q. and Liu Y., January to August Temperature Variability Since 1776 Inferred from Tree-Ring Width of Pinus Tabulaeformis in Helan Mountain, *Journal of Geographical Sciences*,2007,17(3):293-303.

Carly G. and Bertrand B., Moderate Sheep Grazing in Semiarid Shrubland Alters Small-scale Soil Surface Structure and Patch Properties, *Catena*,2006,65(3):285-291.

Chen C., Park T., Wang X., et al, China and India Lead in Greening of the Word Through Land-use Management, *Nature Sustainability*,2019,2:122-129.

Chen F., Chen S., Zhang X., et al, Asian Dust-storm Activity Dominated by Chinese Dynasty Changes Since 2000 BP, *Nature Communications*,2020,11(1):1-7.

Chen K., Ning L., Liu Z., et al, The Influences of Tropical Volcanic Eruptions with Different Magnitudes on Persistent Droughts Over Eastern China, *Atmosphere*,2020,11(2):210.

Cui J. and Chang H., The Possible Climate Impact on the Collapse of an Ancient Urban City in Mu Us Desert,China, *Regional Environmental Change*,2013,13(2):353-364.

Cui J., Chang H., Cheng K., et al, Climate Change, Desertification, and Societal Responses along the Mu Us Desert Margin during the Ming Dynasty, *Weather,Climate,and Society*, 2017,9(1):81-94.

D'Arrigo R., Jacoby G., Frank D., et al, 1738 Years of Mongolian Temperature Variability Inferred from a Tree-Ring Width Chronology of Siberian Pine, *Geophysical Research*

Letters,2001,28(3):543-546.

Degroot D., Anchukaitis K., Bauch M., et al, Towards a Rigorous Understanding of Societal Responses to Climate Change, *Nature*,2021,591:539-550.

Dregne H., Desertification-present and Future, *International Journal for Development Technology*, 1984, 2: 255-259.

Fei J., Zhou J., Zhang Q., et al, Dust Weather Records in Beijing during 1860—1898 AD Based on the Diary of Tonghe Weng, *Atmospheric Environment*,2005, 39(21):3943-3946.

Fernandes R., Geeven G., Soetens S., et al, Deletion/Substitution/Addition (DSA) Model Selection Algorithm Applied to the Study of Archaeological Settlement Patterning, *Journal of Archaeological Science*,2011,38(9):2293-2300.

Foley J.A., DeFries R., Asner G.P., et al, Global Consequences of Land Use,*Science*,2005, 309:570-574.

Francesco C., An Ethnoarchaeological Inductive Model for Predicting Archaeological Site Location: A Case-study of Pastoral Settlement Patterns in the Val di Fiemme and Val di Sole (Trentino,Italian Alps), *Journal of Anthropological Archaeology*,2013,32(1):54-62.

Ge Q., Hao Z., Zheng J., et al, Temperature Changes Over the Past 2000 yr in China and Comparison with the Northern Hemisphere, *Climate of the Past*,2013,9(3):1153-1160.

Geerken R. and Ilaiwi M., Assessment of Rangeland Degradation and Development of a Strategy for Rehalibitation, *Remote Sensing of Environment*,2004,90(4):490-504.

Glantz M.H. and Orlovsky N.S., Desertification:A Review of the Concept, *Desertification Control Bulletin*,1983,9:15-22.

Goldewijk K. K. and Ramankutty N., Land Cover Change Over the Last Three Centuries due to Human Activities:The Availability of New Global Data Sets, *GeoJournal*,2004,61(4): 335-344.

Goldewijk K.K., Estimating Global Land Use Change Over the Past 300 years:The Hyde Database, *Global Biogeochemical Cycles*,2001,15(2):417-433.

Gomes L., Arrue J.L., Lopez M.V., et al, Wind Erosion in a Semiarid Agriculture Area of Spain:The WELSONS Project, *Catena*, 2003,52:235-256.

Guo L., Xiong S., Wu J., et al, Human Activity Induced Asynchronous Dune Mobilization in the Deserts of NE China during the Late Holocene, *Aeolian Research*,2018,34:49-55.

Haberrl H., Krausmann F., Erb K.H., et al, Human Appropriation of Net Primary Production, *Science*,2002,296:1968-1969.

Hermann S.M., Anyamba A. and Tucker C.J., Recent Trends in Vegetation Dynamics in the African Sahel and Their Relationship to Climate, *Global Environment Change*, 2005,15(4):394-404.

Huang C., Zhao S., Pang J., et al, Climatic Aridity and the Relocations of the Zhou Culture in the Southern Loess Plateau of China, *Climatic Change*,2003,61(3):361-378.

Jia D., Li Y., Fang X., et al, Complexity of Factors Influencing the Spatiotemporal Distribution of Archaeological Settlements in Northeast China Over the Past Millennium, *Quaternary Research*,2018,89(2):413-424.

Jia X., Yi S., Sun Y., et al, Spatial and Temporal Variations in Prehistoric Human Settlement and Their Influencing Factors on the South Bank of the Xar Moron River, Northeastern China, *Frontiers of Earth Science*,2017,11(1):137-147.

Kang S., Wang X., Roberts H., et al, Late Holocene Anti-phase Change in the East Asian Summer and Winter Monsoons, *Quaternary Science Reviews*,2018,188:28-36.

Li J., Han L., Liu Y., et al, Insights on Historical Expansions of Desertification in the Hunlun

Buir and Horqin Deserts of Northeast China, *Ecological Indicators*,2005,85:944-950.

Li S., Wang T. and Yan C., Assessing the Role of Policies on Landuse/Cover Change from 1965 to 2015 in the Mu Us Sandy Land, Northern China, *Sustainability*, 2017,9: 1-18.

Liu B., Jin H., Sun L., et al, Holocene Moisture Change Revealed by the Rb/Sr Ratio of Aeolian Deposits in the Southeastern Mu Us Desert,China, *Aeolian Research*, 2014,13:109-119.

Liu J., Chen F., Chen J., et al, Humid Medieval Warm Period Recorded by Magnetic Characteristics of Sediments from Gonghai Lake,Shanxi,North China, *Chinese Science Bulletin*,2011,56(23):2464-2474.

Liu J., Chen F., Chen J., et al, Weakening of the East Asian Summer Monsoon at 1000-1100 A.D. Within the Medieval Climate Anomaly: Possible Linkage to Changes in the Indian Ocean-western Pacific, *Journal of Geophysical Research Atmospheres*, 2014,119(5):2209-2219.

Liu K. and Lai Z., Chronology of Holocene Sediments from the Archaeological Salawusu Site in the Mu Us Desert in China and Its Palaeoenvironmental Implications, *Journal of Asian Earth Sciences*,2012,45:247-255.

Liu Y., Song H., An Z., et al, Recent Anthropogenic Curtailing of Yellow River Runoff and Sediment Load is Unprecedented Over the Past 500 Years, *PNAS*,2020,117(31): 18251-18257.

Liu Y., Sun J., Yang Y., et al, Tree-Ring-Derived Precipitation Records from Inner Mongolia, China,Since A.D.1627, *Tree-Ring Research*,2007,63(1):3-14.

Ma Z., Liu Q., Wang H., et al, Observation and Modeling of NPP for Pinus Elliottii Plantation in Subtropical China, *Science in China Series D:Earth Science*,2008,51(7):955-965.

Mouat D., Lancaster J., Wade T., et al, Desertification Evaluated Using an Integrated Environmental Assessment Model, *Environmental Monitoring and Assessment*, 1997, 48(2):139-156.

Ramankutty N. and Foley J.A., Estimating Historical Changes in Global Land Cove:Croplands from 1700 to 1992, *Global Biogeochemical Cycles*,1999,13(4):997-1027.

Rubio J.L. and Bochet E., Desertification Indicators as Diagnosis Criteria for Desertification Risk Assessment in Europe, *Journal of Arid Environments*,1998,39(2):113-120.

Schneider T., Analysis of Incomplete Climate Data: Estimation of Mean Values and Covariance Matrices and Imputation of Missing Values, *Journal of Climate*,2001,14:853-871.

Sheng P., Shang X., Sun Z., et al, North-south Patterning of Millet Agriculture on the Loess Plateau:Late Neolithic Adaptations to Water Stress,NW China, *The Holocene*,2018,28(5): 1-10.

Sivakumar M.K., Interactions Between Climate and Desertification, *Agricultural and Forest Meteorology*,2007,142(2-4):143-155.

Song H., Liu Y., Li Q., et al, Tree-Ring Based May-july Temperature Reconstruction Since AD 1630 on the Western Loess Plateau,China, *PLoS One*,2014,9(4):1-8.

Spencer C. and Bevan A., Settlement Location Models, Archaeological Survey Data and Social Change in Bronze Age Crete, *Journal of Anthropological Archaeology*,2018,52:71-86.

Tan L., Cai Y., An Z., et al, Climate Patterns in North Central China during the Last 1800 yr and Their Possible Driving Force, *Climate of the Past*,2011,7(3):685-692.

Tang X., Zhao Y., Zhang Z., et al, Cultivated Oasis Evolution in the Heihe River Basin Over the Past 2,000 years, *Land Degradation and Development*,2018,29(8): 2254-2263.

Taveirne P., Han-mongol Encounters and Missionary Endeavors:A History of Scheut in Ordos(1874-1911), *The Journal of Asian Studies*,2004,65(4):820-823.

Tucker C.J., Dregne H.E. and Newcomb W.W., Expansion and Contraction of the Sahara Desert from 1980-1990, *Science*,1991,253(5017):299-301.

Vitousek P.M., Mooney H.A., Lubchenco J., et al, Human Domination of the Earth's Ecosystems, *Science*,1997,277(5325):494-499.

Wang X., Chen F., Hasi E., et al, Desertification in China:An Assessment, *Earth,Science Reviews*,2008,88(3-4):188-206.

Wang X., Chen F., Zhang J., et al, Climate, Desertification, and the Rise and Collapse of China's Historical Dynasties, *Human Ecology*,2010,38(1):157-172.

Wang X., Yang Y., Dong Z., et al, Responses of Dune Activity and Desertification in China to Global Warming in the Twenty-first Century, *Global and Planetary Change*, 2009, 67(3-4): 167-185.

Wen P., Wang N., Wang Y., et al, Fluvial Incision Caused Irreversible Environmental Degradation of an Ancient City in the Mu Us Desert, China, *Quaternary Research*,2020, 99:1-13.

Wen R., Xiao J., Chang Z., et al, Holocene Climate Changes in the Mid-high-latitude-monsoon Margin Reflected by the Pollen Record from Hulun Lake, Northeastern Inner Mongolia, *Quaternary Research*,2010,73(2):293-303.

Wilson R., Anchukaitis K., Briffa K.R., et al, Last Millennium Northern Hemisphere Summer Temperatures from Tree Rings: Part Ⅰ:The Long Term Context, *Quaternary Science Reviews*, 2016,134:1-18.

Xiao J., Chang Z., Wen R., et al, Holocene Weak Monsoon Intervals Indicated by Low Lake Levels at Hulun Lake in the Monsoonal Margin Region of Northeastern Inner Mongolia, China, *The Holocene*,2009,19(6):899-908.

Yang L., Wang T., Zhou J., et al, OSL Chronology and Possible Forcing Mechanisms of Dune Evolution in the Horqin Dunefield in Northern China Since the Last Glacial Maximum, *Quaternary Research*,2012,78(2):185-196.

Zhang X., Sun T. and Xu J., The Relationship Between the Spread of the Catholic Church and the Shifting Agro-pastoral Line in the Chahar Region of Northern China, *Catena*, 2015,134(1): 75-86.

Zheng J., Wang W., Ge Q., et al, Precipitation Variability and Extreme Events in Eastern China during the Past 1500 Years, *Terrestrial Atmospheric and Oceanic Sciences*,2006,17(3):579.

六、研究生论文

白茆骏：《陕北榆林地区汉代城址研究》，西北大学2010年硕士学位论文。

白壮壮：《清代以来鄂尔多斯高原沙漠化定量研究》，陕西师范大学2020年硕士学位论文。

陈竹：《清末至民国亚新地学社地图编绘研究》，复旦大学2012年硕士学位论文。

冯文勇：《鄂尔多斯高原及毗邻地区历史城市地理研究》，兰州大学2008年博士学位论文。

冯小慧：《河套地区仰韶至龙山时期的聚落、生业与环境》，陕西师范大学2019年硕士学位论文。

高嘉诚：《清代鄂尔多斯高原水环境的历史考察》，陕西师范大学2005年硕士学位论文。

何彤慧：《毛乌素沙地历史时期环境变化研究》，兰州大学2008年博士学位论文。

景晨雪：《〈申报〉刊载地图研究——兼论近代地图版权问题》，南京师范大学2018年硕士学位论文。

李严：《榆林地区明长城军事堡寨聚落研究》，天津大学2004年硕士学位论文。

刘龙雨：《清代到民国时期鄂尔多斯的垦殖与环境变迁》，西北大学2003年硕士学位论文。

卢卓瑜：《清至民国毛乌素沙地水环境研究》，陕西师范大学2021年硕士学位论文。
苏煜：《丝绸之路沿线新疆草原石人文化遗址时空分布及演变研究》，陕西师范大学2017年硕士学位论文。
唐尚书：《汉唐间罗布泊地区的环境演变研究》，兰州大学2019年博士学位论文。
王芳：《20世纪30年代新疆地形图的地表水数字化处理及应用》，陕西师范大学2017年硕士学位论文。
王晗：《清代陕北长城外伙盘地研究》，陕西师范大学2005年硕士学位论文。
王有为：《由汉圁水、圁阴及圁阳看陕北榆林地区两汉城址分布》，西北大学2007年硕士学位论文。
邬婷：《民国时期陕西农田水利研究》，陕西师范大学2017年硕士学位论文。
吴静：《佳县古城空间格局探析》，长安大学2015年硕士学位论文。
薛婧：《吴堡古城调查研究与空间格局分析》，西安建筑科技大学2012年硕士学位论文。
张宇帆：《朔漠边城——宋夏战争中毛乌素沙区南缘典型城址研究》，陕西师范大学2013年硕士学位论文。
钟雨齐：《1750—1980年博斯腾湖演变研究及驱动力分析》，复旦大学2021年硕士学位论文。
周之良：《清代鄂尔多斯高原东部地区经济开发与环境变迁关系研究》，陕西师范大学2005年硕士学位论文。

七、会议论文

Zika M. and Erb K., Net Primary Production Losses due to Human-induced Desertification, Second International Conference on Earth System Modeling（ICESM），2007,Vol.1, ICESM2007-A-00260.

八、报纸

塔拉、张海斌、张红星：《内蒙古包头燕家梁元代遗址考古取得重要收获》，《中国文物报》2006年10月18日，第2版。
王晗：《历史时期毛乌素沙地沙漠化成因论争》，《中国社会科学报》2018年4月10日，第4版。

后　　记

　　2016 年夏，我在陕北考察晚清以来天主教的传播时，接到杨小平老师的电话。他告诉我说，科技部基础调查项目中有一个中国北方沙漠地区调查的项目，准备组织研究团队进行项目申请。他希望我能承担其中的第二课题，即历史地理部分的研究工作。多年来，我一直在北方干旱半干旱地区进行历史地理调查与研究，那时刚完成的一个国家自然科学基金项目，就是对晚清以来长城沿线地区环境变迁的研究工作，对这一地区有一定的学术积累，同时也希望能进一步深入研究沙漠地区的人地关系，因此答应承担这项调研工作。

　　考察结束后我立即开始按照要求组织研究团队。我所在的复旦大学中国历史地理研究所在历史自然环境变迁研究方面实力雄厚，尤其擅长利用历史文献进行环境变迁研究。满志敏教授、王建革教授、韩昭庆教授、杨伟兵教授、费杰教授都是业内鼎鼎有名的学者，他们的研究旨趣不仅和本课题契合，而且对历史时期环境变迁中的人类因素也有精深的研究。齐光副教授则以北方民族研究见长，特别是他可以娴熟地运用满、蒙等少数民族语言文字进行研究，可以将少数民族语言资料纳入，无疑极大地丰富和充实了我们对历史时期沙漠地区环境变迁的研究。而一直与我组队进行野外调查和研究工作的徐建平教授、孙涛博士，除了熟悉研究区域的历史文献资料外，还精通古旧地图研究和 GIS 技术，是本课题组的核心成员。但相对而言，团队中还缺少专精西北地区环境变迁研究的学者，因此，我第一时间就邀请陕西师范大学西北历史环境与经济社会发展研究院的崔建新副教授和李大海副教授加入团队，他俩长期从事毛乌素沙地的研究工作，特别是崔建新老师熟悉国内外长时段环境变迁研究，更擅长利用环境考古学的研究方法展开沙漠地区环境变迁研究，正弥补了团队学术背景相对单一的不足。

　　团队研究人员确定后，我与杨伟兵教授带着我的博士生张乐锋去北京进行项目申请工作。在与项目总负责人和第一课题负责人杨小平教授、第三课题组负责人安成邦教授和第四课题组负责人张锋教授进行了充分协商，明确了各自课题的研究内容及其与整个项目的相互关系后，我们确定本课题的架构由历史文献记录整理组、历史遗址调查组和 CDHGIS（中国沙漠历史地理信息系统）技术组构成。其中，历史文献记录整理组主要搜集与整理历史文献记录，形成历史时期沙漠地区环境变迁的科技资料和数据库；历史遗址调查组重点对我国北方沙漠地区的人类活动遗址进行调查，分聚落、水系、交通三个类别形成实地调查资料数据库和图集图件；CDHGIS 技术组负责本课题数据库整理和图集图件绘制，尤其需要与第四课题的数据提交进行充分的沟通以保证最终成果的顺利提交。在具体的工作中，历史文献记录整理组与历史遗址调查组是合二为一的，几乎所有工作都是一起完成的。

课题从申请到成功，整个过程都充满了热情与辛劳。从初稿的撰写，到任务书的完成；从专家咨询会到项目申请汇报会，每个环节都需要精心准备，反复打磨，艰辛中有快乐和收获。记得在北京熬夜撰写初稿时，杨伟兵老师带着张乐锋凌晨在中华民族园附近吃夜宵，回宾馆的路上发朋友圈秀图，让远在上海的孙涛老师艳羡不已；在杭州举行项目汇报会后，整个项目组在西湖畔迎着寒风畅想未来的工作计划。而在项目论证会和专家咨询会上，各位专家的意见精辟准确，对完善本课题研究帮助很大，也让我们接受了地学界最新的研究理念与方法，收获良多。

2017年初在研究团队的努力下，课题终于获批。随后就是繁忙的资料整理与野外考察工作。由于各课题组齐心协力，整个过程应该说是既繁忙又愉快。野外考察一直是整个项目的亮点，也是本课题研究中给我们留下最多记忆的。记得在2017年夏，我们课题组与第三课题组在毛乌素沙地和库布齐沙漠举行联合考察时，偶遇在库布齐沙漠考察的第一课题组，约定第二天一起对位于黄河几字形转弯处的十二连城和东胜古城进行综合考察。考察中杨小平老师和安成邦老师对沙漠形成的认识，对历史遗址中透露出的环境信息的理解，让我们受到很大启发。更令人印象深刻的是，当天中午杨老师在沙漠中的林地请我们吃野餐，趣味横生。然而，更多的野外考察需要克服种种困难。如在对历史时期沙漠地区环境变迁中人地关系的经典案例——罗布泊与楼兰古城进行考察时，由于楼兰所处地区的环境特点，当地文物部门执行了最严格的保护措施。为了能高质量完成课题，我们需要对楼兰、罗布泊及其周围自然环境进行实地考察。为此，我们几乎动用了所有的资源去与新疆各级文物保护机构进行协调，过程之周折、手续之烦琐几乎让我们中途放弃。最后获得许可终于成行时，考察成员的快乐无以言表。尤其当我们越过重重沙山抵达小河墓地，穿越茫茫荒原进入楼兰古城时，看到壮丽的河山与先民们胼手胝足创造出的人类奇迹，觉得之前付出的一切都是值得的。

五年多的时间，我们的足迹几乎遍及中国北方各大沙漠，既有人类活动高度扰动的东部沙地，也有自然条件严酷的西部沙漠。在考察过程中，我们有过各种平日难得的经历：越野车深陷沙漠中，不得不推车前行；狂风暴雨中，涉水穿行在浑善达克沙地上；一日驱车800千米，穿越天山南北；也有过半夜起来做核酸，被迫中止考察的窘况。但更多的是惊喜与感慨：我们震撼于高大的巴丹吉林沙漠、辽阔的罗布淖尔荒原和壮丽的塔克拉玛干大沙漠，惊叹于三千多年前石峁古城的雄伟，兀立在荒原中的楼兰古城和壮阔的元中都遗址。正是系统的野外考察，才使我们在课题研究与数据积累的同时，充分认识到中国北方沙漠地区环境变迁与人类活动之间的相互关系，也深刻理解了祖国辽阔的疆域与中华民族共同体形成之间的紧密关联。而本书的撰写就是希望在推进沙漠历史地理研究的同时，用野外考察为经，以历史遗迹为纬，编织出一幅历史时期沙漠地区人地关系的图景。

在本课题完成和本书的撰写过程中，感谢项目评审组的各位专家，尤其是组长陈发虎院士的悉心指导让我们受益匪浅。项目总负责人杨小平教授不仅在本课题研究过程的各个关键环节进行督促与指点，还帮助我们联系和协调出版社。感谢葛剑雄教授对我们提出的出版基金申请推荐的不情之请慨然允诺。更要感谢科学出版社编辑在出版过程中的帮助，使得本书稿得以顺利完成。

　　最后，要感谢全体课题组成员，五年来我们一起克服种种困难，从历史文献的收集与整理，到数据格式的确定；从文稿架构的讨论，到最终书稿的提交，我们一路前行，不断成长；费杰与徐建平晋升为教授，孙涛、庄宏忠、张乐锋、王翩、董嘉瑜获得博士学位，白壮壮、赵婷婷、卢卓瑜、任鑫帅、钟雨齐、董凌霄获得硕士学位，还有更多的同学加入了我们的研究团队，得到了知识和能力的提升。而我们也希望这部凝结了五年来我们对中国北方沙漠历史时期人地关系直观认识的书稿，可以引发更多学者对中国沙漠地区历史环境变迁进行深入研究的兴趣。

张晓虹

2022 年 12 月